现代食品深加工技术丛书

"十三五"国家重点出版物出版规划项目

红枣功能性成分

焦中高　刘杰超　著

科学出版社

北京

内 容 简 介

　　本书以红枣的营养价值与保健功能为基础，系统地总结了红枣中多酚类物质、活性多糖、环核苷酸、三萜类化合物等功能性成分的研究进展，阐述了红枣中各种功能性成分的分布与含量及其影响因素、提取纯化方法、生物活性与药理作用等，并在此基础上分析了红枣功能性成分研究与产品开发的发展趋势与未来的研究方向和重点，可为全面理解红枣营养与保健功能特性、开发功能性红枣产品提供参考。

　　本书适合于从事果品营养与加工及功能性食品研究开发的科研人员和农业企业、食品企业管理人员阅读，也可作为高等院校食品科学专业、园艺专业研究生及教师的参考书。

图书在版编目(CIP)数据

红枣功能性成分 / 焦中高，刘杰超著. —北京：科学出版社，2018.3
（现代食品深加工技术丛书）
"十三五"国家重点出版物出版规划项目
ISBN 978-7-03-056841-0

Ⅰ. ①红… Ⅱ. ①焦… ②刘… Ⅲ. ①枣-食品加工 Ⅳ. ①TS255.4

中国版本图书馆 CIP 数据核字(2018)第 048830 号

责任编辑：贾　超　宁　倩 / 责任校对：杜子昂
责任印制：张　伟 / 封面设计：东方人华

科 学 出 版 社 出版
北京东黄城根北街 16 号
邮政编码：100717
http://www.sciencep.com

北京中石油彩色印刷有限责任公司 印刷
科学出版社发行　各地新华书店经销

＊

2018 年 3 月第 一 版　　开本：720×1000　1/16
2018 年 3 月第一次印刷　　印张：16 1/2
字数：320 000
定价：98.00 元
（如有印装质量问题，我社负责调换）

丛书编委会

丛 书 序

　　食品加工是指直接以农、林、牧、渔业产品为原料进行的谷物磨制、食用油提取、制糖、屠宰及肉类加工、水产品加工、蔬菜加工、水果加工、坚果加工等。食品深加工其实就是食品原料进一步加工，改变了食材的初始状态，例如，把肉做成罐头等。现在我国有机农业尚处于初级阶段，产品单调、初级产品多；而在发达国家，80%都是加工产品和精深加工产品。所以，这也是未来一个很好的发展方向。随着人民生活水平的提高、科学技术的不断进步，功能性的深加工食品将成为我国居民消费的热点，其需求量大、市场前景广阔。

　　改革开放 30 多年来，我国食品产业总产值以年均 10% 以上的递增速度持续快速发展，已经成为国民经济中十分重要的独立产业体系，成为集农业、制造业、现代物流服务业于一体的增长最快、最具活力的国民经济支柱产业，成为我国国民经济发展极具潜力的、新的经济增长点。2012 年，我国规模以上食品工业企业 33 692 家，占同期全部工业企业的 10.1%，食品工业总产值达到 8.96 万亿元，同比增长 21.7%，占工业总产值的 9.8%。预计 2020 年食品工业总产值将突破 15 万亿元。随着社会经济的发展，食品产业在保持持续上扬势头的同时，仍将有很大的发展潜力。

　　民以食为天。食品产业是关系到国民营养与健康的民生产业。随着国民经济的发展和人民生活水平的提高，人民对食品工业提出了更高的要求，食品加工的范围和深度不断扩展，所利用的科学技术也越来越先进。现代食品已朝着方便、营养、健康、美味、实惠的方向发展，传统食品现代化、普通食品功能化是食品工业发展的大趋势。新型食品产业又是高技术产业。近些年，具有高技术、高附加值特点的食品精深加工发展尤为迅猛。国内食品加工中小企业多、技术相对落后，导致产品在市场上的竞争力弱，特组织国内外食品加工领域的专家、教授，编著了"现代食品深加工技术丛书"。

本套丛书由多部专著组成。不仅包括传统的肉品深加工、稻谷深加工、水产品深加工、禽蛋深加工、乳品深加工、水果深加工、蔬菜深加工，还包含了新型食材及其副产品的深加工、功能性成分的分离提取，以及现代食品综合加工利用新技术等。

各部专著的作者由工作在食品加工、研究开发第一线的专家担任。所有作者都根据市场的需求，详细论述食品工程中最前沿的相关技术与理念。不求面面俱到，但求精深、透彻，将国际上前沿、先进的理论与技术实践呈现给读者，同时还附有便于读者进一步查阅信息的参考文献。每一部对于大学、科研机构的学生或研究者来说，都是重要的参考。希望能拓宽食品加工领域科研人员和企业技术人员的思路，推进食品技术创新和产品质量提升，提高我国食品的市场竞争力。

中国工程院院士

2014 年 3 月

前　　言

近年来，随着社会的进步和人民生活水平的提高，我国消费者的健康意识快速增强，城乡居民对食品及农产品的消费从"生存型"向"健康型、享受型"加速转变，从"吃饱、吃好"向"吃得安全、吃得健康"转变。安全、营养与健康成为 21 世纪人类社会对食品的普遍要求，通过摄食一些有益于健康的食品来达到防病治病的效果，已成为一种普遍需求。因此，在 2017 年中央一号文件中把"加强现代生物和营养强化技术研究，挖掘开发具有保健功能的食品"作为推进农业供给侧结构性改革的重要举措之一。

红枣是我国传统的滋补佳品和药食两用植物果实之一，不仅富含碳水化合物、有机酸、维生素、氨基酸、矿质元素等营养物质，而且含有大量的多酚、多糖、环核苷酸、三萜类化合物、膳食纤维及类胡萝卜素、生物碱等多种生物活性物质，具有补气补血、防癌抗癌、保肝护肝、调节免疫等生理功效，是人类健康饮食和研制开发功能性食品的重要原料。因此，近年来红枣的生产与消费一直呈快速增长态势，红枣营养与功能成为红枣研究的热点，关于红枣功能性成分的研究与开发也取得了大量的研究成果。

笔者基于 10 余年来的研究与生产实践，结合国内外最新的相关研究成果，在对红枣基本营养成分和保健功能特性进行梳理的基础上，重点对红枣中主要功能性成分的研究与应用进行了系统总结，阐述了红枣的营养与药用价值、保健功能及其物质基础，分析了当前在红枣功能性成分研究开发方面存在的问题与不足，提出了未来的研究方向和重点，不仅有助于全面理解红枣的营养与保健功能特性、指导红枣功能性加工产品的研究开发与生产，而且对于功能性红枣新品种选育、优质栽培和资源高效利用以及居民健康消费等也具有一定的指导作用。

本书由中国农业科学院郑州果树研究所果品营养与功能创新团队焦中高和刘杰超合著。其中，红枣功能性成分的研究得到了中国农业科学院科技创新工程专项（CAAS-ASTIP2015-ZFRI）、河南省重点科技攻关计划项目（082102140026）、中央级公益性科研院所基本科研业务费专项项目（0032007013）、郑州市科技攻关计划项目（052SGYN12173）、中国农业科学院科研基金以及新疆楼兰庄园枣业有限公司等资助，果品营养与功能创新团队的张春岭、刘慧、周红平、杨文博、吕真真、陈大磊、郑晓伟、王思新等参与了部分研究工作，华南农业大学食品学院杨公明教授曾就红枣营养与功能性成分研究给予了悉心的指导和帮助，在此一并表示衷心的感谢！

　　由于笔者水平有限，书中难免有不足之处，恳请读者批评指正。

2018年3月

目　　录

第1章　红枣的营养与功能概述

红枣（jujube），又称大枣，为鼠李科（Rhamnaceae）枣（*Zizyphus jujuba* Mill.）的成熟果实，原产于我国，是传统的滋补佳品和药食两用植物果实之一。

红枣中的糖含量较一般水果高1倍以上，味甘甜，而且含有18种氨基酸和维生素 A、维生素 B_1、维生素 B_2、维生素 B_6、维生素 C、维生素 E 等多种维生素，以及钙、铁、锌、硒、镁、锰等矿质元素，有"天然维生素丸"之称，营养价值极高。《诗经·幽风篇》中载有"八月剥枣，十月获稻"的诗句，说明3000年前枣已成为人们经常食用的果实之一。

红枣除食用外，也常用于中药，具有补血、健脑、抗癌、护肝、美容养颜及健脾益气、养血安神等功效。我国现存最早的中药专著《神农本草经》将大枣列为上品，称其"味甘、平，主治心腹邪气，安中，养脾气，平胃气，通九窍，助十二经，补少气、少津液，身中不足、大惊、四肢重，和百药，久服轻身长年"。红枣常被中医作为"药引"来用，具有缓和药性的作用。民间也有"宁可三日无肉，不可一日无枣""每日吃三枣，七十不显老"之说。现代植物化学和药理学研究表明，红枣中含有多酚类物质、活性多糖、五环三萜类化合物、环磷酸腺苷（cyclic adenosine monophosphate，cAMP）和环磷酸鸟苷（cyclic guanosine monophosphate，cGMP）、膳食纤维等多种生物活性成分，具有抗氧化、防癌抗癌、抗疲劳、抗凝血、抗过敏、降血糖、降血脂、调节机体免疫、保肝护肝、补气补血、防治便秘等生理功效，因此可在人体保健和疾病防治等方面发挥重要作用。

本章在对红枣的营养与功能性成分进行概述的基础上，重点阐述红枣的营养价值与保健功能。

1.1　红枣的基本营养成分

枣在我国栽培与食用历史悠久，自古以来就因果实味道鲜美、营养丰富而深受人们的喜爱，被列为"五果"之一，有"枣甘、李酸、栗咸、杏苦、桃辛"之说。

红枣中的营养成分主要包括碳水化合物、蛋白质、氨基酸、脂类、维生素和矿质元素等。其中，葡萄糖、蔗糖、果糖等碳水化合物是人体重要的能量物质，矿质元素、维生素和氨基酸对于维持人体正常机能具有重要作用。

本节重点阐述红枣中的可溶性糖、蛋白质、氨基酸、脂类、维生素和矿质元素等基本营养成分的含量及影响因素等。

1.1.1　可溶性糖

糖类是红枣中含量最高的营养物质，在成熟鲜枣中可溶性糖含量可达 30%左右，干枣中则高达 60%~70%甚至更高，远高于其他水果（表 1.1）。

表 1.1　红枣与常见水果中可溶性糖含量的比较　　　（单位：g/100g FW）

水果种类	总糖	果糖	葡萄糖	蔗糖	参考文献
鲜枣	20.07~39.37	4.75~9.99	3.62~8.23	5.20~23.51	赵爱玲等，2016
干枣	69.2~79.5*	18.6~42.9*	19.2~27.2*	0.21~17.4*	Li et al.，2007
苹果	9.08~12.70	4.45~6.70	0.71~2.97	1.72~5.00	梁俊等，2011
梨	6.58~14.84	2.25~7.88	1.00~3.50**	0.11~4.78	姚改芳等，2010
桃	0.79~13.83	0.09~1.48	0.45~2.01	0.08~10.13	牛景等，2006
葡萄	9.35~25.60	4.76~13.10	4.59~12.29	< 0.1~4.97	Liu et al.，2006
甜樱桃	11.30~23.20	4.76~10.15	6.18~12.30	3.57~12.50	Usenik et al.，2008
李	5.05~15.20	1.16~3.06	1.62~3.59	0.74~6.47	刘硕等，2016
杏	3.31~8.30	0.26~1.54	0.83~1.82	1.71~4.97	陈美霞等，2006
桑葚	2.30~7.08	1.14~3.54	1.18~3.54	—	乔宇等，2016
石榴	9.23~13.33	4.52~6.85	4.05~6.43	0.035~0.074	秦改花等，2011
鲜橙	8.77~18.18	1.97~8.20	2.10~7.50	1.32~9.16	葛宝坤等，2015
芒果	2.82~6.39	0.66~2.71	0.71~1.81	0.81~3.52	马小卫等，2011
荔枝	12.33~16.68	3.32~6.84	2.95~6.00	0~8.34	李升锋等，2008
龙眼	10.0~17.4	1.9~4.4	2.0~5.2	4.6~13.5	胡志群等，2006
菠萝	7.76~17.27	1.21~4.71	1.37~5.51	4.52~8.95	陆新华等，2013

*单位为 g/100g DW；

**所测 98 个梨品种中大部分品种所在范围。

注："—"表示未检出或者没有检测；FW 表示鲜重；DW 表示干重；下同。

红枣中可溶性糖以果糖、葡萄糖、蔗糖为主，三者占所测可溶性糖的 82.54%~92.16%；其次是鼠李糖和半乳糖，占 7.43%~16.91%；麦芽糖和甘露糖仅在个别品种中能检测到，且含量极少（赵爱玲等，2016）。

　　不同品种枣果实中可溶性糖的组成与含量存在较大差异（表 1.2）（赵爱玲等，2016）。如同样栽培条件下的完熟期新郑灰枣鲜枣的总糖含量达 393.68g/kg FW，而交城骏枣仅为 200.65g/kg FW，前者约为后者的 2 倍；滕州长红枣中蔗糖含量最高，占总糖含量的 62.02%，而北京鸡蛋枣中则是果糖含量最高，占总糖含量的 42.73%（赵爱玲等，2016）。在尖枣、骏枣、牙枣、龙枣、玲玲枣、婆婆枣、三变红、金丝小枣、清涧木枣等干枣中，果糖含量一般在 14～35g/100g DW，占总糖的 20%～48%，平均为 31.5%，与蜂蜜中果糖含量接近（王向红等，2002）。蔗糖含量在不同品种间差别很大，如尖枣中蔗糖含量仅为 0.21%，而骏枣中则高达 17.4%（Li et al.，2007）。对不同生态区域、不同品种新疆红枣的糖含量进行分析也发现，阿克苏、喀什、若羌 3 个红枣主产区的灰枣中总糖和还原糖含量平均值分别为 65.46 g/100g DW 和 40.21 g/100g DW，较含糖量最低的哈密大枣分别高 31.45% 和 38.75%，而哈密、阿克苏、和田 3 个主产区的骏枣中总糖和还原糖含量平均值分别为 59.07g/100g DW 和 32.35g/100g DW，较哈密大枣分别高 18.61% 和 11.63%；阿克苏地区灰枣与骏枣种植面积均较大，其所产骏枣与灰枣尽管总糖含量差别不明显，但还原糖含量差别却较大，灰枣较骏枣高 25.82%；同样产自哈密的骏枣总糖含量较哈密大枣高出 22.07%（表 1.3）。

表 1.2 不同品种红枣中可溶性糖含量的比较

品种	总糖/（g/kg FW）	果糖/（g/kg FW）	葡萄糖/（g/kg FW）	蔗糖/（g/kg FW）	蔗糖/总糖/%
新郑灰枣	393.68	91.10	67.50	235.09	59.72
庆云小梨枣	329.99	98.45	74.13	123.17	37.33
滕州长红枣	329.22	70.10	54.94	204.18	62.02
太谷鸡心枣	320.50	88.26	66.53	165.71	51.70
内黄苹果枣	314.14	91.63	82.25	140.25	44.65
彬县晋枣	312.15	85.00	64.28	162.87	52.18
宁阳六月鲜	311.54	72.99	56.84	181.72	58.33
赞皇大枣	303.78	69.18	62.03	172.57	56.81
大荔蜂蜜罐	301.02	77.40	57.27	166.34	55.26
山东梨枣	298.47	94.76	78.05	94.58	31.69
晋赞大枣	276.53	71.05	61.77	143.71	51.97
冷白玉枣	260.60	59.58	44.20	156.81	60.17
襄汾圆枣	256.23	72.61	52.37	131.25	51.22
稷山板枣	244.63	79.74	61.43	103.45	42.29

续表

品种	总糖/（g/kg FW）	果糖/（g/kg FW）	葡萄糖/（g/kg FW）	蔗糖/（g/kg FW）	蔗糖/总糖/%
运城相枣	243.02	78.76	69.64	94.63	38.94
太谷壶瓶枣	241.25	54.40	40.20	146.65	60.79
夏津大白铃	239.46	82.52	69.41	87.53	36.55
北京鸡蛋枣	233.75	99.87	81.91	51.97	22.23
临猗梨枣	215.09	72.74	60.59	81.76	38.01
交城骏枣	200.65	47.52	36.19	121.94	60.77

表 1.3　不同品种、不同产地新疆红枣可溶性糖含量比较　　（单位：g/100g DW）

分类	哈密大枣	骏枣			灰枣		
		哈密	阿克苏	和田	阿克苏	喀什	若羌
总糖	49.80	60.79	57.82	58.60	58.97	67.69	69.71
还原糖	28.98	30.89	33.62	32.55	42.30	42.87	35.45

　　除品种外，红枣中可溶性糖的组成与含量还受产地、级别、干制方法、施肥等因素的影响。一般西部地区特别是新疆地区光热资源丰富，日照充足，气候干旱，昼夜温差大，有利于糖分的积累，因此西部地区生产的红枣含糖量显著高于其他地区。例如，新疆若羌所产灰枣的总糖含量可较河南新郑所产灰枣高 25.58%（张艳红，2007）；新疆产区大枣样品蔗糖平均含量远高于全国其他产区，而葡萄糖及果糖平均含量显著低于全国其他产区，相同栽培品种（如骏枣、梨枣），产自新疆产区者其蔗糖含量显著高于其他产区（张颖等，2016）。不同等级的红枣中，低等级的红枣由于坐果晚、发育时间短，含糖量一般低于高等级红枣（王向红等，2002）。自然干制红枣的可溶性糖含量高于热风干制的红枣（Gao et al.，2012）；热风干制条件下，较低的干制温度有利于保持枣中糖的含量（李焕荣等，2008）。在日常栽培管理中，增施钾肥、有机肥和钙、镁等微肥有助于提高枣果糖含量（张兆斌等，2009）。

1.1.2　有机酸

　　有机酸广泛存在于多种水果中，是水果中重要的营养物质与风味物质。水果中有机酸的种类及含量不仅与其品质和风味密切相关，而且能够促进胃肠运动、增进食欲、帮助消化，对人体健康十分有益。

红枣中的有机酸主要是苹果酸、奎尼酸、琥珀酸和柠檬酸等，其中以苹果酸含量为最高，在完熟期鲜枣果肉中平均值可达 3149.42 μg/g FW，占总酸的 45.34%，其次为奎尼酸、琥珀酸、柠檬酸和酒石酸，分别占总酸的 25.96%、14.82%、9.60% 和 1.84%，而山楂酸、桦木酸、齐墩果酸和熊果酸属于五环三萜类化合物，其在枣果中含量也较低，四种酸之和仅占总酸的 2.43%（赵爱玲等，2016）。

与可溶性糖含量类似，红枣中有机酸的组成与含量在不同品种间也存在很大差别（表 1.4）（赵爱玲等，2016）。例如，完熟期彬县晋枣鲜枣中总酸含量高达 9433.11 μg/g FW，而赞皇大枣总酸含量为 4721.22 μg/g FW，约为彬县晋枣的一半；彬县晋枣和临猗梨枣的总酸含量接近，但彬县晋枣的苹果酸含量达 6733.89 μg/g FW，是临猗梨枣的 2.07 倍，而临猗梨枣琥珀酸的含量却是彬县晋枣的 5.62 倍；新郑灰枣的总酸含量虽不高，但其柠檬酸的含量却是所测品种中最高的；太谷鸡心蜜枣的总酸含量很低，但琥珀酸的含量显著高于其他品种，占总酸的 45.26%，高于苹果酸的含量。

表 1.4 不同品种红枣中有机酸含量的比较 （单位：μg/g FW）

品种	总酸	酒石酸	奎尼酸	苹果酸	柠檬酸	琥珀酸
彬县晋枣	9433.11	168.37	689.96	6733.89	139.95	516.99
临猗梨枣	9038.49	114.71	2608.52	3253.82	47.45	2904.78
北京鸡蛋枣	8766.29	164.04	1509.14	5656.20	557.99	676.72
宁阳六月鲜	8673.46	86.75	3022.20	3570.29	614.15	262.55
滕州长红枣	8239.35	112.92	2284.70	4535.60	502.65	645.74
庆云小梨枣	7789.96	131.32	2342.29	3992.57	391.34	740.73
夏津大白铃	6732.65	149.25	1048.30	2486.90	28.05	2883.94
稷山板枣	6671.28	163.58	3027.50	2583.29	295.44	432.90
大荔蜂蜜罐	6671.27	181.23	2294.09	3179.19	293.10	593.07
交城骏枣	6439.45	124.55	1950.51	2309.25	1556.45	1357.40
晋赞大枣	6355.33	150.07	2111.64	2484.92	371.14	1088.16
新郑灰枣	6263.09	57.63	1107.96	2963.45	1466.41	449.17
山东梨枣	5970.07	112.80	1033.75	3593.96	462.34	644.51
襄汾圆枣	5591.57	92.49	1551.84	2543.10	383.54	835.45
内黄苹果枣	5485.65	194.67	1717.54	2237.89	364.98	739.64
运城相枣	5467.24	119.00	1778.33	1974.22	1044.19	456.59

品种	总酸	酒石酸	奎尼酸	苹果酸	柠檬酸	琥珀酸
冷白玉枣	5369.44	119.92	1735.42	2314.75	1207.26	858.17
太谷鸡心蜜	5192.34	77.66	1786.91	1795.79	16.67	2350.30
太谷壶瓶枣	4996.33	127.38	1268.40	2049.24	758.03	491.72
赞皇大枣	4721.22	110.77	1180.61	2338.17	1439.97	466.76

红枣干制后总酸含量降低，低温干制有助于保持红枣的总酸含量（张宝善等，2004；李焕荣等，2008；Gao et al.，2012），低等级红枣的总酸含量高于高等级红枣（王向红等，2002）。

1.1.3 蛋白质和氨基酸

蛋白质和氨基酸在红枣中的含量仅次于碳水化合物，是红枣中的第二大营养物质。红枣中的蛋白质含量一般在 4～8 g/100g DW 之间，氨基酸含量为 3～5 g/100g DW（王向红等，2002；张艳红等，2008）。一些红枣样品中蛋白质和氨基酸含量的分析结果详见表 1.5。

表 1.5　部分新疆红枣中蛋白质和氨基酸的含量

氨基酸	哈密大枣	骏枣			灰枣		
		哈密	阿克苏	和田	阿克苏	喀什	若羌
蛋白质/（g/100g）	6.42	8.08	5.26	5.84	5.29	4.23	4.33
天冬氨酸/（g/kg）	11.51	10.40	10.36	8.30	6.78	6.77	6.30
苏氨酸/（g/kg）	0.52	1.18	1.30	1.12	0.76	0.84	0.67
丝氨酸/（g/kg）	1.07	1.22	1.48	1.18	0.94	0.88	0.88
谷氨酸/（g/kg）	1.76	1.68	2.13	2.44	1.60	1.65	1.63
甘氨酸/（g/kg）	0.88	0.77	0.77	0.91	0.67	0.59	0.63
丙氨酸/（g/kg）	0.85	0.83	0.97	0.99	0.67	0.61	0.63
胱氨酸/（g/kg）	0.25	0.28	0.33	0.29	0.35	0.34	0.30
缬氨酸/（g/kg）	1.05	1.19	1.27	1.22	0.87	0.97	0.80
蛋氨酸/（g/kg）	0.14	0.21	0.19	0.19	0.22	0.21	0.20
异亮氨酸/（g/kg）	0.71	0.62	0.65	0.73	0.55	0.54	0.51
亮氨酸/（g/kg）	1.20	1.01	1.05	1.24	0.89	0.84	0.88
酪氨酸/（g/kg）	0.40	0.37	0.43	0.39	0.40	0.42	0.39

续表

氨基酸	哈密大枣	骏枣			灰枣		
		哈密	阿克苏	和田	阿克苏	喀什	若羌
苯丙氨酸/（g/kg）	1.33	1.07	1.15	1.35	0.99	0.98	0.98
赖氨酸/（g/kg）	0.90	0.69	0.91	1.06	0.77	0.69	0.73
组氨酸/（g/kg）	0.50	0.64	0.60	0.575	0.37	0.42	0.32
精氨酸/（g/kg）	2.24	1.12	1.14	1.15	0.82	0.96	0.74
脯氨酸/（g/kg）	17.32	18.72	12.91	13.91	14.82	13.29	13.89
总氨基酸/（g/kg）	42.62	42.00	37.61	37.04	32.45	31.00	30.50
必需氨基酸/（g/kg）	5.85	5.98	6.52	6.92	5.04	5.06	4.77
必需氨基酸/总氨基酸/%	14.36	14.89	18.14	19.53	16.26	17.09	16.36

红枣含有 18 种氨基酸，包括苯丙氨酸、苏氨酸、色氨酸、蛋氨酸、赖氨酸、异亮氨酸、亮氨酸、缬氨酸等人体所需的八种必需氨基酸及儿童成长所必需的组氨酸和精氨酸，脯氨酸是红枣中含量最高的氨基酸，可占红枣中氨基酸总量的 30%～60%（张艳红等，2008；Guo et al.，2013）。对红枣中氨基酸营养价值的进一步分析表明，红枣中含有高组成比的特殊功效的氨基酸（天冬氨酸、谷氨酸、甘氨酸、蛋氨酸、亮氨酸、酪氨酸、苯丙氨酸、赖氨酸、精氨酸、脯氨酸），这在其他果品中比较少见，也可能是红枣之所以具有较好的医疗保健功能的原因之一（陈宗礼等，2012）。

1.1.4 脂类

红枣中脂肪含量较低，为 0.3～1.5 g/100g DW，不同品种间存在较大差异（王向红等，2002；Li et al.，2007）。同一品种的红枣中，等级越高，脂肪含量越低（王向红等，2002），干制方式及温度均可对红枣中脂类物质的组成与含量产生影响（李焕荣等，2008；穆启运和陈锦屏，2001）。

红枣中的脂类物质主要是一些饱和烃、不饱和烃、不饱和脂肪酸、饱和脂肪酸及脂肪酸酯、酰胺类物质，包括十二烷、十六烷、十七烷、十八烷、二十烷、二十二烷、二十三烷、二十四烷、二十五烷、二十六烷、二十七烷、角鲨烯、肉豆蔻酸、棕榈油酸、油酸、月桂酸、棕榈酸、棕榈烯酸、亚油酸、硬脂酸、己酸、癸酸、肉豆蔻烯酸、亚麻酸酯、油酸乙酯、肉豆蔻烯酸乙酯、棕榈酸乙酯、癸酸乙酯、棕榈烯酸乙酯、肉豆蔻酸乙酯、亚油酸乙酯、十七酸乙酯、软脂酸乙酯、花生油酸乙酯、二十二酸乙酯、甘油单油酸酯、二十碳三烯酸甲酯、二十二碳四烯酸甲酯、硬脂酸甲酯、二十六碳三烯酸丙基酯、3-(十八烷氧基)-硬脂酸丙基酯、油酰胺、芥酸酰胺等（表 1.6）。其中，角鲨烯是一种生物活性物质，具有抗氧化、

抗肿瘤、抗辐射、调控胆固醇的代谢、解毒和抑制微生物生长等多种生理功能（刘
纯友等，2015），其于枣果皮和果肉中都有存在，分别占枣果皮和果肉脂溶性成分
的 13.91% 和 4.53%（游凤等，2013）。

表 1.6　红枣中的脂类物质

品种	检测到的主要脂类物质	参考文献
陕西佳县红枣	肉豆蔻酸、棕榈酸、亚油酸、油酸、月桂酸、硬脂酸、油酰胺、芥酸酰胺二十烷、二十五烷、二十七烷、角鲨烯等	游凤等，2013
新疆灰枣	棕榈油酸、油酸、月桂酸、棕榈酸、亚油酸、癸酸、亚麻酸甲酯、亚麻酸乙酯、油酸乙酯、亚油酸乙酯、棕榈酸乙酯、癸酸乙酯、月桂酸乙酯、棕榈油酸乙酯、肉豆蔻酸乙酯、正十四烷、正十六烷等	李焕荣等，2008
陕西佳县团枣	棕榈烯酸乙酯、肉豆蔻烯酸乙酯、亚油酸乙酯、棕榈酸乙酯、油酸乙酯、月桂酸乙酯、肉豆蔻酸乙酯、癸酸乙酯、苹果酸乙酯、棕榈烯酸、十七酸乙酯、软脂酸乙酯、花生油酸乙酯、二十二酸乙酯等	穆启运和陈锦屏，2001
陕西油枣、木枣、梨枣	十六烯酸、十六酸、十四烯酸、十四酸、癸酸、油酸、亚油酸、十二酸、己酸、十二烷、十六烷、十七烷、十八烷、二十烷、二十三烷、二十四烷、二十五烷、二十六烷、二十七烷、乙酸乙酯、十二酸乙酯、十四烯酸乙酯、十四酸乙酯、十六烯酸甲酯、十六烯酸乙酯、十六酸乙酯、油酸乙酯、亚油酸乙酯等	穆启运等，1999
陕西佳县木枣、油枣、团枣	月桂酸乙酯、肉豆蔻酸乙酯、肉豆蔻烯酸乙酯、癸酸乙酯、丁酸乙酯、棕榈烯酸乙酯、棕榈酸乙酯、十七酸乙酯、亚油酸乙酯、油酸乙酯、硬脂酸乙酯、花生油酸乙酯、二十二酸乙酯、苹果酸二乙酯、棕榈烯酸等	穆启运和陈锦屏，2002
新疆哈密大枣	甘油单油酸酯、二十碳三烯酸甲酯、二十二碳四烯酸甲酯、三反油酸甘油酯、十八烯酸单甘油酯、14-甲基十七酸甲酯、十八烯酸甲酯、硬脂酸甲酯、2-羟基十六酸甲酯、14-甲基十六酸甲酯、9-十六碳烯酸乙酯、14-甲基十五酸甲酯、棕榈酸甲酯、十六烯酸甲酯、12-甲基十三酸甲酯、肉豆蔻脑酸甲酯、二十六碳三烯酸丙基酯、3-(十八烷氧基)-硬脂酸丙基酯、10-甲基十一烷酸甲酯、壬酸甲酯、烯丙基草酸壬酯、十五烷酸、2,3-二羟基丙基反油酸、肉豆蔻酸、棕榈酸、棕榈油酸、月桂酸、硬脂酸、十九烷、四十四烷等	韦玉龙等，2016
山东宁阳圆红枣、长红枣	异戊酸甲酯、2-甲基丁酸乙酯、己酸甲酯、己酸乙酯、苯甲酸乙酯、葵酸甲酯、安息香酸乙酯、辛酸乙酯、十二碳酸乙酯、2-甲基丙酸乙酯、乙酸异丁酯、丁酸乙酯、庚酸乙酯、乙酸-2-甲基-1-丁酯、异戊酸异丁酯、(E)-2-己烯酸乙酯、辛酸甲酯、癸酸乙酯、十二酸乙酯、戊酸乙酯、正十四烷、十六烷等	赵进红等，2017
山东乐陵枣	十二酸甲酯、乙酸乙酯、甲酸甲酯、癸酸甲酯、十二酸乙酯、十二酸、十四酸、十六酸、癸酸、辛酸等	李文絮和刘会峦，2005
河北阜平大枣	十二酸、二十醇、十八烷、二十烷、二十烯、丁基单酯、十六酸、十九醇、十酸、戊酸甲酯、己酸1-甲酯等	王頡等，1998
靖远小口大枣	棕榈酸、月桂酸、癸酸、丁酸乙酯、丁酸丁酯、癸酸甲酯、癸酸乙酯、月桂酸乙酯、棕榈酸乙酯、己酸乙酯等	王永刚等，2014

1.1.5　维生素

红枣素有"天然维生素丸"之称，含有维生素 A、维生素 B_1、维生素 B_2、维生素 B_6、维生素 C 等多种维生素，其中尤以维生素 C 含量为最高。据测定，不同品种、不同来源鲜枣中维生素 C 含量一般在 200 mg/100g FW 以上，多数在 300～500 mg/100g FW 之间，最高的可达到 600 mg/100g FW 以上（石东里等，2003；贾君，2004；赵京芬等，2011；王百千和宋利霞，2012；唐敏等，2014；刘杰超等，2015；马倩倩等，2016），远高于苹果（4.9 mg/100g FW）、橘子（52.6 mg/100g FW）、梨（3.18 mg/100g）、葡萄（4.18 mg/100g FW）、草莓（33.44 mg/100g FW）、桃（5.81 mg/100g FW）、西瓜（2.73 mg/100g FW）、香蕉（5.63 mg/100g FW）、猕猴桃（74.44 mg/100g FW）、番茄（7.96 mg/100g FW）等果实（李树玲等，1994；贾君，2004；吴春艳，2007；唐敏等，2014；赵玉强等，2014）。红枣干制后维生素 C 含量显著降低，热风干制和真空冷冻干制有助于减少红枣干制过程中维生素 C 的损失（张宝善等，2004）。Gao 等（2012）在陕北木枣中检测到少量的维生素 E（α-生育酚），其在鲜枣、热风干制干枣、真空冷冻干制干枣中的含量分别为 1.7 mg/kg DW、3.2 mg/kg DW 和 3.1 mg/kg DW，而在微波干制干枣和自然晒干干枣中却没有检测到，说明干制方式对其影响较大。

新疆部分红枣样品中维生素含量的分析结果详见表 1.7。

表 1.7　新疆部分红枣中维生素的含量（以干重计）

元素种类	哈密大枣	骏枣			灰枣		
		哈密	阿克苏	和田	阿克苏	喀什	若羌
维生素 C/（mg/100g）	193.89	157.10	306.10	216.97	358.12	333.91	217.44
维生素 B_1/（mg/100g）	0.100	0.098	0.105	0.112	0.124	0.135	0.122
维生素 B_2/（mg/100g）	0.066	0.11	0.088	0.083	0.088	0.073	0.061
维生素 B_6/（μg/100g）	37.46	125.31	66.75	35.55	13.88	47.17	15.98

1.1.6　矿质元素

红枣中的矿质元素主要有钙、磷、铁、镁、钾、锌、锰等，其中以钙、钾、镁、磷的含量较高（表 1.8）。其他一些矿质元素如钠、锶、硒、钼等在一些枣样品中也有检测到，但含量较低（Li et al., 2007；芮玉奎等，2008；张福维等，2009；

薛晓芳等，2016）。红枣中的铁含量高于一般水果，钙含量也比较高，因此是补铁、补钙的佳品。

表 1.8　红枣中主要矿质元素的含量　　　　　　　（单位：mg/kg）

铁	镁	锰	钾	钙	锌	磷	参考文献
5.8~16.3	122~198	0.55~0.92	0.89~3.40	65.4~184.2	3.9~9.7	—	赵京芬等，2011
51.28	6804	0.495	—	12667	0.787	—	芮玉奎等，2008
26.9~99.7	—	—	—	210~862	—	441~1095	王向红等，2002
14~20.1	—	—	—	69~140	4~8	618~1000	宋锋惠等，2010
18.8~33.2	—	2.15~4.22	—	—	2.89~9.48	—	张艳红等，2008
22.5~25.6	493~516	2.40~3.17	11.9~14.6	1390~1830	9.2~10.9	865~902	杨磊等，2015
12~40	—	—	—	608~628	7.3~9.2	—	武晓锋等，2013
0.29~1.17	370~534	—	9796~18741	607~1796	0.004~0.024	—	薛晓芳等，2016
42.13~76.12	420~660.8	16.55~20.8	—	456~832.5	21.36~40.03	—	高锦红，2013
21.01~31.09	358.6~431.4	2.64~3.67	—	607.4~787.8	6.46~14.91	—	杨艳杰和张会芬，2011
8.4~22.8	286.5~477.1	2.5~6.0	5699.3~10897.5	261.8~509.8	3.1~5.3	796.7~1390.9	王成等，2017
8.9~13.2	386.5~469.1	2.9~4.8	6052.8~8799.6	484.5~750.3	2.5~6.5	827.7~1429.4	何伟忠等，2017
3.38~5.49	—	—	—	214.4~263.3	1.52~3.53	—	赵进红等，2017
46.8~79.0	246~512	—	792~4580	456~1180	3.5~6.3	593~1100	Li et al.，2007

注："—"表示未检出或者没有检测。

　　红枣品种和土壤条件都可对红枣中矿质元素的组成与含量产生影响。蒋卉等（2016）将从内地引进的 50 个枣品种嫁接于同一批酸枣砧木上，种植在塔里木大学园艺实验站红枣资源圃同一块土地上，并统一采用两年生枣果实测定其微量元素，结果表明，在测定的 50 个红枣品种中，含量最高的元素是钙，其次是铁，而微量元素锰、铜、锌、硒含量均较低；不同品种红枣中铁含量的差异不明显，钙含量有显著的差异，铁含量较高的红枣有'224 陈'、'襄汾木枣'、'金铃长枣'，钙含量较高的红枣是'蛤蟆枣'（含量高于 1000 mg/kg）；不同红枣品种中铜元素含量差异较明显，其中'槟榔枣'、'陕西稚枣'、'雪枣'、'长紫脆枣'、'平陆尖枣'铜元素含量较高；锌元素含量较高的红枣品种有'襄汾木枣'、'赞 2'、'献县无核枣'、'辣椒枣'、'蓝田大枣'，不同品种间锌元素含量差异明显；锰元素含量较高的品种有'陕西稚枣'、'长鸡心枣'、'山东梨枣'、'晋矮 4 号'、'六月鲜'、'蛤蟆枣'、'224 陈'，不同品种红枣中锰元素含量差异较明显；在所测微量元素中硒含量最低，而且不同品种的含量差异不明显。薛晓芳等（2016）对国家枣种质资源圃不同用途的 23 个品种枣果实中矿质元素进行了分析，发现所检测的钾、钙、钠、镁、铁、锌 6 种矿质元素含量在品种间的变异系数为 9.94%～43.59%，其中以锌含量的变异最大，含量最高的品种与最低的品种相差 5 倍多。宋锋惠等（2010）测定了新疆塔里木盆地 8 个县市骏枣种植园土壤养分含量及相应果园骏枣的营养成分，通过统计分析发现，枣中锌含量与土壤中钙、铁和锌的含量呈正相关，钙含量与土壤中有机质、钙和磷的含量呈正相关。

　　对不同生态区域、不同品种新疆红枣中矿质元素含量进行分析也发现，不同产地骏枣的钙、铁、锌、锰、镁的含量均高于灰枣，尤其是和田骏枣，其钙、铁、镁的含量均明显高于其他新疆红枣（表 1.9）。锌含量以阿克苏的灰枣和骏枣较高，分别为 13.63 mg/kg DW 和 11.60 mg/kg DW，而若羌灰枣和喀什灰枣仅为 1.21 mg/kg DW 和 3.32 mg/kg DW，分别较阿克苏灰枣低 91.12%和 75.64%。不同生态区域骏枣和灰枣的锌含量变异系数分别为 52.27%和 109.85%，铁含量的变异系数也分别高达 48.12%和 34.53%。这些都说明，产地环境条件是影响新疆红枣矿质元素含量的最重要因素。但同一生态区域的哈密骏枣钙含量较哈密大枣高 10.12%，锌含量则高出 76.79%，而铁含量却低 35.49%。阿克苏灰枣较骏枣镁含量高 16.86%，而锰含量却低 21.65%。说明品种也可对新疆红枣矿质元素的吸收与积累产生影响。

表 1.9　不同品种、不同产地新疆红枣矿质元素含量（以干重计）

元素种类	哈密大枣	骏枣			灰枣		
		哈密	阿克苏	和田	阿克苏	喀什	若羌
钙/（mg/kg）	65.23	71.83	75.06	93.41	70.66	66.18	71.06
铁/（mg/kg）	3.76	2.42	2.18	4.94	2.28	1.38	1.24
锌/（mg/kg）	2.93	5.18	11.60	4.93	13.63	3.32	1.21

品种	哈密大枣	骏枣			灰枣		
		哈密	阿克苏	和田	阿克苏	喀什	若羌
镁/（mg/100g）	65.32	68.34	62.31	78.45	72.81	62.03	58.57
锰/（mg/100g）	0.80	0.88	0.93	0.86	0.73	0.42	0.38
磷/（mg/100g）	146.49	165.70	114.83	114.68	136.31	101.97	146.34

1.2 红枣中的生物活性物质概述

除碳水化合物、蛋白质、脂类、维生素、矿质元素等一般营养物质外，红枣中还含有多酚类物质、活性多糖、五环三萜类化合物、环磷酸腺苷、环磷酸鸟苷、类胡萝卜素、生物碱、皂苷和膳食纤维等功能性成分，在红枣的保健功能方面具有重要作用。其中，多糖是红枣中含量最高、最重要的生物活性成分；多酚类物质是红枣中最主要的抗氧化活性成分；环磷酸腺苷在红枣中含量最为丰富而且稳定；三萜类化合物具有独特的抗肿瘤和抗病毒作用，因此受到高度重视。而红枣中类胡萝卜素和生物碱含量较低，因此研究较少。传统红枣功能性成分研究中不包括膳食纤维，关于红枣膳食纤维的研究仅限于含量测定和提取工艺等，关于其生理活性与应用方面的研究还很少，有待于加强。

1.2.1 多酚类物质

多酚类物质是植物的次级代谢产物，在高等植物组织中广泛存在。这些天然的多酚类物质大多具有较强的抗氧化和清除自由基的能力及抗癌防癌、抗衰老、抗病毒、抗过敏、抑菌、降血脂、降血糖、降血压、调节机体免疫、保肝护肝、防治心脑血管疾病和神经退行性疾病等许多重要的生理活性，因此在人类营养保健与疾病防治等方面具有十分重要的作用。

多酚类物质在水果中广泛存在，是水果保健功能的重要物质基础。据测定，成熟鲜枣果实中含有总多酚 0.558～2.520 mg GAE/g FW、总黄酮 0.47～2.00 mg RE/g FW、原花青素 0.511～0.977 mg CE/g FW（Kou et al.，2015），其多酚含量与苹果、红葡萄、李、荔枝等相当，高于桃、梨、樱桃、杏、柑橘、龙眼、芒果、菠萝、枇杷等水果（表 1.10）。

表 1.10　红枣与一些常见水果中总多酚及总黄酮含量的比较

水果种类	部位	总多酚	总黄酮	参考文献
鲜枣	果肉	0.558～2.520 mg/g FW	0.47～2.00 mg/g FW	Kou et al.，2015
苹果	果肉	1.29～1.96 mg/g FW	2.22～4.70 mg/g FW	王岩等，2015
梨	果肉	28.539～447.720 mg/kg FW	31.528～395.538 mg/kg FW	曾少敏等，2014
桃	果肉	24.83～86.33 mg/100g FW	17.76～130.17 mg/100g FW	Liu et al.，2015
红葡萄	果汁	965～3062 mg/kg	—	Orak，2007
甜樱桃	果汁	245.43～1275.67 mg/kg	—	张圆圆等，2014
李	果肉	86～413 mg/100g FW	—	Rupasinghe et al.，2006
杏	果肉	41～170 mg/100g FW	—	Sochor et al.，2010
石榴	果汁	6.33～40.51 mg/g	0.29～0.44 mg/g	冯立娟等，2016
柑橘	果汁	292.3～757.7 mg/L	99.6～204.4 mg/L	季露等，2016
芒果	果肉	28.14～97.47 mg/100g FW	0.904～9.252 mg/100g FW	Abbasi et al.，2015
荔枝	果肉	101.51～259.18 mg /100g FW	39.43～129.86 mg /100g FW	Zhang et al.，2013
龙眼	果肉	22.09～132.47 mg /100g FW	2.48～14.26 mg/100g FW	林耀盛等，2016
枇杷	果肉	327.31～615.22 mg/kg FW	—	林素英等，2016
菠萝	果肉	25.51～72.57 mg/100g FW	10.27～50.57 mg/100g FW	Du et al.，2016

注："—"表示未检测。

不同品种、不同发育期及不同产地、不同水肥管理的枣果实中多酚含量存在较大差异。一般未成熟枣中多酚含量高于成熟枣，施用有机肥和钾肥有利于多酚物质的积累。红枣热风干燥或自然晾晒后多酚含量降低，真空冷冻干燥、微波干燥或膨化干燥有利于保持或提高红枣中的多酚含量。

枣果中的多酚类物质主要有儿茶素、表儿茶素、芦丁、绿原酸、原儿茶酸、咖啡酸、对羟基苯甲酸、对香豆酸、阿魏酸、肉桂酸、槲皮素等，以游离态或结合态存在于枣果肉、果皮、果核中。不同枣品种、成熟度以及水肥管理、干制方式等均会对枣果中多酚类物质的组成产生影响。

抗氧化活性是红枣多酚最重要、最显著的生物活性，红枣的抗氧化活性主要来源于其中丰富的多酚类物质及维生素 C 等。此外，一些不同来源的红枣多酚提取物还被证实具有抗肿瘤、抑菌、抗炎、抗凝血、耐缺氧、降血糖、抑制透明质酸酶活性、阻止蛋白质非酶糖化反应、保护 DNA 免受损伤、防止心肌缺血等作用，因此可在人类营养保健和疾病防治方面发挥作用。

1.2.2　活性多糖

多糖是自然界中含量最丰富的生物聚合物，是多种中草药的有效成分之一，也广泛存在于多种水果中，如桃、葡萄、猕猴桃、红枣、无花果、酸浆果、番石榴、香蕉、荔枝、龙眼等，具有抗氧化、抗肿瘤、抗病毒、抗衰老、抗疲劳、降血糖、抑菌等多种生物活性，能提高机体的免疫功能，在人类保健与疾病治疗方面具有广阔的应用前景。

多糖是红枣中含量最高、最重要的生物活性成分，红枣的多种保健功能与生理功效都与其含有的活性多糖有关。据测定，成熟鲜枣中水溶性多糖的含量为 3.103～21.815 mg/g FW（Kou et al.，2015），干枣中水溶性多糖的提取得率一般为 0.8%～10%，不同原料品种、成熟度及产地等都可对红枣中的多糖含量产生影响。

红枣多糖多为水溶性的中性多糖和酸性多糖，主要由 L-阿拉伯糖、D-半乳糖、D-葡萄糖、L-鼠李糖、D-甘露糖和 D-半乳糖醛酸等单糖单元通过糖苷键结合在一起而形成，其结构以果胶类多糖为主。

同其他天然植物多糖一样，红枣多糖也具有多种生理活性和功效。通过体内、体外实验证实，红枣多糖具有调节机体免疫功能、抗氧化、补气补血、抑制癌细胞增殖、改善糖尿病症状、保肝护肝、抗疲劳、降血脂、抗凝血，以及抑制 α-淀粉酶、α-葡萄糖苷酶、透明质酸酶和酪氨酸酶活性等功能，因此被认为是红枣多种保健功能的物质基础。

1.2.3　环核苷酸

环磷酸腺苷和环磷酸鸟苷是细胞内参与调节物质代谢和生物学功能的重要物质，为生命信息传递的"第二信使"，具有改善人体微循环、扩张冠状动脉、增加脑和冠状脉供血量、减慢心率、降低心肌耗氧指数、抗败血素和血栓素、提高高密度脂蛋白、促进神经再生及阻止体内亚硝酸盐类物质的形成等作用，因此广泛应用于静脉阻塞、心肌梗死、冠心病、心绞痛、高血压以及癌症等疾病的治疗。

红枣中环磷酸腺苷含量是所有已调查高等植物中最高的，最高含量近 0.05 g/100g DW，但不同品种间存在较大差别。干制过程也可对枣中环磷酸腺苷含量产生影响。此外，红枣中还含有环磷酸鸟苷，但其含量通常低于环磷酸腺苷，一般在 0.03 g/100g DW 以下，因品种而异。

从红枣中提取的环磷酸腺苷已被证实具有抗疲劳、抗缺氧、抗过敏、改善睡眠、增加造血功能等生物活性。由于环磷酸腺苷具有促进肿瘤细胞向正常细胞转化的功能，因此也被认为是红枣抗癌功效的重要物质基础之一。

1.2.4　三萜类化合物

三萜类化合物是药用植物中常见的生物活性成分之一，具有抗肿瘤、抗氧化、抗病毒、抗炎症反应、降血脂、抑菌、保肝护肝等多种生理功能，因此在医药及保健品中具有广泛的用途。

从红枣中分离到的三萜类化合物主要为五环三萜类化合物，有羽扇豆烷型、齐墩果烷型、美洲茶烷型、坡模醇酸型和乌索烷型等，主要以游离型三萜酸和三萜酸酯形式存在。红枣中总三萜酸的含量为 3.99～15.73 mg/g DW（赵爱玲等，2010）。各种三萜类化合物的组成与含量不仅受品种的影响，还受土壤、气候、环境等生长条件的影响，加工过程也可造成红枣中三萜类化合物组成与含量发生变化。

红枣的抗癌作用与其中的五环三萜类化合物密切相关。红枣中的三萜类化合物还具有预防动脉粥样硬化、抗氧化、抗补体活性、抗炎症反应、保肝护肝等作用。

1.2.5　其他生物活性成分

除活性多糖、多酚、三萜酸、环磷酸腺苷和环磷酸鸟苷外，红枣中还含有膳食纤维、α-生育酚、β-胡萝卜素、甜菜碱和功能性低聚糖等生物活性成分，对红枣的保健功能也具有重要作用。

1. 膳食纤维

膳食纤维不能被人体消化吸收，但可促进肠蠕动，减少食物在肠道中停留的时间，软化大便，防止便秘，对结肠和直肠癌具有很好的预防作用。膳食纤维还能改善肠道菌群，促进钙质吸收，调节血糖、血脂，预防胆结石，控制肥胖，清除汞、镉、砷等外源有害物质，因此被称为"绿色清道夫"，能够保持人体肠道通畅，排毒通便，清脂养颜，维护肌肤健康，对人体健康具有重要意义。

据测定，红枣中总膳食纤维一般在 5.0～10.0 g/100g DW 之间，一般枣的等级越低，其膳食纤维含量越高，枣皮中膳食纤维含量高于枣肉，不同枣品种之间也存在较大差别。

枣中膳食纤维可分为水不溶性膳食纤维和水溶性膳食纤维。水溶性膳食纤维主要是一些胶类和糖类物质，也就是通常所说的水溶性多糖，一般采用水作提取溶剂即可获得。水不溶性膳食纤维的主要成分是纤维素、半纤维素、木质素、原果胶等，需采用酸、碱或纤维素酶、木聚糖酶等处理方法才能提取出来。因此常采用酶法和/或碱法来提高红枣膳食纤维的提取得率（姚文华等，2007；陶永霞等，2009；赵梅等，2014；黄雪姣等，2015）。

同其他植物来源膳食纤维类似，红枣膳食纤维也被证实具有改善肠道菌群、促进肠蠕动、防止便秘等功能（白冰瑶等，2016）。从红枣渣中提取的水不溶性膳食纤维还具有清除亚硝酸盐和吸附胆固醇的作用（张华等，2013）。

由于膳食纤维的功能与营养价值得到认可较晚，因此在传统的红枣功能性成分研究中不包括膳食纤维研究。与红枣多糖、多酚及环磷酸腺苷和三萜酸等红枣中传统的功能性成分相比，红枣膳食纤维的研究相对滞后，目前仅限于含量测定和提取工艺等，关于其生理活性与应用方面的研究还很少。但膳食纤维在红枣中分布广、含量高，是红枣全果资源利用不可忽视的一个重要部分。如何从红枣及其加工副产物中提取分离膳食纤维并对其进行开发利用，实现红枣资源的高值化利用，是红枣功能性成分研究中亟待加强的一个方向。

2. α-生育酚

α-生育酚（α-tocopherol）是维生素 E 中最具生物活性的成分，结构如图 1.1 所示。

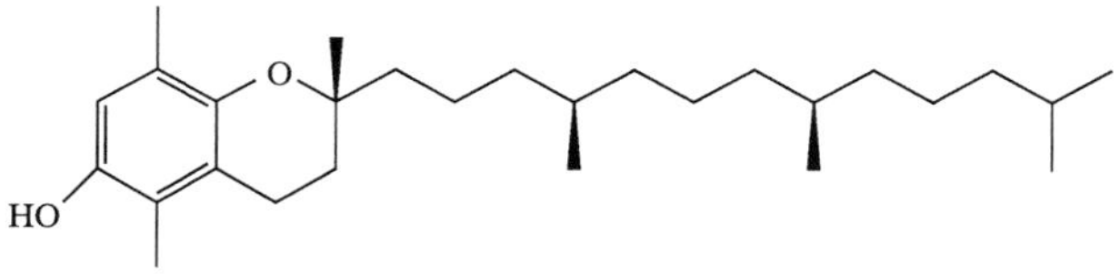

图 1.1 α-生育酚结构式

α-生育酚具有抗氧化、保护神经元细胞、降低胆固醇、调节机体免疫力、提高生殖能力、抗辐射、抗衰老等多种生理功效，能够预防神经退行性疾病、心脑血管疾病、糖尿病肾病、白内障和黄斑病变及乳腺癌、胰腺癌等多种病症的发生。

Gao 等（2012）对不同干燥方式陕北木枣进行分析，发现新鲜陕北木枣中含有微量的 α-生育酚，约为 1.7 mg/kg DW，而在真空冷冻干制和热风干制红枣中 α-生育酚含量则达到 3.1 mg/kg DW 和 3.2 mg/kg DW，但自然晾晒和微波干燥的红枣中却检测不到 α-生育酚。

王蓉蓉等（2017）对梨枣、金丝小枣、灰枣、哈密大枣、木枣、相枣 6 个品种枣果中 α-生育酚含量进行了分析，结果表明不同品种枣果中 α-生育酚含量存在较大差别，含量最高的哈密大枣达 8.43 mg/kg DW，其次为梨枣（5.65 mg/kg DW）、相枣（4.57 mg/kg DW）、灰枣（3.18 mg/kg DW）、木枣（2.95 mg/kg DW），含量最低的金丝小枣仅有 1.18 mg/kg DW，约为哈密大枣含量的 14.0%。

枣果实成熟度也可影响其中的 α-生育酚含量。金丝小枣发育过程中，其果实的 α-生育酚含量一直呈下降趋势，成熟后期的果实中 α-生育酚含量可较发育早期的果实降低 80% 以上（丁胜华等，2017）。

3. β-胡萝卜素

β-胡萝卜素（β-carotene）是类胡萝卜素家族的一员，分子中含有多个共轭多烯双键（图 1.2），能够与氧自由基发生不可逆反应，猝灭单线态氧，即使在浓度极低的条件下也可与磷脂等竞争过氧化自由基，从而防止细胞膜脂过氧化，保护细胞免受氧化损伤，因此具有改善机体的免疫功能和预防肿瘤、血栓、动脉粥样硬化及抗衰老等生理功效。β-胡萝卜素在体内可转化成维生素 A，因此也是体内维生素 A 的重要来源。

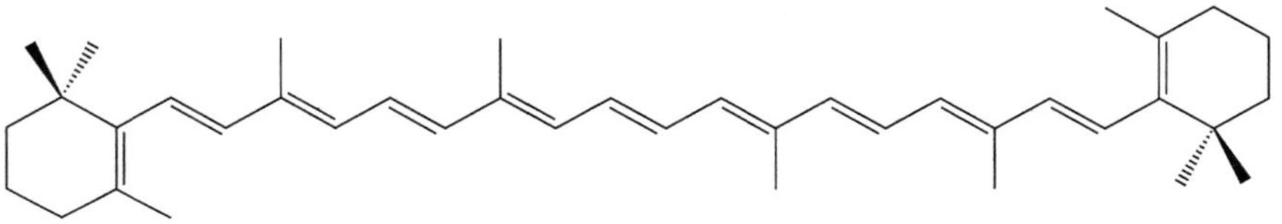

图 1.2　β-胡萝卜素结构式

Gao 等（2012）对不同干燥方式陕北木枣中 β-胡萝卜素含量进行分析，发现新鲜陕北木枣中 β-胡萝卜素含量为 45.6 mg/kg DW，自然干燥（约 21 d）后检测不出 β-胡萝卜素，微波干燥（700 W, 4 min）后 β-胡萝卜素含量损失率也高达 61%，而真空冷冻干燥（-50℃，48 h）和热风干燥（70℃，8 h）却分别使枣果中 β-胡萝卜素含量升高 2.4 倍和 0.9 倍。这说明真空冷冻干燥和热风干燥有利于保持和提高枣果中的 β-胡萝卜素含量，产品营养价值较高。

与其他生物活性物质相似，枣果中 β-胡萝卜素含量在果实发育过程中也呈动态变化。随着金丝小枣的生长成熟，枣果中的 β-胡萝卜素含量呈现下降的趋势，从 S1 到 S6 期，其含量从 65.31 mg/kg 降到 1.64 mg/kg，降幅高达 97.49%（丁胜华等，2017）。

不同品种枣果中 β-胡萝卜素的含量也存在较大差异。王蓉蓉等（2017）对梨枣、金丝小枣、灰枣、哈密大枣、木枣、相枣 6 个品种枣果中的 β-胡萝卜素含量进行了分析，结果表明哈密大枣中 β-胡萝卜素的含量显著高于其他品种，为 6.08 mg/kg DW，依次为木枣（4.37 mg/kg DW）、梨枣（4.26 mg/kg DW）、灰枣（3.60 mg/kg DW）、相枣（3.56 mg/kg DW），金丝小枣的含量最低，仅有 1.64 mg/kg DW，为哈密大枣的 26.97%。

4. 甜菜碱

甜菜碱（betaine）是一种季铵型生物碱，最早由甜菜中分离得到，其结构如图 1.3 所示。

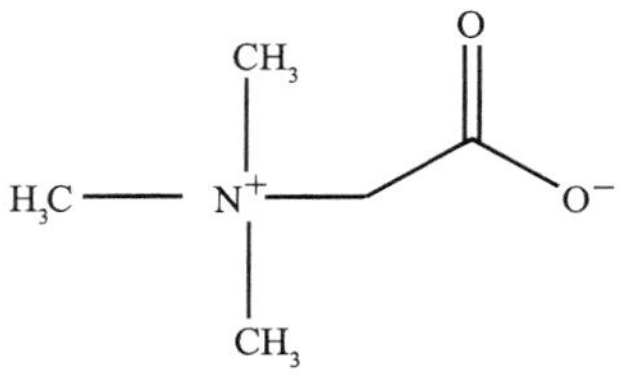

图 1.3　甜菜碱结构式

　　甜菜碱具有提供甲基、调节体内渗透压、促进脂肪代谢和蛋白质合成等生理活性,因此对酒精性肝损伤、脂肪肝、高血压、肿瘤等疾病具有一定的防治作用。

　　不同品种红枣中均含有一定量的甜菜碱。蒋新月等(2009)采用反相高效液相色谱法(RP-HPLC)分析了山东金丝小枣、河南新郑红枣、新疆若羌红枣和哈密大枣等不同产地及品种枣中甜菜碱的含量,发现河南新郑红枣中甜菜碱含量最高,为 68.60 mg/g,其次为若羌红枣和山东金丝小枣,分别为 63.08 mg/g 和 58.70 mg/g,哈密大枣中甜菜碱含量最低,为 43.85 mg/g,较含量最高的河南新郑红枣低 36.08%。

5. 功能性低聚糖

　　低聚糖(oligosaccharide),又称寡糖,是一种低聚合度的糖化合物,一般由 2～10 个糖单元缩聚而成,以蔗糖、乳糖、麦芽糖、海藻糖、棉籽糖等最为常见。功能性低聚糖一般是指不能被人体消化吸收但可被肠道菌群分解利用的一类低聚糖,具有改善肠道微生态、调节胃肠功能、防治便秘等功效。通常所说的低聚糖一般都是指功能性低聚糖。

　　低聚糖天然存在于红枣中,可直接从红枣中提取。彭艳芳等(2008)对冬枣不同发育阶段果实中低聚糖和多糖的含量进行了动态测定,发现冬枣在白熟期前 3 周即可检测到大量的二糖,并随着枣果的成熟出现了三糖和四糖。姚飞(2015)采用蒸馏水作为浸提溶液提取红枣中的可溶性糖,然后经 Savage 除蛋白质、5% 乙醇沉淀法去除多糖和聚丙烯酰胺凝胶柱层析分离得到木枣低聚糖,经体外化学试验证实其可有效清除 DPPH 自由基和羟自由基及亚硝基,而且可在体外促进双歧杆菌的生长,说明该提取物是一种功能性低聚糖。王向红等(2012)以金丝小枣为原料,采用超滤与纳滤相结合的方法对水提醇沉得到的粗低聚糖溶液进行分级制备,得到纯化的红枣低聚糖,将其添加到动物双歧杆菌基础培养基中,也可促进动物双歧杆菌生长。从金丝小枣中提取的低聚糖糖浆在一定剂量范围内能提高正常昆明种小鼠的体液免疫功能、细胞免疫功能和巨噬细胞吞噬功能(赵文等,2006)。

　　此外,也可采用化学或者酶法对红枣多糖进行降解,制备红枣低聚糖。如尹硕慧等(2016)以酸解结合酶解的方法对金丝小枣多糖进行降解,获得金丝小枣低聚糖。经体外试验证实，该法所制备的金丝小枣低聚糖对大肠杆菌、枯草芽孢杆菌、金黄色葡萄球菌均具有一定的抑制作用，并可清除 DPPH 自由基和羟自由基，具有较强的抗氧化能力。

1.3　红枣的保健功能及应用

红枣是我国传统的滋补佳品，也是国家批准的药食两用食物之一，其保健功能与药用价值一直深受人们的重视。传统中医认为，枣味甘、性温，有补中益气、养血安神、生津液、解药毒等功效，可用于中气不足、脾胃虚弱、气血不足、食欲不振、体倦乏力、心悸失眠、津液亏损、食少便溏、血虚萎黄、妇女脏燥等症的治疗。民间有"宁可三日无肉，不可一日无枣""每日吃三枣，七十不显老"之说，可见枣是不可多得的健康食品。

本节重点阐述红枣在我国传统医疗保健中的应用及现代红枣研究中关于全枣保健功能特性的评价利用等。关于红枣多酚、活性多糖、环核苷酸及三萜类化合物等特定功能性成分的生物活性与功能将在以后章节中详细论述。

1.3.1　红枣在我国古代中医药中的应用

红枣药用在我国具有悠久的历史，关于其药性、功效与主治病症等在历代中草药学著作中都有论述。例如，现存最早的中药学专著《神农本草经》将大枣列为上品，称其"味甘、平，主心腹邪气，安中，养脾气，平胃气，通九窍，助十二经，补少气、少津液，身中不足、大惊、四肢重，和百药，久服轻身长年"；三国《吴普本草》称其"主调中，益脾气，令人好颜色，美志气"；五代《日华子本草》称其"润心肺……补五脏，治虚劳损……"；唐代孟诜《食疗本草》称其"主补津液，强志……，蒸煮食，补肠胃，肥中益气"；北宋唐慎微《证类本草》称其"甘、温，主补虚益气，润五脏，……久服令人肥健，好颜色，神仙不老……"；明代李时珍《本草纲目》记述"大枣气味俱厚，阳也，温以补不足，甘以缓阴血……，枣为脾之果，脾病宜食之"；明代倪朱谟《本草汇言》记述"此药甘润膏凝，善补阴阳、气血、精液……，一切虚损，无不宜之，……心脾二脏元神亏损之证，必用大枣治之"；清代张志聪《本草崇原》称大枣"养脾则胃气自平，从脾胃而行于上下，则通九窍，从脾胃而行于内外，则助十二经，……大枣补身中之不足，故补少气而助无形，补少津液而资有形……，久服则五脏调和，血气充足，故轻身延年"；当代《中华本草》称大枣"补脾胃，益气血，安心神，调营卫，和药性，主治脾胃虚弱倦怠乏力，心悸失眠，妇人脏躁，营卫不和等"。

大枣具有独特的药性与功效，因此其成为古代中医药方中常用的药材之一。

张仲景《伤寒论》《金匮要略》两书用大枣者，共计有 58 药方。《本草纲目》大枣条下附有 19 个药方。红枣与不同的中药配伍，显示着不同的功效。例如，红枣与党参、白术茯苓等同用，治疗脾胃虚弱；与当归、熟地等同用，治面黄肌瘦血虚症；与大戟、芫花、甘遂配伍，可泻水逐痰不伤脾胃，缓和了药物的毒性作用。

古代的一些经典药方在现代中医药实践中仍广为应用。例如，《金匮要略》中有甘麦大枣汤，大枣与浮小麦、甘草配合使用，共奏补脾气、养心安神之功，改善"脏燥症"。现代中医将此方用于治疗更年期综合征、抑郁症、肿瘤放化疗后白细胞减少症等（王亚杰等，2015）。《伤寒论》十枣汤在现代医学中被用于治疗肠粘连、克罗恩病、各种结核性疾病、腹膜炎、胸膜炎、肝硬化腹水、慢性甲肿、肾性水肿、肥胖症等疑难杂病（王萧和陈镜合，1999）。

红枣还常被中医作为"药引"来用，具有促进药效、缓和药性之功效。

1.3.2 红枣的功能特性

从历代中医药文献记载，可以看出红枣具有补中益气、养血安神、调和脾胃之功效。现代药理学研究进一步证实，红枣具有提高机体免疫力、抗突变、抗肿瘤、降血脂、抗疲劳、抗衰老、保肝护肝、营养神经等生理功能，赋予了红枣新的保健功能和药用价值。

1. 提高机体免疫力

维护免疫系统的正常机能是提高机体防病、抗病能力的基础，人体许多疾病的发生、发展都和免疫力低下有关。利用各种动物模型，灌服红枣单味药剂或者复合药剂及红枣汁等，证实红枣可以通过促进免疫器官发育、刺激淋巴细胞增殖、提高巨噬细胞吞噬能力、激活自然杀伤细胞（natural killer cell，NK）杀伤活性、提高外周血白细胞数量、上调细胞因子表达等途径改善机体免疫功能，从而在疾病防御方面发挥重要作用。

周锡顺（1992）采用 100%单味大枣药剂给小鼠应用 4 h、8 h、16 h 后，小鼠腹腔巨噬细胞的吞噬率和吞噬指数均显著提高，表明大枣能显著提高体内单核-吞噬细胞系统的吞噬功能，从而说明红枣对小鼠机体免疫系统的功能有提高作用。复方木枣口服液能显著提高小鼠的抗体生成细胞数和淋巴细胞转化能力及迟发型变态反应能力（李兴旺等，2009）。枣芪汤 25 g/kg 和 12.5 g/kg 能增加正常和环磷酰胺所致免疫功能低下的小鼠免疫器官重量，提高血清溶血素水平，并增强小鼠单核巨噬细胞系统的吞噬功能，表明枣芪汤可增强小鼠免疫功能（肖华等，1996）。单独灌服黄精，对小鼠免疫器官没有显著影响，但大枣和黄精联用，能显著提高小鼠的免疫器官指数及血清溶菌酶水平，二者具有协同增效作用（褚福龙等，2014）。大枣还可促进呼吸道黏膜免疫分子 sIgA 分泌，因此可以作为临床对易感人群防治呼吸道感染的中药免疫增强剂（徐艳琴，2013）。灌喂 2.50 mL/kg BW、5.00 mL/kg BW 剂量的金丝小枣糖浆，28d 后昆明种小鼠的足跖肿胀度、脾脏抗体生成细胞数、半数溶血值明显增加，2.50 mL/kg BW 剂量组小鼠的碳粒廓清指数和腹腔巨噬细胞吞噬指数均较对照组明显提高，说明一定剂量的金丝小枣糖浆能提高正常昆明种小鼠的体液免疫和细胞免疫功能（袁红波等，2008）。给小鼠喂饮陕西木枣汁，也可提高小鼠胸腺指数和脾脏指数，增强其身体机能（Zhang et al.，2005）。哈密大枣浓缩汁可促进环磷酰胺所致免疫低下 BALB/c 小鼠的免疫器官发育，刺激淋巴细胞增殖，提高巨噬细胞吞噬能力，激活 NK 细胞杀伤活性，提高外周血白细胞数量，改善脾组织结构，说明哈密大枣浓缩汁能够改善免疫低下小鼠的免疫功能（王超，2013）。朱虎虎等（2013a）的研究也表明，给放疗小鼠灌服新疆大枣汁可明显提高其外周血白细胞数、血小板数和血红蛋白含量，以及骨髓有核细胞数、脾脏指数和胸腺指数，说明新疆大枣汁对放疗小鼠免疫功能有保护作用。

在体外细胞试验中，应用大枣水提物可以促进 RAW 264.7 巨噬细胞中白细胞介素(IL)-1β、IL-6 和肿瘤坏死因子(TNF)-α 等的表达，从而提高机体免疫反应(Chen et al.，2014a)。

2. 抗氧化

在正常情况下，体内自由基的产生和清除是平衡的。一旦自由基产生过多或抗氧化体系出现故障，体内自由基代谢就会出现失衡，从而导致膜质过氧化和细胞损伤，引起人体衰老和心脏病、动脉粥样硬化、癌症、炎症、糖尿病等严重疾病。借助于各种抗氧化测试体系，不同红枣提取物及红枣汁、红枣酒、红枣醋、红枣乳酸发酵饮料等加工产品都被证实具有较强的抗氧化活性，从而可以减缓人体衰老进程、防止疾病的发生。

李进伟等（2009）分别采用亚油酸过氧化、DPPH 自由基清除能力、还原能力等抗氧化测试体系研究了金丝小枣、牙枣、尖枣、骏枣和三变红枣 5 个品种枣提取物的抗氧化活性，并与维生素 E 的抗氧化性相比较。结果表明，5 个品种枣的甲醇（80%）、乙醇（80%）、丙酮（80%）和水提取物在不同抗氧化测试体系中均表现出一定的抗氧化活性，其中尤以甲醇提取物的抗氧化活性最高；5 个红枣品种中，金丝小枣、牙枣、尖枣抗氧化能力均大于维生素 E，骏枣和三变红枣抗氧化能力较维生素 E 略低。王超（2013）通过体外自由基清除法、生物组织法、总还原能力法三类抗氧化测试方法对哈密大枣浓缩汁的体外抗氧化活性进行评价。结果表明，当大枣浓缩汁浓度达到 50 mg/mL 时，对 DPPH 自由基、·OH 自由基、ABTS$^+$自由基的清除率均超过 50%；当枣浓缩汁浓度达到 200 mg/mL 时，对于小鼠肝组织匀浆的脂质过氧化抑制率可达 55.15%;每 10 mg 枣浓缩汁与 1 mg 维生素 C 的总还原能力相同。红枣乳酸发酵饮料对 DPPH 自由基清除能力、ABTS$^+$

自由基清除能力、Fe^{3+}还原能力的维生素 C 抗氧化当量（vitamin C equivalent antioxidant capacity，VCEAC）分别为 223.8 mg/L、1126.64 mg/L、1007.2 mg/L，总抗氧化能力（total antioxidant capacity，TAOC）值为 56.98；枣酒对 DPPH 自由基清除能力、$ABTS^{\cdot+}$自由基清除能力、Fe^{3+}还原能力的 VCEAC 值分别为 158.6 mg/L、920.44 mg/L、592.5 mg/L，TAOC 值为 48.44（靳玉红等，2016）。0.01mL 的清涧木枣原枣汁和枣醋对 $ABTS^{\cdot+}$ 自由基的清除率分别达59.9%和26.5%，0.6 mL 的原枣汁和枣醋对 ·OH 自由基的清除率分别为 86.3%和67.6%（化志秀等，2013）。在体内抗氧化试验中，灌服大枣单味水煎液可使小鼠肝脏超氧化物歧化酶（superoxide dismutase，SOD）活性提高 32.46%，丙二醛（malonaldehyde，MDA）含量减少 15.26%，说明大枣可提高机体抗氧化水平，保护细胞膜免受氧化损伤（褚福龙等，2014）。

3. 抗突变

突变是生物体遗传物质所发生的可遗传的变异，广泛的突变可分为染色体畸变和基因突变两大类。现代研究表明，人类许多严重的疾病如肿瘤、某些代谢障碍、神经退行性病变及衰老的发展都与突变作用有关。

多力坤·买买提玉素甫等（2008）应用微核试验（micronucleus test，MCNT）技术研究小枣汁对环磷酰胺的抗突变作用的影响，发现不同浓度的小枣汁对环磷酰胺诱发的蚕豆根尖细胞微核均有明显的抑制作用，小枣汁使环磷酰胺诱发的微核率从 5.2%降低至 9.7%，说明小枣汁对环磷酰胺诱发的遗传损伤具有明显的修复、保护以及抗突变作用。刘秀芳等（1992）采用果蝇伴性隐性致死（SLRL）试验方法，发现大枣浓缩液对甲基磺酸乙酯（EMS）诱发果蝇生殖细胞基因突变具有明显的抑制作用。宋为民和法京（1991）采用姐妹染色单体互换（sister chrematid exchange，SCE）技术，发现给小鼠灌服大枣煎液能明显抑制环磷酰胺所致的 SCE 值升高，表明大枣具有抗突变作用。郭炜等（2002）的研究也表明，大枣对丝裂霉素 C 引起的致突变作用有拮抗效应。

这些研究说明大枣具有一定的抗突变作用，从而可以防止外界因素引起的突变，预防各种与突变有关的疾病的发生。

4. 抗肿瘤

随着生活环境的恶化和污染的加剧，各种恶性肿瘤的发病率呈现上升态势，严重威胁人类生命。红枣中含有多种抗肿瘤活性成分，可通过调节机体免疫、杀灭肿瘤细胞、抑制肿瘤细胞增殖、阻止体内致癌物的生成等途径预防和治疗癌症，同时还可缓解化疗药物对机体的毒害作用。

魏虎来等（1996）采用 MTT 比色分析法和集落形成法观察了大枣水溶性提

取物对人白血病 K562 细胞增殖的抑制作用，发现大枣水提物对 K562 细胞的增殖和集落形成能力有显著的抑制作用，呈明显的量效关系，其半数抑制量（ID$_{50}$）分别为 22.50 mg/mL 和 9.46 mg/mL（相当于生药）；硒酸酯多糖（≤50 μg/mL）对 K562 细胞几乎没有作用，但与大枣水提物联合呈现出极强的抗增殖活性，50 μg/mL 硒酸酯多糖可使大枣水提物对 K562 细胞的抑制作用提高约 2 倍。崔振环（1999）在小鼠腹股沟皮下植入可移植性乳腺癌（MA737）细胞，发现灌服大枣合剂可显著抑制肿瘤的生长，抑制率达 59.89%，而且小鼠白细胞无明显下降，说明对机体无毒副作用；与抗肿瘤药物环磷酰胺一起使用能提高其抗肿瘤作用，还可改善环磷酰胺对白细胞的降低作用。朱虎虎等（2012）用新疆哈密大枣汁灌喂 S180 荷瘤小鼠，发现哈密大枣汁可明显抑制肿瘤生长，延长荷瘤小鼠生存时间，提高荷瘤小鼠血清中白细胞介素-2（IL-2）和肿瘤坏死因子 α（TNF-α）水平，以及胸腺指数、脾脏指数，改善环磷酰胺对白细胞的损伤，对机体免疫器官和免疫功能有一定的保护作用。枣晶枣茶可预防亚硝胺诱发的小鼠前胃癌（赵鹏等，1994）。用 N-甲基-N'-硝基-N-亚硝基胍（MNNG）处理大鼠后，长期喂给大枣可以降低胃肠道恶性肿瘤的发生概率（林炳水等，1982）。冬枣和灵武长枣果皮、果肉、果核的 50%乙醇提取物在体外均可显著抑制 A549、MCF-7、HepG2、HT-29 癌细胞的增殖，说明对肺癌、乳腺癌、肝癌、结肠癌都可能具有一定的防治作用（Li et al.，2013）。

亚硝胺是目前所知的最强的化学致癌物质之一，能引起人和动物胃、肝脏等多种脏器的恶性肿瘤。通常情况下，人们直接从食物中摄入的亚硝胺极少，但形成亚硝胺的前体物质亚硝酸盐却普遍存在于食物中。当人体摄入亚硝酸盐和可亚硝基化的胺类物质后，胃中适合亚硝基化反应的有利条件可明显加快亚硝胺形成。因此，清除体内亚硝酸盐对于阻断亚硝胺的合成、防止恶性肿瘤发生具有重要作用。研究表明，冬枣和青枣水提液在模拟人体胃酸条件下均可有效清除亚硝酸盐、阻断亚硝胺的合成，从而可以防止胃癌等恶性肿瘤的发生（吕娜和任利江，2016）。

5. 降血脂

现代高脂饮食极易造成血脂升高，从而导致各种心脑血管疾病发生，严重时可能危及生命。张清安等（2003）、Zhang 等（2005）采用高脂饲料喂养 ICR 种小鼠，获得高脂模型小鼠，发现同时饲喂枣汁组小鼠总胆固醇（TC）含量、动脉硬化指数（AI）、甘油三酯含量、低密度脂蛋白胆固醇（LDL-C）含量均低于模型对照组，说明红枣汁对高脂饮食所致小鼠的高脂血症有显著的改善作用。王晨（2011）利用高脂乳剂建立高脂血症模型，通过测定小鼠血清总胆固醇、甘油三酯和高密度脂蛋白胆固醇（HDL-C）含量，研究红枣酒的降血脂作用。结果表明，红枣酒处理组小鼠血清总胆固醇和甘油三酯均较高血脂对照组明显下降，说明红枣酒也具有降血脂作用。红枣乳酸饮料也可使小鼠的 TC、总甘油三酯（TG）、LDL-C 和脂肪系数明显下降，动脉硬化指数下降，体重增长受到抑制（梁艳花，2015）。南疆骏枣乙醇提取物和氯仿萃取物均能显著降低高脂血症模型小鼠体重和血清 TC、TG 和 LDL-C 水平，升高小鼠血清 HDL-C 水平（赵金龙等，2017）。康文艺和李晓梅（2010）的研究也证实大枣不同部位提取物质都可降低高脂模型小鼠 TC、TG 和 LDL-C 水平，升高 HDL-C 水平。

6. 抗疲劳

李萌和王岩（1993）采用乐陵大枣和静海金丝小枣水煎剂给小鼠口服，7 天后进行游泳衰竭试验，发现乐陵大枣和静海金丝小枣处理组小鼠持续游泳时间分别较对照组延长 52.2% 和 93.4%，说明具有抗疲劳作用。

朱虎虎等（2013b）采用负重游泳试验法研究新疆大枣汁的抗疲劳作用，发现大枣汁低、中、高剂量组小鼠负重游泳时间明显比对照组小鼠延长，大枣汁中、高剂量组小鼠泳后血清中乳酸含量比对照组小鼠显著降低，大枣汁高剂量组小鼠泳后血清尿素氮含量与对照组小鼠比较明显降低，大枣汁低、中、高剂量组小鼠泳后肝糖原含量与对照组小鼠比较明显增加，说明新疆大枣具有抗疲劳作用。

7. 补血

在传统中医药学中，红枣被认为是补血的佳品。张雅利（2001）用红枣汁饲喂乙酚苯肼造成的小鼠血虚模型，通过与正常对照组、血虚组的比较发现，红枣汁能显著增加血虚小鼠的体重、红细胞数和血红蛋白含量，证明红枣汁对血虚小鼠具有补血作用。王晨（2011）通过建立血虚模型，测定小鼠的血红细胞数与血红蛋白含量，研究红枣酒的补血功能。结果表明，补血对照组的血红细胞数与血红蛋白含量均高于血虚对照组，说明枣酒对小鼠具有补血作用。杨庆等（2017）将灰枣粉碎后加水煎熬、浓缩得到大枣提取物，对缺铁性贫血大鼠连续灌喂给药 4 周，发现大枣提取物能明显升高血液中血红蛋白（HGB）、红细胞（RBC）、血细胞比容（HCT）、红细胞平均血红蛋白量（MCH）、红细胞平均血红蛋白浓度（MCHC），降低血小板（PLT）水平，对血中红细胞平均容量（MCV）、血红蛋白含量分布宽度（HDW）、红细胞体积分布宽度（RDW）、血小板平均体积（MPV）及血小板比积（PCT）变化均有改善作用；升高血清铁及铁饱和度，降低未饱和铁结合力，且明显升高肝脏中铁含量，表现出对营养性缺铁性贫血具有明显的改善作用。

8. 保肝护肝

化学药物造成的肝损伤是肝脏组织病变最重要的一个原因。给小鼠服用红枣70%乙醇提取物（200 mg/kg），可使四氯化碳所致化学性肝损伤小鼠血清的丙氨酸转氨酶（ALT）和天冬氨酸转氨酶（AST）活性及肝脏组织丙二醛（MDA）含量降低，而肝脏组织中过氧化物酶（SOD）、过氧化氢酶（CAT）、谷胱甘肽过氧化物酶（GSH-Px）等抗氧化酶的活性和谷胱甘肽水平得到显著提高，而且能减轻四氯化碳引起的肝脏组织病理变化（Shen et al.，2009）。说明该红枣提取物可通过调节肝脏组织的氧化应激反应、提高肝脏组织抗氧化水平来缓解四氯化碳对肝脏造成的伤害。李萌和王岩（1993）通过测定四氯化碳所致化学性肝损伤小鼠肝脏的血流量和病理组织学观察，发现口服静海金丝小枣和乐陵大枣水煎剂均可防止由四氯化碳所致的肝脏血流量的下降，口服红枣组小鼠肝小叶细胞结构比对照组清楚，坏死程度和周围肝细胞肿胀及脂变程度也较轻，说明红枣水煎剂具有保肝作用。

细胞色素 P450 酶（cytochrome P450，CYP）中 CYP1A2 约占人肝脏微粒体 CYP 总量的 13%，是人体内化学药物代谢的关键酶。给大鼠服用红枣水提取物和乙醇提取物可提高其肝脏微粒体 CYP1A2 活性，从而可能提高肝脏对肝毒性物质的代谢，起到保肝护肝作用（Jing et al.，2015）。

酒精性肝病是由于长期大量饮酒导致的肝脏损害性疾病，根据病变程度的不同可分为轻症酒精性肝病、酒精性脂肪肝、酒精性肝炎和酒精性肝硬化。随着人们生活水平的提高，酒精及酒精性饮料的摄入量日益增多，酒精性肝病已经成为我国的第二大肝病。申军华等（2014，2015）采用酒精灌喂的方法复制酒精性肝病动物模型，4 周后开始给予阜平大枣的 50%乙醇提取物 0.01 mL/(kg·d)[相当于大枣 0.02 g/(kg·d)] 灌喂处理，共计 12 周。发现应用大枣后，酒精性肝病小鼠血清 AST、ALT 水平下降，肝组织病理改善，肝组织 CYP2E1 和 TNF-α 表达下降，去乙酰化酶 SIRT1（sirtuin 1，silent mating type information regulation 2 homolog-1）蛋白表达水平升高，表明大枣对酒精性肝病有一定疗效。

9. 促进小肠运动，保护胃肠道功能

哈密大枣水提剂能够明显促进正常小鼠小肠推进，对小鼠小肠运动具有 M 胆碱受体激动剂样作用，而且可降低硫酸阿托品对小肠运动的抑制作用，对氯化氨甲酰甲胆碱促进小肠推进有协同作用（米克热木·沙衣布扎提等，2016）。

将红枣用水煎提制备富含碳水化合物（主要是葡萄糖、果糖和多聚糖）及少量的蛋白质、多酚等提取物，对金色仓鼠进行饲喂试验，发现给服红枣提取物可以有效缩短胃肠通过时间（gastrointestinal transit time，GITT），减少盲肠氨氮和每日粪便氨氮排出量(daily fecal ammonia output)，升高盲肠中短链脂肪酸的浓度，提高粪便含水率，降低粪便中 β-D-葡萄糖醛酸酶、β-D-葡萄糖苷酶、黏多糖酶、脲酶活性，说明适量摄入红枣提取物有可能改善胃肠道环境、减少肠黏膜对毒性氨和其他有害物质的暴露，从而维持肠道健康（Huang et al.，2008）。

10. 抗衰老

饲喂红枣粉可以延长果蝇寿命，提高果蝇对环境压力（饥饿、活性氧）的耐受能力，调节长寿基因表达（Ghimire and Kim，2017）。给 D-半乳糖致衰老小鼠灌服大枣水煎剂，可以提高小鼠红细胞和脑组织 SOD 和心肌细胞膜 Na^+-K^+-ATPase、Ca^{2+}- ATPase 活性及心肌线粒体 Ca^{2+}含量，并能降低脑组织和心肌线粒体 MDA 含量及心肌组织 Ca^{2+}含量，说明大枣能增强机体抗氧化能力，减少自由基对生物膜的损伤，维持细胞内钙稳态，具有一定的抗衰老作用（杨新宇等，2001；王建光等，2004）。

11. 抗炎症反应

用大枣水提物对 RAW 264.7 巨噬细胞进行预处理，可以降低脂多糖（LPS）诱导的促炎症细胞因子 IL-1β 和 IL-6 的表达和分泌，从而降低脂多糖引起的炎症反应（Chen et al.，2014a）。

12. 诱导神经元分化，保护神经细胞

神经微丝蛋白是神经元细胞特异性细胞骨架蛋白，通过分析神经微丝蛋白的表达情况可以判断神经元的生长分化情况。在体外培养的 PC12 细胞中，红枣水提物可以促进神经微丝蛋白的表达，而且成熟枣果实优于未成熟枣果实，说明红枣可以促进神经元生长分化，因此可能对神经退行性疾病具有防治作用（Chen et al.，2015）。

星形胶质细胞在神经细胞的抗氧化保护中具有重要作用。应用河北大枣经煎制、浓缩得到的大枣水提物可诱导星形胶质细胞中奎宁氧化还原酶 1（quinine oxidoreductase 1，NQO1）、谷氨酸-半胱氨酸连接酶催化亚单位（glutamate-cysteine ligase catalytic subunit，GCLC）、谷氨酸-半胱氨酸连接酶修饰亚单位（glutamate-cysteine ligase modifier subunit，GCLM）、S-转移酶（S-transferase，GST）等抗氧化酶基因的转录表达，从而保护神经细胞免受氧化损伤（Chen et al.，2014b）。

13. 镇静作用

对昆明种小白鼠口服乐陵大枣和静海金丝小枣水煎剂，可以协助戊巴比妥钠促进睡眠，分别较单独注射戊巴比妥钠（50 mg/kg）对照处理延长睡眠时间 103.9% 和 116.5%，同时还可减少小鼠的自发活动（李萌和王岩，1993）。这说明红枣具有镇静安神作用，因此有助于改善睡眠。

以上生物活性与功能仅是采用红枣煎剂、提取物及红枣汁、红枣酒、红枣醋等加工产品取得的部分研究结果，不限定于某一种或几种成分。从红枣中提取分离到的多酚、多糖、环磷酸腺苷、三萜酸等功能性成分也都被证实具有多种生物活性与功能，这些特定功能性成分的生物活性与功能将在以后章节中详细论述。

参 考 文 献

白冰瑶, 刘新愚, 周茜, 等. 2016. 红枣膳食纤维改善小鼠功能性便秘及调节肠道菌群功能[J]. 食品科学, 37(23): 254-259.

陈美霞, 陈学森, 慈志娟, 等. 2006. 杏果实糖酸组成及其不同发育阶段的变化[J]. 园艺学报, 33(4): 805-808.

陈宗礼, 贺晓龙, 张向前, 等. 2012. 陕北红枣的氨基酸分析[J].中国农学通报, 28(34): 296-303.

褚福龙, 宋永佳, 刁立超, 等. 2014. 黄精-大枣药对协同抗氧化及提高免疫活性的对比研究[J]. 中成药, 36(3): 614-616.

崔振环. 1999. 复方大枣合剂对小鼠乳腺癌生长抑制作用的初步观察[J].天津医科大学学报, 5(2): 15-16.

丁胜华, 王蓉蓉, 张菊华, 等. 2017. '金丝小枣'在生长与成熟过程中活性成分及抗氧化活性变化规律研究[J]. 食品工业科技, 38(3): 74-79, 86.

杜丽娟, 冀晓龙, 许芳溢, 等. 2014. 低温真空膨化与自然干制对红枣抗氧化活性的影响[J]. 食品科学, 35(13): 81-86.

多力坤·买买提玉素甫, 地里白尔·吐尔逊, 阿那尔古丽·木尔扎汗. 2008. 用微核试验研究小枣的抗突变作用[J]. 生物技术, 18(6): 53-54.

冯立娟, 尹燕雷, 焦其庆, 等. 2016. 不同石榴品种果实酚类物质及抗氧化活性研究[J]. 核农学报, 30(4): 710-718.

高锦红. 2013. 陕北红枣中微量元素含量测定及聚类分析[J]. 光谱实验室, 30(5): 2385-2387.

葛宝坤, 陈旭艳, 李淑静. 2015. 我国主产区 18 种鲜橙中糖的 HPLC 测定研究[J]. 36(2): 114-117.

郭炜, 赵泽贞, 单保恩, 等. 2002. 六种中草药抗突变及抗肿瘤活性的实验报告[J]. 癌变·畸变·突变, 14(2): 94-98.

何伟忠, 王成, 庄宇, 等. 2017. 新疆灰枣中 15 种营养组分的质量分析及评价[J]. 新疆农业科学, 54(9): 1644-1650.

胡志群, 李建光, 王惠聪, 等. 2006. 不同龙眼品种果实品质和糖酸组分分析[J]. 果树学报, 23(4): 568-571.

化志秀, 芦艳, 鲁周民, 等. 2013. 红枣醋发酵阶段主要成分及抗氧化性的变化[J]. 中国食品学报, 13(8): 248-253.

黄雪姣, 陈恺, 许建, 等. 2015. 响应面法优化残次枣中不溶性膳食纤维提取工艺[J]. 保鲜与加工, 15(2): 55-61.

季露, 郎娅, 裘迪红, 等. 2016. 不同柑橘品种果汁中抗氧化成分比较[J].宁波大学学报(理工版), 29(4): 20-25.

贾君. 2004. 5 种水果中维生素 C 含量的测定研究[J]. 冷饮与速冻食品工业, 10(2): 33-34.

蒋卉, 韩爱芝, 蔡雨晴, 等. 2016. 新疆引进红枣中微量元素和重金属含量的测定与聚类分析[J]. 食品科学, 37(6): 199-203.

蒋新月，杨洁，沈晓丽. 2009. RP-HPLC 法测定不同产地红枣中甜菜碱的含量[J]. 生物技术，
　　19(2): 65-67.

靳玉红，李志西，乔艳霞，等. 2016. 红枣乳酸发酵饮料的抗氧化活性[J]. 西北农林科技大学学
　　报（自然科学版），44(1): 199-205.

康文艺，李晓梅. 2010. 大枣对高脂血症小鼠血脂和脂质过氧化作用研究[J]. 中成药，32(1):
　　127-129.

李萌，王岩. 1993. 乐陵大枣与静海金丝小枣药理作的比较[J]. 中药材，(6): 35-37.

李焕荣，徐晓伟，许森. 2008. 干制方式对红枣部分营养成分和香气成分的影响[J]. 食品科学，
　　29(10): 330-333.

李进伟，范柳萍，丁霄霖. 2009. 五种枣提取物抗氧化活性的比较[J]. 食品工业科技，(2):
　　142-144.

李升锋，徐玉娟，张友胜，等. 2008. 不同荔枝品种果实品质、糖组分及抗氧化性的分析[J]. 食品
　　科学，29(3): 145-148.

李树玲，黄礼森，丛佩华，等. 1994. 不同种内梨品种果实维生素 C 含量[J]. 园艺学报，21(1):
　　17-20.

李文絮，刘会峦. 2005. 乐陵枣挥发油化学成份的气相色谱-质谱分析[J]. 青岛大学学报（自然科
　　学版），18(1): 67-70.

李兴旺，尹进，邹瑾. 2009. 复方木枣口服液对小鼠免疫功能影响的实验研究[J]. 中国热带医学，
　　29(8): 1440-1441.

梁俊，郭燕，刘玉莲，等. 2011. 不同品种苹果果实中糖酸组成与含量分析[J]. 西北农林科技大
　　学学报(自然科学版)，39(10): 163-170.

梁艳花. 2015. 红枣乳酸饮料功能性研究[D]. 西北农林科技大学硕士学位论文.

林炳水，窦桂荣，崔振环. 1982. 中药大枣对 N-甲基-N'-硝基-N-亚硝基胍（MNNG）诱发大鼠腺
　　胃腺癌抑制作用的初步观察[J]. 天津医药肿瘤学附刊，9(1): 62-65.

林素英，谢文燕，何松涛，等. 2016. 不同品种枇杷果实酚类物质及其抗氧化活性分析[J]. 食品
　　工业科技，37(18): 149-152, 179.

林耀盛，张名位，张瑞芬，等. 2016. 不同品种龙眼果肉酚类物质的抗氧化活性比较[J]. 食品科
　　学技术学报，34(3): 20-30.

刘纯友，马美湖，靳国锋，等. 2015. 角鲨烯及其生物活性研究进展[J]. 中国食品学报，15(5):
　　147-156.

刘杰超，张春岭，陈大磊，等. 2015. 不同品种枣果实发育过程中多酚类物质、VC 含量的变化及
　　其抗氧化活性[J]. 食品科学，36(17): 94-98.

刘硕，刘有春，刘宁，等. 2016. 李属（*Prunus*）果树品种资源果实糖和酸的组分及其构成差异[J].
　　中国农业科学，49(16): 3188-3198.

刘秀芳，刘红梅，曹莉萍，等. 1992. 大枣提取物对 EMS 诱发果蝇隐性致死突变的抑制作用[J].
　　毒理学杂志，(2): 122.

吕娜，任利江. 2016. 模拟胃酸条件下冬枣和青枣清除亚硝酸盐及阻断亚硝胺合成的比较研究
　　[J]. 毒理学杂志，30(5): 378-380.

陆新华，孙德权，吴青松，等. 2013. 不同类群菠萝品种果实糖酸组分含量分析[J]. 果树学报，
　　30(3): 444-448.

马倩倩, 吴翠云, 蒲小秋. 2016. 高效液相色谱法同时测定枣果实中的有机酸和 VC 含量[J]. 食品科学, 37(14): 149-153.

马小卫, 邢珊珊, 李丽, 等. 2011. 芒果品种果实可溶性糖含量特点研究[J]. 热带作物学报, 32(9): 1648-1652.

米克热木·沙衣布扎提, 艾力·艾尔肯, 库尔班江·麦麦提敏. 2016. 红枣水提剂对小鼠小肠运动的影响[J]. 黑龙江畜牧兽医, (7): 158-160.

穆启运, 陈锦屏, 张宝善. 1999. 红枣挥发性芳香物的气相色谱-质谱分析[J]. 农业工程学报, 15(3): 251-255.

穆启运, 陈锦屏. 2001. 红枣挥发性物质在烘干过程中的变化研究[J]. 农业工程学报, 17(4): 99-101.

穆启运, 陈锦屏. 2002. 3 种红枣的挥发性化学成分的乙醇提取及测定[J]. 西北植物学报, 22(3): 641-645.

牛景, 赵剑波, 吴本宏, 等. 2006. 不同来源桃品种果实糖酸组分含量特点的研究[J]. 园艺学报, 33(1): 6-11.

彭艳芳, 李洁, 赵仁邦, 等. 2008. 金丝小枣和冬枣果实发育过程中低聚糖和多糖含量的动态研究[J]. 果树学报, 25(6): 846-850.

乔宇, 吕辉华, 吴继军, 等. 2016. 不同品种桑椹中糖酸组成和甜酸风味评价[J]. 食品科学技术学报, 34(4): 44-49.

秦改花, 黄文江, 赵建荣, 等. 2011. 石榴果实的糖酸组成及风味特点[J]. 热带作物学报, 32(11): 2148-2151.

芮玉奎, 申琳, 生吉萍. 2008. 冬枣果实中微量元素和重金属含量研究[J]. 光谱学与光谱分析, 28(8): 1928-1930.

申军华, 李芳芳. 2014. 大枣对酒精性肝病小鼠肝组织 CYP2E1 和 TNF-α 表达的影响[J]. 中国中西医结合杂志, 34(4): 466-470.

申军华, 张云, 李芳芳. 2015. 大枣和葛根对酒精性肝病小鼠肝功能和肝组织 SIRT1 表达的影响[J]. 现代中西医结合杂志, 24(10): 1041-1045.

石东里, 姚志刚, 申保忠. 2003. 枣品种抗坏血酸含量的测定与比较[J]. 滨州师专学报, 19(2): 90-92.

宋锋惠, 哈地尔·依沙克, 史彦江, 等. 2010. 新疆塔里木盆地骏枣果实营养与土壤养分相关性分析[J]. 果树学报, 27(4): 626-630.

宋为民, 法京. 1991. 大枣的抗变作用研究[J]. 中药药理与临床, 7(5): 25, 24.

唐敏, 赵健茗, 张玉, 等. 2014. 三种水果中维生素 C 含量的 HPLC 法测定与比较[J]. 食品与发酵科技, 50(4): 53-55.

陶永霞, 周建中, 武运, 等. 2009. 酶碱法提取枣渣可溶性膳食纤维的工艺研究[J]. 食品科学, 30(20): 118-121.

王百千, 宋利霞. 2012. 枣果实主要营养成分分析[J]. 河北果树, (1): 51-52.

王超. 2013. 大枣澄清浓缩汁的工艺优化及其生物活性研究[D]. 天津科技大学硕士学位论文.

王晨. 2011. 红枣酒发酵工艺及其功能性研究[D]. 西北农林科技大学硕士学位论文.

王成, 何伟忠, 庄宇, 等. 2017. 新疆骏枣中 15 种成分的营养质量分析[J]. 食品工业科技, 38(22): 291-295.

王建光, 杨新宇, 张伟, 等. 2004. 大枣对 D-半乳糖致衰老小鼠钙稳态影响的实验研究[J]. 中国老年学杂志, 24(10): 930-931.

王颉, 张子德, 张占忠, 等. 1998. 枣挥发油的提取及其化学成分的气相色谱-质谱分析[J]. 食品科学, 19(2): 38-40.

王蓉蓉, 丁胜华, 胡小松, 等. 2017. 不同品种枣果活性成分及抗氧化特性比较[J]. 中国食品学报, 17(9): 271-277.

王向红, 崔同, 刘孟军, 等. 2002. 不同品种枣的营养成分分析[J]. 营养学报, 24(2): 206-208.

王向红, 吉爽爽, 桑亚新, 等. 2012. 金丝小枣低聚糖的制备及其对双歧杆菌体外促生长的研究[J]. 中国食品学报, 12(9): 28-33.

王萧, 陈镜合. 1999. 十枣汤临床研究近况[J]. 中国中医急症, 8(4): 182-184.

王亚杰, 杜建超, 贺用和. 2015. 甘麦大枣汤古今应用探究[J]. 辽宁中医杂志, 42(7): 1292-1293.

王岩, 裴世春, 王存堂, 等. 2015. 苹果果皮、果肉多酚含量测定及抗氧化能力研究[J]. 食品研究与开发, 36(15): 1-3.

王永刚, 马燕林, 刘晓凤, 等. 2014. 小口大枣营养成分分析与评价[J]. 现代食品科技, 30(10): 237-243.

韦玉龙, 于宁, 许铭强, 等. 2016. 热风干制对哈密大枣表皮角质层的影响[J]. 现代食品科技, 32(9): 224-233.

魏虎来, 赵怀顺, 贾正平. 1996. 大枣水提取和有机硒化合物抗白血病作用的实验研究[J]. 甘肃中医学院学报, 13(3): 33-36.

吴春艳. 2007. 水果中维生素 C 含量的测定及比较[J]. 武汉理工大学学报, 29(3): 90-91.

武晓锋, 王新才, 徐娟. 2013. 不同的干燥处理对新郑灰枣品质的影响[J]. 食品研究与开发, 34(14): 64-66.

肖华, 吕贻胜, 丁瑞梅. 1996. 枣芪汤的药理作用研究[J]. 中成药, 18(11): 34-36.

徐艳琴. 2013. 大枣对呼吸道黏膜免疫分子 sIgA 调节作用的实验研究[J]. 中国医药指南, 11(15): 96-97.

薛晓芳, 赵爱玲, 王永康, 等. 2016. 不同枣品种果实矿质元素含量分析[J]. 山西农业科学, 44(6): 741-745.

杨磊, 徐叶挺, 樊丁宇, 等. 2015. 喀什'灰枣'、'骏枣'果实主要营养物质相关性分析[J]. 中国农学通报, 31(22): 125-129.

杨庆, 李玉洁, 陈颖, 等. 2017. 大枣提取物对缺铁性贫血大鼠的保护作用[J]. 中国实验方剂学杂志, 23(3): 102-109.

杨新宇, 王建光, 李新成, 等. 2001. 不同剂量大枣对 D-半乳糖衰老小鼠 SOD 活性和 MDA 含量影响的实验研究[J]. 黑龙江医药科学, (2): 13-14.

杨艳杰, 张会芬. 2011. 红枣微量元素含量测定分析[J]. 食品研究与开发, 32(8): 94-96.

姚飞. 2015. 陕北木枣中低聚糖的提取及其功效研究[D]. 延安大学硕士学位论文.

姚改芳, 张绍铃, 曹玉芬, 等. 2010. 不同栽培种梨果实中可溶性糖组分及含量特征[J]. 中国农业科学, 43(20): 4229-4237.

姚文华, 胡玉宏, 邱承军, 等. 2007. 酶法制备枣膳食纤维与应用的研究[J]. 食品科学, 28(1): 139-142.

尹硕慧, 赵莹彤, 罗欢, 等. 2016. 金丝小枣低聚糖的制备及其体外活性研究[J]. 食品工业科技, 37(3): 63-67.

游凤, 黄立新, 张彩虹, 等. 2013. 红枣不同部位的脂溶性成分分析[J]. 食品与发酵工业, 39(11): 241-244.

袁红波, 赵文, 赵仁邦. 2008. 金丝小枣糖浆对小鼠免疫功能的影响[J]. 中国食品学报, 8(1): 13-16.

曾少敏, 杨健, 王龙, 等. 2014. 梨果实酚类物质含量及抗氧化能力[J]. 果树学报, 31(1): 39-44.

张宝善, 陈锦屏, 李强. 2004. 干制方式对红枣 V_C、还原糖和总酸变化的影响[J]. 西北农林科技大学学报(自然科学版), 32(11): 117-121.

张福维, 侯冬岩, 回瑞华. 2009. 枣中微量硒的原子荧光光谱法分析[J]. 食品科学, 30(12): 144-146.

张华, 段倩, 李星科, 等. 2013. 红枣膳食纤维功能理化性质的研究[J]. 食品工业, 34(10): 169-171.

张清安, 陈锦屏, 李建科, 等. 2003. 红枣汁降血脂保健作用研究[J]. 食品科学, 24(4): 138-140.

张雅利. 2001. 红枣澄清汁加工工艺研究及其功能评价[D]. 陕西师范大学硕士学位论文.

张艳红, 陈兆慧, 王德萍, 等. 2008. 红枣中氨基酸和矿质元素含量的测定[J]. 食品科学, 29(1): 263-266.

张艳红. 2007. 红枣中营养成分测定及质量评价[D]. 新疆农业大学硕士学位论文.

张颖, 郭盛, 严辉, 等. 2016. 不同产地不同品种大枣中可溶性糖类成分的分析[J]. 食品工业, (8): 265-270.

张圆圆, 王宝刚, 李文生, 等. 2014. 不同樱桃品种制汁及抗氧化性能比较研究[J]. 果树学报, 31(增刊): 146-152.

张兆斌, 赵学常, 史作安, 等. 2009. 生态因子对冬枣果实品质的影响[J]. 中国生态农业学报, 17(5): 923-928.

赵爱玲, 李登科, 王永康, 等. 2010. 枣品种资源的营养特性评价与种质筛选[J]. 植物遗传资源学报, 11(6): 811-816.

赵爱玲, 薛晓芳, 王永康, 等. 2016. 枣果实糖酸组分特点及不同发育阶段含量的变化[J]. 园艺学报, 43(6): 1175-1185.

赵进红, 赵勇, 刘庆莲, 等. 2017. 宁阳不同枣品种品系主要营养和香气成分含量研究[J]. 山西农业大学学报(自然科学版), 37(11): 789-797.

赵金龙, 周忠波, 朱呈祥, 等. 2017. 南疆骏枣不同萃取物对小鼠的降血脂活性[J]. 塔里木大学学报, 29(1): 15-19.

赵京芬, 郭一妹, 朱京驹, 等. 2011. 北京地区 8 个枣品种果实主要营养成分分析[J]. 河北林果研究, 26(2): 170-173.

赵梅, 许学勤, 许艳顺, 等. 2014. 纤维素酶-木聚糖酶对红枣渣膳食纤维的酶法改性[J]. 食品与发酵工业, 40(5): 11-15.

赵鹏, 王建峰, 乔思杰, 等. 1994. 枣晶枣茶预防亚硝胺诱发小鼠前胃癌的初步研究[J]. 肿瘤基础与临床, 7(2): 151.

赵文, 王向红, 赵仁邦, 等. 2006. 金丝小枣低聚糖对昆明种小鼠免疫功能的影响[C]. 食物功效成分与健康——达能营养中心第九次学术年会会议论文集, 182-185.

赵玉强, 罗小莉, 杨文君. 2014. 雅安 4 种常见水果维生素 C 含量的测定与比较[J]. 氨基酸和生物资源, 36(2): 64-66.

周锡顺. 1992. 中药大枣对小鼠腹腔巨噬细胞吞噬功能的影响[J]. 中国实验临床免疫学杂志, 4(4): 35-36.

朱虎虎, 康金森, 玉苏甫·吐尔逊, 等. 2013a. 新疆大枣汁对放疗小鼠血象、骨髓、胸腺及脾脏的影响[J]. 现代预防医学, 40(14): 2693-2696.

朱虎虎, 康金森, 玉苏甫·吐尔逊, 等. 2013b. 新疆大枣汁抗小鼠一次性力竭运动疲劳作用的研究[J]. 中国实验方剂学杂志, 19(11): 232-234.

朱虎虎, 玉苏甫·吐尔逊, 斯坎德尔·白克力. 2012. 新疆大枣的抗肿瘤作用[J]. 中国实验方剂学杂志, 18(14): 188-191.

Abbasi A M, Guo X, Fu X, et al. 2015. Comparative assessment of phenolic content and *in vitro* antioxidant capacity in the pulp and peel of mango cultivars[J]. International Journal of Molecular Sciences, 16(6): 13507-13527.

Chen J P, Chan P H, Lam C T W, et al. 2015. Fruit of *Ziziphus jujuba* (jujube) at two stages of maturity: distinction by metabolic profiling and biological assessment[J]. Journal of Agricultural and Food Chemistry, 63: 739-744.

Chen J P, Du C Y Q, Lam K Y C, et al. 2014a. The standardized extract of *Ziziphus jujuba* fruit (jujube) regulates pro-inflammatory cytokine expression in cultured murine macrophages: Suppression of lipopolysaccharide-stimulated NF-κB activity[J]. Phytotherapy Research, 28: 1527-1532.

Chen J P, Yan A L, Lam K Y C, et al. 2014b. A chemically standardized extract of *Ziziphus jujuba* fruit (jujube) stimulates expressions of neurotrophic factors and anti-oxidant enzymes in cultured astrocytes[J]. Phytotherapy Research, 28: 1727-1730.

Du L, Sun G, Zhang X, et al. 2016. Comparisons and correlations of phenolic profiles and anti-oxidant activities of seventeen varieties of pineapple[J]. Food Science and Biotechnology, 25(2): 445-451.

Gao Q H, Wu C S, Wang M. 2012. Effect of drying of jujubes (*Ziziphus jujuba* Mill.) on the contents of sugars, organic acids, α-tocopherol, β-carotene, and phenolic compounds[J]. Journal of Agricultural and Food Chemistry, 60: 9642-9648.

Ghimire S , Kim M S. 2017. Jujube (*Ziziphus Jujuba* Mill.) fruit feeding extends lifespan and increases tolerance to environmental stresses by regulating aging-associated gene expression in Drosophila[J]. Biogerontology, 18(2): 263-273.

Guo S, Duan J A, Qian D W, et al. 2013. Rapid determination of amino acids in fruits of *Ziziphus jujuba* by hydrophilic interaction ultra-high-performance liquid chromatography coupled with triple-quadrupole mass spectrometry[J]. Journal of Agricultural and Food Chemistry, 61: 2709-2719.

Huang Y L, Yen G C, Sheu F, et al. 2008. Effects of water-soluble carbohydrate concentrate from chinese jujube on different intestinal and fecal indices[J]. Journal of Agricultural and Food Chemistry, 56: 1734-1739.

Jing X Y, Peng Y R, Wang X M, et al. 2015. Effects of *Ziziphus jujuba* fruit extracts on cytochrome P450 (CYP1A2) activity in rats[J]. Chinese Journal of Natural Medicines, 13(8): 588-594.

Kou X H, Chen Q, Li X H, et al. 2015. Quantitative assessment of bioactive compounds and the antioxidant activity of 15 jujube cultivars[J]. Food Chemistry, 173: 1037-1044.

Li F, Li S, Li H B, et al. 2013. Antiproliferative activity of peels, pulps and seeds of 61 fruits[J]. Journal of Functional Foods, 5: 1298-1309.

Li J W, Fan L P, Ding S D, et al. 2007. Nutritional composition of five cultivars of Chinese jujube[J]. Food Chemistry, 103(2): 454-460.

Liu H, Cao J K, Jiang W B. 2015. Evaluation and comparison of vitamin C, phenolic compounds, antioxidant properties and metal chelating activity of pulp and peel from selected peach cultivars[J]. LWT-Food Science and Technology, 63(2): 1042-1048.

Liu H F, Wu B H, Fan P G, et al. 2006. Sugar and acid concentrations in 98 grape cultivars analyzed by principal component analysis[J]. Journal of the Science of Food and Agriculture, 86(10): 1526-1536.

Orak H H. 2007. Total antioxidant activities, phenolics, anthocyanins, polyphenoloxidase activities of selected red grape cultivars and their correlations[J]. Scientia Horticulturae, 111(2): 235-241.

Rupasinghe H P V, Jayasankar S, Lay W. 2006. Variation in total phenolics and antioxidant capacity among European plum genotypes[J]. Scientia Horticulturae, 108(3): 243-246.

Shen X, Tang Y, Yang R, et al. 2009. The protective effect of *Zizyphus jujube* fruit on carbon tetrachloride-induced hepatic injury in mice by anti-oxidative activities. Journal of Ethnopharmacology[J]. 122(3): 555-560.

Sochor J, Zitka O, Skutkova H, et al. 2010. Content of phenolic compounds and antioxidant capacity in fruits of apricot genotypes[J]. Molecules, 15(9): 6285-6305.

Usenik V, Fabcic J, Stampar F. 2008. Sugars, organic acids, phenolic composition and antioxidant activity of sweet cherry (*Prunus avium* L.) [J]. Food Chemistry, 107(1): 185-192.

Zhang R F, Zeng Q S, Deng Y Y, et al. 2013. Phenolic profiles and antioxidant activity of litchi pulp of different cultivars cultivated in southern China[J]. Food Chemistry, 136: 1169-1176.

Zhang Y L, Guo H, Chen J P, et al. 2005. Effects of juice of *Fructus Zipiphi Jujubae* on blood lipid level and body function in mice[J]. Chinese Journal of Clinical Rehabilitation, 9(3): 247-249.

第2章　红　枣　多　酚

流行病学调查显示，经常食用水果可以降低癌症、心脑血管疾病、糖尿病等多种疾病的发病率，说明水果在人类健康方面具有重要作用。进一步的分析发现，水果中丰富的多酚类物质与保健功能密切相关。药理学研究也表明，水果中的天然多酚类物质具有抗氧化、抗癌、抗衰老、抗病毒、抗过敏、抑菌、降血脂、降血糖、降血压、调节机体免疫、保肝护肝、防治心脑血管疾病和神经退行性疾病等许多重要的生理活性，因此在人类营养保健与疾病防治等方面具有十分重要的作用。

本章在对水果多酚类物质进行概述的基础上，重点阐述红枣中多酚类物质的种类、分布、提取和生物活性与功能等。

2.1　水果多酚类物质概述

天然多酚类物质作为水果及其加工制品中一类重要的风味物质及呈色物质，与水果及其加工制品的感官质量有着密切关系，所以很早就引起了从事果品及果品加工研究者的关注。早期的研究主要是为了改善和保持水果及其加工制品的感官品质，如柿果脱涩、水果罐头及果汁加工中的护色、红葡萄酒加工中色素的浸提等。近年来随着研究的深入，天然多酚物质与蛋白质、多糖、生物碱、微生物、酶、金属离子的反应活性及其抗氧化、捕捉自由基、衍生化反应等一系列化学行为被逐步揭示，使人们看到了这类天然产物的广阔应用前景，对水果多酚物质的研究重点也逐步转向了以开发利用为目的的水果多酚的提取分离、化学和生物活性及应用研究。

本节重点对水果中多酚物质的分布、种类、组成、含量、作用和生物活性及应用等进行概述。

2.1.1　水果中多酚类物质的分布、种类与组成

许多水果如苹果、葡萄、樱桃、桃、李、杏、醋栗、草莓等都含有一定量的

多酚物质（表 2.1）（Brave，1998）。国内外学者对水果中多酚物质的分布、种类、组成和含量进行了大量的研究。

表 2.1　不同种类水果中多酚物质的含量

水果种类	总酚含量/（mg/100g FW）	水果种类	总酚含量/（mg/100g FW）
苹果	27～298	葡萄柚	50
杏	30～43	桃	10～150
黑醋栗	140～1200	梨	2～25
蓝莓	135～280	李	2～25
樱桃	60～90	红醋栗	17～20
葡萄	50～490	草莓	38～218
醋栗	22～75	番茄	85～130

1. 水果中多酚物质的种类

　　水果中的多酚物质多种多样，大体上可分为简单酚类、酚酸类和黄酮类化合物等（表 2.2）。其中，简单酚类物质含量较少，主要包括儿茶酚、对苯二酚、间苯二酚等。酚酸类物质是水果中分布广泛、含量最多的酚类物质，其中最主要的就是肉桂酸类物质，在多种水果中广泛存在，主要包括阿魏酸、芥子酸、香豆酸和咖啡酸等（Cliford，2000），但它们通常与奎尼酸、葡萄糖或酒石酸相结合，以酯的形式存在（Herrmann，1989）。如水果中最重要的肉桂酸类衍生物——绿原酸（chlorogenic acid），即是由咖啡酸与奎尼酸缩合形成的酯，其他的重要酯类衍生物还包括香豆酰酒石酸、咖啡酰酒石酸等。黄酮类化合物是水果中分布最为广泛的多酚类物质，主要包括黄酮、黄酮醇、黄烷酮醇、黄烷酮、黄烷醇、花色苷、查耳酮及其衍生物等（Robards et al.，1999）。其中，分布较广、含量较多的主要有黄烷醇、黄酮醇、花色苷等。虽然黄烷-3,4-二醇单体[即无色花色素（leucoanthocyanidin）]不是水果中的主要物质，但黄烷醇类的寡聚体或多聚体如原花色素或缩合单宁仍是水果的重要组成成分之一。

表 2.2　不同种类多酚物质及其代表性化合物在水果中的分布情况

基本结构	种类	水果来源	举例
C$_6$	简单酚类	很少	儿茶酚，对苯二酚，间苯二酚
	苯醌类		羟基醌

续表

基本结构	种类	水果来源	举例
C_6-C_1	羟基苯甲酸类	广泛分布	对-羟基苯甲酸，原儿茶酸，没食子酸
C_6-C_2	苯乙酸类		对-羟基苯乙酸
C_6-C_3	肉桂酸类	广泛分布	咖啡酸，阿魏酸，对香豆酸
	苯丙烯类		丁子香酚，豆蔻素
	香豆素类	柑橘类水果	7-羟基香豆素，莨菪苷
	色酮类		丁子香宁
C_6-C_4	萘醌类	胡桃	胡桃醌
$C_6-C_1-C_6$	吨酮类	芒果	倒捻子素，芒果苷
$C_6-C_2-C_6$	均二苯乙烯类	葡萄	白藜芦醇
	蒽醌类		大黄素
$C_6-C_3-C_6$	黄酮类化合物		
	黄酮类	柑橘类水果	橘皮素，圣草苷，芹菜素，毛地黄黄酮-7-芸香糖苷
	黄酮醇类	广泛分布	槲皮素，山奈素
	黄酮醇糖苷类	广泛分布	芦丁，槲皮苷
	黄烷酮醇类	葡萄	二羟槲皮素糖苷，二羟山奈素糖苷
	黄烷酮类	柑橘类水果	橙皮素，柚皮素
	黄烷酮糖苷类	柑橘类水果	橙皮苷，新橙皮苷，柚苷
	花色苷类	广泛分布	花青素糖苷
		甜橙	天竺葵素糖苷
		葡萄	花青素糖苷，二甲花翠素糖苷
		樱桃	花青素-3-葡萄糖苷，花青素-3-芸香糖苷
	黄烷醇类	广泛分布	儿茶素，表儿茶素，原花青素
		葡萄	儿茶素，表儿茶素，棓儿茶素，表棓儿茶素
	查耳酮类	苹果	根皮素，根皮苷

2. 水果中多酚物质的组成与含量及其影响因素

水果中多酚物质的组成十分复杂，各种多酚物质在不同种类水果中的分布与含量存在着很大差异（表 2.2），每种水果在多酚的组成与含量上都具有各自的特征。例如，苹果和葡萄中多酚含量较高，分别为 1.29～1.96 mg/g 和 0.965～3.062 mg/g

（王岩等，2015；Orak，2007），而梨和桃中多酚含量较低，分别为 28.539～447.720 mg/kg 和 24.83～86.33 mg/100g（曾少敏等，2014；Liu et al.，2015）；多酚物质组成中，肉桂酸类是柑橘中主要的酚类组分（Peleg et al.，1991），花色苷(anthocyanin)则是蓝莓、树莓、樱桃、红葡萄等红色或紫色水果中主要的酚类物质（Gao and Mazza，1995；Yi et al.，1997；Rodriguezmateos et al.，2012；Pantelidis et al.，2013），梨中绿原酸和表儿茶素（epicatechin）含量较高（Amiot et al.，1995），而李、杏、桃中则含有大量的山柰素（kaempferol）和槲皮素（quercetin）糖苷（Robards et al.，1999；Bengochea et al.，1997）；黄烷酮和黄酮是柑橘中最主要的黄酮类化合物（Nogata et al.，1994），而在其他水果中却不太常见或含量很少。此外，许多水果中还含有自己特征性的多酚物质。如 Fernandez 等（1992）研究认为，酒石酸与肉桂酸形成的酯是葡萄的特征性物质，根皮苷（phloridzin）是苹果的特征性物质，桃中的杨梅酮（myricetin）、柑橘类水果中的毛地黄黄酮（luteolin）和芹菜素（apigenin）葡糖苷等都是其他水果中所不存在的，杏中可检测到两种香豆素（coumarin），菠萝中存在芥子酸（sinapic acid）而未检测到其他黄酮类化合物。

同一种类的水果中，多酚物质的组成及含量也因品种、生长条件、成熟度、贮藏条件和时间的不同而存在着较大差异。如红葡萄中的多酚含量（以没食子酸计，平均值为 5631 mg/kg）比白葡萄中的多酚含量（平均值 3893 mg/kg）要高得多（唐传核和彭志英，2000），红葡萄中含量最多的酚类物质是花色苷，而在白葡萄中却为黄酮醇类（Yi et al.，1997）。同为越橘属植物的果实，欧洲越橘（bilberry）、笃斯越橘（bog-whortleberry）和蔓越橘（cranberry）中主要的酚类物质为花色素类，而牛浆果（cowberry）中则为黄酮醇类和原青啶类（procyanidins）（Kahkonen et al.，2001）。Podsedek 等（2000）对 10 个苹果品种的成熟果实中的多酚含量及组成进行的研究表明，供试品种中总酚、黄烷醇、原花色素含量最低的分别为 2.3 g/kg、0.2 g/kg 和 0.1 g/kg，而最高的则分别为 3.6 g/kg、0.4 g/kg 和 0.3 g/kg；儿茶素类在‘Szampion’和‘Elstar’两个品种中含量较高，而其他品种中主要的酚类物质却为绿原酸。而 Burda 等（1990）对‘Golden Delicious’、‘Empire’和‘Rhode Island Greening’3 个品种的研究却表明，表儿茶素及原青啶 B_2 是所研究品种中最主要的酚类物质。

关于水果中多酚物质在果实发育及贮藏过程中的变化已有较多研究。Murata 等（1995）的研究表明，在苹果果实的发育过程中，总酚、绿原酸、表儿茶素及儿茶素的含量均呈下降趋势，但下降速度却不尽相同；在发育早期的苹果果实中表儿茶素及儿茶素的含量要较绿原酸高，但在成熟过程中却比绿原酸下降得快，因此成熟果中以绿原酸的含量较高。Mosel 和 Herrmann 等（1974）在对苹果和梨发育过程中儿茶素类和羟基肉桂酸衍生物的变化的研究中发现，这些物质是在果实发育早期形成的，但在果实的快速生长过程中含量急剧下降，直至果实成熟。

王思新等（2003）对秦冠、富士、嘎拉、华冠、华帅、金冠、国光、首红、澳洲青苹 9 个品种苹果果实的研究结果表明，苹果果肉中多酚物质的含量和组成在不同品种间存在着较大差异；总酚、绿原酸、黄烷醇和原花色素含量在苹果发育初期迅速下降，其后下降速度逐渐减缓，最后则趋于稳定或稍有下降；在果实发育初期，绿原酸为果肉中主要的多酚物质，而黄烷醇和原花色素仅占很小的比例，但在果实发育过程中绿原酸所占比例逐渐降低，而黄烷醇和原花色素所占比例逐渐上升，成熟时已远远超过绿原酸占总酚含量的比例，成为果实中最主要的一类多酚物质。李海燕等（2001）的研究结果证明葡萄中也存在类似的现象。

即使是同一水果，不同组织中多酚的组成和含量也不相同。在整个葡萄中，大部分的酚类物质存在于果皮和种子中，红葡萄中的比例分别为 63% 和 33%，白葡萄中分别为 71% 和 23%，果汁中比例为 2%～5%。在葡萄的果皮、果浆和种子中，多酚成分特别是花色苷在 3 个区域差别很大，葡萄果皮中的多酚类物质主要为花色素类、黄酮及白藜芦醇（resveratrol）等，种子中主要为儿茶素类、槲皮苷、原花青素、单宁等，而果汁中主要为花色素和酚酸类（唐传核和彭志英，2000）。Mayr 等（1995）对'金冠'（Golden Delicious）苹果的不同组织中多酚的种类、含量进行了研究，发现在果肉和果核中的绿原酸含量（平均值分别为 20.7 mg/g DW 和 24.9 mg/g DW）远高于果皮（平均值 4.4 mg/g DW），而在果皮中含有大量的槲皮素糖苷，在果肉和果核中还含有较多的儿茶素和表儿茶素。这与 Lu 和 Foo（1997）的研究结果相吻合，他们对苹果皮渣中的多酚物质进行分析，发现其中的多酚物质一半以上为槲皮素糖苷。Amiot 等（1992）的研究则表明，羟基肉桂酸衍生物和儿茶素类可占苹果表皮组织中总酚含量的 90% 左右。二氢查耳酮糖苷虽然在果皮和果肉中都有存在，但在种子中含量最高（Durkee and Poapst，1965）。

2.1.2　多酚物质在水果及其加工制品中的作用

多酚物质作为水果及其加工制品的重要组成成分，与水果及其加工制品的色泽和风味的形成密切相关。

大量研究表明，水果及其加工制品的涩味及苦味大多是由其中的多酚物质引起的（Lea and Arnold，1978；Robich and Noble，1990）。虽然未成熟的柿子、苹果、香蕉等的涩味不受欢迎，但一定量的涩味对食物风味的形成却是必需的。如在果汁组成成分对其口感影响的研究中发现，多酚浓度大于 750 mg/L 会令人感到涩，但多酚浓度低于 300 mg/L 则会使人感到无味（石碧和狄莹，2000）。因此对于一种果汁饮料，需要糖、酸、多酚三者有合适的比例才能被人接受。

多酚物质的存在还与水果及其加工制品色泽的形成有着密切关系。尽管一些水果（如橘子和番茄）的红色是由类胡萝卜素形成的，但大部分水果的红色、紫色及蓝色是由花色苷形成的（Hong and Wrolstad，1986；Rommel et al.，1992）。
不仅如此，水果中存在的其他多酚物质在加工过程中还会发生复杂的氧化聚合反应，形成深色产物，使产品的色泽发生变化。虽然不希望某些食品发生褐变，但正是由于多酚物质的存在，才有了果酒及果汁漂亮的色泽。此外，花色素还可作为一些酸性食品如软饮料、果酱和红酒的天然色素，葡萄酒中存在的儿茶素、缩合单宁及其他多种黄酮类化合物使花色素的色调保持稳定。

同时，过量多酚的存在也是影响果汁饮料非生物稳定性的重要因素。如果汁中的多酚物质不仅能够氧化形成深褐色的色素，影响产品的色泽，而且可与其中的蛋白质形成复合体，造成二次混浊（孙海峰等，2009；Schobinger，1995）。因此，多酚物质在果品加工中既有其不可替代的重要作用，又有其局限性，每种产品要求的多酚含量与组分不尽一致，必须根据各种加工产品的特定要求，控制适宜的多酚物质的含量及组分，以保证产品的感官质量。

2.1.3 水果多酚的生物活性及应用

水果是人类膳食的重要组成部分，摄食一定数量的水果、蔬菜不仅可以补充人体营养，而且可以降低一些疾病的发病率和死亡率（Doll，1990；Verlangieri et al.，1985）。对于其机理的研究，初期人们只关注维生素 C、维生素 E、β-胡萝卜素等物质，近年来随着研究的深入，发现除了这些物质外，水果中的多酚物质在人类的健康中也起着重要作用。如在芬兰进行的一项有 10054 人参加的流行病学调查中发现，摄入富含黄酮类化合物的食物可以降低患癌症、Ⅱ型糖尿病和心脑血管疾病等慢性病的风险，特别是以苹果和浆果为黄酮类化合物的饮食来源时其关联最强（Knekt et al.，2002）。

随着对水果多酚类物质研究的深入进行，越来越多的水果多酚的生物活性与功能价值不断被发掘，部分水果的多酚提取物已在食品、日化、医药等领域得到应用。其中，研究最多、应用最广的就是葡萄多酚及其提取物。1992 年，Renaud和 Lorgeril 报道，法国人尽管摄入的脂肪较多，但冠心病的发病率较低，与其他多数国家的情况相反。他们把这一现象与法国人嗜饮葡萄酒联系起来，认为常饮葡萄酒可以降低高脂肪膳食对冠心病发病率的影响。进一步的研究证实，这是由红葡萄酒中含有的大量具有抗氧化活性的多酚类化合物所造成的。葡萄酒中含有花色苷、黄酮醇、黄烷酮醇类、儿茶素类、白藜芦醇、原花色素及缩合单宁等多酚物质，具有较强的抗氧化活性，可以抑制人体低密度脂蛋白（LDL）的氧化，从而阻碍动脉粥样硬化的形成，防止由动脉硬化引起的冠心病的发生（Frankel et al.，1995；Kinsella et al.，1993；Teissedre et al.，1996；Kanner，1994）。葡萄中的多酚类物质还具有清除自由基的能力（Ricardo da Silva et al., 1991），而自由基被认为是人体衰老及许多老年性疾病如心脏病、癌症、发炎、免疫功能低下、脑功能障碍、白内障及糖尿病等的引发原因（Aruoma，1998）。Saito 等（1998）的研究则表明，葡萄籽萃取液对胃黏膜具有很强的保护作用，可以防止胃溃疡疾病的发生。正是由于葡萄多酚的抗氧化活性和清除自由基的能力及其他重要的生理功能，国内外已有不少公司利用葡萄籽或葡萄皮渣作原料，进行商业化生产，制备葡萄籽提取物或原花色素，用于抗氧化剂和功能性食品添加剂及化妆品等，产品在市场上十分热销。

除葡萄多酚外，国内外众多的研究者还对苹果多酚及其提取物的抗氧化活性、自由基清除能力、抗过敏、抗突变和防龋齿等作用进行了一些研究。Lu 和 Foo（2000）的研究表明，苹果皮渣中的多酚物质，包括绿原酸、根皮苷、表儿茶素及其低聚体和槲皮酮糖苷等在 β-胡萝卜素/亚油酸系统中均具有较强的抗氧化活性，对 DPPH 和超氧阴离子自由基的清除能力分别是维生素 C 和维生素 E 的 2～3 倍和 10～30 倍。戚向阳等（2001）利用 D-脱氧核糖法测定不同苹果提取物对·OH 的清除作用，结果表明，以原花青素为主要成分的苹果提取物清除·OH 的效果远远高于茶多酚。刘杰超等（2005）从还原能力、抗脂质过氧化能力和对不同体系产生的活性氧自由基清除效果等方面对苹果多酚提取物的抗氧化活性进行了试验研究和评价，结果表明苹果多酚提取物具有较强的还原能力，对脂质过氧化、Fenton 反应产生的羟自由基和光照核黄素及邻苯三酚自氧化产生的超氧阴离子自由基均具有很强的抑制作用或清除作用，优于同浓度维生素 C 的效果或基本相当。Yanagida 等（2000）的研究表明，从未成熟苹果中得到的多酚提取物在体外可明显抑制由变形链球菌（*Streptococcus mutans*）葡萄糖基转移酶催化的不溶性葡聚糖的合成，从而抑制龋齿菌细胞的附着。Matsudaria 等（1998）证实苹果多酚在体内能有效抑制牙斑的形成，从而起到抗龋齿作用。苹果多酚还可抑制大肠杆菌、芽孢杆菌、假单胞菌、乳杆菌等多种细菌的生长（戚向阳等，2003；孙建霞等，2005）。最近的研究还表明，苹果多酚还可抑制 α-葡萄糖苷酶、α-淀粉酶的活性，从而延缓人体对碳水化合物的吸收，对于 II 型糖尿病的防治具有积极的作用（刘杰超等，2011）；对酪氨酸酶有较强的抑制作用，因此可用于美白化妆品和防治黑色素瘤等（刘杰超等，2013）；阻止蛋白质非酶糖化反应，从而可预防高血糖患者由体内蛋白质非酶糖化加剧所引起的糖尿病并发症及衰老等（王晓燕等，2014）。日本利用果树疏花疏果时废弃的幼果提取苹果多酚，并利用一系列模型动物试验及临床试验进一步证实了苹果多酚在心脑血管疾病、过敏性疾病及癌症防治方面的应用价值（Vidal et al., 2005；Akiyama et al., 2005；Enomoto et al., 2006；Graziani et al., 2005；Gossé et al., 2005）。目前苹果多酚提取物已在鱼类、鲜肉保鲜及糖果、糕饼、饮料等产品中得到应用，市场也迅速扩大。

此外，柑橘中的黄酮类化合物如橙皮苷、橙皮素、柚苷等在抗氧化、抗病毒、阻碍甘油三酯及胆固醇的生物合成和肝癌 HepG2 细胞增生等方面的功效及其在医药上的价值早已得到人们的重视和应用，葡萄柚籽提取物（含黄酮类化合物）也已在奶油类、浇汁类、腌渍品类等食品的防腐保鲜中得到应用。樱桃中的花色素及氰啶的抗氧化及抗炎症活性（刘杰超等，2006；Wang et al.，1999），越橘、草莓、醋栗、黑莓、蓝莓等中的酚类物质的抗氧化活性（Kahkonen et al.，2001；Ehlenfeldt and Prior，2001；Jiao et al.，2005）等也都有报道。水果多酚的生物活性及潜在的应用价值正日益受到广大从事果品加工、化学及医药研究工作者的广泛关注。

多酚物质在各种水果中广泛存在，并显示出许多重要的生物活性，使其在食品、医药、日化等领域具有广阔的应用前景和极大的开发价值。目前对于天然多酚物质的研究开发已取得了较大进展，茶多酚、银杏黄酮等天然多酚类产品已广泛应用于食品、医药、日化等领域，而对水果多酚的应用开发尚处于起步阶段，只有极少数产品如葡萄籽提取物、生苹果提取物等得到商业化生产，应用领域也仅限于部分食品的保质及营养强化等，许多生理功能如防治心脑血管疾病、抗癌、降血压、抗炎症、抑菌等功效还未得到有效利用。对水果多酚的生物活性及其机理进行深入研究将有助于扩大水果多酚的应用范围，而积极进行水果多酚的应用研究则是将产品推向市场的重要环节。

同时由于水果中多酚物质组成十分复杂，且受水果种类、品种、地域、气候、种植条件等诸多因素影响，因此对于不同种类、不同品种及不同栽培条件水果中多酚物质的组成、生物活性等进行深入发掘，不仅有助于选育高多酚含量、保健功能价值高的果品，而且对于水果多酚的开发利用也将产生积极的推动作用。

2.2 红枣多酚的种类与含量及其影响因素

多酚物质广泛存在于红枣的果皮、果肉和果核中，但不同品种、发育阶段、产地及施肥、灌溉方式和不同干制方式均可对红枣的多酚组成与含量产生影响。

目前对枣多酚的研究包括总酚含量、总黄酮含量、原花色素含量及多酚类物质的组成等。本节重点从总酚、总黄酮、原花色素含量和多酚类物质组成等方面阐述多酚物质在红枣中的分布及影响因素。

2.2.1 总酚

1. 总酚含量的测定方法

与其他植物组织中总酚含量的测定一样，枣中总酚含量的测定一般也采用

Folin-酚法。该方法利用多酚类物质的还原性,使 Folin-酚试剂中磷钼酸-磷钨酸盐被多酚结构中的酚羟基还原,发生显色反应,产生蓝色(钨蓝+钼蓝),然后通过分光光度计测定吸光度,其吸光度值与试样中多酚物质含量在一定浓度范围内成正比,从而根据吸光度值计算出样品的总多酚含量。

Folin-酚法通常包括 Folin-Denis(FD)法和 Folin-Cioclteus(FC)法。FC 法是 FD 法的改进,主要是在 FD 试剂中加入锂盐,克服了 FD 试剂不稳定的缺陷,较之更为灵敏,吸收峰也较为狭窄,对酚的选择性得到提高。因此,目前大多采用 FC 法测定枣及其他植物组织中的总多酚含量。具体操作方法如下。

1)显色剂(FC 试剂)的制备

称取 100 g 钨酸钠和 20 g 磷钼酸,用 750 mL 蒸馏水溶于回流瓶中,然后加入 50mL 85%的磷酸,混匀,加热煮沸回流 2h,加入 150 g 硫酸锂、50 mL 蒸馏水和数滴液体溴,开口继续沸腾约 15 min,以便驱除过量的溴,冷却(冷却后溶液应呈黄色,如仍呈绿色,须再重复滴加液体溴的步骤),定容至 1000 mL,置棕色瓶中保存备用。

2)测定

红枣样品用乙醇或甲醇溶液提取并稀释至合适浓度,吸取 0.5 mL 置于具塞试管中,然后加入 2.5 mL FC 试剂、75 g/L 碳酸钠溶液 2 mL,塞上塞子于 50℃恒温水浴中保温 5min,取出冷却,然后用分光光度计测定 760 nm 处的吸光度。同时利用多酚标准品于同样条件下测定并绘制标准曲线,根据标准曲线计算样品中总酚含量。一般采用没食子酸作为标准品,并将结果表述为没食子酸当量(galic acid equivalent,GAE)含量,也可以枣中含量较高的儿茶素为标准品并将结果表述为儿茶素当量(catechin equivalent,CE)含量。

应用 Folin-酚法测定枣中总酚含量,具有方法简便、易操作和灵敏度高、重复性强等优点,但不能区分单一酚类物质,而且易受样品中其他还原性物质的干扰。如枣中的抗坏血酸、带酚羟基的氨基酸和蛋白质都会对测定结果有所干扰,而且由于是以标准品的当量值来表示总酚相对含量,因此采用的标准品不同,计算出的含量常会存在一定差异。

2. 红枣不同组织的总酚含量

多酚物质在红枣的果皮、果肉、果核中都有存在,其中尤以果皮中含量较高,其次为果肉,果核中总酚含量最低。Zhang 等(2010)以冬枣、木枣和哈密大枣为试材,研究了枣果皮、果肉、果核中多酚物质的含量及抗氧化活性,发现供试 3 个品种枣果皮中总酚含量及抗氧化活性均为最高,其次为果肉,果核中含量最低,不同品种间存在较大差异(表 2.3)。陕西佳县红枣果皮和果肉中总酚含量分别为 10.025 mg GAE/g FW 和 8.015 mg GAE/g FW,是果核的 2 倍多(王毕妮等,

2011）。Xue 等（2009）在对马牙枣、冬枣和圆枣 3 个品种枣果实的研究中也发现，冬枣的果皮及果肉中总酚含量分别为 338.2 mg GAE/g DW 和 55.4 mg GAE/g DW，显著高于马牙枣（分别为 212 mg GAE/g DW 和 44.2 mg GAE/g DW）和木枣（分别为 205.8 mg GAE/g DW 和 42.6 mg GAE/g DW）；同一品种枣果皮的总酚含量较果肉高 4 倍以上。但 Wang 等（2013）在对不同成熟期金丝小枣中多酚含量的研究中发现，尽管在绿熟期、白熟期、半红期枣果皮中总酚含量均显著高于果肉，但在全红期（完熟期）二者却没有明显差异。这说明不同枣品种、不同发育阶段红枣中多酚物质在不同组织中的分布存在较大差异。

表 2.3　红枣不同组织中的总酚、总黄酮含量

品种	总酚含量/（mg GAE/100g DW）			总黄酮含量/（mg QE/100g DW）		
	果皮	果肉	果核	果皮	果肉	果核
冬枣	3280.29	813.20	416.79	1851.96	390.11	328.17
木枣	874.18	593.33	289.39	397.61	224.00	160.24
哈密大枣	607.93	557.25	228.12	276.43	217.36	158.06

3. 不同品种红枣的总酚含量

表 2.4 列举了国内外关于红枣中总酚含量的部分研究结果。由表 2.4 可以看出，红枣总酚含量在不同品种间的差异很大。例如，Kou 等（2015）对灰枣、晋枣、大龙枣、婆婆枣、赞皇枣、壶瓶枣、胜利枣、襄汾圆枣、滕州长红枣、南京鸭枣、山西龙枣、平陆尖枣、灌阳短枣、黎城小枣、糖枣 15 个品种枣果实总酚含量进行分析，发现其中 11 个品种的总酚含量在 1.109~1.764 mg GAE/g FW，只有 3 个品种低于 1 mg GAE/g FW，1 个品种高于 2 mg GAE/g FW，最低值与最高值相差悬殊，总酚含量最高的滕州长红枣（2.520 mg GAE/g FW）较含量最低的赞皇枣（0.558 mg GAE/g FW）高 3.5 倍，不同枣品种间差异很大；Gao 等（2012a）对团枣、金昌一号、蜂蜜罐枣、太谷蜜枣、灵宝大枣、骏枣、清涧木枣、佳县木枣、枣王枣等 10 个品种枣成熟果实的研究也表明，不同品种间存在着一定差异，总酚含量最高的佳县木枣（5.148 mg GAE/g FW）较最低的骏枣（2.756 mg GAE/g FW）高 96.59%；Zhao 等（2014）比较了陕西清涧的狗头枣、稷山板枣、河北行唐婆枣、沧州金丝枣、新疆和田骏枣、和田玉枣和宁夏中卫小枣 7 个不同品种或来源红枣的总酚含量，发现总酚含量最高的宁夏中卫小枣（1298.9 mg GAE /100 g DW）较最低的稷山板枣（454.3 mg GAE /100 g DW）高 1.86 倍；冬枣果肉的总酚含量分别为木枣和哈密大枣的 1.37 倍和 1.46 倍，果皮总酚含量差别更大，分别为木枣和哈密大枣的 3.75 倍和 5.40 倍（Zhang et al.，2010）。

表 2.4　红枣的总酚含量

红枣品种	成熟阶段	部位	总酚含量	参考文献
灰枣、婆婆枣、赞皇枣、晋枣、圆枣等 15 个品种	全红期	果皮+果肉	0.558～2.520 mg GAE/g FW	Kou et al.，2015
团枣、蜂蜜罐枣、灵宝枣、骏枣、木枣等 10 个品种	商品成熟度	果皮+果肉	275.6～541.8 mg GAE/100 g FW	Gao et al.，2012a
狗头枣、稷山板枣、婆枣、金丝枣、骏枣、和田玉枣、宁夏小枣	—	果皮+果肉	454.3～1298.9 mg GAE /100 g DW	Zhao et al.，2014
冬枣、木枣、哈密大枣	商品成熟度	果皮	607.93～3280.29 mg GAE/100g DW	Zhang et al.，2010
冬枣、木枣、哈密大枣	商品成熟度	果肉	557.25～813.20 mg GAE/100g DW	Zhang et al.，2010
冬枣、马牙枣、圆枣	半红期	果皮	205.8～338.2 mg GAE/g DW	Xue et al.，2009
冬枣、马牙枣、圆枣	半红期	果肉	42.6～55.4 mg GAE/g DW	Xue et al.，2009
金丝小枣、牙枣、尖枣、骏枣、三变红	—	果皮+果肉	5.18～8.53 mg GAE/g DW	Li et al.，2005 Li et al.，2007
骏枣、灵宝枣、晋枣、赞皇枣、梨枣	白熟期	果皮+果肉	428.5～600.4 mg GAE/100 g FW	Gao et al.，2011
赞皇枣、鸡心枣、灰枣、梨枣、磨盘枣、葫芦枣	全红期	果皮+果肉	113.82～164.40 mg CE/100 g FW	刘杰超等，2015
梨枣、金丝小枣、灰枣、哈密大枣、木枣、相枣	全红期	果皮+果肉	397.46～630.15 mg GA/100 g FW	王蓉蓉等，2017
金丝小枣	绿熟期至全红期	果皮	65.8～20.1 mg GAE /g DW	Wang et al.，2013
金丝小枣	绿熟期至全红期	果肉	32.3～22.0 mg GAE /g DW	Wang et al.，2013
灵武长枣	白绿期至全红期	果皮+果肉	5.80184～2.9966 mg GAE/g FW	沈静等，2015
梨枣	绿熟期至全红期	果皮+果肉	769.97～494.85 mg GAE/100 g FW	Wu et al.，2012
稷山板枣	白熟期至全红期	果皮+果肉	1515.35～362.68 mg GAE/100 g DW	Wang B et al.，2016
沾化冬枣	果皮青绿至深红	果皮	7.528～19.312 mg GAE /g DW	游凤等，2013

4. 枣果实发育过程中总酚含量的变化

在枣果实发育过程中，各品种枣果实中总酚含量在不同阶段的变化幅度尽管存在较大差别，但变化趋势基本一致，即在幼果期具有较高的总酚含量，然后随着果实的发育，总酚含量急剧下降，绿熟期以后变化趋缓，果实接近成熟时总酚含量则趋于平稳，全红期枣果中总酚含量较幼果期降低约 2/3（表 2.5）（刘杰超等，2015）。灵武长枣果实在白绿期时总酚含量为 5801.84 μg/g，随着果实成熟含量不断下降，至全红期时降低约一半，仅为 2996.60 μg/g，四成熟（微红）和八成熟（大半红）果实也分别较白绿期果实降低 21.26% 和 31.97%（沈静等，2015）。Wu 等（2012）的研究也表明，梨枣果实总酚含量从绿熟期至全红期下降 35.73%，但主要集中在绿熟期至微红期，微红期后趋于平稳，至全红期仅有少量降低。白熟期、半红期和全红期的稷山板枣总多酚含量分别为 1515.35 mg GAE/100g DW、609.25 mg GAE/100g DW 和 362.68 mg GAE/100g DW（Wang B et al.，2016）。

表 2.5　不同品种枣果实发育过程中总酚含量的变化（单位：mg/100g FW）

发育时期	赞皇枣	鸡心枣	灰枣	梨枣	葫芦枣	磨盘枣
幼果期	358.95	352.33	361.88	354.94	385.76	493.57
绿熟期	165.21	172.37	160.29	160.63	196.09	248.99
白熟期	128.33	130.16	156.38	151.03	168.71	191.63
半红期	118.11	118.93	131.64	134.81	140.83	158.77
全红期	113.82	117.35	125.53	128.36	139.55	162.40

同时期采收的枣果，由于成熟度不一致，其总酚含量也存在较大差异。游凤等（2013）根据枣果皮颜色将采收的冬枣果实分为青绿、黄白、青红和深红四个成熟阶段，发现青绿颜色的枣果皮中总酚含量最高，达 19.312 mg GAE/g，其次为黄白果皮阶段和青红果皮阶段，总酚含量分别为 16.599 mg GAE/g DW 和 15.765 mg GAE/g DW，枣皮深红色时总酚含量最低，仅为 7.528 mg GAE/g DW，说明冬枣成熟变红时果皮中多酚物质降解损失较大。

枣果不同组织中总酚含量在果实发育过程中尽管总体上都呈下降趋势，但变化幅度与规律存在较大差异。例如，不同成熟期金丝小枣果皮中总酚含量随着成熟度的增加快速下降，至全红期时果皮中总酚含量较绿熟期下降近 70%，而果肉中总酚含量在白熟期较绿熟期还略有提高，其后才逐渐下降，至全红期时仅较白熟期降低 31.89%（Wang et al.，2013）。

5. 不同水肥管理对红枣果实总酚含量的影响

生长期间水肥管理不仅对红枣产量和品质具有重要作用，而且可对枣果中多酚等生物活性物质产生影响。Wu 等（2013）比较了氮肥、磷肥、钾肥、复合肥和有机肥对枣果酚类物质含量的影响，发现施用钾肥和有机肥有利于枣果实总酚含量的提高，而施用氮肥和磷肥造成枣果实总酚含量降低。而不同灌溉方式、灌水量和灌水次数对梨枣果实总酚含量没有显著影响（于金刚等，2011；Gao Q H et al., 2014）。这说明枣果生长期施肥管理对于提高枣果总酚含量比较重要。

6. 干制对枣果总酚含量的影响

红枣经热风干制或自然干制后总酚含量降低，尤其是自然干燥，由于晾晒时间长，多酚转化损失严重。

50℃热风干燥条件下，随着干燥时间的延长，狗头枣和冬枣果实中总酚含量均逐渐降低，干燥 48 h 后两个品种枣果中总酚含量分别下降 4.04% 和 18.25%（张泽炎和张海生，2017）。

Gao 等（2012b）比较了冷冻干燥、微波干燥、热风干燥和自然晾晒 4 种干制方式对陕北木枣总酚含量的影响，发现冷冻干燥（-50℃，48h）枣果总酚含量最高，为 2986.9 mg GAE/100g DW，其次为微波干燥（700 W，4min），为 2094.7 mg GAE/100g DW，热风干燥（70℃，8h）为 1526.7 mg GAE/100g DW，自然晾晒（21 d）红枣总酚含量最低，为 513.1 mg GAE/100g DW，较未干制鲜枣降低 77%，说明自然晾晒条件下枣果多酚损失严重，不利于保持红枣多酚物质，而冷冻干燥可使干制红枣总酚含量升高。

Wang R 等（2016）在对金丝小枣的研究中也得到了类似的结果，自然晾晒的干制枣总酚含量最低，为 9.66 mg GAE/g DW，较未干燥鲜枣低 30.25%；不同温度（50℃、60℃、70℃）热风干燥为 11.24~12.90 mg GAE/g DW，以 60℃热风干燥最为适宜；微波干燥为 13.64 mg GAE/g DW，与鲜枣中总酚含量（13.85 mg GAE/g DW）接近；而冷冻干燥的枣果总酚含量最高，为 20.98 mg GAE/g DW，较鲜枣中总酚含量高 51.48%。王毕妮等（2011）在对陕西佳县红枣的研究中也发现，自然干制时红枣多酚损失较大。杜丽娟等（2014）和 Du 等（2013）采用低温膨化干燥技术对红枣进行干制，干制枣中总酚含量得到大幅提高。冷冻干燥和膨化干燥造成的红枣总酚含量的提高可能是因为这两种处理破坏了红枣细胞壁结构，从而有利于结合态多酚类物质的释放。

2.2.2　总黄酮

1. 总黄酮含量的测定方法

植物组织中总黄酮含量的测定方法有 $Al(NO_3)_3$-$NaNO_2$-$NaOH$ 显色法和 $AlCl_3$

显色法两种。其中，Al(NO$_3$)$_3$-NaNO$_2$-NaOH 显色法是先用亚硝酸钠还原黄酮类化合物，再加硝酸铝络合，最后加氢氧化钠溶液使黄酮类化合物开环，生成 2-羟基查耳酮而显色，反应液在 510 nm 附近有最大吸收；AlCl$_3$ 显色法是利用黄酮醇母核中 5 位—OH 和 4 位 C=O 与 Al^{3+} 在酸性条件下络合产生的络合物在 400 nm 附近有最大吸收，测定反应产物在 400nm 附近的吸收值来估算黄酮类化合物的含量。

在枣的总黄酮含量测定中通常采用 Al(NO$_3$)$_3$-NaNO$_2$-NaOH 显色法。具体操作方法如下：红枣样品用乙醇或甲醇溶液提取并稀释至合适浓度，吸取 1 mL 置于 10 mL 比色管中，加 4 mL 乙醇溶液，再加 5%亚硝酸钠溶液 1 mL，摇匀，静置 6 min；然后加入 10%硝酸铝溶液 1 mL，摇匀，静置 6 min 后，加 1 mol/L 氢氧化钠 2 mL，再加蒸馏水至刻度，摇匀，静置 15 min，并以相应试剂为空白，用紫外分光光度计测定样品溶液在 510nm 的吸光度。也可根据样品的特性对加入亚硝酸钠、硝酸铝和氢氧化钠的量进行调整。同时利用黄酮类化合物标准于同样条件下测定并绘制标准曲线，根据标准曲线计算样品中总黄酮含量。一般采用芦丁作为标准品，并将结果表述为芦丁当量（rutin equivalent，RE）含量。也有以槲皮素为标准品并将结果表述为槲皮素当量（quercetin equivalent，QE）含量（Zhang et al，2010）。

与 Folin-酚法测定枣中总酚含量类似，应用 Al(NO$_3$)$_3$-NaNO$_2$-NaOH 显色法测定枣中总黄酮含量也不能区分单一黄酮类物质，且易受样品中杂质的干扰。而且由于是以标准品的当量值来表示总酚相对含量，因此若采用的标准品不同，计算出的含量常会存在一定差异。

2. 红枣不同组织中的总黄酮含量

与总多酚含量类似，总黄酮含量也是以枣果皮最高，果肉和果核中含量较低。例如，冬枣果皮中总黄酮含量高达 1851.96 mg QE/100g DW，分别为枣果肉和果核的 4.75 倍和 5.64 倍；木枣果皮总黄酮含量分别较枣果肉和果核高 77.50%和 148.13%；哈密大枣果皮总黄酮含量分别较枣果肉和果核高 27.18%和 74.89%（Zhang et al，2010）。陕北滩枣枣皮中总黄酮含量为 1073.08 mg RE/100g DW，分别为枣果肉和果核的 2.05 倍和 1.37 倍（聂小伟等，2012）。陕西佳县红枣果皮、果肉、果核中总黄酮含量分别为 2.247mg RE/g FW、0.905 mg RE/g FW 和 0.994 mg RE/g FW（王毕妮等，2011）。不同成熟期金丝小枣果皮总黄酮含量均显著高于果肉，但这种差别随着果实成熟度的提高而变小（Wang et al，2013）。

3. 不同品种红枣的总黄酮含量

表 2.6 列举了国内外关于红枣中总黄酮含量的部分研究结果。由表 2.6 可以看出，红枣总黄酮含量在不同品种间的差异很大。Kou 等（2015）对灰枣、晋枣、

大龙枣、婆婆枣、赞皇枣、壶瓶枣、胜利枣、襄汾圆枣、滕州长红枣、南京鸭枣、山西龙枣、平陆尖枣、灌阳短枣、黎城小枣、糖枣 15 个品种枣果实总黄酮含量进行分析，发现总黄酮含量最高的南京鸭枣（2.00 mg RE/g FW）较含量最低的壶瓶枣（0.47 mg RE/g FW）高 3.26 倍。Gao 等（2012a）对团枣、金昌一号、蜂蜜罐枣、太谷蜜枣、灵宝大枣、骏枣、木枣、枣王枣等 10 个品种枣成熟果实的研究也表明，总黄酮含量最高的枣王枣（284.9 mg RE/100 g FW）较最低的金昌一号（62.0 mg RE/100g FW）高 3.6 倍。韩志萍（2006）采用硝酸铝比色法对陕北榆林地区不同产地红枣总黄酮含量进行分析比较，发现总黄酮含量最高的佳县通镇小枣（764.6 mg RE/100g）较最低的佳县通镇大枣（297.2 mg RE/100g）高 1.57 倍，同一产地，大枣总黄酮含量显著低于小枣，总黄酮含量主要与品种有关。赵爱玲等（2010）测定了山西省农业科学院果树研究所国家枣种质资源圃 50 个品种脆熟期枣果皮中总黄酮含量，发现含量最高的太谷壶瓶枣是最低的交城骏枣的 33.6 倍，不同品种间变幅达 58.06，变异系数为 96.07%。苗利军等（2008）对采自山西农业科学院果树研究所国家枣种质资源圃的 54 个枣品种果实中总黄酮含量进行分析，发现不同枣品种间的总黄酮含量差异很大，含量最高的与最低的相差 30 倍以上；54 个枣品种的果实中总黄酮平均含量为 2.29 mg RE/g DW，总黄酮含量最高的是月光枣，达 7.04 mg RE/g DW，含量较高的有连县木枣、婆枣、临猗梨枣、临汾团枣、夏津妈妈枣、虎枣、保德油枣、冬枣、稷山板枣，含量较低的有北京鸡蛋枣、平遥不落酥、紫圆枣等，最低的平遥苦端枣几乎检测不出；在所测试的 54 个枣品种中，40.74%枣品种的黄酮含量在 1.65～2.59 mg RE/g DW，25.93%枣品种的黄酮含量在 2.81～4.08 mg RE/g DW，18.52%枣品种的总黄酮含量在 0.68～1.48 mg RE/g DW，只有 9.26%的枣品种总黄酮含量低于 0.45 mg RE/g DW，5.56%的枣品种总黄酮含量高于 4.53 mg RE/g DW；不同用途红枣中，制干枣品种的平均总黄酮含量最高，为 2.63 mg RE/g DW，其次为鲜干兼用枣品种（2.60 mg RE/g DW），鲜食枣品种的含量最低，为 2.31 mg RE/g DW。

表 2.6　红枣的总黄酮含量

红枣品种	成熟阶段	部位	总黄酮含量	参考文献
灰枣、婆婆枣、赞皇枣、晋枣、圆枣等 15 个品种	全红期	果皮+果肉	0.47～2.00 mg RE/g FW	Kou et al., 2015
团枣、蜂蜜罐枣、灵宝大枣、骏枣、木枣等 10 个品种	商品成熟度	果皮+果肉	62.0～284.9 mg RE/100 g FW	Gao et al., 2012a
壶瓶枣、梨枣、灌阳长枣、骏枣等 50 个品种	脆熟期	果皮	1.78～59.84 mg/g DW	赵爱玲等, 2010

续表

红枣品种	成熟阶段	部位	总黄酮含量	参考文献
木枣、婆枣、梨枣、团枣、冬枣等 54 个品种	—	果皮+果肉	0～7.04 mg RE/g DW	苗利军等，2008
狗头枣、稷山板枣、婆枣、金丝枣、和田骏枣、和田玉枣、宁夏小枣	—	果皮+果肉	122.1～319.5 mg RE/100 g DW	Zhao et al.，2014
冬枣、木枣、哈密大枣	商品成熟度	果皮	276.43～1851.96 mg QE/100 g DW	Zhang et al.，2010
冬枣、木枣、哈密大枣	商品成熟度	果肉	217.36～390.11 mg QE/100 g DW	Zhang et al.，2010
陕西榆林不同种植园的 11 个枣样品	全红期	果皮+果肉	297.2～764.6 mg RE/100 g	韩志萍，2006
骏枣、灵宝枣、晋枣、赞皇枣、梨枣	白熟期	果皮+果肉	159.3～230.3 mg RE/100 g FW	Gao et al.，2011
赞皇枣、鸡心枣、灰枣、梨枣、磨盘枣、葫芦枣	全红期	果皮+果肉	103.59～127.96 mg RE/100 g FW	刘杰超等，2015
灵武长枣	白绿期至全红期	果皮+果肉	122.12～33.12 μg RE/g FW	沈静等，2015
梨枣、金丝小枣、灰枣、哈密大枣、木枣、相枣	全红期	果皮+果肉	246.72～661.37 mg RE/100 g FW	王蓉蓉等，2017
梨枣	绿熟期至全红期	果皮+果肉	621.6～312.46 mg RE/100 g FW	Wu et al.，2012
稷山板枣	白熟期至全红期	果皮+果肉	1692.66～483.47 mg RE/100 g DW	Wang B et al.，2016
沾化冬枣	果皮青绿至深红	果皮	2.466～0.025 mg RE /g DW	游凤等，2013
梨枣	白熟期	果皮+果肉	169.28～288.79 mg RE/100 g FW	于金刚等，2011

　　一般情况下，总酚含量高的枣品种，其总黄酮含量也较高，二者具有一定的相关性。但 Kou 等（2015）的研究发现，在所测 15 个枣品种中总酚含量最高的滕州长红枣的总黄酮含量仅为 0.64 mg RE/g FW，在 15 个枣品种中仅略高于壶瓶枣（0.47 mg RE/g FW）、灌阳短枣（0.55 mg RE/g FW）和平陆涧枣（0.60 mg RE/g FW）。Gao 等（2012a）的研究也有类似的发现，在所测试的 10 个枣品种中，总黄酮含量最高的枣王枣的总酚含量仅居中等水平。这说明不同品种红枣在多酚物质组成方面的差别较大，从而导致总黄酮含量测定结果与总酚含量的不一致性。

　　4. 枣果实发育过程中总黄酮含量的变化

　　枣果实发育过程中总黄酮含量的变化与总酚含量相似，即在幼果期含量较高，绿熟期时大幅降低，白熟期和半红期则下降缓慢，而全红期则变化很小，与半红期没有明显差异（表 2.7）（刘杰超等，2015）。灵武长枣在白绿期总黄酮含量为122.12 μg/g，其后随着果实成熟不断下降，至八成熟（大半红）和全红期时基本趋于稳定，全红期果实总黄酮含量较未成熟果实降低 2.69 倍，降幅远高于总酚含量（沈静等，2015）。Wu 等（2012）的研究也表明，梨枣果实总果酮含量从绿熟期至全红期降低约一半，而且在 6 个不同发育期一直呈连续下降趋势。白熟期、半红期和全红期的稷山板枣总黄酮含量分别为 1692.66 mg RE/100g DW、1478.68 mg RE/100g DW 和 483.47 mg RE/100g DW，也呈连续下降趋势（Wang B et al.，2016）。在冬枣果皮颜色由绿变红的 4 个阶段，以黄白色果皮总黄酮含量最高，达2.466 mg RE/g DW，其次为青绿果皮阶段，为 2.358 mg RE/g DW，青红果皮阶段和深红果皮阶段总黄酮含量很低，分别为 0.477 mg RE/g DW 和 0.025 mg RE/g DW（游凤等，2013）。

表 2.7 不同品种枣果实发育过程中总黄酮含量的变化（单位：mg RE/100g FW）

发育时期	赞皇枣	鸡心枣	灰枣	梨枣	葫芦枣	磨盘枣
幼果期	309.33	295.96	293.54	308.19	318.68	395.32
绿熟期	151.18	142.35	144.43	152.24	167.49	209.73
白熟期	109.95	113.74	132.86	125.69	129.52	151.46
半红期	110.49	104.55	112.78	107.43	114.42	139.67
全红期	103.59	104.28	116.11	106.62	119.87	127.96

与总酚含量类似，枣果不同组织中总黄酮含量在果实发育过程中都呈下降趋势，但变化幅度存在较大差异。例如，金丝小枣果皮中总黄酮含量从绿熟期至全红期下降 87.21%，而果肉中总黄酮含量仅降低 50.6%（Wang et al.，2013）。这说明枣果皮中黄酮类化合物受果实发育的影响较大。

5. 不同水肥管理对红枣果实总黄酮含量的影响

尽管不同灌溉处理对枣果总酚含量的没有显著影响，但对于总黄酮含量却存在显著影响。于金刚等（2011）以陕北 7～8 年生矮化密植梨枣树为试材，比较了不同灌水量和灌水次数对白熟期枣果多酚物质含量的影响，发现 3 个灌水处理中总黄酮含量最低的 T2（灌溉 4 次，灌水量 135 m^3/hm^2）处理为 169.28 mg GAE/100g FW，最高的（灌溉 5 次，灌水量 180 m^3/hm^2）为 258.66 mg GAE/100g FW，较T2 处理高 52.8%，梨枣总黄酮含量的增加并不随灌溉次数与灌水量的增加而线性增加。在不同施肥管理中，施用有机肥的枣果中总黄酮含量最高，其次为钾肥和复合肥，施用氮肥和磷肥的枣果中总黄酮含量较低，仅为施用有机肥枣果的 40% 左右；与未施肥对照相比，不同施肥处理随着产量的增加，其果实中总黄酮含量均有一定程度的降低，但产量与总黄酮含量之间没有明显的相关性（Wu et al，2013）。赵满兴等（2015）对不同水肥管理的陕北木枣果实的总黄酮含量的分析表明，施氮和不施氮之间存在极显著差异（$P=0.0018$），灌水和不灌水处理之间也达到显著差异（$P=0.0001$），施氮量和水分交互作用也达到显著水平（$P=0.0002$）；在相同施氮量下，随着灌水量增加，黄酮含量总体上是增加的，施氮 1.5 kg/株处理，黄酮平均含量最高，但不同施氮量、不同灌水量之间没有显著差异；施氮和萌芽期灌水在一定程度上可以增加枣果黄酮含量，在施氮 0.5 kg/株、灌水 20 kg/株处理条件下，枣果总黄酮含量最高，为 74.7 mg/100g。

6. 干制对枣果总黄酮含量的影响

红枣经热风或自然干制后总黄酮含量变化不明显（王毕妮等，2011），但不同干燥方式之间可能存在差别。盛文军（2004）以陕西佳县油枣为试验材料，比较了真空冷冻干燥、微波干燥、热风干燥和自然干燥 4 种干制方式对陕北木枣总黄酮含量的影响，发现真空冷冻干燥枣果总黄酮含量最高，为 275.2 mg/g，其次为自然干燥（261.5 mg/g），微波干燥（0.245 W，10 min）和热风干燥分别为 218.6 mg/g 和 189.3 mg/g，微波干燥和热风干燥的不同工艺条件都可对红枣中总黄酮含量产生影响。Wang R 等（2016）在对金丝小枣的研究中也得到了类似的结果，自然晾晒和 60℃热风干燥的干制枣总黄酮含量最低，均为 7.20 mg RE/g DW，较未干燥鲜枣低 26.75%；不同温度（50℃、60℃、70℃）热风干燥 7.20～8.86 mg RE/g DW，以 50℃热风干燥最为适宜；微波干燥为 10.50 mg RE/g DW，略高于鲜枣（9.83 mg RE/g DW）；而冷冻干燥的枣果总黄酮含量最高，为 11.61 mg RE/g DW，较鲜枣中总黄酮含量高 18.11%。应用低温膨化干燥技术干制红枣也可有效保持其中的总黄酮含量（杜丽娟等，2014；Du et al.，2013）。

2.2.3　原花色素

1. 原花色素的测定方法

原花色素（proanthocyanidins）是一类由黄烷醇类单体缩合而成的聚合物，由于在酸性介质中加热可产生花色素而得名，也称为缩合单宁。香草醛法和正丁醇-盐酸法是专门用于测定样品中黄烷醇类多酚的方法，均采用分光光度计测定，具有灵敏度高、专一性强和测定方法简单、迅速等优点，因此也常用于多酚类物质的定量分析。其中，香草醛法选择性地测定 A 环卫间苯三酚的黄烷醇，但不能区分黄烷醇单体和聚合体，枣果中广泛存在的儿茶素和表儿茶素均可产生反应，聚合体比单体反应少。正丁醇-盐酸法选择性地测定聚原花色素，对儿茶素、黄酮类等不反应。两种方法在红枣原花色素的测定中都有应用。具体操作方法举例如下。

1）香草醛法

取样品溶液 0.5 mL 加入装有 1 mL 95%乙醇的具塞刻度试管中摇匀，然后向其中加入 1% 香草醛-盐酸溶液 5 mL，加塞摇匀后出现红色。避光放置 40 min 后，用分光光度计测定 500 nm 处的吸光度。同时以儿茶素为标样绘制标准曲线，根据标准曲线计算红枣提取液中原花色素的含量并将结果表示为儿茶素当量含量。

2）正丁醇-盐酸法

取样品溶液 1 mL 加入具塞刻度试管中，然后向其中加入 6 mL 正丁醇-盐酸（体积比为 95∶5）溶液及 0.2 mL 硫酸铁铵溶液（24.1g 硫酸铁铵溶于水，定容至 1000 mL），摇匀后加塞，于沸水浴中加热 40 min 后取出迅速冷却，以试剂空白作参比，用分光光度计测定 546 nm 处吸光度。同时以儿茶素或原花色素对照品为标样绘制标准曲线，根据标准曲线计算红枣提取液中原花色素的含量。

2. 不同品种红枣的原花色素含量

与总酚和总黄酮含量相似，不同品种枣果中原花色素含量也存在着较大差别。Kou 等（2015）采用香草醛法测定了灰枣、晋枣、大龙枣、婆婆枣、赞皇枣、壶瓶枣、胜利枣、襄汾圆枣、滕州长红枣、南京鸭枣、山西龙枣、平陆尖枣、灌阳短枣等 15 个品种枣果实中原花色素含量，发现晋枣原花色素含量最高，为 0.977 mg CE/g FW，含量最低的山西龙枣为 0.511mg CE/g FW。Gao 等（2012a）采用正丁醇-盐酸法测定了团枣、金昌一号、蜂蜜罐枣、太谷蜜枣、灵宝大枣、骏枣、木枣、枣王枣等 10 个品种枣成熟果实中原花色素的含量，结果表明，10 个品种中有 7 个品种的原花色素含量在 144.3～247.2 mg 葡萄籽原花色素提取物（grape seed proanthocyanidin extract，GSPE） eq./100 g FW，2 个品种在 100 mg GSPE eq./100 g FW 以下，1 个品种（枣王枣）高达 413.7 mg GSPE eq./100 g FW，是含量最低的骏枣的 7 倍多。

3. 枣果实发育过程中原花色素含量的变化

在梨枣果实发育过程中，原花色素含量从绿熟期至全红期下降了 72.96%，但主要集中在白熟期至微红期，其他阶段变化较小，特别是半红期后，基本趋于平稳，至全红期仅有少量降低（Wu et al.，2012）。而在冬枣果皮颜色由青绿向青红转变的过程中，原花色素含量逐渐提高，但在深红阶段的枣皮中原花色素含量却大幅降低，分别较青绿、黄白、青红果皮阶段降低 80.15%、83.63%和 85.76%（游凤等，2013）。鸡心枣、骏枣、马牙枣、圆脆枣、灰枣、灵武长枣和沾化冬枣在果皮颜色由绿色向红色转变的过程中果皮和果肉中的原花色素含量均呈现先升高后降低的变化趋势（Xie et al.，2017）。

4. 不同水肥管理对红枣果实原花色素含量的影响

与不同施肥管理对枣果中总酚和总黄酮含量的影响相似，施用有机肥和钾肥有利于梨枣果实中原花色素的积累，而施用氮肥和磷肥则造成原花色素含量的大幅降低，说明钾对于原花色素合成和积累十分重要（Wu et al.，2013）。

5. 干制对红枣果实原花色素含量的影响

红枣经自然干制后，其原花色素含量无显著变化，但经热风干制的红枣中原花青素含量显著升高，较新鲜红枣提高 3 倍以上，推测可能是由在较高温度下红枣中黄烷醇类单体发生缩合反应所致（王毕妮等，2011）。

2.2.4 多酚类物质组成

采用分光光度法测定枣果中总酚、总黄酮及原花色素含量，条件简单，能够快速得到结果，因此在红枣酚类物质的定量分析中得到广泛应用。但是，这些方法作为化学比色法，反映的是一大类结构或性质相近的化学物质的反应特性，不能区分结构类似的单一酚类物质，而且应用该方法测定多酚含量时易受其他成分的干扰，存在较大误差。为了深入理解红枣中多酚类物质的组成及其变化，常需要进一步分析其中的单体酚类物质组成，目前一般采用高效液相色谱（HPLC）法分析枣果中多酚类物质的组成及含量。

1. 枣果中多酚类物质的 HPLC 分析方法

1）样品提取与处理

枣果中多酚类物质的提取一般采用甲醇、乙酸乙酯等有机溶剂。为了提高提取效率，缩短提取时间，常采用超声波辅助提取方法。

以乙酸乙酯作提取溶剂的方法如下：

准确称取鲜枣果肉 20 g，用组织捣碎机打碎匀浆。加入 50 mL 乙酸乙酯，超声提取 30 min，过滤后滤渣再次加入 50 mL 乙酸乙酯，超声提取 30 min，共提取 3 次。合并滤液，38℃减压蒸干。然后用甲醇溶解并定容至 5 mL，–18℃保存备用。测试前用 0.45 μm 针头式过滤器过滤。

2）检测波长的选择

一般采用 280 nm 波长检测，也可采用双波长（280 nm 和 320 nm）或者二极管阵列检测器（DAD）进行多波长检测。

3）流动相的选择

酚类物质的 HPLC 分析一般采用甲醇-水或乙腈-水作流动相，进行梯度洗脱。同时为了防止酚酸类化合物电离而影响分离效果，常需在流动相中加入酸性抑制剂以抑制此类化合物的电离，增大其分布系数，从而改善各色谱峰的峰形和分离度。通常选用磷酸或甲酸作酸化试剂。提高流动相的酸度，可以改善分离效果，但酸度过低会加速柱效的降低。因此，一般用磷酸或甲酸将超纯水调 pH 为 2.5，与甲醇或乙腈一起作为流动相进行梯度洗脱。

由于红枣多酚组成比较复杂，因此在针对不同样品进行 HPLC 分析时常需根据所使用的色谱柱与分离目标特性调整流动相的洗脱梯度，以获得较好的分离效果。例如，采用 Waters Symmetry C_{18} 柱（4.6×150 mm，5 μm），流动相为甲醇（A）和 pH 2.6 的磷酸水（B），280 nm 和 320 nm 双波长紫外检测，柱温 30℃，进样量 5 μL，流速 0.6 mL/min，梯度洗脱程序为 0 min 15% A，15 min 25% A，25 min 25% A，65 min 75% A，70 min 15% A，梯度线性变化，可以成功实现没食子酸、原儿茶酸、儿茶素、表儿茶素、绿原酸、阿魏酸、咖啡酸、鞣花酸、肉桂酸、槲皮素和芦丁 11 种多酚类物质的基线分离，应用于枣果酚类物质的检测取得了良好的效果（焦中高等，2008）。师仁丽等（2016）采用甲醇和 0.1%甲酸溶液作流动相，成功实现了芦丁、槲皮素、山奈酚、没食子酸、异鼠李素、木犀草素、儿茶素、杨梅素 8 种黄酮类化合物的分离，并在金丝小枣黄酮类化合物的检测中应用。念红丽等（2011）建立了一种可同时分离没食子酸、原儿茶素、绿原酸、香草酸、咖啡酸、丁香酸、香豆酸、阿魏酸、芥子酸、芦丁、儿茶素和表儿茶素 12 种酚类物质的 HPLC 分析方法并应用于冬枣果皮多酚类物质的测定。Wang 等（2010）采用电子捕获检测器（electron capture detector，ECD）进一步提高检测的灵敏度，可同时实现没食子酸、原儿茶酸、咖啡酸、对香豆酸、芦丁、槲皮素 6 种酚类物质的检测并应用于哈密大枣、狗头枣、滩枣、金丝小枣、木枣多酚类组分的分析。

已建立的一些用于枣果多酚物质分析的 HPLC 分离条件见表 2.8。

表 2.8　枣果多酚的 HPLC 分析方法

色谱柱	检测波长/nm	流动相	流速/（mL/min）	梯度洗脱程序	参考文献
Symmetry C_{18}	280 320	A：甲醇 B：pH 2.6 磷酸水	0.6	0 min 15% A，15 min 25% A，25 min 25% A，65 min 75% A，70 min 15% A	焦中高等，2008
Hypersil BDS-C_{18}	270 370	A：甲醇 B：0.1%甲酸溶液	0.8	0 min 28% A，5 min 40% A，7 min 50% A，8 min 54% A，10 min 56% A，15 min 56% A，17 min 80% A，22 min 28% A，32 min 28% A	师仁丽等，2016

色谱柱	检测波长/nm	流动相	流速/（mL/min）	梯度洗脱程序	参考文献
Waters C₁₈	280	A：1%乙酸水 B：1%乙酸甲醇	0.8	0 min 10% B，15 min 18% B，35 min 25% B，45 min 35% B，60 min 50% B，65 min 65% B，75 min 95% B	念红丽等，2011
Zorbax SB-C₁₈	ECD	A：甲醇 B：2%乙酸溶液	1.0	0 min 5% A，10 min 20% A，15 min 40% A，25 min 60% A，30 min 70% A	Wang et al.，2010

2. 红枣中多酚类物质的种类及结构

表 2.9 列举了从不同枣样品中分离检测到的多酚类组分。

表 2.9　红枣中的多酚类化合物

红枣样品	检测到的多酚类组分	参考文献
梨枣	儿茶素、表儿茶素、没食子酸、原儿茶酸、绿原酸、芦丁、咖啡酸、肉桂酸	焦中高等，2008
金丝小枣	杨梅素、芦丁、槲皮素、异鼠李素	师仁丽等，2016
冬枣果皮	儿茶素、表儿茶素、对香豆酸	念红丽等，2011
哈密大枣、狗头枣、滩枣、金丝小枣、木枣	没食子酸、原儿茶酸、咖啡酸、对香豆酸、芦丁、槲皮素	Wang et al.，2010
金丝小枣、灰枣、紫枣、赞皇大枣、阜平大枣、圆铃枣、扁核酸枣	芦丁、儿茶素、表儿茶素、绿原酸、咖啡酸	Hudina et al.，2008
冬枣	没食子酸、原儿茶酸、绿原酸、儿茶酚、咖啡酸	宗亦臣，2004
冬枣	槲皮素-3-刺槐二糖苷、芦丁、儿茶素三聚体、原花色素 B₄、儿茶素、原花色素 B₁、表儿茶素	张琼等，2010
陕西佳县红枣	槲皮素-3-刺槐二糖苷、槲皮素-3-芸香苷、芹菜素	Bai et al.，2016
陕西佳县红枣	没食子酸、原儿茶酸、绿原酸、对香豆酸、对羟基苯甲酸、咖啡酸、阿魏酸、肉桂酸	Wang et al.，2011
梨枣	原儿茶酸、儿茶素、表儿茶素、芦丁	Wu et al.，2013
梨枣	儿茶素、表儿茶素、芦丁、槲皮素、肉桂酸	于金刚等，2011
梨枣	原儿茶酸、儿茶素、表儿茶素、芦丁	游凤等，2013
梨枣	儿茶素、表儿茶素、芦丁、槲皮素、没食子酸、鞣花酸、肉桂酸、绿原酸、咖啡酸、阿魏酸	Wu et al.，2012
梨枣	没食子酸、咖啡酸、原儿茶酸、对香豆酸、阿魏酸、肉桂酸、鞣花酸、对羟基苯甲酸、绿原酸、儿茶素、表儿茶素、芦丁、槲皮素	Du et al.，2013

续表

红枣样品	检测到的多酚类组分	参考文献
木枣	儿茶素、没食子酸、原儿茶酸、对羟基苯甲酸、香草酸、阿魏酸、芦丁、肉桂酸、表儿茶素、对香豆酸	Gao et al., 2012b
灵武长枣	根皮苷、阿魏酸、肉桂酸、柚皮素、根皮素	沈静等, 2015
梨枣、金丝小枣、灰枣、哈密大枣、木枣、相枣	儿茶素、香草酸、咖啡酸、丁香酸、表儿茶素、芦丁	王蓉蓉等, 2017
骏枣、灵宝枣、晋枣、赞皇枣、梨枣	原儿茶酸、儿茶素、表儿茶素、芦丁	Gao et al., 2011
冬枣、木枣、哈密大枣	原儿茶酸、绿原酸、没食子酸、咖啡酸	Zhang et al., 2010
稷山板枣	没食子酸、原儿茶酸、对羟基苯甲酸、咖啡酸、对香豆酸、肉桂酸、绿原酸、鞣花酸、迷迭香酸、芦丁、槲皮素	Wang B et al., 2016
团枣、金昌一号、蜂蜜罐、太谷蜜枣、灵宝枣、骏枣、木枣等 10 个品种	阿魏酸、表儿茶素、儿茶素、芦丁、槲皮素、没食子酸、原儿茶酸、绿原酸、鞣花酸、肉桂酸、咖啡酸	Gao et al., 2012a
狗头枣、稷山板枣、婆枣、金丝枣、和田骏枣、和田玉枣、宁夏小枣	芦丁、槲皮素、根皮苷、没食子酸、儿茶素、绿原酸、咖啡酸、表儿茶素、对香豆酸、阿魏酸、儿茶酚、槲皮苷	Zhao et al., 2014
鸡心枣、骏枣、马牙枣、圆脆枣、若羌枣、灵武长枣、沾化冬枣	没食子酸、绿原酸、咖啡酸、儿茶素、表儿茶素、香豆素、对香豆酸、阿魏酸、芦丁、槲皮素	Xie et al., 2017
金丝小枣、灵宝大枣、木枣、临泽小枣、官滩枣、马牙枣、阜平大枣、板枣、骏枣、团枣、若羌大枣、狗头枣、赞皇大枣、灵武长枣、和田大枣、壶瓶枣、哈密大枣等 24 个样品	儿茶素、表儿茶素、原花色素 B$_2$、芦丁、槲皮素-3-O-半乳糖苷、槲皮素-3-O-β-D-葡萄糖苷、山奈酚-3-O-芸香糖苷	Chen et al., 2013

　　根据这些多酚类化合物的结构特点，可以将它们分成简单酚、酚酸类和黄酮类化合物三大类。

　　1）简单酚

　　目前在红枣中发现的简单酚只有儿茶酚（邻苯二酚）1 种，是红枣中结构最简单的多酚类化合物。

　　2）酚酸类

　　红枣中已发现的酚酸类物质主要包括羟基苯甲酸类的没食子酸（gallic acid）、原儿茶酸（protocatechuic acid）、对羟基苯甲酸（p-hydroxybenzoic acid）、香草酸（vanillic acid）、丁香酸（syringic acid）、鞣花酸（ellagic acid），羟基肉桂酸类的

咖啡酸（caffeic acid）、阿魏酸（ferulic acid）、香豆素（coumarin）、对香豆酸
（*p*-coumaric acid）、肉桂酸（cinnamic acid）及绿原酸（chlorogenic acid）、迷迭香
酸（rosmarinic acid）等其他酚酸类物质。其结构如图 2.1 所示。

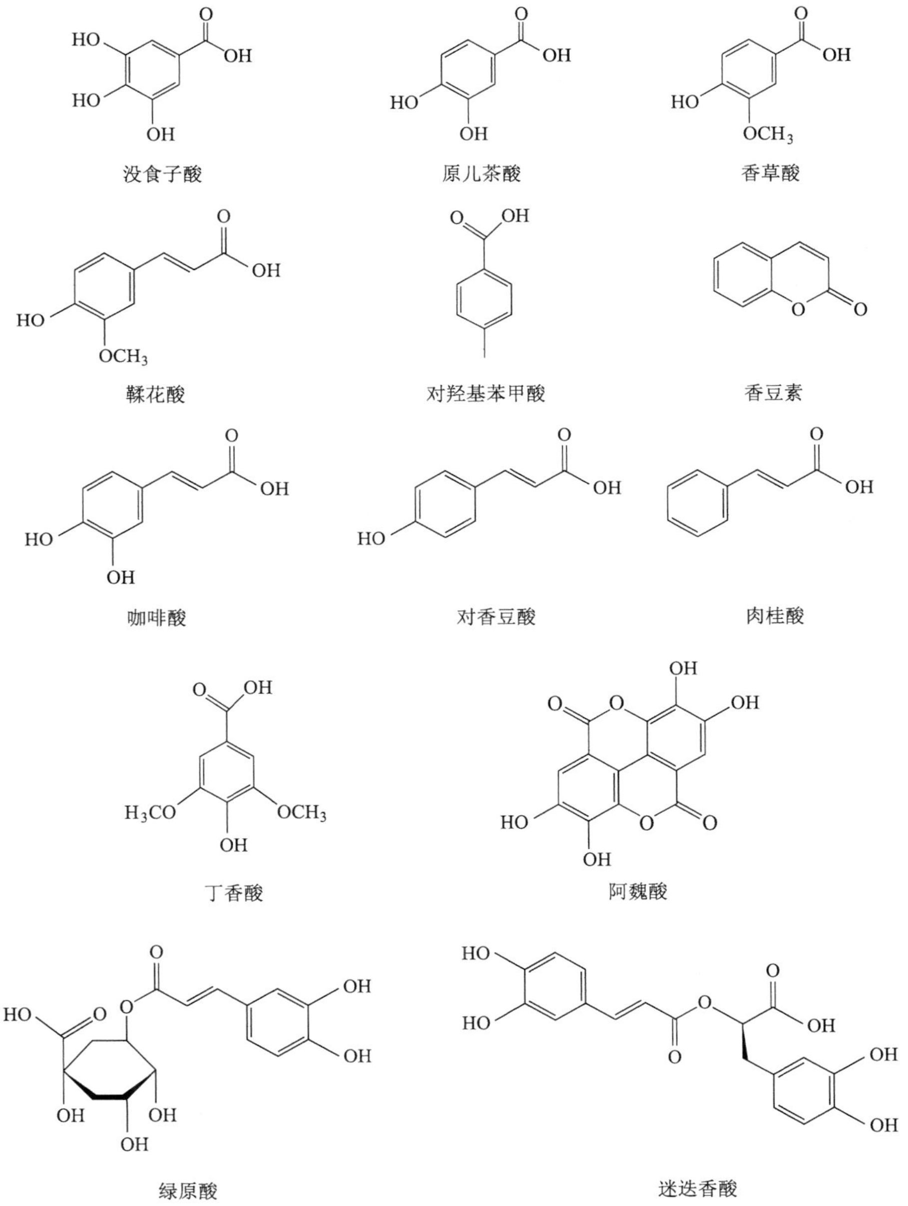

没食子酸　　　　　　　　　　原儿茶酸　　　　　　　　　　香草酸

鞣花酸　　　　　　　　　对羟基苯甲酸　　　　　　　　香豆素

咖啡酸　　　　　　　　　对香豆酸　　　　　　　　肉桂酸

丁香酸　　　　　　　　　　　　阿魏酸

绿原酸　　　　　　　　　　　　　　迷迭香酸

图 2.1　红枣中重要的酚酸类物质

3）黄酮类化合物

红枣中已发现的黄酮类化合物主要包括黄烷醇类的儿茶素（catechin）、表儿茶素（epicatechin）及其聚合体原花青素 B₁（procyanidin B₁）、原花青素 B₂（procyanidin B₂）、原花青素 B₄（procyanidin B₄）等，黄酮类的芹菜素（apigenin）等，黄酮醇类的槲皮素（quercetin）及其衍生物芦丁（槲皮素-3-O-芸香糖苷，quercetin-3-O-rutinoside， rutin）、槲皮苷（槲皮素-3-O-鼠李糖苷，quercetin-3-O-rhamnoside， quercitrin）、槲皮素-3-刺槐二糖苷（quercetin-3-robinobioside）、槲皮素-3-半乳糖苷（quercetin-3-O-galactoside）、槲皮素-3-O-β-D-葡萄糖苷（quercetin-3-O-β-D-glucoside）和山奈酚-3-O-芸香糖苷（kaempferol-3-O-rutinoside），二氢查耳酮类的根皮素（phloretin）、根皮苷（phlorizin）和杨梅素（myricetin）、异鼠李素（isorhamnetin）、芹菜素（apigenin）等。其结构如图 2.2 所示。

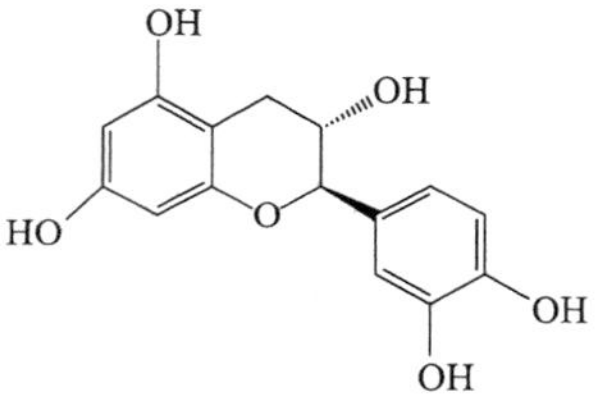

儿茶素 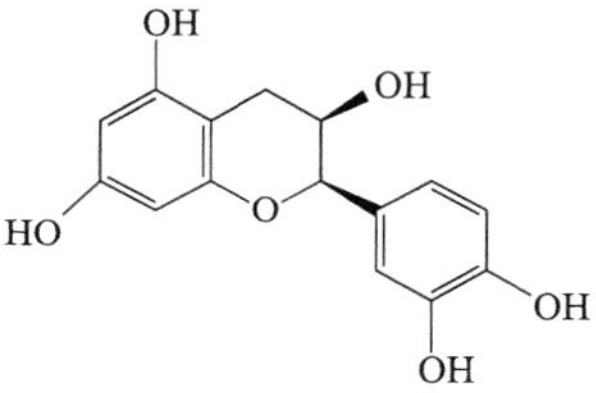　　　　　　　　　　表儿茶素 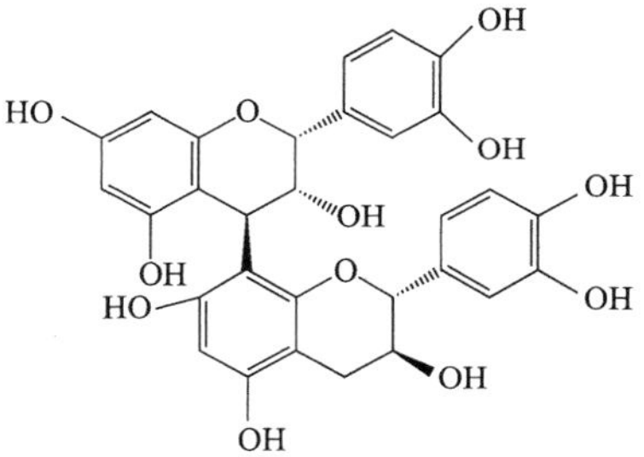　　　　　　　　　原花青素B₂

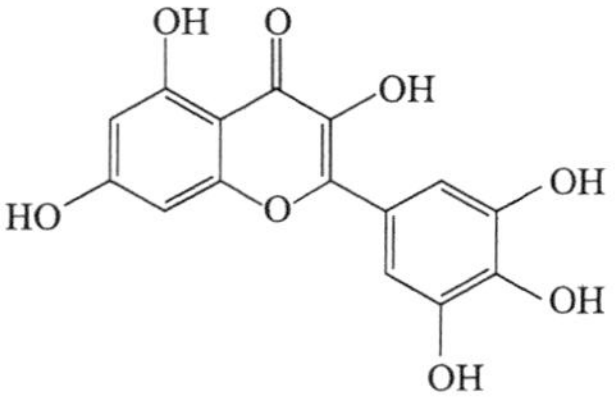

杨梅素 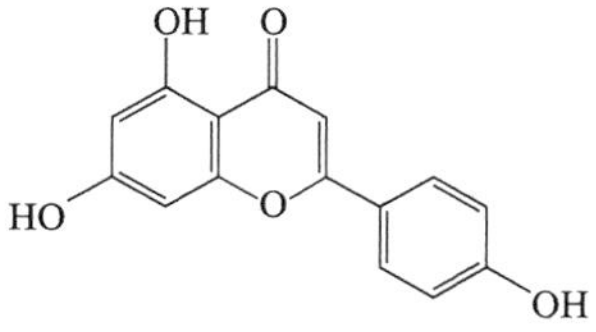　　　　　　　　　　芹菜素 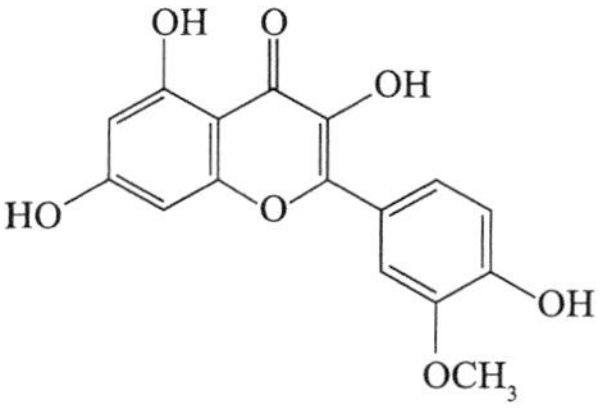　　　　　　　　　　异鼠李素

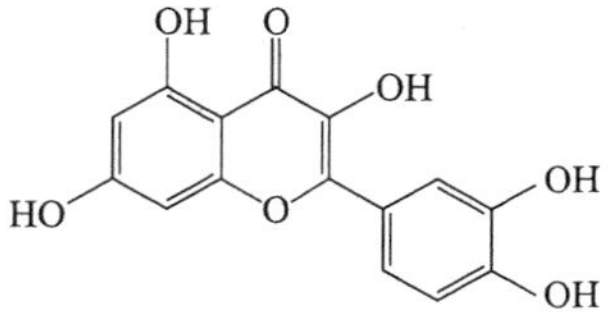

槲皮素 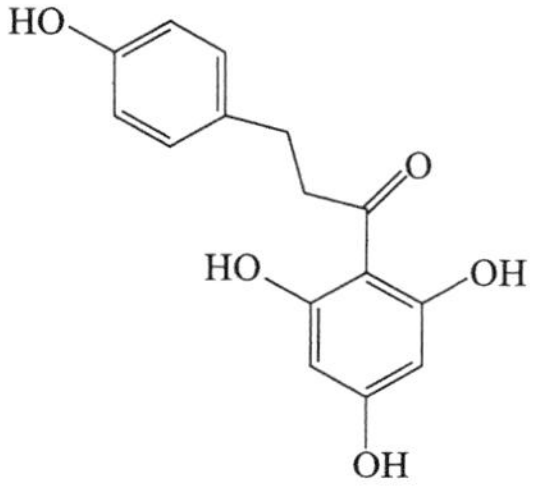　　　　　　　　　　根皮素 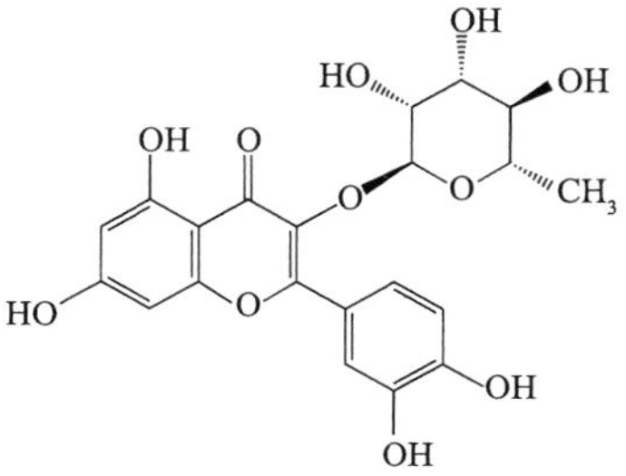　　　　　　　　　　槲皮苷

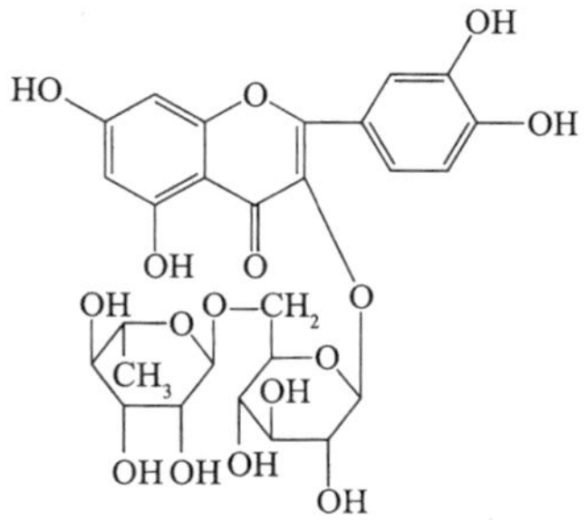

芦丁

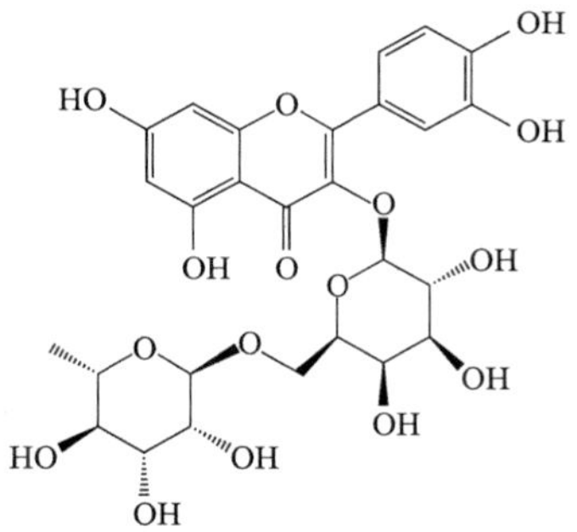

槲皮素-3-刺槐二糖苷

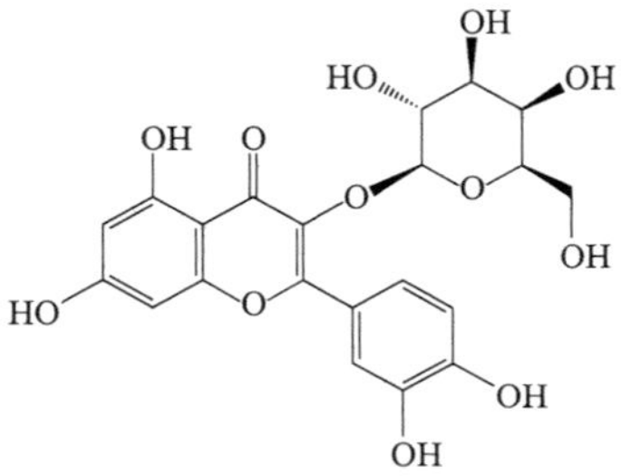

槲皮素-3-半乳糖苷

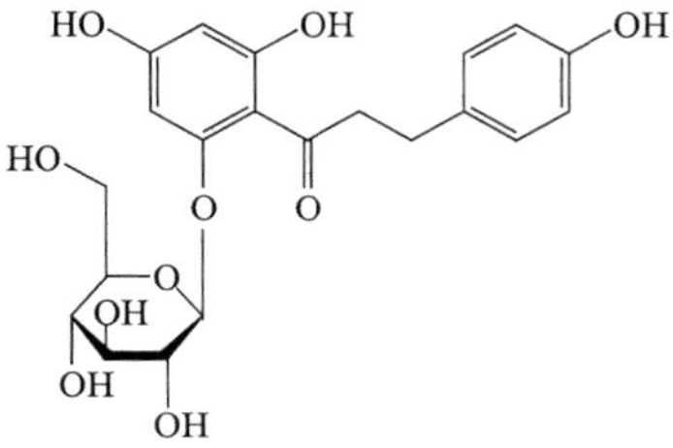

根皮苷

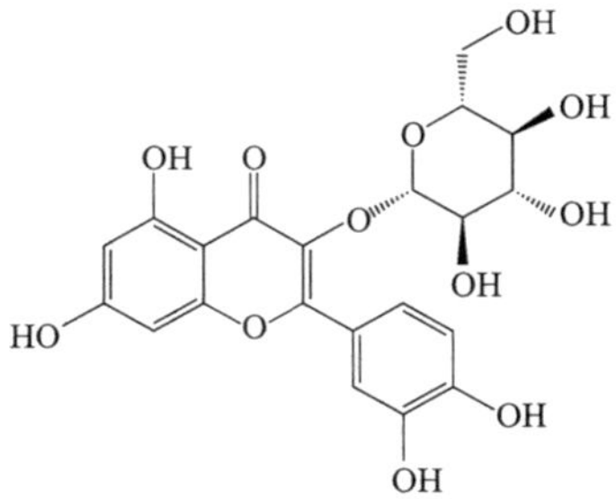

槲皮素-3-O-β-D-葡萄糖苷

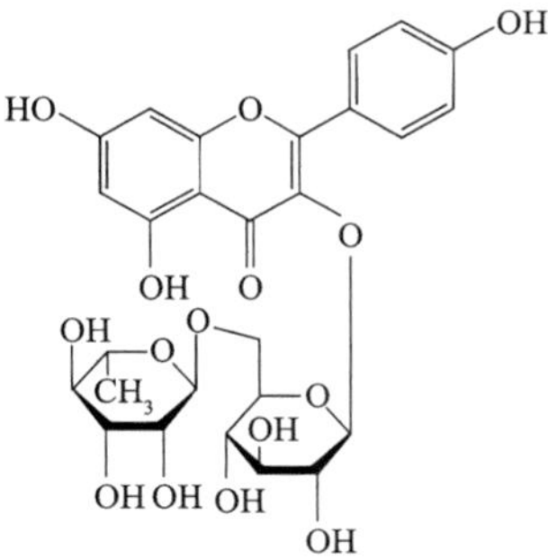

山奈酚-3-O-芸香糖苷

图 2.2 红枣中的黄酮类化合物

3. 红枣中多酚类物质的存在形式

在植物体内，多酚类物质通常以游离态和结合态的形式存在。根据结合态多酚成键方式的不同，又可将其分为酯键合态多酚（以酯的形式存在）、糖苷键合态多酚（以糖苷键结合的形式存在）及不溶性酚。通常用甲醇等有机溶剂提取测定的多酚类物质都属于游离酚，而结合态多酚则需要进一步用酸、碱水解才能得到。

不同形态多酚类物质的提取分离详见图 2.3（王毕妮，2011）。

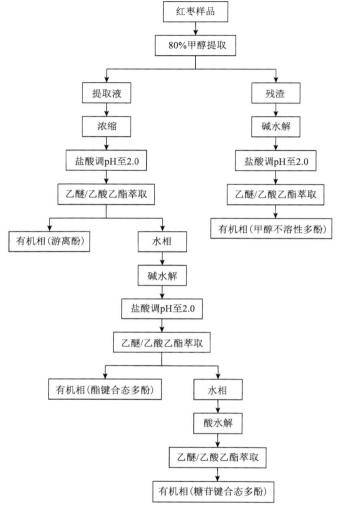

图 2.3　红枣中不同形态多酚类物质的提取分离过程

　　红枣中不同形态的多酚在枣果皮、果肉、果核中均有存在，但不同时期、不同组织中各种形态多酚的分布略有不同。Wang 等（2011）对陕北红枣果皮、果肉、果核中不同形态的多酚进行分离，并采用高效液相色谱-电化学检测法（HPLC-ECD）对其中的多酚类组分进行分析，发现红枣各部分都含有没食子酸、原儿茶酸、对羟基肉桂酸、咖啡酸、对香豆酸、阿魏酸、肉桂酸、绿原酸等多酚成分，不溶性结合态是红枣中大多数酚酸类成分的主要存在形式，分别占枣果皮、果肉、果核中检测到的酚酸类总量的 66.2%、19.3%和 61.5%，其次为糖苷键合态多酚，分别占 22.3%、44.7%和 11.6%，酯键合态多酚分别为 6.3%、27.5%和 6.2%，游离酚为 5.2%、8.4%和 20.8%；游离酚在果核中含量较高，而酯键合态多酚和糖苷键合态多酚在果肉中含量较高，但不同酚酸之间又存在较大差异，如游离态和不溶性结合态的绿原酸、对香豆酸和阿魏酸在枣果皮、果肉、果核中都有分布，但酯键合态的绿原酸、对香豆酸和阿魏酸仅在果核中检测到，糖苷键合态的咖啡酸、绿原酸、对香豆酸在果皮、果肉、果核中都没有检测到；果肉中没有检测到游离态对羟基苯甲酸，但糖苷键合态对羟基苯甲酸在果肉中存在，而在果皮和果核中没有检测到；糖苷键合态阿魏酸仅在果皮中存在；果皮中糖苷键合态肉桂酸可占红枣各部分肉桂酸总量的 63.0%，不溶性结合态对香豆酸占红枣各部分对香豆酸总量的 90.8%。但在另一项对不同成熟期稷山板枣的研究中却发现，各个成熟阶段的稷山板枣中均以游离酚为主要存在形式，在白熟期、半红期、全红期稷山板枣中游离酚分别占所检测到酚类化合物总量的 80.0%、53.5%和 85.9%（Wang B et al.，2016）。这说明不同品种枣果实中多酚类化合物存在的形式差别也很大。念红丽等（2009，2011）还对全绿、绿白、半红和全红 4 个成熟期的冬枣果皮中游离态、酯化态和结合态多酚进行了定性定量分析，结果表明，全绿、绿白和半红期果皮多酚都以游离态和酯化态为主要存在形式，结合态酚含量很少，全红期的多酚则是以结合态为主要形式；4 个成熟期的冬枣果皮多酚都含有儿茶素、表儿茶素和香豆酸，并且儿茶素和表儿茶素主要以游离态和酯化态形式存在，而香豆酸在 4 个成熟期主要以酯化态和结合态形式存在。

4. 红枣不同组织的酚类物质组成

与总酚及总黄酮含量在红枣不同组织中的分布规律类似，红枣果皮中含有的绿原酸、没食子酸、原儿茶酸和咖啡酸也较高，而果核和果肉中含量相对较低（Zhang et al.，2010）。例如，冬枣果皮中 4 种酚酸类成分的含量分别为 180.29 mg/kg DW、200.64 mg/kg DW、239.79 mg/kg DW、130.34 mg/kg DW，而在果肉中分别为 61.20 mg/kg DW、70.12 mg/kg DW、85.59 mg/kg DW、35.67 mg/kg DW，较果皮中含量低 66%、65%、64%、73%，果核中含量更低，分别为 28.39 mg/kg DW、29.28 mg/kg DW、55.86 mg/kg DW、16.92 mg/kg DW，是果皮中含量的 15.7%、14.6%、23.3%、13.0%；哈密大枣果皮中绿原酸、没食子酸、原儿茶酸含量与果肉没有显著差别，但枣核中含量显著低于果皮和果肉，咖啡酸含量在哈密大枣果皮、果肉、果核间均存在显著差异；木枣果皮中绿原酸含量与果肉没有显著差异，果核中显著低于果皮和果肉，而没食子酸、原儿茶酸、咖啡酸含量在果皮、果肉、果核间均存在显著差异。

5. 不同品种红枣多酚类物质的组成与含量

品种是决定红枣中多酚类物质组成的重要因素，不同品种红枣即使种植在同样环境条件下其多酚组成也存在很大差别。Gao 等（2012a）采用 HPLC 对团枣、金昌一号、蜂蜜罐枣、太谷蜜枣、灵宝大枣、骏枣、清涧木枣、佳县木枣和枣王枣等 10 个品种枣成熟果实中多酚类物质组成进行分析，发现不同枣品种的多酚类物质组成与含量存在较大差异。例如，10 个品种枣果实中均可检测出阿魏酸、表儿茶素、芦丁和槲皮素，而没食子酸和原儿茶酸仅在灵宝大枣中存在，只有团枣中可检测到绿原酸；太谷蜜枣和枣王枣中不含肉桂酸和咖啡酸，灵宝大枣中未检测到儿茶素，而鞣花酸在灵宝大枣、蜂蜜罐枣、Puaisanhao 枣、清涧木枣和佳县木枣中均没有检测到；儿茶素和表儿茶素是大部分品种枣果实中主要的多酚类物质，含量范围分别为 1.89～16.82 mg/100 g FW 和 2.58～30.41 mg/100 g FW，槲皮素是 Puaisanhao 枣和太谷蜜枣中含量最高的多酚类化合物，其含量分别为 3920 μg/100 g FW 和 2170.8 μg/100 g FW。Gao 等（2011）在对骏枣、灵宝枣、晋枣、赞皇枣和梨枣的研究中发现，在所测试 5 个枣品种中均检测到原儿茶酸、儿茶素、表儿茶素、芦丁 4 种酚类物质，但这 4 种酚类物质的含量在不同品种中存在较大差异。各种酚类物质含量最高的是晋枣，其原儿茶酸、儿茶素、表儿茶素、芦丁含量分别为 5.7 mg/100 g FW、12.6 mg/100 g FW、36.1 mg/100 g FW 和 4.8 mg/100 g FW，其次为赞皇枣，含量分别为 6.3 mg/100 g FW、11.5 mg/100 g FW、21.6 mg/100 g FW、5.1 mg/100 g FW，梨枣、灵宝枣含量较低，分别为 4.0 mg/100 g FW、3.8 mg/100 g FW、7.6 mg/100 g FW、6.1 mg/100 g FW 和 2.8 mg/100 g FW、65 mg/100 g FW、5.7 mg/100 g FW、6.1 mg/100 g FW，骏枣含量最低，分别为 1.7 mg/100 g FW、6.1 mg/100 g FW、2.9 mg/100 g FW、5.1 mg/100 g FW。晋枣和赞皇枣均以表儿茶素和儿茶素为主，表儿茶素含量最高，芦丁含量最低；而梨枣中尽管也是表儿茶素含量最高，但儿茶素含量在所检测到的 4 种酚类物质中最低，芦丁含量则较高，仅次于表儿茶素；灵宝枣中儿茶素和芦丁均高于表儿茶素，以原儿茶酸含量最低；骏枣中儿茶素含量是表儿茶素的 2.1 倍。Hudina 等（2008）对金丝小枣、灰枣、紫枣、赞皇大枣、阜平大枣、圆铃枣和扁核酸枣 7 个品种的干枣中多酚类物质进行 HPLC 分析，发现在检测到的 5 种酚类组分中，以芦丁、儿茶素、表儿茶素含量较高，含量范围分别为 0.60～2.40 mg/100g DW、0.65～2.12 mg/100g DW 和 0.48～2.27 mg/100g DW，绿原酸和咖啡酸含量较少，含量范围分别为 0.22～0.71 mg/100g DW 和 0.06～0.22 mg/100g DW；7 个枣品种中，芦丁、儿茶素和绿原酸含量最高的为紫枣（Zizao），扁核酸枣的表儿茶素含量最高，但其芦丁和儿茶素含量均较低。Zhao 等（2014）对狗头枣、稷山板枣、婆枣、金丝枣、和田骏枣、和田玉枣、宁夏小枣 7 个不同品种及产地红枣中 12 种多酚类组分进行分析，发现宁夏小枣和狗头枣中各种酚类物质含量较高，其中，宁夏小枣中槲皮素、根皮苷、儿茶酚、没食子酸、儿茶素、绿原酸、咖啡酸、表儿茶素、阿魏酸含量显著高于其他品种，狗头枣中芦丁、槲皮苷、对香豆酸含量在所有样品中最高，婆枣和稷山板枣各种酚类物质含量均较低；不同枣样品中芦丁含量在 38.08～66.81 mg/100 g DW 之间，在所检测 12 种多酚组分中最高，其次为槲皮苷、根皮苷和儿茶酚，含量范围分别为 26.58～63.20 mg/100g DW、13.62～53.24 mg/100g DW、12.70～45.41 mg/100g DW，咖啡酸、绿原酸和儿茶素含量较低，含量范围分别为 4.08～15.38 mg/100g DW、4.65～18.18 mg/100 g DW、5.34～16.25 mg/100g DW。

6. 枣果实发育过程中多酚类物质组成及含量的变化

枣果发育过程中，由于各种多酚类物质的代谢调控机制不尽相同，不同多酚类之间还可能发生转化等，因此造成多酚类物质的组成和含量发生变化。

刘杰超等（2015）对赞皇枣、鸡心枣、灰枣、梨枣、葫芦枣、磨盘枣 6 个品种枣果实中多酚类物质组成及其在发育过程中的变化表明，各品种枣果实在不同发育阶段的主要酚类物质均为儿茶素、表儿茶素和芦丁等，这 3 种酚类物质之和可占检测到的酚类物质总量的 90% 以上，而其他酚类物质如没食子酸、原儿茶酸、绿原酸、咖啡酸及肉桂酸等含量都极少。各供试品种枣果实发育过程中儿茶素、表儿茶素和芦丁等主要酚类物质含量的变化总体上呈下降趋势，但变化规律与幅度因品种和酚类物质种类不同而略有差异，如赞皇枣中儿茶素含量在幼果期含量最高，绿熟期急剧降低，白熟期继续降低，至半红期又略有升高，最后在全红期又趋于下降；而其中的表儿茶素含量却一直呈下降趋势，芦丁含量则在白熟期时出现回升，然后在半红期、全红期又呈下降趋势。鸡心枣、灰枣中儿茶素含量和磨盘枣中芦丁含量也在发育末期出现小幅回升。其他品种枣果实发育过程中儿茶素、表儿茶素和芦丁等主要酚类物质含量均一直呈下降趋势，但不同品种中降低的幅度存在较大差异。例如，梨枣中儿茶素含量全红期较幼果期降低78.07%，而灰枣中仅降低约45.28%；表儿茶素含量则以赞皇枣中降低幅度最大，达83.22%，降幅最低的鸡心枣约为 70.08%；芦丁含量降幅在各个品种之间差异不大，在52.64%～61.15%之间（表 2.10）。

表 2.10 不同品种枣果实发育过程中儿茶素、表儿茶素和芦丁含量的变化（单位：mg/100g FW）

多酚物质	发育时期	赞皇枣	鸡心枣	灰枣	梨枣	葫芦枣	磨盘枣
儿茶素	幼果期	57.33	70.07	71.46	62.28	89.93	121.67
	绿熟期	24.98	48.21	52.47	38.86	71.55	78.11
	白熟期	14.16	28.61	31.98	24.12	42.56	42.34
	半红期	16.80	30.50	34.73	15.49	38.97	37.86
	全红期	11.55	31.23	39.10	13.66	35.52	31.72

续表

多酚物质	发育时期	赞皇枣	鸡心枣	灰枣	梨枣	葫芦枣	磨盘枣
表儿茶素	幼果期	118.22	125.98	137.81	131.35	166.64	191.50
	绿熟期	53.22	58.62	56.35	42.37	93.93	98.38
	白熟期	21.77	47.24	50.72	40.05	53.58	72.96
	半红期	19.33	39.06	37.54	31.83	50.02	56.88
	全红期	19.84	37.69	33.65	26.96	41.39	52.43
芦丁	幼果期	7.98	9.91	9.87	8.34	10.47	11.15
	绿熟期	4.21	7.63	6.31	5.81	7.89	6.38
	白熟期	5.47	5.72	4.67	4.49	5.75	5.54
	半红期	3.53	4.55	4.14	3.74	4.89	4.95
	全红期	3.10	3.99	3.84	3.42	4.67	5.28

Xie 等（2017）将来自新疆阿克苏的鸡心枣、骏枣、马牙枣、圆脆枣、灰枣，宁夏银川的灵武长枣和山东沾化的冬枣根据果皮颜色分成绿熟（S1）、黄白或微红（S2）、全红（S3）3 个不同发育期，分别测定其果皮中酚类物质组成与含量。结果表明，7 个品种的枣果皮中都可检测到没食子酸、绿原酸、儿茶素、表儿茶素、对香豆酸、芦丁、槲皮素、阿魏酸、咖啡酸、香豆素，除儿茶素外，其他酚类物质含量均以 S2 期为最高，S3 期时则大幅下降，但不同枣品种果皮中各种酚类物质的变化规律仍存在较大差异。例如，鸡心枣果皮中绿原酸含量 S2 期可较 S1 期升高 13.20 倍，但至 S3 期又降低到与 S1 期相当的水平，降幅达 90.88%；马牙枣果皮中绿原酸含量 S2 期仅较 S1 期升高不足 1 倍，但至 S3 期却大幅下降，降幅达 94.49%；骏枣果皮中绿原酸含量的变化则比较平缓，S2 期较 S1 期提高 1.83 倍，S3 期较 S2 期降低 56.98%。各品种枣果皮中芦丁含量变化均较平缓，S2 期较 S1 期升高 10.92%~51.51%，S3 期较 S2 期降低幅度为 14.25%~59.40%。儿茶素含量在各品种枣果皮中均呈现先降低再升高趋势，但变化幅度在不同品种间存在较大差异。例如，骏枣果皮中儿茶素含量 S2 期可较 S1 期降低约 86.12%，S3 期可较 S2 期升高约 3.61 倍；而马牙枣果皮中儿茶素含量 S2 期仅较 S1 期降低约 57.53%，S3 期较 S2 期升高约 1.46 倍。

沈静等（2015）研究发现，灵武长枣从白绿期到全红期的 4 个发育阶段中，根皮苷、阿魏酸、肉桂酸、根皮素和柚皮素含量均呈现先升高再降低的变化趋势，其中主要的酚类物质根皮苷、阿魏酸、肉桂酸在各成熟期之间含量变化分别为 21.44~205.82 μg/g、4.25~84.35 μg/g、10.54~60.71 μg/g。说明不同品种枣果中酚类组成不同，其在发育过程中的变化差别也较大。

Wang B 等（2016）的研究证实白熟期、半红期、全红期的稷山板枣均含有没食子酸、原儿茶酸、对羟基苯甲酸、咖啡酸、对香豆酸、肉桂酸、绿原酸、鞣花酸、迷迭香酸、芦丁、槲皮素，但在不同成熟阶段其含量的变化很大。在游离酚的检测中，以白熟期稷山板枣含量最高，为 1698.29 mg/g DW，分别是半红期和全红期稷山板枣的 2.14 倍和 1.46 倍。在 3 个成熟阶段的稷山板枣中，芦丁均是最主要的多酚组分，含量分别为 925.83 mg/g DW（白熟期）、602.04 mg/g DW（半红期）和 670.63 mg/g DW（全红期），随果实成熟度的提高呈先降低又升高的趋势，与总游离酚含量的变化相一致。咖啡酸在白熟期稷山板枣中含量也很高，仅次于芦丁，为 637.88 mg/g DW，但随着果实的成熟，含量急剧降低，至半红期和全红期时分别为 138.68 mg/g DW 和 76.79 mg/g DW，分别减少 78.3%和 88.0%。绿原酸含量在白熟期含量较低，仅为 47.55 mg/g DW，但随着成熟度的提高，其含量也快速增高，半红期和全红期稷山板枣中绿原酸含量分别为 100.00 mg/g DW 和 366.53 mg/g DW，是白熟期稷山板枣的 2.1 倍和 7.7 倍，绿原酸也因此成为成熟稷山板枣中最主要的多酚类组分之一，含量仅次于芦丁。对香豆酸仅在半红期稷山板枣中检测到，而阿魏酸仅在全红期才能检测。3 个成熟阶段稷山板枣中均未检测到游离的槲皮素、没食子酸和迷迭香酸，三者主要以糖苷键合态的形式存在，其中，糖苷键合态没食子酸主要存在于白熟期和半红期稷山板枣中，是稷山板枣中最主要的糖苷键合态多酚类物质，糖苷键合态迷迭香酸在不同成熟阶段稷山板枣中都可检测到，但含量很低，糖苷键合态槲皮素主要存在于半红期和全红期稷山板枣中，而在白熟期稷山板枣中没有检测到。

梨枣在发育过程中，儿茶素、表儿茶素含量均呈下降趋势，全红期果实分别较绿熟期减少 89.9%、90.5%；槲皮素含量在绿熟期至半红期也呈连续下降趋势，但其后又略有上升；芦丁含量在绿熟期至半红期下降明显，半红期前后基本稳定，但在全红期时突然大幅升高，含量甚至超过绿熟期；肉桂酸和咖啡酸含量整体上也呈下降趋势，但在全红期时突然升高；阿魏酸含量没有明显的变化规律，其在绿熟期枣果中未检测到，但从白熟期到微红期突然大幅提高，然后又下降，至全红期时又有所升高；绿原酸仅在绿熟期和全红期果实中才检测到，且全红期较绿熟期高 1 倍以上；没食子酸仅在白熟期检测到，鞣花酸仅在全红期检测到（Wu et al.，2012）。

未成熟梨枣果实中各种酚类物质含量远高于成熟果，其检测到的酚类物质总量为成熟果的 3.16 倍，在成熟梨果果肉中还检测到了咖啡酸和肉桂酸，而在未成熟果中却没有检测到（焦中高等，2008）。

7. 不同水肥管理对红枣果实多酚物质组成的影响

尽管不同灌溉方式和灌水量对梨枣白熟期果实总酚和原花色素含量没有显著

影响，但可对其中的酚类物质组成产生较大影响。Gao 等（2014）比较了滴灌（drip-irrigation，DI）、管道灌溉（pipe-irrigation，PI）、涌泉根灌（surge spring root irrigation，SSRI）3 种灌溉方式和不同灌水量（20 m³/hm² 和 120 m³/hm²）对陕北梨枣果实多酚类物质的影响，发现与未灌溉处理（对照）相比，不同灌溉方式和灌水量均可显著提高枣果中儿茶素和表儿茶素含量，槲皮素和肉桂酸含量总体上也有所提高，但芦丁含量却有所降低；不同灌溉处理间存在较大差异，DI、120 m³/hm² 处理组枣果具有较高的儿茶素、表儿茶素和芦丁含量（分别为 37.5 mg/100g FW、16.5 mg/100g FW 和 1.25 mg/100gFW），而 SSRI、20 m³/hm² 处理组枣果具有较高含量的槲皮素（56.0 μg/100g FW），肉桂酸仅在 SSRI 和 PI 处理组果实中有微量检出；灌水量的提高对 SSRI 和 PI 处理组枣果中儿茶素和表儿茶素含量没有影响，但可提高 DI 处理组枣果中儿茶素和表儿茶素含量；SSRI、20 m³/hm² 处理组枣果中槲皮素的含量是 SSRI、120 m³/hm² 处理组的 2.7 倍。这说明灌溉对枣果多酚类物质的影响比较复杂。由于枣果中酚类物质的代谢途径与调控机制尚不清楚，所以暂时无法得出灌溉对枣果酚类物质的影响机制。于金刚等（2011）的研究也表明，不同灌水量和灌溉次数对梨枣果实中原儿茶酸含量没有显著影响，但对儿茶素、表儿茶素和芦丁含量有较大影响。与无灌溉处理（对照）相比，不同灌溉处理梨枣果实中儿茶素和芦丁含量均得到不同程度的提高，其中尤以芦丁的提高幅度最大，T1（灌溉 4 次，灌水量 90 m³/hm²）、T2（灌溉 4 次，灌水量 135 m³/hm²）和 T3（灌溉 5 次，灌水量 180 m³/hm²）3 种灌溉处理分别较对照提高 1.02 倍、0.68 倍和 1.75 倍，儿茶素含量分别提高 1.30 倍、0.20 倍和 0.43 倍；表儿茶素变化幅度较小，T1 和 T3 处理分别较无灌溉处理（对照）提高 34.19% 和 12.79%，T2 处理却较对照降低 13.57%。

不同施肥管理对枣果酚类物质组成的影响比较复杂，总体上施用有机肥的枣果中原儿茶酸、儿茶素、表儿茶素含量普遍高于无机肥，施用钾肥的枣果中儿茶素、表儿茶素和芦丁含量高于其他无机肥，而施用磷肥的枣果中原儿茶酸含量在所有施肥处理中为最高，施用氮肥的枣果中原儿茶酸、儿茶素、表儿茶素含量均为最低（Wu et al.，2013）。

8. 干制对枣果多酚类物质的影响

枣在干制过程中由于氧化、分解、转化及不同干燥处理对红枣组织结构的破坏作用等，多酚类物质的组成与含量及其存在状态均会发生变化。

50℃热风干燥条件下，随着干燥时间的延长，狗头枣果肉中没食子酸、原儿茶酸、绿原酸、咖啡酸含量得率均呈下降趋势，阿魏酸、槲皮素含量呈先增加后减少趋势并在 24h 时达到峰值，对香豆酸、肉桂酸含量则随干燥时间延长呈增加趋势，芦丁含量在干燥 24h 时达到峰值，较未干燥处理组提高了 28.42%；冬枣果肉中没食子酸、原儿茶酸、绿原酸、咖啡酸、对香豆酸、阿魏酸、芦丁、肉桂酸含量均呈先增加后减少趋势，而槲皮素含量则呈递增趋势（张泽炎和张海生，2017）。

Gao 等（2012a）比较了冷冻干燥、微波干燥、热风干燥和自然晾晒 4 种干制方式对陕北木枣酚类物质组成的影响。结果发现，热风干燥和冷冻干燥造成木枣中没食子酸、原儿茶酸、儿茶素、对羟基苯甲酸、阿魏酸、芦丁、肉桂酸、表儿茶素、对香豆酸、香草酸的含量大幅降低，自然晾晒木枣中对羟基苯甲酸、对香豆酸、香草酸和阿魏酸的含量较新鲜木枣有所升高，其他 6 种多酚类组分均大幅降低，特别是儿茶素和表儿茶素，在自然晾晒的木枣中几乎检测不到；微波干燥的红枣各种多酚类组分均较高，其中儿茶素、表儿茶素和原儿茶酸的含量甚至比未干燥的鲜枣中还高，可能与微波作用下结合态酚类物质的释放有关。

Du 等（2013）采用低温膨化干燥对梨枣进行干制处理，发现膨化干燥梨枣中没食子酸、羟基苯甲酸、香草酸、咖啡酸、对香豆酸、阿魏酸、槲皮素和芦丁的含量可较未干燥的新鲜梨枣分别提高 3.02 倍、13.00 倍、0.67 倍、3.26 倍、6.17 倍、1.61 倍、1.5 倍和 0.13 倍，对绿原酸、肉桂酸、儿茶素、表儿茶素的保持也较自然晾晒好，但鞣花酸经膨化干燥后检测不到，原儿茶酸和绿原酸含量则分别降低 54.02%和 93.62%；自然晾晒梨枣中咖啡酸和对香豆酸含量较未干燥的新鲜梨枣分别高 39.12 倍和 1.83 倍，但未检测到儿茶素、表儿茶素、槲皮素、绿原酸、香草酸、肉桂酸、芦丁、对羟基苯甲酸、没食子酸、原儿茶酸含量也大幅下降。从不同存在状态的多酚类物质来看，糖苷键合态咖啡酸在自然晾晒梨枣中含量很高，而在新鲜梨枣和膨化干燥梨枣中都没有检测到；糖苷键合态对羟基苯甲酸在膨化干燥梨枣中含量很高，而在新鲜梨枣和自然晾晒梨枣中都没有检测到；在新鲜梨枣仅检测到游离态原儿茶酸，但在膨化干燥梨枣中游离态与不溶性结合态原儿茶酸均有存在，在晒干枣中仅有不溶性结合态原儿茶酸存在；新鲜梨枣和自然晾晒梨枣中 4 种形态的鞣花酸都可检测到，但在膨化干燥的梨枣中未发现。

2.3　红枣多酚的提取与纯化

多酚类物质的提取一般采用有机溶剂提取法，并可用酶法、微波、超声等辅助技术对提取过程进行强化，以提高提取得率和效率。有机溶剂浸提法具有操作简便、节约投资等优点，但在提取过程中易造成多酚类化合物的氧化，影响多酚提取得率和提取物的生物活性。而超临界 CO_2 萃取技术作为近年来发展起来的一种新型分离技术，具有工艺简单、选择性好、无溶剂残留等优点，特别适合于热敏性和易氧化物质等的提取，因此在植物多酚类物质的提取分离中得到了广泛的应用。

目前在红枣多酚的提取分离中主要是采用有机溶剂提取法和超临界 CO_2 萃取法，从枣渣、枣核等红枣加工副产物及残次枣中提取分离多酚提取物并通过大孔吸附树脂纯化等。

本节重点阐述红枣多酚的提取分离方法和大孔吸附树脂纯化过程及效果。

2.3.1　红枣多酚的提取分离方法

1. 有机溶剂提取法

有机溶剂提取法是目前最常用的红枣多酚提取方法，一般采用乙醇或甲醇作提取溶剂。有机溶剂浓度、提取温度、提取时间等都可对提取得率产生影响。

1）溶剂浓度

大多数多酚类物质在乙醇、甲醇等有机溶剂中具有更好的溶解性，因此提高有机溶剂的浓度常常能提高多酚的提取效率。但由于红枣中多酚物质的组成十分复杂，有机溶剂浓度过高可能会造成一部分水溶性较强的多酚类物质不能很好溶出，造成提取得率降低。因此，针对不同的提取原料和目标物质及采用的提取方法不同，选择合适的有机溶剂种类与浓度尤其重要。

何保江等（2012）以乙醇为溶剂回流提取金丝小枣中的黄酮类物质，发现乙醇体积分数在50%左右时黄酮类化合物提取量有最大值，乙醇体积分数大于50%时提取量随浓度的增加急剧下降。刘伟等（2012）以乙醇为溶剂提取新疆若羌大枣中的总黄酮，发现总黄酮提取量在乙醇体积分数为 30%～45%时随乙醇体积分数的增大而增加，乙醇体积分数超过 45%后总黄酮得率即开始下降，温度越高，下降越多。王争争等（2015）采用乙醇浸提法提取油枣中的黄酮类化合物，发现最适的乙醇体积分数为60%。梁鹏举等（2016）采用超声波辅助提取灰枣中的黄酮类化合物，在溶剂体系中乙醇体积分数达70%时，灰枣黄酮提取量达最大。周向辉等（2008）采用微波法提取浆枣枣皮中的多酚类物质也得到了相同的结果。薛自萍等（2009）还以甲醇为溶剂对马牙枣枣皮中的多酚类物质进行提取，发现甲醇浓度在70%时提取液中总酚含量达到最大，而90%的甲醇提取造成提取量的显著降低。综合不同研究结果，红枣中多酚类物质提取的乙醇（或甲醇）浓度以45%～70%比较适宜，过高或过低都可能造成提取得率的降低，不同原料之间仍存在一定的差异性。

2）提取温度

温度是影响红枣多酚类化合物提取的重要因素之一。提高温度有利于多酚类物质的溶出，从而加快提取速度、提高提取得率，但由于高温对大多数多酚类化合物结构具有一定的破坏作用，因此提取温度也不宜过高。

何保江等（2012）以乙醇为溶剂回流提取金丝小枣中的黄酮类物质，发现随着提取温度的增加，总黄酮提取量先升后降，温度在 85℃左右时总黄酮提取量最大。王争争等（2015）在用乙醇提取糖枣中的黄酮类化合物时，发现随着提取温度的升高，总黄酮的提取量先升高后趋于平缓，在 80℃时总黄酮提取量达到最大值，90℃时略有降低。刘伟等（2012）在用乙醇提取新疆若羌大枣中总黄酮时也有类似发现。而梁鹏举等（2016）采用超声波辅助提取灰枣中黄酮类化合物，在提取温度为 40℃时灰枣总黄酮提取量最高。薛自萍等（2009）用甲醇作溶剂提取马牙枣枣皮中的多酚类物质时也发现，提取液中总酚含量在提取温度为 30~40℃时达到最高。这说明不同原料含有的多酚类物质不同，对高温的敏感性也存在差异，因此在提取其中的多酚物质时适用的温度存在较大差异。

3）提取时间

多酚类化合物的提取时间与所用溶剂和提取温度密切相关。如果选用的提取溶剂和温度比较适宜，提取速度加快，所需提取时间就会缩短，反之则必须延长提取时间才能保证提取尽可能完全。一般提取时间越长，红枣中多酚物质的提取越完全，但过度延长提取时间也会增加多酚物质的氧化损失，因此必须综合考虑多种因素，在保证提取效果的前提下尽可能缩短提取时间。

在红枣多酚类物质的提取过程中，上述因素常常相互影响，通常通过正交试验或者响应面试验设计优化获得最佳提取工艺条件。例如，刘伟等（2012）利用响应面分析法优化得到新疆若羌大枣总黄酮较优提取工艺为乙醇体积分数 45%、提取温度 90℃、料液比 1∶35（g/mL）、提取时间 90 min，此条件下总黄酮提取量为 14.34 mg 山柰酚/g。王争争等（2015）利用响应面法对油枣黄酮的提取工艺进行优化，获得最佳提取工艺条件为乙醇体积分数 65%、料液比 1∶50（g/mL）、提取温度 83℃，在此条件下油枣中总黄酮含量为 6.70 mg/g。何保江等（2012）通过响应面法优化获得乙醇回流提取金丝小枣黄酮类物质的最佳工艺条件为乙醇体积分数为 52.5%、回流温度为 82.5℃、回流时间为 90 min、料液比为 1∶30，此条件下总黄酮提取得率为 6.0978 mg/g。薛自萍等（2009）通过正交试验优化得到马牙枣枣皮中多酚类物质提取的最佳工艺条件为甲醇体积分数 70%、提取温度 40℃、提取料液比 1∶60、提取时间为 4 h，此条件下马牙枣枣皮中多酚的提取得率为 224.69 mg/g。赵志永等（2012）采用 Box-Behnken 设计方法，通过响应面分析优化得到新疆骏枣总黄酮乙醇提取的最佳工艺条件为提取温度 66℃、乙醇体积分数 60%、液料比 1∶10（g/L），在此条件下总黄酮的平均提取量为 2.32 mg/g。

4）有机溶剂法提取红枣多酚过程的强化

为了提高红枣多酚提取效率，减少多酚类物质在提取过程中的氧化，常采用微波、超声等辅助技术对红枣多酚的提取过程进行强化，以提高多酚得率并缩短提取时间。例如，王娜等（2015）比较了微波、超声和传统水浴法溶剂提取对枣渣黄酮得率的影响，发现微波提取法得率最高，为 1.71%；其次为超声波辅助提取，为 1.68%；传统水浴法溶剂提取最低，为 1.60%，超声波辅助提取和微波提取与传统水浴法溶剂提取之间存在显著差异。梁鹏举等（2016）采用超声波辅助提取灰枣总黄酮，利用 Box-Behnken 试验设计和响应面分析法优化得到灰枣中总黄酮最佳提取工艺条件为提取时间 30 min、提取温度 40℃、料液比 1∶29(g/mL)、乙醇体积分数 70%，此条件下总黄酮提取量为 3.266 mg/g，提取时间较传统溶剂提取大为缩短。王立霞（2016）采用正交试验法优化得到超声辅助法提取油枣多酚的最优工艺为提取温度 50℃、超声时间 15 min、料液比 1∶20（g/mL），超声功率 900 W，在此条件下油枣多酚提取量为 8.55 mg GAE/g FW，较传统水浴法溶剂提取工艺提高 13.1%，而且提取时间缩短 135 min。胡芳等（2012）采用正交试验分别对金丝小枣类黄酮的超声波辅助溶剂提取工艺和传统水浴法溶剂提取工艺进行优化，并比较两种工艺最佳提取条件下类黄酮的得率，发现超声辅助提取金丝小枣类黄酮得率可较传统水浴法溶剂提取提高 8.1%，而提取时间却由 2 h 缩短为 40 min。周向辉等（2008）采用微波法提取浆枣枣皮中的多酚类物质，通过响应面分析法优化得到最佳提取工艺参数为料液比 1∶28.57 g/mL、微波时间 57.94 s、微波功率 450 W、乙醇体积分数为 40.30%，提取时间进一步缩短。

此外，在枣皮多酚的提取中，也有采用闪式提取法，利用 60%体积分数的乙醇水溶液作溶剂，利用高速机械剪切力和超速动态分子渗透作用，使枣皮中的多酚类物质在 2 min 内快速提取出来，较超声提取更加迅速、高效（张迪等，2013）。

2. 超临界 CO_2 萃取法

超临界 CO_2 萃取以高压 CO_2 作为萃取介质，在密闭环境下提取植物活性成分，可以在低温条件下实现天然产物的快速提取，不仅可以有效避免物质的氧化，而且无毒、无污染、无溶剂残留、选择性好，特别适合于热敏性和易氧化天然生物活性物质的提取，因此在许多天然类胡萝卜素、不饱和脂肪酸、多酚类化合物的提取分离中得到了广泛的应用。

超临界 CO_2 萃取技术在红枣多酚提取中的应用主要是枣核多酚的提取利用。应用该技术提取枣核中的多酚类物质，主要受萃取压力、萃取温度、萃取时间等因素的影响（刘杰超等，2015）。

1）萃取压力

一定范围内，提高萃取压力可以增大 CO_2 的密度，使其对溶质的溶解能力增强，有利于萃取。但萃取压力过高，会导致 CO_2 分子、乙醇分子及其他成分与多酚分子之间的相互作用，甚至使加入的夹带剂部分凝聚而导致溶解性能降低，从而使提取率降低。例如，在应用超临界 CO_2 萃取技术提取枣核中的多酚类物质时，在萃取时间 2 h、萃取温度 50℃、萃取次数 2 次的条件下,当萃取压力低于 30 MPa 时,枣核多酚的提取率较低,但随着压力的升高而增加,压力为 35 MPa 时提取率达到最高,但进一步提高萃取压力提取率却急剧下降。

2)萃取温度

与压力的影响相似,温度对超临界 CO_2 萃取效果也具有双重影响。一方面,温度的提高有利于提高溶质的溶解度,从而有利于多酚的提取,但同时也降低了 CO_2 及夹带剂的浓度,导致其溶解能力降低,不利于萃取。此外,温度过高还可能对多酚造成破坏,所以温度不宜过高。在萃取压力 35 MPa、萃取时间 2 h、萃取次数 2 次条件下,随着温度升高,超临界 CO_2 萃取枣核多酚的提取得率呈现先增高后降低趋势。恒压条件下,温度从 40℃提高到 50℃,有利于枣核多酚的提取,但温度进一步升高则造成提取得率的下降。

3)萃取时间

一般来说,超临界 CO_2 提取由于可采用较低的提取温度达到较好的提取效果,而且在密闭环境中与氧隔绝,因此可大大避免热敏性和易氧化物质的破坏。但由于枣核多酚提取一般要在一定高温条件下进行,温度和压力的协同作用仍可对其中的多酚类物质造成破坏,因此提取时间过长提取率反而略有下降。在应用超临界 CO_2 萃取技术提取枣核中的多酚类物质时,在萃取压力 35 MPa、萃取温度 50℃、萃取次数 2 次条件下,1~2 h 内枣核中多酚的提取得率逐渐升高,2 h 时达到最高,再延长提取时间则略有下降(刘杰超等,2015)。这说明在温度和压力的双重作用下,枣核中的多酚类物质仍可能发生降解或其他变化,但相关机制尚不明确。

与有机溶剂提取法相似,影响超临界 CO_2 萃取效果的各个因素之间常常存在交互影响,需要通过正交试验或者其他优化方法进行工艺优化,确定其最佳提取条件。如刘杰超等(2015)采用正交试验法对枣核多酚的超临界 CO_2 萃取工艺进行了优化,得到最佳提取工艺条件为萃取压力 35 MPa、萃取温度为 50℃、萃取时间 2 h、提取次数 2 次,此条件下枣核中多酚的提取得率可达到 441.57 mg/100g。

2.3.2 红枣多酚的纯化

无论是采用有机溶剂提取法还是超临界 CO_2 萃取法,提取得到的红枣多酚都是一个复杂的混合物体系,除多酚类化合物外还含有糖类、脂类等杂质,需要进一步纯化才能达到应用要求。

吸附树脂能够发生吸附-解吸作用,从而达到物质分离纯化的目的。李治龙等(2012)采用大孔树脂吸附法分离纯化红枣黄酮,通过树脂筛选试验,发现 XDA-6、LX-60、XDA-8 树脂无论对红枣粗提液中黄酮类物质的吸附效果还是乙醇解析率来看,效果都较好。特别是 XDA-8 树脂对红枣粗提液中黄酮类物质的吸附率和解析率都超过了 80%。红枣多酚提取液中多酚物质经大孔吸附树脂吸附后再用乙醇等有机溶剂洗脱，即可实现红枣多酚的初步纯化。也可采用不同浓度的乙醇溶液分级洗脱，获得不同组成的红枣多酚提取物。张志国（2006）采用 AB-8 型大孔吸附树脂纯化冬枣核类黄酮，使冬枣核类黄酮得以精制，其总黄酮含量达到 26.2%。应用树脂吸附法对红枣中多酚物质进行分离纯化，不仅有利于工业化生产的自动化和连续化，而且树脂稳定性高，容易再生，可多次重复使用，具有高效、无害、成本低廉等优点，因此是红枣多酚规模化分离纯化的理想方法。

除吸附树脂外，郝婕等（2014）还采用聚酰胺柱层析对枣皮、枣核的多酚提取物进行分离纯化，发现浓度为 75% 的乙醇溶液对多酚的淋洗效果最好，在该浓度条件下枣皮、枣核多酚的收率分别达到 80.64% 和 82.07%。

目前对红枣多酚的分离纯化研究还很少，纯化后产物的纯度及纯化过程对红枣多酚提取物中多酚组成的影响尚属空白，研制并应用简便、高效的红枣多酚纯化技术进一步获得较高纯度的红枣多酚是实现其应用开发的关键过程。

2.4　红枣多酚的生物活性

与其他植物来源的多酚类物质相似，抗氧化活性是红枣多酚最重要、最显著的生物活性。此外，一些红枣多酚提取物还被证实具有抗炎、抗凝血、耐缺氧、抗肿瘤、抑菌、降血糖、抑制透明质酸酶活性、阻止蛋白质非酶糖化反应、保护DNA 免受损伤、防止心肌缺血等作用。

本节重点阐述红枣多酚的抗氧化及抗炎、抗凝血、抗缺氧、抗肿瘤、降血糖等生物活性。

2.4.1　抗氧化活性

许多有关不同品种红枣及红枣不同发育期、不同组织的抗氧化活性研究都表明，抗氧化活性与其中的多酚类物质含量密切相关，因此认为红枣中的多酚类物质在其抗氧化活性中发挥主要作用。从红枣不同组织中提取分离得到的一些多酚提取物通过体内、体外试验也被证实具有较强的抗氧化活性。

1. 红枣中的多酚类物质含量与抗氧化活性的相关性

红枣品种不同或者所处的发育阶段不同，以及栽培管理和干制方式不同，其中所含有的多酚类物质组成与含量也各不相同，通过比较分析不同红枣样品中多酚物质含量与抗氧化活性，发现二者之间存在显著相关关系，说明多酚类物质在红枣的抗氧化活性方面发挥重要作用。Zhang 等（2010）以冬枣、木枣和哈密大枣为试材，研究了枣果皮、果肉、果核等组织中多酚物质的含量及抗氧化活性，

发现供试 3 个品种枣果皮中总酚、总黄酮、总花色苷含量及抗氧化活性均为最高，
而且不同组织提取物的抗氧化活性与其总酚含量和总黄酮含量呈显著正相关。
Xue 等（2009）在对马牙枣、冬枣和圆枣 3 个品种的研究中也得到了类似的结果。
游凤等（2013）研究冬枣各成熟阶段果皮中总多酚、总黄酮、原花色素、花色苷
等的含量及其与果皮颜色和 DPPH（1,1-二苯基-2-三硝基苯肼）自由基清除能力的
关系，发现在冬枣成熟过程中，枣果皮中多酚含量呈逐渐下降趋势，以青绿阶段
枣果皮中总酚含量为最高，在青红阶段的枣果皮中原花青素含量最高，总黄酮以
黄白阶段枣果皮中含量最高，而深红阶段枣果皮中各种多酚物质的含量均为最低，
并认为是造成其 DPPH 自由基清除能力远低于其他三个阶段的主要原因。Wang
等（2013）对金丝小枣不同成熟期果皮与果肉中的总酚、总黄酮含量及抗氧化活
性的研究则表明，绿熟期枣果皮中的总酚和总黄酮含量及抗氧化活性均为最高，
在白熟期后则迅速下降，而果肉中总酚含量和抗氧化活性在白熟期达到最高，用
不同抗氧化测试体系所得到的不同发育期枣果皮或果肉的抗氧化活性均与其中的
总酚、总黄酮含量呈极显著相关关系。Gao 等（2012a）比较了团枣、金昌一号、
蜂蜜罐枣、太谷蜜枣、灵宝大枣、骏枣、木枣等 10 个品种枣成熟果实中总酚、总
黄酮、原花色素、维生素 C 及单体酚类物质等的含量及其抗氧化活性，发现不同
品种枣成熟果实不仅在总酚、总黄酮含量上存在较大差异，在酚类物质组成上也
存在很大差异，其抗氧化活性与总酚含量显著相关，而与总黄酮和维生素 C 含量
的相关性则较弱。对我国西北黄土高原不同品种枣果实的理化特性与抗氧化活性
的研究也得到了类似的结果，并证实品种是影响枣果理化特性和抗氧化活性的最
主要因素（Gao et al.，2011）。刘杰超等（2015）在对灰枣、鸡心枣、梨枣、赞皇
枣、磨盘枣、葫芦枣 6 个品种枣不同发育期果实中总酚、总黄酮、维生素 C 含量
和抗氧化活性的研究中也发现，供试枣果实抗氧化活性与其中的总酚、总黄酮、
维生素 C 及儿茶素、表儿茶素、芦丁等主要酚类物质的含量均存在显著相关关系
（$P < 0.01$），各物质含量与枣果抗氧化活性的相关系数由大到小依次为芦丁 > 表儿
茶素 > 儿茶素 > 总酚 > 总黄酮 > 维生素 C，说明芦丁、表儿茶素、儿茶素等多酚
类物质对于枣果抗氧化活性的发挥具有极其重要的作用，是枣果中最主要的抗氧
化活性成分，而维生素 C 含量与抗氧化活性的相关性稍弱一些，但对枣果的抗氧
化活性也可产生重要影响。

2. 红枣多酚提取物的体外抗氧化活性试验

在多种体外化学抗氧化测试体系及细胞抗氧化测试体系中，不同来源的红枣
多酚提取物都表现出较强的抗氧化活性。

孙协军等（2015）分别从冬枣果皮、果肉、果核及去核的全果提取冬枣黄酮，
分别采用 5 种体外抗氧化体系（还原力、羟自由基清除力、超氧阴离子自由基清

除力、DPPH 自由基清除力和抗脂质过氧化能力）对其抗氧化活性进行研究。结果显示，枣皮、枣肉、枣核及去核的全枣黄酮在不同抗氧化体系中均表现出一定的抗氧化能力，但均低于同浓度的维生素 C 或 2,6-二叔丁基-4-甲基苯酚（BHT）；不同部位冬枣黄酮在不同测试体系中表现出的抗氧化效果也不尽一致，如枣皮黄酮的抗脂质过氧化能力较强，枣核黄酮 DPPH 清除能力较高，而枣肉黄酮具有较好的羟自由基和超氧阴离子自由基清除能力，说明其具有一定的体系依赖性。

张志国等（2007）将红枣核以 60%乙醇提取后，经 AB-8 大孔吸附树脂吸附分离纯化得到枣核类黄酮提取物，并研究了其对 DPPH 自由基的清除活性。结果表明，红枣核类黄酮提取物对 DPPH 自由基有很强的清除活性，其对 DPPH 自由基的清除率有明显的量效关系，半抑制剂量（IC_{50}）为 6.5 μg/mL，低于芦丁（IC_{50} 为 7.7 μg/mL），但高于维生素 C（IC_{50} 为 5.1 μg/mL）。说明枣核类黄酮对 DPPH 自由基的清除作用较芦丁强，但稍弱于维生素 C。

薛自萍等（2009）从马牙枣枣皮中提取多酚类物质，通过 3 种体外抗氧化测试体系证实其具有很强的抗氧化能力。与合成抗氧化剂 BHT 相比，虽然果皮中酚类物质清除 $ABTS^{+}$自由基能力略低于 BHT，但其清除 DPPH 自由基的能力和铁还原能力相当。

王迎进等（2012）采用超声辅助法提取壶瓶枣总黄酮，并研究其对羟自由基、超氧阴离子自由基和 DPPH 自由基的清除能力。结果表明，壶瓶枣黄酮对 3 种自由基都具有明显的清除作用，其半抑制剂量（IC_{50}）分别为 0.0072 mg/mL、0.0091 mg/mL、0.0016 mg/mL，其对羟自由基的清除能力远高于同浓度的维生素 C，但对超氧阴离子自由基和 DPPH 自由基的清除能力略低于同浓度的维生素 C。

胡迎芬（2009）采用大豆磷脂模拟膜脂质体过氧化和血清脂蛋白氧化修饰系统，研究冬枣黄酮对脂质体过氧化和血清脂蛋白氧化修饰的影响。结果显示，冬枣黄酮乙醇萃取物（ECF）、乙酸乙酯萃取物（ETF）、正丁醇萃取物（BAF）和萃余水溶物（WF）均可有效抑制 Fe^{2+}诱导的大豆磷脂模拟膜脂质体过氧化，减少丙二醛的生成，推迟 Cu^{2+}诱导的血清脂蛋白氧化修饰的启动时间，抑制脂蛋白的氧化进程，并在一定浓度范围内呈良好的量效关系。在动物组织细胞体外抗氧化试验中，冬枣黄酮提取物可有效阻止外周血淋巴细胞 DNA、血管内皮细胞氧化损伤，有助于维持细胞的正常结构和功能，抑制 Fe^{2+}-H_2O_2 诱导的小鼠肝组织 MDA 的生成，提高 GSH-Px、Na^+-K^+-ATPase、Ca^{2+}-Mg^{2+}-ATPase 的活力，降低肝线粒体的肿胀度和 H_2O_2 诱导的小鼠红细胞溶血，剂量-效应关系较明显（胡迎芬，2009；胡迎芬等，2009a）。

3. 红枣多酚提取物的体内抗氧化活性试验

红枣多酚在体内的抗氧化作用比较复杂，其在体内的发挥受多方面因素的影响，如吸收情况、代谢转化情况等。朱春秋等（2012）用枣果皮结合酚（JPBP）对大鼠进行灌喂处理，分别在灌喂后 5 min、10 min、15 min、25 min、40 min、60min 抽取血样，检测血浆的总抗氧化能力，并用高效液相色谱分析血浆中 JPBP 的吸收情况。结果显示，灌喂 JPBP 后 5～60 min 内，大鼠血浆总抗氧化能力均显著提高（$P < 0.05$）；在大鼠血浆中检测到了枣果皮结合酚的主要成分香豆酸。这表明，枣果皮结合酚能够被大鼠通过消化道吸收，并具有良好的体内抗氧化能力。对 S180 荷瘤小鼠灌喂冬枣黄酮提取物，可以明显升高小鼠血浆中 SOD 酶活力，降低血浆中 MDA 的含量及红细胞的溶血度，表明冬枣黄酮可提高小鼠体内的抗氧化水平，防止细胞氧化损伤（马莉等，2008；胡迎芬等，2009b）。郝婕等（2008）采用健康小鼠进行灌喂处理，发现金丝小枣枣皮及枣核多酚提取物对小鼠血清和心脏、脑、肝脏等组织中的超氧化物歧化酶（SOD）活性都具有一定的提高作用，降低 MDA 含量，特别是高剂量的枣核多酚提取物，其作用效果可达到或超过维生素 E。给大鼠注射 $AlCl_3$ 可导致其脑组织产生明显的氧化损伤，如 MDA 升高、谷胱甘肽 S-转移酶（glutathione S-transferase，GST）降低等，提前给服冬枣果皮多酚提取物可以显著提高大鼠脑组织抗氧化水平，减轻铝的毒性反应（Cheng et al.，2012）。

2.4.2　其他生物活性

1. 抗炎作用

郝婕等（2008）采用健康昆明种雌雄小鼠，分组后分别注射不同浓度的枣皮和枣核多酚提取液及生理盐水（对照组），发现生理盐水组对二甲苯所致的小鼠耳廓肿胀度最高，可达到 7.66 mg，其他各处理组的肿胀度均有不同程度地降低，其中，枣皮各浓度组与生理盐水组相比，差异显著（$P < 0.05$）；枣核各浓度组与生理盐水组相比，差异极显著（$P < 0.01$）；枣核低浓度组的效果最佳，可使肿胀度降至 2.41 mg。说明枣皮、枣核多酚提取物对小鼠因二甲苯所致的耳廓肿胀度有明显的抗炎作用。

2. 提高小鼠抗缺氧能力

小鼠被注射枣皮和枣核多酚提取液后，在常压密闭条件下的存活时间显著延长（$P < 0.05$），特别是高剂量处理组，小鼠存活时间的延长效果极显著（$P < 0.01$），而且优于心得安阳性对照组效果（郝婕等，2008）。这说明红枣多酚提取物对于常压密闭所致小鼠缺氧有对抗作用，而且随着剂量增加，作用增强，在高剂量下与

心得安药剂组作用相当或更好。

3. 抗凝血作用

郝婕等（2008）分别采用毛细管法和剪尾法测定了枣皮和枣核多酚提取物对小鼠凝血速度的影响。毛细管法测定小鼠凝血速度试验表明，生理盐水组的各小鼠凝血时间都很短，而不同剂量枣皮和枣核多酚提取物试验组各小鼠的凝血时间均有不同程度的延长。其中，枣核多酚提取物不同浓度组的小鼠凝血时间普遍长于枣皮多酚提取物不同浓度组，并且在枣皮多酚提取物、枣核多酚提取物处理组中，高浓度处理组都比低浓度组的凝血时间延长。说明枣皮和枣核多酚提取物都具有抗凝血作用，且随浓度的增加，抗凝作用增强。而剪尾法测定小鼠凝血速度试验也表明，灌喂不同剂量枣皮多酚提取物、枣核多酚提取物的 4 组小鼠，灌喂后比灌喂前凝血时间延长效果极显著（$P < 0.01$），而且比灌喂生理盐水组有明显的延长。灌喂后，各处理组高浓度效果明显优于低浓度组，而灌喂前与生理盐水组相差不大。这也说明枣多酚提取物具有显著的抗凝血作用。

4. 抗肿瘤作用

体外抗肿瘤试验中，冬枣核类黄酮提取物对鼠脑胶质瘤 C6 细胞和人胃癌 MKN-45 细胞均有不同程度的杀伤作用，可抑制癌细胞的增殖，而且浓度越高作用越强，呈明显的剂量依赖性。冬枣核类黄酮提取物还可以与抗癌药物氨甲蝶呤（MTX）联合使用，与 MTX 具有协同增效作用（张志国，2006）。对 S180 荷瘤小鼠进行冬枣黄酮提取物灌喂处理，可明显抑制 S180 荷瘤小鼠瘤体生长，说明冬枣黄酮可在动物体内对肿瘤产生抑制作用（胡迎芬，2009；胡迎芬等，2009b）。进一步的研究表明，冬枣黄酮能够促进荷瘤小鼠肿瘤组织中凋亡促进基因 *Bax* 的表达，同时减少凋亡抑制基因 *Bcl-2* 的表达，升高 *Bax* 与 *Bcl-2* 的比值，促进肿瘤细胞凋亡；同时冬枣黄酮还可提高荷瘤小鼠 T 淋巴细胞的增殖能力，改善肿瘤生长对小鼠胸腺和脾脏的抑制作用，同时增强荷瘤小鼠体内淋巴细胞 IL-2 的分泌，提高机体的整体积极防御因素，有效地抑制肿瘤细胞生长。从佳县红枣中分离得到的芹菜素可显著抑制人乳腺癌细胞 MCF-7、非小细胞肺癌细胞 A549、肝癌细胞 HepG2 和结肠癌细胞 HT-29 4 种癌细胞株的增殖，并诱导癌细胞凋亡（Bai et al., 2016）。

5. 抑菌作用

和田枣黄酮提取物对大肠杆菌、金黄色葡萄球菌、枯草芽孢杆菌都具有一定的抑制作用，而且通过正丁醇萃取和聚酰胺树脂柱层析纯化，其抑制作用也进一步增强（俞文妍等，2015）。

6. 保护 DNA 免受氧化损伤

DNA 是生命活动中最重要的遗传物质，维护 DNA 分子的完整性对细胞乃至整个生物体的发育和各种生命活动都至关重要。然而，许多环境因素如辐照、重金属、氧化胁迫等都会诱导自由基损伤。其中，氧化胁迫产生的过量自由基常可使 DNA 的碱基改变、破坏或脱落及 DNA 分子双链间氢键断裂、解聚等，使遗传信息发生改变，从而导致各种疾病的发生。郝婕等（2014）采用体外试验方法，证实从金丝小枣中提取分离得到的多酚物质对羟自由基引起的 DNA 损伤具有明显的保护作用。在细胞体外抗氧化试验中，冬枣黄酮提取物也被证实可有效阻止 H_2O_2 诱导的外周血淋巴细胞 DNA 损伤（胡迎芬，2009）。

7. 降血糖作用

α-淀粉酶和 α-葡萄糖苷酶是影响饮食中淀粉、糖类等主要碳水化合物消化、吸收的关键酶，抑制其活性可以延缓人体对淀粉等物质的降解和葡萄糖的吸收，从而抑制餐后血糖的快速升高。因此，α-淀粉酶和 α-葡萄糖苷酶抑制剂常被用于治疗 II 型糖尿病，可有效降低餐后血糖水平和减少糖尿病并发症的发生。

枣核多酚提取物对 α-淀粉酶和 α-葡萄糖苷酶活性均具有一定的抑制作用，并且抑制效果随着浓度的增加而增大，具有明显的量效关系（刘杰超等，2015）。说明枣核多酚提取物可能对淀粉酶促水解直至生成葡萄糖并被吸收的整个过程的不同阶段产生影响，可有效延缓单糖的释放和吸收，抑制餐后高血糖，从而减少糖尿病并发症的发生。

8. 抑制蛋白质非酶糖化反应

蛋白质、DNA 与还原糖之间的非酶糖化反应在生物体内广泛存在，其中尤以蛋白质的非酶糖化最受关注。大量研究表明，蛋白质的非酶糖化反应进程与糖浓度密切相关，因此糖尿病人由于长期处于高血糖状态，体内组织的非酶糖化反应尤为严重，造成高级糖化终末产物的大量积累，从而造成多种慢性并发症的发生和发展，给患者带来极大的痛苦和威胁。此外，还可加快细胞老化进程，造成人体衰老和动脉硬化等老年性疾病的发生。

采用牛血清白蛋白-葡萄糖非酶糖化反应体系，可测试红枣多酚提取物对蛋白质非酶糖化反应的抑制效果。其原理如下：

在反应初期，首先是开链型葡萄糖分子的游离醛基与蛋白质分子中氨基酸上的一个氨基发生亲核缩合反应，迅速形成醛亚胺（又称 Shiff 碱）。Shiff 碱不稳定，可缓慢发生分子重排，从而形成较稳定但可逆的酮胺化合物，即 Amadori 产物，也称早期糖化产物。反应后期，Amadori 产物进一步降解为化学性质活泼的 α-酮醛化合物，高度活性的 α-酮醛化合物进一步与蛋白质分子中其他游离氨基反应交联形成共价的非酶糖化终产物——高级糖化终末产物（advanced glycation end-products，AGEs），AGEs 一经形成便不可逆转。加入抑制剂后 Amadori 产物和/或 AGEs 合成受阻，可分别通过分光光度法和荧光光度法测定 Amadori 产物和 AGEs 的生成情况来评价红枣多酚提取物对蛋白质非酶糖化反应的抑制效果。

在牛血清白蛋白-葡萄糖非酶糖化反应体系中，枣核多酚提取物对蛋白质非酶糖化反应 Amadori 产物和 AGEs 的形成均具有较强的抑制作用并呈明显的量效关系，枣核多酚提取物对蛋白质非酶糖化反应 Amadori 产物和 AGEs 形成的最大抑制率分别可达 83.83%和 97.69%，IC_{50} 分别为 18.79 g/L 和 14.73 g/L（折合成枣核质量浓度）（焦中高等，2014），说明枣核多酚提取物可能对由蛋白质非酶糖化反应引起的糖尿病慢性并发症具有一定的防治和改善作用，而且还可通过抑制非酶糖化反应来阻止细胞老化，预防老年性疾病的发生。

9. 抑制透明质酸酶活性

透明质酸的合成和由透明质酸酶催化的降解之间的平衡是正常组织的重要特征。透明质酸酶异常表达所引起的透明质酸的过度降解可导致关节疾病和过敏及其他类型的炎症反应，而且与肿瘤的发生、发展密切相关。

枣核多酚提取物可显著抑制透明质酸酶的活性，而且随着浓度的提高，枣核多酚提取物对透明质酸酶的抑制效果也明显增强，与使用剂量密切相关，呈明显的量效关系。在试验浓度范围内（折合成枣核质量浓度为 2.65～31.80 mg/mL），其对透明质酸酶的抑制率最高可达到 96.86%，试验条件下其 IC_{50} 为 5.59 mg/mL（折合成枣核质量浓度）（刘杰超等，2015）。这说明枣核多酚提取物对于调节透明质酸代谢的慢性失衡、帮助组织动态平衡的重建有重要意义。

10. 防止心肌缺血

缺血性心脏病发病率与死亡率都很高，严重威胁人类生命与健康。Cheng 等（2012）采用异丙肾上腺素（ISO）致大鼠心肌缺血模型，研究了冬枣果皮多酚对缺血性心脏病的预防作用，发现异丙肾上腺素处理导致大鼠心电图出现 ST 改变，但提前给服冬枣果皮多酚可显著降低 ST 改变的程度，说明冬枣果皮多酚可以改善心肌缺血症状。进一步的研究表明，给服冬枣果皮多酚还可显著提高心肌缺血大鼠心脏组织中超氧化物歧化酶（SOD）、谷胱甘肽过氧化物酶（GSH-Px），降低膜脂过氧化程度，并缩小由异丙肾上腺素造成的乳酸脱氢酶（LDH）、肌酸激酶（CK）和 Na^+-K^+-ATPase 活性的降低程度及 Ca^{2+}-ATPase、Mg^{2+}-ATPase 的升高幅度。

2.5 小 结

多酚类物质作为红枣中一类重要的生物活性物质，尽管已得到了较多的研究，但与苹果、葡萄、桃等相比，尚处于初级阶段，大部分研究都集中在不同品种果实中多酚含量的比较、果实发育过程中多酚含量的变化及提取工艺优化等，红枣果实中多酚类物质的合成与代谢调控机制研究尚属空白，已识别的酚类化合物种类还较少，这在一定程度上限制了对红枣多酚的开发应用，红枣多酚的生物活性与应用途径亟待进一步发掘。

为了深入认识红枣的保健功效并高效利用红枣中的多酚类物质，需要进一步加强以下几个方面的研究。

1. 红枣果实中多酚类物质的合成与代谢调控机制研究

明确红枣果实中多酚类物质的合成与代谢调控机制是生产高多酚含量红枣原料、研发功能性红枣产品的基础。因此，需要重点研究红枣果实中多酚类物质的合成途径及其调控机制，为选育高多酚含量的功能性红枣新品种提供理论依据；研究红枣果实发育、贮藏、加工过程中多酚类物质的积累、转化、代谢及其调控机制，为利用栽培管理措施、采后处理和适宜加工技术进行多酚类物质富集从而提高红枣及其加工产品中多酚含量提供依据和参考。

2. 红枣果实中多酚类物质的高效分离纯化、鉴定与未知酚类化合物的发掘利用

对红枣中多酚类物质进行高效分离纯化是进一步研究红枣多酚生物活性和开发相关功能性产品的关键。需重点研究红枣中多酚类物质的绿色、高效提取技术和快速纯化技术及提取纯化过程对红枣多酚提取物中多酚组成和生物活性的影响，为高效制备高活性、高纯度的红枣多酚提取物提供参考；鉴定红枣中未知酚类化合物，研究其生物活性，进一步阐明红枣多酚类物质的组成及其功能特性，为进一步开发利用红枣多酚提供理论依据。

3. 红枣多酚的生物活性发掘与应用研究

目前关于植物多酚的生物活性与作用机理已得到广泛研究，并在医药及功能性食品中得到应用。但对于红枣多酚生物活性的研究还较少，其他植物多酚具有的多种生物活性还没有在红枣中得到证实，关于其作用机理研究及应用基本属于空白。因此，需全方位开展红枣多酚生物活性发掘与应用研究，阐明红枣中各种多酚类物质的主要生物活性及其在红枣保健功效中所发挥的作用、红枣中不同多酚类化合物的相互作用及其对生物活性的影响、红枣多酚类物质保健功效的作用

机理及与其他功能性成分的协同作用、食品加工过程对红枣多酚组成及生物活性的影响等，提出红枣多酚在医药、功能性食品等方面的最佳应用途径、增效技术，开发基于红枣多酚保健功效的功能性产品，从而推动红枣多酚研究与应用的产业化发展。

4. 红枣多酚生物利用度研究

生物利用度（bioavailability）指药物被机体吸收进入循环的相对量和速率，红枣多酚制剂或食品能否发挥良好的保健作用，与其在人体中的生物利用度密切相关。利用动物试验或人体试验方法研究红枣多酚在体内吸收、代谢和转化情况并优化制剂类型与配方从而提高其生物利用度是红枣多酚高效利用的关键。此外，研究红枣多酚与其他食品或药物组分的相互作用有助于设计最佳的红枣多酚产品配方，对于提高红枣多酚的生物利用度具有重要作用。

参 考 文 献

杜丽娟, 冀晓龙, 许芳溢, 等. 2014. 低温真空膨化与自然干制对红枣抗氧化活性的影响[J]. 食品科学, 35(13): 81-86.

韩志萍. 2006. 陕北红枣中总黄酮的提取及含量比较[J]. 食品科学, 27(12): 560-562.

郝婕, 韩沐, 司贺龙, 等. 2014. 金丝小枣中多酚类物质的分离纯化研究[J]. 河北农业大学学报, 37(4): 30-35.

郝婕, 王艳辉, 董金皋. 2008. 金丝小枣多酚提取物的生理功效研究[J]. 中国食品学报, 8(5): 22-27.

何保江, 郝菊芳, 杜彬, 等. 2012. 响应面法优化金丝小枣中黄酮类物质提取的最佳工艺[J]. 食品工业, (3):60-64.

胡芳, 赵智慧, 刘孟军. 2012. 金丝小枣类黄酮提取最佳条件及抗氧化研究[J]. 中国食品学报, 12(4): 77-83.

胡迎芬. 2009. 冬枣黄酮的提取分离及抗氧化、抗瘤活性研究[D]. 青岛大学博士学位论文.

胡迎芬, 马爱国, 蒋正尧, 等. 2009a. 冬枣提取物对羟自由基诱导氧化损伤的抑制作用[J]. 卫生研究, 38(2): 169-171.

胡迎芬, 马莉, 马爱国, 等. 2009b. 冬枣提取物对 S180 荷瘤小鼠的免疫及抗氧化作用[J]. 青岛大学医学院学报, 45(4): 343-346.

焦中高, 刘杰超, 周红平, 等. 2008. 枣果中酚类物质的高效液相色谱分析[J]. 食品与发酵工业, 34(3): 133-136.

焦中高, 张春岭, 刘杰超, 等. 2014. 枣核多酚提取物对体外蛋白质非酶糖化的抑制作用[J]. 中国食品添加剂, (6): 71-76.

李海燕, 冯玉才, 董世良. 2001. 山葡萄成熟过程中呼吸强度和主要营养成分的变化规律[J]. 吉林农业大学学报, 23(1): 46-49.

李治龙, 刘新华, 刘文杰, 等. 2012. 响应面法优化树脂吸附红枣黄酮工艺研究[J]. 天然产物研究与开发, 24(6): 808-813.

梁鹏举, 姜建辉, 秦少伟, 等. 2016. 响应面法优化灰枣中黄酮提取工艺研究[J]. 食品工业科技, 37(22): 264-268, 273.

刘杰超, 焦中高, 王思新. 2011. 苹果多酚提取物对 α-淀粉酶和 α-葡萄糖苷酶的抑制作用[J]. 果树学报, 28(4): 553-557.

刘杰超, 焦中高, 张春岭, 等. 2013. 苹果多酚提取物对酪氨酸酶的抑制作用[J]. 日用化学工业, 43(6): 414-417, 456.

刘杰超, 焦中高, 周红平, 等. 2006. 甜樱桃红色素的体外抗氧化活性[J]. 果树学报, 23(5): 751-754.

刘杰超, 王思新, 焦中高, 等. 2005. 苹果多酚提取物抗氧化活性的体外试验[J]. 果树学报, 22(2): 106-110.

刘杰超, 张春岭, 陈大磊, 等. 2015. 不同品种枣果实发育过程中多酚类物质、VC 含量的变化及其抗氧化活性[J]. 食品科学, 36(17): 94-98.

刘杰超, 张春岭, 刘慧, 等. 2013. 超临界 CO_2 萃取枣核多酚工艺优化及其生物活性[J]. 食品科学, 34(22): 64-69.

刘伟, 南光明, 李紫薇, 等. 2012. 响应面法优化新疆若羌大枣总黄酮提取工艺及抗氧化活性[J]. 食品科学, 33(22): 123-126.

马莉, 胡迎芬, 马爱国, 等. 2008. 冬枣提取物对 S180 荷瘤小鼠的抗氧化作用研究[J]. 青岛大学学报 (工程技术版), 23(3):30-34.

苗利军, 刘孟军, 彭红丽, 等. 2008. 枣果中总黄酮含量分析[J]. 安徽农业科学, 36(22): 9460-9461.

念红丽, 曹建康, 薛自萍, 等. 2009. 成熟期对冬枣多酚含量及其抗氧化活性的影响[J]. 食品工业科技, 30(11): 65-67.

念红丽, 李赫, 曹冬冬, 等. 2011. 高效液相色谱测定不同成熟期枣皮酚类物质[J]. 北京林业大学学报, 33(1): 139-143.

聂小伟, 何粉霞, 杨芙莲. 2012. 陕北滩枣不同部位总黄酮含量分析研究[J]. 食品工业, (6): 153-155.

戚向阳, 陈福生, 陈维军, 等. 2003. 苹果多酚抑菌作用的研究[J]. 食品科学, 24(5): 33-36.

戚向阳, 王小红, 容建华. 2001. 不同苹果多酚提取物清除·OH 效果的研究[J]. 食品工业科技, 22(4): 7-9.

沈静, 王敏, 苟茜, 等. 2015. 不同成熟期灵武长枣酚类组分及抗氧化活性差异分析[J]. 食品科学, 36(8): 191-195.

盛文军. 2004. 干燥方法对红枣总黄酮含量的影响及其生物功能初探[D]. 陕西师范大学硕士学位论文.

师仁丽, 翟龙飞, 于文龙, 等. 2016. 利用 DAD-HPLC 和 LC-MS 法检测金丝小枣中黄酮类化合物[J]. 食品科学, 37(16):123-127.

石碧, 狄莹. 2000. 植物多酚[M]. 北京: 科学出版社.

孙海峰, 孙家财, 于士梅, 等. 2009. 酚类物质和可溶性蛋白对苹果浓缩汁后混浊的影响[J]. 食品与发酵工业, 35(6): 23-27.

孙建霞, 孙爱东,白卫滨, 等. 2005. 采用微量量热法研究苹果多酚对大肠杆菌的抑菌作用[J]. 食品与发酵工业, 31(6): 57-58.

孙协军, 李秀霞, 冯彦博. 2015. 冬枣黄酮抗氧化活性的研究[J]. 包装与食品机械, 33(2): 12-16.

唐传核, 彭志英. 2000. 葡萄多酚类化合物以及生理功能[J]. 中外葡萄与葡萄酒, (2): 12-15.

王毕妮. 2011. 红枣多酚的种类及抗氧化活性研究[D]. 西北农林科技大学博士学位论文.

王毕妮, 曹炜, 樊明涛, 等. 2011. 红枣不同部位的抗氧化活性[J]. 食品与发酵工业, 37(6): 126-129.

王毕妮, 樊明涛, 程妮, 等. 2011. 干制方式对红枣多酚抗氧化活性的影响[J]. 食品科学, 32(23): 157-161.

王立霞. 2016. 超声波辅助提取油枣多酚的工艺及与溶剂法比较研究[J]. 应用化工, 45(8): 1505-1508.

王娜, 王栋梁, 范会平, 等. 2015. 不同提取方法对枣渣黄酮抗氧化活性和得率的影响[J]. 河南农业大学学报, 49(6): 843-849.

王蓉蓉, 丁胜华, 胡小松, 等. 2017. 不同品种枣果活性成分及抗氧化特性比较[J]. 中国食品学报, 17(9): 271-277.

王思新, 刘杰超, 焦中高, 等. 2003. 苹果中的多酚物质及其在果实发育过程中的变化[J]. 果树学报, 20(6): 427-431.

王晓燕, 刘杰超, 张春岭, 等. 2014. 苹果多酚提取物对体外蛋白质非酶糖化的抑制作用[J]. 中国食物与营养, 20(8): 52-55.

王岩, 裴世春, 王存堂, 等. 2015. 苹果果皮、果肉多酚含量测定及抗氧化能力研究[J]. 食品研究与开发, 36(15): 1-3.

王迎进, 闫瑾璠, 赵雅琴, 等. 2012. 壶瓶枣总黄酮抗氧化性研究[J]. 食品研究与开发, 33(11): 39-41.

王争争, 杨庆文, 杨宇霞, 等. 2015. 响应面法优化油枣中总黄酮的提取工艺[J]. 中国酿造, 34(3): 90-94.

薛自萍, 曹建康, 姜微波. 2009. 枣果皮中酚类物质提取工艺优化及抗氧化活性分析[J]. 农业工程学报, 25(s1): 153-158.

游凤, 黄立新, 张彩虹, 等. 2013. 冬枣各成熟阶段果皮酚类含量变化及其对 DPPH 自由基清除能力的影响[J]. 食品科学, 34(19): 62-66.

于金刚, 王敏, 李援农, 等. 2011. 不同滴灌制度对梨枣抗氧化活性的影响[J]. 食品科学, 32(1): 39-44.

俞文妍, 方利洪, 黄志强, 等. 2015. 和田枣中黄酮的提取分离与抑菌活性分析[J]. 中国卫生检验杂志, 25(12): 1943-1945.

曾少敏, 杨健, 王龙, 等. 2014. 梨果实酚类物质含量及抗氧化能力[J]. 果树学报, 31(1): 39-44.

张迪, 王勇, 王彦兵, 等. 2013. 闪式提取法提取枣果皮中多酚的工艺研究[J]. 食品工业科技, 34(4): 259-262.

张琼, 周广芳, 沈广宁, 等. 2010. 冬枣果皮着色过程中类黄酮类物质成分及含量的变化[J]. 园艺学报, 37(2): 193-198.

张泽炎, 张海生. 2017. 干燥时间对枣多酚得率和抗氧化活性的影响[J]. 食品与发酵工业, 43(8): 151-156.

张志国. 2006. 冬枣核类黄酮的提取工艺研究及其生物功能初探[D]. 陕西师范大学硕士学位论文.

张志国, 陈锦屏, 邵秀芝, 等. 2007. 红枣核类黄酮清除 DPPH 自由基活性研究[J]. 食品科学, 28(2): 67-70.

赵爱玲, 李登科, 王永康, 等. 2010. 枣品种资源的营养特性评价与种质筛选[J]. 植物遗传资源学报, 11(6): 811-816.

赵满兴, 曹超仁, 王咪咪, 等. 2015. 不同水肥处理对'木枣'果实维生素 C、黄酮和出干率的影响[J]. 农学学报, 5(9): 77-81.

赵志永, 蒲彬, 贺玉凤, 等. 2012. 响应面法优化新疆红枣总黄酮乙醇提取工艺[J]. 中国酿造, 31(1): 88-90.

周向辉, 潘治利, 陈松江, 等. 2008. 响应曲面法优化微波提取浆枣枣皮多酚工艺的研究[J]. 食品科学, 29(11): 265-268.

朱春秋, 程代, 蔡晓菲, 等. 2012. 枣果皮结合酚的大鼠体内吸收及抗氧化能力研究[J]. 食品工业科技, 33(3): 352-354.

宗亦臣. 2004. 冬枣果实中酚类物质及其多酚氧化酶性质的研究[J]. 中国农学通报, 20(4): 21-23.

Akiyama H, Sato Y, Watanabe T, et al. 2005. Dietary unripe apple polyphenol inhibits the development of food allergies in murine models[J]. FEBS Letters, 579: 4485-4491.

Amiot M J, Tacchini M, Nicolas J. 1992. Phenolic composition and browning susceptibility of various apple cultivars at maturity[J]. Journal of Food Science, 57(4): 958-962.

Amiot M J, Tacchini M, Aubert S Y, et al. 1995. Influence of cultivar, maturity stage, and storage conditions on phenolic composition and enzymatic browning of pear fruits[J]. Journal of Agricultural and Food Chemistry, 43: 1132-1137.

Aruoma O I. 1998. Free radicals, oxidative stress, and antioxidants in human health and disease[J]. Journal of the American Oil Chemists' Society, 75: 199-212.

Bai L, Zhang H, Liu Q, et al. 2016. Chemical characterization of the main bioactive constituents from fruits of Ziziphus jujube[J]. Food & Function, 7: 2870-2877.

Bengochea M L, Sancho A I, Bartolome B, et al. 1997. Phenolic composition of industrially manufactured purees and concentrates from peach and apple fruits[J]. Journal of Agricultural and Food Chemistry, 45: 4071-4075.

Brave L. 1998. Polyphenols: Chemistry dietary source, metabolism, and nutritional significance[J]. Nutrition Reviews, 56(11): 317-333.

Burda S, Oleszek W, and Lee C Y. 1990. Phenolic compounds and their changes in apple during maturation and cold storage[J]. Journal of Agricultural and Food Chemistry, 38: 945-948.

Chen J P, Li Z G, Maiwulanjiang M, et al. 2013. Chemical and biological assessment of *Ziziphus jujuba* fruits from china: different geographical sources and developmental stages[J]. Journal of Agricultural and Food Chemistry, 61: 7315-7324.

Cheng D, Zhu C Q, Cao J K, et al. 2012. The protective effects of polyphenols from jujube peel (*Ziziphus jujube* Mill) on isoproterenol-induced myocardial ischemia and aluminum-induced oxidative damage in rats[J]. Food and Chemical Toxicology, 50: 1302-1308.

Cliford M N. 2000. Chlorogenic acids and other cinnamates–nature, occurrence, dietary burden, absorption and metabolism[J]. Journal of the Science of Food and Agriculture, 80: 1033-1043.

Doll R. 1990. An overview of the epidemiological evidence linking diet and cancer[J]. Proceedings of the Nutrition Society, 49: 119-131.

Du L J, Gao Q H, Li X L, et al. 2013. Comparison of flavonoids, phenolic acids, and antioxidant activity of explosion-puffed and sun-dried jujubes (*Ziziphus jujuba* Mill.) [J]. Journal of Agricultural and Food Chemistry, 61(48): 11840-11847.

Durkee A B, Poapst P A. 1965. Phenolic constituents in core tissues and ripe seeds of McIntosh apples[J]. Journal of Agricultural and Food Chemistry, 13: 137-142.

Ehlenfeldt M K, Prior R L. 2001. Oxygen radical absorbance capacity (OROC) and phenolic and anthocyanin concentrations in fruit and leaf tissues of highbush blueberry[J]. Journal of Agricultural and Food Chemistry, 49(5): 2222-2227.

Enomoto T, Nagasako-Akazome Y, Kanda T, et al. 2006. Clinical effects of apple polyphenols on persistent allergic rhinitis: A randomized double-blind placebo-controlled parallel arm study[J]. Journal of Investigational Allergology & Clinical Immunology, 16(5): 283-289.

Fernandez S B, Perez-Ilzarbe J, Hernandez T, et al. 1992. Importance of phenolic compounds for characterization of fruit[J]. Journal of Agricultural and Food Chemistry, 40(9): 1531-1535.

Frankel E N, Waterhouse A L, Teissedre P L. 1995. Principle phenolic phytochemicals in selected California wines and their antioxidant activity in inhibiting oxidation of human low density lipoproteins[J]. Journal of Agricultural and Food Chemistry, 43: 890-894.

Gao L, Mazza G. 1995. Characterization, quantitation and distribution of anthocyanins and colorless phenolics in sweet cherrys[J]. Journal of Agricultural and Food Chemistry, 43: 343-346.

Gao Q H, Wu C S, Yu J G, et al. 2012a. Textural characteristic, antioxidant activity, sugar, organic acid, and phenolic profiles of 10 promising jujube (*Ziziphus jujuba* Mill.) selections[J]. Journal of Food Science, 77: C1218-C1225.

Gao Q H, Wu C S, Wang M, et al. 2012b. Effect of drying of Jujubes (*Ziziphus jujuba* Mill.) on the contents of sugars, organic acids, α-tocopherol, β-carotene, and phenolic compounds[J]. Journal of Agricultural and Food Chemistry, 60: 9642-9648.

Gao Q H, Yu J G, Wu C S, et al. 2014. Comparison of drip, pipe and surge spring root irrigation for jujube (*Ziziphus jujuba* Mill.) fruit quality in the loess plateau of China[J]. PLoS One, 9(2): e88912.

Gao Q H, Wu P T, Liu J R, et al. 2011. Physico-chemical properties and antioxidant capacity of different jujube (*Ziziphus jujuba* Mill.) cultivars grown in loess plateau of China[J]. Scientia Horticulturae, 130: 67-72.

Gossé F, Guyot S, Roussi S, et al. 2005. Chemopreventive properties of apple procyanidins. on human colon cancer-derived metastatic SW620 cells and in a. rat model of colon carcinogenesis. Carcinogenesis, 26: 1291-1295.

Graziani G, D'Argenio G, Tuccillo C, et al. 2005. Apple polyphenol extracts prevent damage to human gastric epithelial cells in vitro and to rat gastric mucosa *in vivo*[J]. Gut, 54: 193-200.

Herrmann K. 1989. Occurrence and content of hydrocinnamic and hydroxybenzoic acid compounds in foods[J]. Critical Reviews in Food Science and Nutrition, 28: 315-347.

Hong V, Wrolstad R E. 1986. Cranbrerry juice composition[J]. Journal of the Association of Official Agricultural Chemists, 69: 199-207.

Hudina M, Liu M, Vereric R, et al. 2008. Phenolic compounds in the fruit of different varieties of Chinese jujube (Ziziphus jujuba Mill.)[J]. Journal of Horticultural Science and Biotechnology, 83(3): 305-308.

Jiao Z G, Liu J C, Wang S X. 2005. Antioxidant activities of the total pigment extract from blackberries[J]. Food Technology and Biotechnology, 43(1): 97-102.

Kahkonen M P, Hopia A I, Heinonen M. 2001. Berry phenolics and their antioxidant activity[J]. Journal of Agricultural and Food Chemistry, 49(8): 4076-4082.

Kanda T, Akiyama H, Yanagida A, et al. 1998. Inhibitory effects of apple polyphenol on induced histamine release from RBL-2H3 cells and rat mast cells[J]. Bioscience Biotechnology and Biochemistry, 62(7): 1284-1289.

Kanner J, Frankel E N, Granit R, et al. 1994. Natural antioxidants in grapes and wines[J]. Journal of Agricultural and Food Chemistry, 42: 64-69.

Kinsella J E, Frankel E N, German J B, et al. 1993. Possible mechanisms for the protective role of antioxidants in wine and plant foods[J]. Food Technology, 47: 85-89.

Knekt P, Kumpulainen J, Järvinen R, et al. 2002. Flavonoid intake and risk of chronic diseases[J]. American Journal of Clinical Nutrition, 76(3): 560-568.

Kou X H, Chen Q, Li X H, et al. 2015. Quantitative assessment of bioactive compounds and the antioxidant activity of 15 jujube cultivars[J]. Food Chemistry, 173: 1037-1044.

Lea A G H, Arnold G M. 1978. The phenolics of ciders: bitterness and astringency[J]. Journal of the Science of Food and Agriculture, 29: 478-483.

Li J W, Ding S D, Ding X L. 2005. Comparison of antioxidant capacities of extracts from five cultivars of Chinese jujube[J]. Process Biochemistry, 40: 3607-3613.

Li J W, Fan L P, Ding S D, et al. 2007. Nutritional composition of five cultivars of chinese jujube[J]. Food Chemistry, 103: 454-460.

Liu H, Cao J K, Jiang W B. 2015. Evaluation and comparison of vitamin C, phenolic compounds, antioxidant properties and metal chelating activity of pulp and peel from selected peach cultivars[J]. LWT-Food Science and Technology, 63(2): 1042-1048.

Lu Y, Foo L Y. 1997. Identification and quantification of major polyphenols in apple pomace[J]. Food Chemistry, 59(2): 187-194.

Lu Y, Foo L Y. 2000. Antioxidant and radical scavenging activities of polyphenols from apple pomace[J]. Food Chemistry, 68: 81-85.

Matsudaria F, Kitamura T, Yamada H, et al. 1998. Inhibitory effects of polyphenol extracted from immature apples on dental plaque formation[J]. Journal of Dental Health, 48: 230-235.

Mayr U, Treutter D, Santos-Bueiga C, et al. 1995. Development changes in the phenol concentrations of 'Golden Delicious' apple fruits and leaves[J]. Phytochemistry, 38(5): 1151-1155.

Mosel H D, Herrmann K. 1974. Changes in catechins and hydroxycinnamic acid derivatives during development of apples and pears[J]. Journal of the Science of Food and Agriculture, 25: 251-256.

Murata M, Tsurutani M, Tomita M, et al. 1995. Relationship between apple ripening and browning: changes in polyphenol content and polyphenol oxidase[J]. Journal of Agricultural and Food Chemistry, 43: 1115-1211.

Nogata Y, Ohta H, Yoza K, et al. 1994. High-performance liquid chromatographic determination of naturally occurring flavonoids in Citrus with a photodiode-array detector[J]. Journal of Chromatography A, 667: 59-66.

Orak H H. 2007. Total antioxidant activities, phenolics, anthocyanins, polyphenoloxidase activities of selected red grape cultivars and their correlations[J]. Scientia Horticulturae, 111(2): 235-241.

Pantelidis G E, Vasilakakis M, Manganaris G A, et al. 2013. Antioxidant capacity, phenol, anthocyanin and ascorbic acid contents in raspberries, blackberries, red currants, gooseberries and Cornelian cherries[J]. Food Chemistry, 102(3): 773-778.

Peleg H, Naim M, Rousaff R L, et al. 1991. Distribution of bound and free phenolic acids in oranges (*Citrus sinensis*) and grapefruits (*Citrus paradisi*) [J]. Journal of the Science of Food and Agriculture, 57: 417-426.

Podesedek A, Wilska-Jeszka J, Anders B, et al. 2000. Compositional characterization of some apple varieties[J]. European Food Research and Technology, 210: 268-272.

Renaud S, Lorgeril D M. 1992. Wine, alcohol, platelets, and the French paradox for coronary heart disease in men[J]. Lancet, 339: 1523-1526.

Ricardo da Silva J M, Darmon N, Fernandez Y, et al. 1991. Oxygen free radical scavenger capacity in aqueous models of different procyanidins from grape seeds[J]. Journal of Agricultural and Food Chemistry, 39: 1549-1552.

Robards K, Prenzler P D, Tucker G, et al. 1999. Phenolic compounds and their role in oxidative processes in fruits[J]. Food Chemistry, 66: 401-436.

Robich J, Noble A. 1990. Astringency and bitterness of selected phenolics in wine[J]. Journal of the Science of Food and Agriculture, 53: 343-353.

Rodriguezmateos A, Cifuentesgomez T, Tabatabaee S, et al. 2012. Procyanidin, anthocyanin, and chlorogenic acid contents of highbush and lowbush blueberries[J]. Journal of Agricultural and Food Chemistry, 60(23): 5772-5778.

Rommel A, Wrolstad R E, Heatherbell D A. 1992. Blackberry juice and wine: processing and storage effects on anthocyanin composition, color and appearance[J]. Journal of Food Science, 57: 385-391.

Saito M, Hosoyama H, Agria T, et al. 1998. Antiulcer activity of grape seed extract and procyanidins[J]. Journal of Agricultural and Food Chemistry, 46: 1460-1464.

Schobinger U, Barbic I, Duerr P, et al. 1995. Phenolic compounds in apple juice-positive and negative effects[J]. Fruit Processing, 5(6): 171-172.

Teissedre P L, Frankel E N, Waterhouse A L, et al. 1996. Inhibition of *in vitro* human LDL oxidation by phenolic antioxidant from grapes and wines[J]. Journal of the Science of Food and Agriculture, 70: 55-61.

Verlangieri A J, Kapeghian J C, el-Dean S, et al. 1985. Fruit and vegetable consumption and cardiovascular mortality[J]. Medical Hypotheses, 16: 7-15.

Vidal R, Hernandez-Vallejo S, Pauquai T, et al. 2005. Apple procyanidins decrease cholesterol. esterification and lipoprotein secretion in Caco-2/TC7 enterocytes[J]. Journal of Lipid Research, 46: 258-268.

Wang B, Huang Q, Venkitasamy C, et al. 2016. Changes in phenolic compounds and their antioxidant capacities in jujube (*Ziziphus jujuba* Miller) during three edible maturity stages[J]. LWT - Food Science and Technology, 66: 56-62.

Wang B N, Cao W, Gao H, et al. 2010. Simultaneous determination of six phenolic compounds in jujube by LC-ECD[J]. Chromatographia, 71(7): 703-707.

Wang B N, Liu H F, Zheng J B, et al. 2011. Distribution of phenolic acids in different tissues of jujube and their antioxidant activity[J]. Journal of Agricultural and Food Chemistry, 59: 1288-1292.

Wang C T, Cheng D, Cao J K, et al. 2013. Antioxidant capacity and chemical constituents of Chinese jujube (*Ziziphus jujuba* Mill.) at different ripening stages[J]. Food Science and Biotechnology, 22: 639-644.

Wang H, Nair M G, Strasburg G M, et al. 1999. Antioxidant and anti-inflammatory activities of anthocyanins and their aglycon, cyaniding, from tart cherries[J]. Journal of Natural Products, 62: 294-296.

Wang R, Ding S, Zhao D, et al. 2016. Effect of dehydration methods on antioxidant activities, phenolic contents, cyclic nucleotides, and volatiles of jujube fruits[J]. Food Science and Biotechnology, 25(1): 137-143.

Wu C S, Gao Q H, Guo X D, et al. 2012. Effect of ripening stage on physicochemical properties and antioxidant profiles of a promising table fruit 'pear-jujube' (*Zizyphus jujuba* Mill.)[J]. Scientia Horticulturae, 148: 177-184.

Wu C S, Gao Q H, Kjelgren R, et al. 2013. Yields, phenolic profiles and antioxidant activities of *Ziziphus jujube* Mill. in response to different fertilization treatments[J]. Molecules, 18: 12029-12040.

Xue Z P, Feng W H, Cao J K, et al. 2009. Antioxidant activity and total phenolic contents in peel and pulp of chinese jujube (*Ziziphus jujuba* Mill.) fruits[J]. Journal of Food Biochemistry, 33: 613-629.

Xie P J, You F, Huang L X, et al. 2017. Comprehensive assessment of phenolic compounds and antioxidant performance in the developmental process of jujube (*Ziziphus jujuba* Mill.) [J]. Journal of Functional Foods, 36: 233-242.

Yangaida A, Kanda T, Tanabe M, et al. 2000. Inhibitory effects of apple polyphenols and related compounds on cariogenic factors of mutans streptococci[J]. Journal of Agricultural and Food Chemistry, 48(11): 5666-5671.

Yi O S, Meyer A S, Frankel E N. 1997. Antioxidant activity of grape extracts in a lecithin liposome system[J]. Journal of the American Oil Chemists' Society, 74: 1301-1307.

Zhang H, Jiang L, Ye S, et al. 2010. Systematic evaluation of antioxidant capacities of the ethanolic extract of different tissues of jujube (*Ziziphus jujube* Mill.) from China[J]. Food and Chemical Toxicology, 48: 1461-1465.

Zhao H X, Zhang H S, Yang S F. 2014. Phenolic compounds and its antioxidant activities in ethanolic extracts from seven cultivars of Chinese jujube[J]. Food Science and Human Wellness, 3: 183-190.

第 3 章　红 枣 多 糖

　　多糖（polysaccharide），又称多聚糖，是一类由各种相同或者不同的单糖及糖醛酸通过糖苷键连接缩合而成的高分子化合物，天然存在于动物、植物、微生物等各种有机体中，是细胞壁的重要组成部分，与生物体的多种生理机能密切相关，对于维持细胞功能和生物体的生命活动非常重要。20 世纪 50 年代，多糖被发现具有抗肿瘤功效，因此引起了研究者的高度关注，陆续开展了一些有关多糖化学、生物学及药理学等方面的研究。特别是 20 世纪 70 年代以来，随着膜的化学生物学和免疫化学研究的不断发展，科学工作者发现多糖及糖复合物不仅能够为生命活动提供能量来源和作为细胞壁的重要组成部分维持细胞结构和功能，而且广泛参与和介导了生命现象中细胞识别、生长、分化、代谢、胚胎发育、病毒浸染、癌变、免疫应答等各种活动，从而在生物体中发挥更广泛的作用。因此，关于多糖及糖复合物的研究日趋活跃，天然多糖的生物活性、结构解析及构效关系成为多糖研究的前沿阵地，是现代医学、药学、天然产物化学、生物学、食品化学与营养学共同关注的焦点。

　　多糖是红枣中含量最高的生物活性成分之一，红枣的多种保健功能与生理功效都与之相关。本章在对天然多糖的生物活性与功能进行概述的基础上，重点阐述红枣多糖的分布、含量、提取分离、结构与功能活性等方面的研究进展。

3.1　天然多糖的生物活性与功能概述

　　多糖最初是以它对人体免疫系统的调节作用而引起人们注意的。近年来，科学工作者陆续发现，多糖还具有抗凝血、抗肿瘤、抗氧化、降血糖、降血脂、抗病毒、抑菌、抗辐射损伤、抗炎症反应、抗消化性溃疡等生物活性，这类具有一定生物活性的多糖被称为活性多糖或者称为"生物应答效应物"（biological response modifier，BRM）。至今已发现的天然活性多糖有数百种，来源于动物、植物、微生物等，分别具有各种各样的生物活性，对多种危害人类健康的疾病如免疫紊乱、癌症、糖尿病、高血压、高血脂、血栓、肝炎、肺炎、艾滋病、过敏反应等都具有显著的疗效，而且作用机制具有多效应、多靶点、多途径、多层面等特点，因此在医药和保健食品方面具有十分广泛的用途，成为新药研究特别是抗癌药物开发的焦点目标。

本节重点阐述天然多糖的生物活性与药理作用。

3.1.1 调节机体免疫

多糖的免疫调节作用是其最重要的生物活性之一，多糖表现出的其他多种活性都与其对免疫系统的调节作用有关。大量研究表明，多糖可促进淋巴细胞增殖、增加免疫器官重量，诱生多种细胞因子，促进干扰素（IFN）、白细胞介素（IL）、肿瘤坏死因子（TNF）等的产生，激活巨噬细胞、NK 细胞和 T、B 淋巴细胞等免疫细胞、网状内皮系统及补体系统等，通过多途径、多层面来提高机体特异性和非特异性免疫功能，从而发挥其对免疫功能的多方面调节作用。

Bendjeddou 等（2003）采用热水浸提法从红豆蔻根中提取分离多糖成分，并通过体内和体外试验证实红豆蔻多糖可显著激活小鼠的网状内皮系统并增加腹腔渗出液巨噬细胞和脾细胞的数量，从而起到增强小鼠免疫功能的作用。Wakabayashi 等（1997）发现从红花花瓣中分离得到的一种多糖可以诱导脾脏 B 细胞产生免疫球蛋白 M（IgM），促进巨噬细胞中 IL-1、IL-6 和肿瘤坏死因子 α 的生成。鼠尾草多糖可诱导大鼠胸腺细胞增殖（Capek et al.，2003）。灵芝多糖处理可增加小鼠树突状细胞的数量，调节脾脏 T 细胞、B 细胞、NK 细胞和 NKT 细胞的增殖，诱导 IL-1α、IL-1β、TNF-α、IL-12p40、IL-12p70、IL-6、IL-10、IL-13、KC 等 12 种细胞因子的生成（Lai et al.，2010）。肉苁蓉多糖可明显增强巨噬细胞的吞噬及分泌功能，活化巨噬细胞（王翔岩等，2009）。从百里香叶中分离的酸性多糖对补体系统具有激活作用（Chun et al.，2001）。目前，被证实具有免疫调节活性的天然多糖已多达数百种，免疫调节作用成为天然多糖尤其是果胶类多糖最为常见的生物活性之一。

3.1.2 抗肿瘤

抗肿瘤活性是多糖类化合物的又一重要生物活性，其机制主要是通过多糖的免疫调节作用激活免疫细胞，诱导多种细胞因子和细胞因子受体基因的表达，增强机体抗肿瘤免疫功能，从而间接抑制或杀死肿瘤细胞。一些具有细胞毒性的天然多糖还可以直接杀死肿瘤细胞。如甘诺宝力（Ganopoly）是从灵芝中分离得到的一种水溶性多糖，目前已作为临床药物用于癌症和肝病等慢性疾病的巩固治疗。Gao 等（2005）采用体内试验的方法证实口服甘诺宝力可显著抑制小鼠肉瘤 180（Sarcoma-180）的生长，提高健康小鼠和荷瘤小鼠体内干扰素及肿瘤坏死因子的表达水平，对于 T 淋巴细胞的细胞毒性和 NK 细胞活性也具有显著的促进作用；在体外抗肿瘤试验中，甘诺宝力对 CaSki、SiHa、Hep3B、 HepG2、HCT116、

HT29 等人类肿瘤细胞都表现出明显的细胞毒性,说明甘诺宝力可通过多种途径发挥其对肿瘤的抑制作用。Masuda 等(2009)从灰树花中分离得到一种分子量为 23 kDa 的多糖 MZF,虽然在体外试验中对 colon-26 癌细胞的增殖没有影响,但在体内试验中显著抑制肿瘤的生长,进一步的研究表明 MZF 可诱导脾细胞和腹腔巨噬细胞的增殖,MZF 处理的脾脏中 IL-12p40、IL-2 和 IFN-γmRNA 的表达水平显著提高,说明 MZF 主要通过对免疫系统的激活来抑制肿瘤的生长。体内抗肿瘤试验中,香蕉粗多糖对 S180、EAC、H22 实体瘤显示出明显的抑制效果,其抑制率分别为 38.96%、35.59%和 46.60%,体外 24 小时诱导 Hela 细胞和 PC-3m 细胞凋亡率分别达 50%和 60%以上,48 小时诱导凋亡率达 90%以上(熊燕飞等,2005)。海藻海蒿子(*Sargassum pallidum*)褐藻糖胶在体外对 HepG2 细胞、A549 细胞和 MGC-803 细胞的抑制率分别为 62.2%、64.8%和 79.6%(Ye et al.,2008)。随着糖生物学和天然产物化学与药理活性研究的进一步深入,抗肿瘤活性天然多糖不断被发现,成为抗癌药物开发的焦点目标。

3.1.3　抗病毒

　　多糖可以通过免疫调节机制提高宿主免疫功能而实现抗病毒作用,部分多糖也可通过阻止病毒侵入宿主细胞或者抑制病毒在宿主细胞内的复制直接杀死病毒。Dong 等(2010)从马齿苋中分离得到三种多糖,包括一种中性多糖、一种酸性多糖和一种果胶多糖,对其进行抗病毒研究发现只有果胶多糖对 2 型单纯疱疹病毒(HSV-2)具有抑制作用,其作用靶点在于阻止病毒侵入宿主细胞。邵传森和林佩芳(1991)以酶联免疫吸附测定(ELISA)和反向间接血凝试验(RPHA)两种方法检测了中华猕猴桃多糖(ACPS-R)在 MA104 细胞上对轮状病毒(RV)DS-1 株及 SA11 株的抑制作用;结果发现,当细胞感染 RV 后给予 ACPS-R,则对病毒呈不同程度的抑制作用,其作用随 ACPS-R 浓度的升高而增强。陈玉香等(1997)从沙棘果皮中提取纯化得到一种由阿拉伯糖(Ara)、半乳糖(Gal)、甘露糖(Man)和葡萄糖(Glc)组成的中性杂多糖 Hn;抗病毒试验结果表明,其对柯萨奇病毒 B3 的复制有明显的抑制作用,同时使正常细胞侵染病毒有一定预防作用。Zhu 等(2004)通过空斑减少实验(plaque reduction assay)发现马尾藻硫酸多糖显著抑制 HSV-2 的复制,而且可阻止病毒对宿主细胞的吸附。于红等(2006)的研究表明,钝顶螺旋藻多糖(polysaccharide from *Spirulina platensis*,PSP)对 Vero 细胞及 HepG2 2.2.15 细胞毒性极低,对 1 型和 2 型单纯疱疹病毒(HSV-1 和 HSV-2)均无直接灭活作用,但可阻滞 HSV-1 及 HSV-2 的吸附并抑制感染细胞内病毒的复制;在 HepG2 2.2.15 细胞培养中 PSP 可显著抑制 HBsAg、HBeAg 的分泌及乙型肝炎病毒 DNA 的合成,并具有量效和时效关系;说明 PSP 抗单纯疱疹病毒作用的机制与抑制病毒吸附和感染细胞内病毒的生物合成有关,而 PSP 抗乙型肝炎病毒作用的机制与抑制病毒抗原分泌及 DNA 复制有关。麒麟菜硫酸酯多糖不仅具有直接杀灭病毒作用,而且还可能通过进入细胞内部或吸附在细胞表面,发挥其抑制或杀伤病毒的作用(叶绍明等,2007)。裂褶菌多糖通过口服或者腹腔注射均可使感染仙台病毒(Sendai virus)的小鼠提高存活率,与对照相比,用裂褶菌多糖治疗的小鼠血清中抗体产生较早,而且病毒在肺中的扩散得到有效抑制,但在体外试验中裂褶菌多糖并不影响病毒的繁殖,说明其对病毒没有直接的杀灭作用,而是增强了宿主的抗病毒免疫反应(Hotta et al.,1993)。

3.1.4　抗氧化

现代医学认为,癌症、心脑血管疾病、炎症反应、免疫系统低下、糖尿病、类风湿、白内障等多种疾病的发生及人体衰老等过程都与体内抗氧化水平和自由基代谢失调有关。因此,抗氧化剂和自由基清除剂在人类健康方面具有重要的作用。在不同抗氧化测定体系中,许多天然多糖都表现出一定的体内/体外抗氧化和自由基清除活性,因此可能作为潜在的生物抗氧化剂来源。如 Chen 等(2005)从低等级绿茶中分离纯化得到一种分子量为 120 kDa 的多糖缀合物,体外抗氧化研究结果表明其对羟自由基、超氧阴离子自由基和脂质过氧化具有明显的抑制作用。Zhang 等(2003)采用腹腔内给药的方式研究了坛紫菜多糖对小鼠不同器官衰老相关的抗氧化酶、脂质过氧化和总抗氧化能力(TAOC)的影响,结果表明坛紫菜多糖可显著提高衰老小鼠各器官的总抗氧化能力及 SOD、GSH-Px 等抗氧化酶的活性,降低其体内脂质过氧化水平,说明坛紫菜多糖可补偿衰老小鼠体内总抗氧化能力的降低,从而减少脂质过氧化的风险。虎奶菇菌核的水提多糖(W-HNP)对四氧嘧啶(ALX)糖尿病小鼠(DM)灌喂治疗 15 d 后,DM 小鼠肝组织的 MDA 明显下降,谷胱甘肽(GSH)上升,同时抗氧化酶 SOD、CAT 明显提高,说明体内自由基清除系统得到加强,从而减少膜脂过氧化(巫光宏等,2009)。圣罗勒(Ocimum sanctum)多糖可清除超氧自由基、过氧化氢等活性氧,抑制黄嘌呤氧化酶活性,防止铁离子、2,2'-偶氮(2-脒基丙烷)二盐酸盐(AAPH)、γ射线辐照等引起的脂质体脂质和质粒 DNA 的氧化损伤(Subramanian et al.,2005)。人参多糖在体外显著抑制超氧阴离子自由基、羟自由基和 DPPH 自由基,而且还具有较强的还原能力和铁离子络合能力(Zhang et al.,2011)。灵芝多糖能明显改善阿尔茨海默病模型大鼠低下的空间学习记忆能力,显著提高模型大鼠海马组织 SOD 活性及降低 MDA 含量(郭燕君等,2006)。

3.1.5　降血糖

糖尿病为一种常见病和多发病,近年来发病率持续上升,而且在发达国家更为显著，其死亡率仅次于肿瘤和心血管疾病。因此寻找治疗糖尿病的活性物质，特别是从天然药物中筛选药物，已成为医药研究领域的一个重要方向。

近年研究表明，某些特定结构的天然植物多糖具有显著的降血糖作用，其降血糖机制具有多效应、多靶点、多途径等特点（罗祖友等，2007；徐庆和滕俊英，2004）。刘成梅等（2002）从百合中分离纯化得到两种多糖 LP1 和 LP2，对四氧嘧啶引起的高血糖小白鼠灌喂，研究其降血糖功能，结果表明，200 mg/kg 剂量 LP1 的降血糖效果接近 150 mg/kg 剂量的降糖灵，而 200 mg/kg 剂量 LP2 的降血糖效果剂量则超过 150 mg/kg 剂量的降糖灵，且降血糖作用与多糖剂量呈正相关。Xu 等（2011）从麦冬中分离得到一种 β-D-果聚糖，通过动物试验证实其可降低血糖水平并减少胰岛素耐性。陈建国等（2011）的研究证实桑叶多糖可通过提高四氧嘧啶糖尿病小鼠抗氧化能力，使胰岛素分泌增加，同时提高肝己糖激酶、丙酮酸激酶活性等综合作用，促使血糖进入肝细胞，使肝糖原合成增加，葡萄糖氧化分解加快，从而达到调节糖代谢、降低血糖、改善糖尿病症状的作用。虫草多糖虽然不能增加机体中胰岛素的分泌，但可以显著提高肝脏中葡糖激酶、己糖激酶及 6-磷酸葡萄糖脱氢酶的活性（Kiho et al.，1996）。苦瓜碱提多糖可显著降低链脲佐菌素（STZ）诱导糖尿病小鼠的血糖葡萄糖耐量及肝糖原的含量，果糖胺的含量同样也有所降低。何新益和刘仲华（2007）以过氧化物酶体增殖物激活受体（peroxisome proliferator-activated receptor，PPAR）的三种亚型 PPARα、PPARγ 和 PPARβ/δ 为靶点，对苦瓜多糖进行活性筛选，结果表明苦瓜多糖对 PPARδ 和 PPARγ 具有较强的激活效果，其激活倍数分别达 1.995、1.689，说明苦瓜多糖是一种潜在的降糖、降脂的活性成分。绞股蓝多糖体外对 α-淀粉酶有一定的抑制作用并可降低四氧嘧啶高血糖大鼠的空腹血糖及糖耐量（魏守蓉等，2005）。山药多糖（黄绍华等，2006）、茶多糖（Wang et al.，2010）、南瓜多糖（于斐和李全宏，2011；Song et al.，2012）、丹皮多糖（戴玲等，2006）、显齿蛇葡萄叶多糖（Wang et al.，2011）、桑叶多糖（罗晶洁等，2011）、豆豉多糖（郭瑞华等，2005）、山茶花多糖（Chung et al.，2009）、枸杞多糖（田丽梅等，2006）、黄精多糖（高英等，2010）等对 α-淀粉酶和/或 α-葡萄糖苷酶均具有一定的抑制作用，从而可延缓或抑制葡萄糖在肠道内的吸收，有效地降低餐后血糖的峰值，减少高血糖对胰腺的刺激，提高胰岛素敏感性，保护胰腺的功能，预防并改善糖尿病并发症的发生和发展。丹皮多糖还对体外非酶糖化反应和终产物 AGEs 的生成均有较高抑制作用，从而可以改善非酶糖化引起的糖尿病微血管病变（刘长安等，2005）。天然植物多糖的降血糖作用及综合治疗效果已得到广泛的认可，深入挖掘天然降血糖植物多糖已成为糖尿病新药和相关保健食品研究开发的热点。

3.1.6 降血脂

多糖作为大分子物质，可螯合胆固醇，从而抑制机体对胆固醇的吸收，并降低血浆胆固醇。部分多糖还能结合胆固醇的代谢分解产物胆酸，促使胆固醇向胆酸转化，进一步降低血浆胆固醇水平。Zhauynbaeva 等（2003）从红口水仙鳞茎中分离得到一种分子量为 32000 的水溶性葡甘聚糖，降血脂试验证实其可有效控制小鼠血清中胆固醇和甘油三酯的水平。Luo 等（2004）以四氧嘧啶高血脂兔为试验对象研究了枸杞多糖的降血脂作用，结果发现口服枸杞多糖可显著降低高血脂兔血清总胆固醇和甘油三酯的浓度，说明枸杞多糖对于四氧嘧啶高血脂兔具有降血脂作用。Yu 等（2005）用薏苡仁水溶性膳食多糖（AWSP）喂食仓鼠，观察 AWSP 对血清和肝脏中胆固醇、甘油三酯的影响，结果表明喂食 AWSP 的仓鼠血清和肝脏中胆固醇、甘油三酯及血清中低密度脂蛋白胆固醇均显著低于对照，说明 AWSP 具有较好的降血脂作用。昆布多糖（TLP）同时能降低血清甘油三酯和总胆固醇浓度，改善血清 HDL-C 水平，而且该作用与降脂药洛伐他汀比较无显著差异（王慧铭等，2008）。紫菜聚糖（porphyran）可显著减少 HepG2 细胞中脂肪的合成和载脂蛋白的分泌（Inoue et al.，2009）。麦冬多糖显著降低 STZ 糖尿病小鼠血清总胆固醇、甘油三酯和低密度脂蛋白胆固醇浓度，并提高高密度脂蛋白胆固醇水平（Chen et al.，2009）。其他已被证实具有降血脂作用的天然多糖还有滑菇多糖（Li et al.，2010a）、海带多糖（王庭欣等，2007）、韩国红参多糖（Kwak et al.，2010）、黄伞子实体多糖（李德海等，2010）、金耳菌丝体多糖（张雯等，2010）、黄芪多糖（昭日格图等，2009）、海参消化道多糖（蒋鑫等，2011）。

3.1.7 抗凝血

肝素是存在于动物体内的一种天然抗凝血物质，在临床上广泛应用于防治血栓栓塞性疾病、弥漫性血管内凝血的早期治疗及体外抗凝等，其化学本质是一种由葡萄糖胺、L-艾杜糖醛苷、N-乙酰葡萄糖胺和 D-葡萄糖醛酸交替组成的黏多糖硫酸酯（Jaques，1979）。但近年来在临床应用中发现肝素具有诱导血小板减少和自发性出血及血栓形成综合征等不良反应，引起了较多的关注。因此，在天然动植物提取物中寻找无副作用的肝素替代品成为人们努力的方向。其中，与肝素结构相似的天然多糖类化合物最引人瞩目。研究表明，许多来自海洋藻类的硫酸多糖都具有一定的抗凝血活性且与其中的硫酸基含量密切相关（Ciancia et al.，2010；Mestechkina and Shcherbukhin，2010；Shanmugam and Mody，2000）。一些药用植物多糖（Kweon et al.，1996）、食用菌多糖（申建和和陈琼华，1987）及羽芒菊多糖（Naqash and Nazeer，2011）、仙人掌多糖（蔡为荣等，2010）、大蒜多糖（崔莹莹等，2009）等都被证实具有抗凝血活性。

3.1.8　抗过敏、抗炎症反应

　　Paiva 等（2011）从匍扇藻（*Lobophora variegata*）中分离得到一种硫酸多糖——岩藻聚糖，并采用腹腔给药的方法研究其对酵母聚糖诱导大鼠关节炎的影响，结果显示岩藻聚糖可减少关节肿胀和血清中 TNF-α 的浓度，说明岩藻聚糖对大鼠的炎症反应具有一定的治疗作用。Zhang 等（2010）采用二甲苯致耳肿胀法研究了从螺蛳中分离得到两种水溶性多糖 BPS-1 和 BPS-2 的抗炎效果，结果证明两种多糖在 1 mg/mL 剂量时对鼠耳肿胀的抑制率分别为 57.56% 和 56.46%。树舌胞内多糖（张凌凌等，2010）、褐藻多糖（Ananthi et al.，2010）、金针菇多糖（Wu et al.，2010）、红叶藻多糖（Niels et al.，2009）、滑菇多糖（Li et al.，2008）、盐藻多糖（尹鸿萍和盛玉青，2006）等在动物试验中均表现出一定的抗炎症反应效果。一些果胶类多糖（Sawabe et al.，1992）、硫酸葡聚糖（Udabage et al.，2004）、海藻多糖（Katsube et al.，2003）、从酱油中分离得到的部分降解大豆多糖（Kobayashi et al.，2004）等天然多糖物质还对透明质酸酶具有抑制作用，因此可能对关节疾病、过敏和其他类型由于透明质酸的合成和由透明质酸酶催化的降解之间的慢性失衡而导致的炎症反应起到抑制作用。

3.1.9　抑菌

　　王忠民等（2005）用葡萄多糖对 8 种常见食品微生物进行抑菌试验，结果表明，葡萄多糖对枯草芽孢杆菌、大肠杆菌、金黄色葡萄球菌、根霉、曲霉、酿酒酵母菌有显著的抑制作用，最小抑制浓度分别为 12.5 μg/mL、25 μg/mL、50 μg/mL、25 μg/mL、50 μg/mL、25 μg/mL。田龙（2008）对大豆多糖的抑菌活性进行了研究，结果表明，大豆多糖能够抑制大肠杆菌、金黄色葡萄球菌、产黄青霉和黑曲霉的生长，其最小抑菌浓度分别为 8.0 mg/mL、6.0 mg/mL、1.0 mg/mL 和 1.0 mg/mL。荠菜多糖对大肠杆菌、枯草芽孢杆菌、金黄色葡萄球菌、沙门氏菌都有一定的抑制效果，且随着多糖浓度的增加而增强，其最小抑菌浓度分别为 8.0 mg/mL、6.0 mg/mL、10.0 mg/mL、10.0 mg/mL（杨咏洁，2010）。蓝莓多糖对枯草芽孢杆菌、大肠杆菌、金黄色葡萄球菌、啤酒酵母的最小抑制浓度（MIC）在 50～75 mg/mL 之间（孟宪军等，2010）。苦瓜多糖对金黄色葡萄球菌、大肠杆菌、鼠伤寒沙门氏菌、枯草芽孢杆菌等病原菌均具有抑制作用，IC50 分别为 0.10 mg/mL、0.15 mg/mL、0.13 mg/mL、0.13 mg/mL（吴笳笛和陈红漫，2006）。海带多糖（Li et al，2010b）和金顶侧耳胞内多糖（叶明等，2009）均可对金黄色葡萄球菌产生抑制效果。铁皮石斛多糖对大肠杆菌和枯草芽孢杆菌具有抑制作用，金耳石斛多糖对大肠杆菌、金黄色葡萄球菌及枯草芽孢杆菌均有抑制作用（Li et al.，2011）。沙棘果皮、叶中各多糖均可明显抑制大肠杆菌、枯草芽孢杆菌和四叠菌的生长（关奇等，2005）。

3.1.10　其他活性

大枣多糖可以改善气血双虚大鼠的造血功能和红细胞能量代谢，从而起到补血作用（苗明三等，2006）。当归多糖可以直接或间接地刺激造血诱导微环境中的骨髓巨噬细胞从基因水平和蛋白水平上促进造血调控因子的合成和分泌，进而促进髓系多向性造血祖细胞、晚期红系祖细胞、粒单系造血祖细胞的增殖分化（李静和王亚平，2005）。猕猴桃多糖可以促进人角化细胞和纤维原细胞的增殖及胶原蛋白的合成（Deters et al.，2005），石榴多糖表现出较强的抗糖化和酪氨酸酶抑制活性（Rout and Banerjee，2007），龙眼多糖也具有一定的酪氨酸酶抑制活性（Yang et al.，2008），因此可以应用于皮肤科疾病治疗或化妆品中，起到防治皮肤疾病和美容美白作用。芦荟多糖可通过促进人成纤维细胞增殖和透明质酸与羟脯氨酸等细胞外基质的分泌，加速创面愈合（刘玲英等，2010；Yao et al.，2009）。刺梨多糖能刺激 PC12 细胞产生神经纤维样突起，对神经干细胞损伤有明显的保护作用，并能够显著提高小鼠抗疲劳、耐缺氧、耐高温及耐低温的能力（杨娟等，2005，2006；路筱涛和鲍淑，2002）。灵芝多糖能明显改善阿尔茨海默病（AD）模型大鼠脑组织海马 CA1 区神经元的退行性变化，对老年性痴呆大鼠学习记忆能力可能有增强和提高作用（郭燕君等，2006）。灵芝多糖还具有抗消化性溃疡作用（Gao et al.，2002）。螺旋藻多糖对核酸内切酶活性和 DNA 修复合成具有增强作用，从而起到抗辐射损伤的作用（庞启深等，1988）。

3.2　红枣多糖的含量与分布

红枣多糖包括水溶性多糖和水不溶性多糖。其中，水溶性多糖具有调节免疫、抗氧化、抗肿瘤等多种生物活性，因此也被称为活性多糖。水不溶性多糖能增加粪便体积、防治便秘等作用。枣树的叶、花、果等不同器官中都含有多糖，但不同原料品种、产地及发育期等都可对其中的多糖含量产生影响。

本节重点阐述红枣中多糖的含量及其影响因素。

3.2.1　红枣不同器官与组织中的多糖含量及其在发育过程中的变化

赵智慧（2006）将冬枣的果实、叶片和花器官经 95%乙醇除去小分子糖和醇溶性物质之后，得到的残留物通过水提醇沉的方法得到冬枣不同器官的水溶性多糖粗提物，结果显示枣花中多糖含量最高，达 11.37%，而果实和叶中多糖含量仅为 2.45%和 2.67%，说明枣花中含有较高的多糖含量。彭艳芳等（2007，2008）

在对不同发育阶段金丝小枣和冬枣的研究中也发现,金丝小枣和冬枣枣花中多糖、水溶性多糖及水不溶性多糖含量分别是其全红果的 2.6 倍和 4.3 倍、2.3 倍和 6.9 倍、2.6 倍和 4.0 倍;多糖含量随枣果发育逐渐增加,其中金丝小枣的多糖在白熟期以前变化平稳,之后呈近直线上升趋势,冬枣的多糖则在整个枣果生育期中一直呈缓慢上升趋势。赵爱玲等(2012)对太谷壶瓶枣、太谷胜利枣、夏津大白铃枣、滕州长红枣、冷白玉枣、孔府酥脆枣、彬县晋枣、陕西大白枣、溆浦鸡蛋枣、临猗梨枣、聊城圆铃枣、新郑灰枣、兰溪马枣、交城骏枣、溆浦薄皮枣、宁阳六月鲜枣、运城相枣、黄骅冬枣、稷山板枣、赞皇大枣、灌阳长枣、濮阳核桃纹枣、广东木枣、南京鸭枣 24 个品种枣树不同发育时期和器官水溶性多糖的研究也表明,随着枣果成熟度的提高,枣果肉、果皮、叶片等部位的水溶性多糖含量呈上升趋势,至完熟期达到最高,且完熟期果肉的水溶性多糖含量极显著高于其他发育时期和器官。

红枣多糖主要在果肉和果皮部分,枣核中含量很少(刘聪等,2014)。杨军等(2011)将不同发育时期的灵武长枣果实样品分成外果皮、中果皮、内果皮三部分,分别进行多糖含量测定。结果表明,不同发育时期的外果皮和中果皮中的多糖含量随着果实发育逐渐升高,外果皮中多糖含量变化较平稳,完全成熟时中果皮多糖含量最高,其次为外果皮,而以内果皮多糖含量最低,中果皮与全果中的多糖含量存在正相关性($r = 0.94928$)。这说明中果皮为灵武长枣果实中多糖积累的主要部位。章英才等(2012)进一步采用组织化学方法,研究了不同发育时期灵武长枣的果实中多糖的积累分布特征。结果表明,在果实发育早期,多糖含量较少,主要分布于靠近外果皮的数层中果皮薄壁细胞里,从果实发育的膨果期开始多糖的分布范围和数量逐渐增加,从着色期及以后的时期是多糖积累的主要阶段,在果实发育的成熟期达到最大,中果皮及其维管束内部和周围等部位的薄壁细胞中分布了大量的多糖物质,这也进一步证实中果皮是灵武长枣果实多糖类物质的主要贮藏部位。

3.2.2 红枣多糖含量的品种差异性

彭艳芳等(2007)比较了金丝小枣和冬枣果实中水溶性多糖和水不溶性多糖的含量,发现制干品种——金丝小枣果实中水溶性多糖含量和多糖总量分别为 0.56 g/100g FW 和 2.87 g/100g FW,分别为鲜食品种——冬枣果实的 3.29 倍和 1.46 倍。Kou 等(2015)对灰枣、晋枣、大龙枣、婆婆枣、赞皇枣、壶瓶枣、胜利枣、襄汾圆枣、滕州长红枣、南京鸭枣、山西龙枣、平陆尖枣、灌阳短枣、黎城小枣、糖枣 15 个品种枣果实中的多糖含量进行了比较分析,发现不同品种枣果实之间存在较大差异,多糖含量最高的灌阳短枣达 21.815 mg/g FW,而多糖含量最低的大龙枣仅为 3.103 mg/g FW,相差达 7 倍。赵爱玲等(2010)将脆熟期采集的鲜枣清洗分切、真空干燥后测定多糖含量，比较了国家枣种质资源圃 50 个品种枣果实中多糖含量（表 3.1），发现大部分品种枣果实中多糖含量在 70~130 mg/g DW，占比为 62%，多糖含量在 130 mg/g DW 以上和 70 mg/g DW 以下的品种分别占 28% 和 10%；不同品种间差别较大，山东梨枣中多糖含量最高，为 201.20 mg/g DW，最低的为中阳木枣，为 30.55 mg/g DW，二者相差将近 7 倍。这也与 Kou 等（2015）的研究结果相一致。陈宗礼等（2015）对陕北 25 个主栽枣品种，共 27 个样品枣的研究则表明，27 个样品枣粉的平均纯多糖含量为（220.18±52.87）mg/g，枣品种间多糖含量存在极显著差异，最高者与最低者相差达 2.38 倍。

表 3.1　不同品种枣果实中多糖含量　　　　（单位：mg/g DW）

品种	多糖含量	品种	多糖含量	品种	多糖含量
保德油枣	49.20	临泽大枣	73.03	夏津大白铃	156.95
北京鸡蛋枣	109.72	中阳木枣	30.55	献县辣角枣	82.48
彬县晋枣	182.41	南京鸭枣	83.71	襄汾官滩枣	34.55
稷山板枣	99.44	内黄苹果枣	91.93	襄汾圆枣	79.38
大荔蜂蜜罐	123.06	山东辣角	159.83	新郑灰枣	156.16
聊城圆铃枣	132.88	宁阳六月鲜	129.71	新郑鸡心枣	97.49
敦煌大枣	51.23	濮阳核桃纹	73.79	溆浦鸡蛋枣	94.91
灌阳长枣	88.48	濮阳三变红枣	92.09	宣城尖枣	112.02
广东木枣	76.72	濮阳糖枣	86.37	延川狗头枣	122.82
串杆枣	141.72	清苑大丹枣	113.21	义乌大枣	105.82
黄骅冬枣	128.20	山东梨枣	201.20	运城婆婆枣	101.38
佳县牙枣	74.45	陕西大白枣	143.61	运城相枣	108.42
交城骏枣	136.06	祁阳糠头枣	118.29	赞皇大枣	103.57
孔府酥脆枣	174.67	陕西七月鲜枣	120.60	赞新大枣	42.18
兰溪马枣	116.12	嵩县大枣	84.86	滕州长红枣	140.03
冷白玉	147.58	太谷壶瓶枣	151.95	新乐大枣	70.25
临猗梨枣	179.27	太谷郎枣	128.62		

3.2.3　红枣多糖含量的产地及年份差异性

除品种外，不同红枣产地，由于自然气候条件和土壤条件不同，也可对红枣的多糖含量产生影响。张颖等（2016）对采自河北、山东、新疆、宁夏等不同种植区的 49 批次大枣样品的可溶性糖进行分析,结果发现新疆产区所产大枣样品总多糖含量显著低于其他产区。赵爱玲等（2012）测定比较了太谷王村、太谷小白村和太谷枣资源圃 3 个地方采集的壶瓶枣果实水溶性多糖含量。结果显示,不同地方采集的枣果水溶性多糖含量不等,但差异较小,其含量分别是太谷小白村 39.10 mg/g、太谷王村 36.15 mg/g、太谷枣资源圃 37.01 mg/g。陈宗礼等（2015）对陕北 25 个主栽枣品种,共 27 个样品枣的研究则表明,同一品种不同产地枣中多糖的含量存在极显著差异,如庄头狗头枣的多糖含量较北村狗头枣高 39.68%,而北村大木枣的多糖含量较延水关大木枣高 10.35%。

同一枣品种、同一种植区域,由于不同年份之间降雨量、日照等气候因素影响,也可影响枣果中多糖物质的含量。如赵爱玲等（2012）对种植于山西太谷的赞皇大枣、南京鸭枣、大白枣 3 个品种 2007 年、2008 年不同成熟期果实的多糖含量进行比较,发现枣果水溶性多糖含量在不同年度间变化较大。2008 年由于总降水量较低,该年枣果实中多糖含量普遍高于 2007 年。其中,南京鸭枣白熟期果实的差异最大,2008 年南京鸭枣白熟期果实中水溶性多糖含量是 2007 年的 2.04 倍。

3.3　红枣多糖的提取

红枣多糖具有良好的水溶性,因此采用热水浸提法即可快速提取红枣中的多糖物质。热水浸提是红枣多糖各种提取方法的基础,也是应用最广泛的;酶法、微波、超声等辅助技术可以提高多糖提取率。

因此本节重点阐述热水浸提工艺条件对红枣多糖提取得率的影响,并在此基础上对酶法、微波、超声等辅助提取技术在红枣多糖提取中的应用进行概述。

3.3.1　热水浸提工艺条件对红枣多糖提取的影响

影响红枣多糖热水浸提效果的因素主要包括浸提温度、时间、次数及料液比等。

1. 浸提温度

一般来讲,在固液两相萃取体系中,温度越高,物质的溶解度越高,也越有利于物质的扩散,因此提取率也较高。但温度过高,也可能对物质结构造成破坏,而且也会加大非目标物质的溶出,造成提取物纯度低,后续纯化困难。因此,在保证一定提取效率的条件下,应尽可能降低提取温度。特别是对于一些热敏性物质,宜在较低温度条件下提取或者采用超临界二氧化碳萃取等。

在红枣多糖的热水浸提中,随着浸提温度的升高,多糖提取物的得率有所增加,但提取物中总糖含量呈降低趋势（表 3.2）。这可能是由于升高温度有利于多糖从细胞壁溶出，从而增大提取率，但同时也增加了其他杂质如色素等的溶出从而引起了多糖纯度的下降。此外，在较高温度下提取液的非酶褐变反应也会加快，因此造成多糖颜色的加深。由表 3.2 可见，当提取温度在 80℃以下时，随着温度的升高，多糖得率也明显提高，但当提取温度从 80℃升高到 90℃，多糖提取物的得率虽有所提高，但提取物纯度降低，提取到的多糖的量几乎没有增加。这可能是由于 80℃的较高提取温度下，分子运动加快，使多糖的溶出已趋于完全；或者当温度升高至 90℃时，多糖的溶出虽然增加，但同时高温引起的多糖的降解也增加，从而使经醇沉、干燥得到的多糖的量仅稍有增加，而高温条件下难溶性杂质的溶出增加使多糖纯度降低。

表 3.2　浸提温度对红枣多糖提取的影响

浸提温度/℃	多糖提取物得率/%	总糖含量/%	多糖得率/%	提取物颜色
50	2.07	35.13	0.7254	淡灰色
60	2.25	34.43	0.7747	灰（褐）色
70	2.55	32.91	0.8392	灰褐色
80	3.07	29.71	0.9121	灰褐色
90	3.25	28.18	0.9158	灰褐色

2. 料液比

一般情况下，浸提体系中溶剂的比例越高，物质的提取越完全，得率越高，但得率提高的同时也会造成提取液体积的大幅增加和有效成分浓度的降低，增加后续处理的难度，因此溶剂的比例不宜过高。在红枣多糖的提取中，当料液比从 1∶5 减小到 1∶10，多糖的得率和纯度均有所增加，但继续增大浸提体系中溶剂的比例仅使多糖得率有小幅提高，而纯度则稍有下降（表 3.3）。这可能是由于浸提体系中溶剂的增加，在有利于多糖溶出的同时，也造成杂质的大量溶出。

表 3.3　料液比对红枣多糖提取的影响

料液比	多糖提取物得率/%	总糖含量/%	多糖得率/%	提取物颜色
1∶5	2.55	32.53	0.8295	灰褐色
1∶10	2.84	32.71	0.9290	灰褐色
1∶15	2.97	32.42	0.9629	灰褐色

3. 浸提时间

在固液两相萃取体系中，物料与溶剂必须充分接触并保证一定的扩散时间，达到平衡状态，才能获得最佳提取率。在红枣多糖浸提的最初阶段，多糖大量溶出，红枣多糖的得率快速提高，但当浸提时间超过一定时间后，随着提取液中糖浓度的增加和样品中可提取多糖的减少，浓度差变小，多糖溶出变慢，红枣多糖的得率亦增加缓慢，在料液比 1∶10、提取温度 80℃条件下，浸提 3 h 仅较 1 h 的得率增加 22.55%（表 3.4）。浸提时间对于红枣多糖提取物中总糖含量、颜色等没有显著影响。

表 3.4　浸提时间对红枣多糖提取的影响

浸提时间/h	多糖提取物得率/%	总糖含量/%	多糖得率/%	提取物颜色
0.5	1.96	32.15	0.6301	灰褐色
1.0	2.57	32.18	0.8270	灰褐色
1.5	2.62	32.46	0.8634	灰褐色
2.0	2.85	32.59	0.9288	灰褐色
2.5	2.93	32.77	0.9602	灰褐色
3.0	3.09	32.80	1.0135	灰褐色

4. 提取次数

在非连续提取条件下，增加提取次数会增加多糖的得率。在多糖提取过程中，随着时间的延长，提取液中糖浓度不断增加，而样品中可提取的多糖逐渐减少，固液两相多糖浓度差不断变小，扩散推动力减弱，经过一段时间后固液两相达到或接近平衡，多糖溶出基本停止，此时只有更换溶剂才能重新在浓度差推动下继续提取。从表 3.5 可以看出，在料液比 1∶10、提取温度 80℃、时间 1 h 条件下，提 2 次时红枣多糖提取物的得率可较提取 1 次提高 19.46%，但提取 3 次时仅较提取 2 次提高 3.91%，提取 4 次时对得率的影响更小，而且随着提取次数的增加，提取物中杂质含量也逐渐提高。若按照提取物中总糖含量换算得到的总糖得率计算，提取 2 次时红枣多糖的得率较提取 1 次提高 10.29%，而提取 3 次时仅较提取 2 次提高 1.60%。由于增加提取次数会使浸提液的体积大大增加，对后续的浓缩工作带来极大困难，因此在红枣多糖提取中应综合考虑提取得率和后续浓缩的能耗等因素来确定适宜的提取次数。

表 3.5 浸提次数对红枣多糖提取的影响

浸提次数	多糖提取物得率/%	总糖含量/%	多糖得率/%	提取物颜色
1	2.57	32.18	0.8270	灰褐色
2	3.07	29.71	0.9121	灰褐色
3	3.19	29.05	0.9267	灰褐色
4	3.26	28.83	0.9399	灰褐色

3.3.2 红枣多糖的酶法辅助提取

1. 酶法辅助提取天然植物多糖的原理

酶法辅助提取天然植物多糖是通过果胶酶、纤维素酶等细胞壁物质水解酶的作用将植物原料中纤维素、果胶等物质分解，破坏组织结构，从而加速多糖类活性成分的释放和溶出。酶法辅助提取技术具有提取条件温和、效率高、节约能耗等优点，因此在天然植物多糖提取方面得到广泛的应用。常用的酶主要有果胶酶、纤维素酶、蛋白酶等，可以采用单一酶处理，也可以采用复合酶处理，一般复合酶处理的效果要好于单一酶处理。

1）果胶酶

果胶是植物细胞壁骨架的重要组成成分，通过果胶酶的作用将细胞壁中的果胶类物质水解，从而破坏植物原料细胞壁结构，促进多糖物质的释放。此外，由于果胶本身也是一种水溶性天然植物多糖，对果胶进行适度降解可增加其溶解性和扩散的速度，同时果胶的降解也可以降低提取液的黏度，从而加快多糖物质的扩散，因此应用果胶酶可加快天然植物多糖的热水浸提过程并提高提取得率。但果胶酶的作用造成了果胶的降解，因此提取得到的多糖特别是果胶类多糖可能是果胶酶水解的产物，而不是植物原料中天然的多糖存在形式。

2）纤维素酶

纤维素在植物中广泛存在，是植物细胞壁骨架最重要的组成成分之一。植物材料中纤维素含量普遍较高，而活性多糖则被包埋、缔合于纤维结构之中，难以从细胞壁中释放出来。通过纤维素酶的作用，使不溶性的纤维素发生降解，细胞壁结构遭到破坏，使多糖类物质脱离细胞壁纤维结构的束缚而释放出来，从而提高多糖的提取效率。同时，不溶性的纤维素在纤维素酶的作用下也可能降解产生一些可溶性的多糖，从而使多糖的提取得率得到提高。

3）蛋白酶

蛋白质也是植物细胞壁的重要构成物质之一，植物细胞初生壁和次生壁中的结构蛋白可使细胞壁多糖结构硬化，通过蛋白酶的催化作用使细胞壁中的蛋白质降解，可使植物组织结构变得松散、多孔，提高通透性，从而有利于溶剂和酶的进入和多糖类物质的溶出，加快多糖提取进程。而且通过蛋白酶的作用还可降低一些多糖与细胞壁组织的结合力，从而促进多糖的溶出。此外，蛋白酶还具有除蛋白作用，采用蛋白酶处理的植物多糖提取液中仅有少量的游离蛋白质，可减少后续脱除蛋白质的工作量。因此，采用蛋白酶辅助技术是一种理想的植物多糖提取方法。当前应用于天然植物多糖提取的蛋白酶主要有中性蛋白酶、胰蛋白酶、胃蛋白酶等，不同植物原料的特性不同，应采用不同的蛋白酶处理才能达到好的效果。

2. 酶法辅助技术在红枣多糖提取中的应用

以热水浸提法为基础，在红枣多糖的提取中采用果胶酶、纤维素酶、蛋白酶等单一酶或复合酶处理，不仅可以提高多糖提取得率和纯度，而且可以降低提取温度、缩短提取时间，但不同酶来源、不同原料来源的提取效果差异较大。总体上来看，纤维素酶和蛋白酶的提取效果要优于果胶酶，因此在红枣多糖的提取中应用最广。

石奇（2006）以陕北大枣为原料，比较了酸性蛋白复合酶（酶液中含有少量果胶酶、淀粉酶）、纤维素复合酶（酶液中含有少量半纤维素酶、果胶酶）、果胶复合酶（酶液中含有少量半纤维素酶、淀粉酶）对红枣多糖提取的影响。结果显示，果胶复合酶、纤维素复合酶参与提取与传统水提相比效果不是很显著，纤维素复合酶导致得率降低，果胶复合酶得到较好的得率，但纯度降低，酸性蛋白复合酶效果显著，其多糖得率和纯度分别较传统水提提高70.14%和26.26%。

杨云等（2003）以新郑大枣为原料，比较了不同蛋白酶处理对大枣多糖提取的影响。结果表明，先加胰蛋白酶提取1.5 h、然后加木瓜蛋白酶提取1 h的复合酶提取方法，多糖得率和含量均为最高，蛋白含量最低，是一种理想的提取助剂；而先加木瓜蛋白酶提取、然后加胰蛋白酶提取，尽管得到的多糖纯度也较高，但得率较低；单一胰蛋白酶提取多糖得率和纯度也较高，但多糖中蛋白质含量较复合酶法高1~3倍；单一木瓜蛋白酶提取多糖得率较低，而胃蛋白酶提取多糖得率和纯度均为最低。

李培（2008）以若羌红枣为原料，比较了不同酶处理对红枣多糖提取的影响。结果表明，纤维素酶的效果最好，其次为木瓜蛋白酶和果胶酶，以半纤维素酶的效果最差。而且从外观状态看，经过乙醇沉淀，果胶酶提取的多糖失去松散的絮状形态，木瓜蛋白酶提取的多糖的复溶性比较差。因此认为纤维素酶比较适合若羌红枣多糖的提取。进一步通过正交试验设计对多糖的单一热水浸提和纤维素酶辅助热水浸提工艺进行了优化，结果表明，单一热水浸提工艺最优化条件下（提取温度100℃、料液比1∶16、提取时间4 h、提取1次）若羌红枣多糖的提取率为5.92%，而在纤维素酶辅助提取最优化工艺条件下（pH 4.5、温度60℃、时间1 h、酶用量 0.03%) 提取率则可以达到 7.82%，较单一热水浸提提高 32.09%，而且提取温度大幅降低。这说明纤维素酶辅助提取不仅可提高若羌红枣多糖的得率，而且可以在保证提取效果的前提下降低提取温度，节约能源。

李小平和陈锦屏（2007）在对陕北油枣多糖的酶法提取中也发现，纤维素酶提取油枣多糖的提取率大于果胶酶，而且果胶酶提取的多糖失去了疏松的网状形态。

石勇等（2010）将酸性蛋白酶、纤维素酶、果胶酶同等活力单位混合，于 48℃、pH 5.2 条件下酶解提取 2.2 h，红枣多糖的提取率达到 4.61%，而传统热水回流提取 6 h，提取率仅为 2.69%，说明复合酶辅助提取可以缩短提取时间、提高提取率。

姜晓燕等（2009）为了研究纤维素酶法辅助提取与传统水提红枣多糖的差异，以灵武长枣为材料，比较了在正交试验最佳条件下加酶与不加酶情况下多糖的提取得率及纯度。结果表明，不加酶时多糖得率为 6.89%，纯度为 37.58%，添加酶后多糖得率为 11.64%，纯度为 69.85%，多糖提取率提高了 68.94%，纯度提高了 85.87%。

为了进一步提高酶法辅助提取效果，也可将微波、超声等辅助提取技术与酶法辅助技术相结合，达到协同增效的目的。如王俊钢等（2012）采用超声协同纤维素酶提取骏枣中的多糖，最优化工艺条件下提取率可达 7.25%；孙晓瑞等（2011）采用超声协同木瓜蛋白酶提取新郑灰枣中的多糖，在最优化工艺条件下多糖得率为 21.95%，纯度达到 13.05%；范会平等（2010）采用超声辅助果胶酶法提取新郑灰枣中的中性多糖，在最优化工艺条件下红枣中性多糖在粗多糖中的比例达到 64.13%；尹团章等（2016）采用木瓜蛋白酶和果胶酶辅助微波提取黄河滩枣中的多糖，在最优化工艺条件下提取率达 5.24%，而传统回流提取、复合酶辅助提取、微波提取的得率分别为 4.67%、5.12% 和 5.03%，均低于微波与复合酶联合提取。

一般认为，由于多糖结构与纤维素酶作用底物结构的相似性，纤维素酶辅助提取可能会对多糖的分子量和高级结构产生影响。李小平和陈锦屏（2007）采用分级醇沉的方法研究纤维素酶辅助提取和热水提取油枣多糖的分子量分布，发现酶法提取的多糖中分布在 10%～30% 醇沉浓度范围的较大分子量的多糖所占比例高于热水提取法，但差异不显著。这说明热水提取与酶法提取的油枣多糖分子量分布无明显差异，纤维素酶辅助提取对油枣多糖的分子量分布无显著影响。但是，该研究采用的分级醇沉方法仅是一种粗略评估多糖分子量分布的方法，多糖分子量的细微改变无法通过该方法发现，因此，需要用其他更精确的分子量测定方法如凝胶渗透色谱法等，才能够较精确地判断纤维素酶处理对多糖分子量的影响。

3.3.3　红枣多糖的超声辅助提取

1. 超声辅助提取天然植物多糖的原理

一般认为，超声波可从破坏植物原料细胞壁结构、加强传质作用和降解植物多糖、提高植物多糖的溶解性等方面对天然植物多糖的提取产生影响（胡爱军和郑捷，2004；王成会和林书玉，2007）。

1）超声波对植物细胞壁结构的破坏作用

超声波对植物细胞壁结构的破坏作用包括两个方面。一方面，主要是源于超声的空化作用。在超声辅助提取过程中，超声产生的压力波使媒质中分子的平均距离随着分子的振动而变化，当对液体施加足够的负压时，分子间距离超过保持液体作用的临界分子间距，就会形成空穴，一旦空穴形成，它将一直增长至负声压达到极大值，但是在相继而来的声波正压相内这些空穴又将被压缩，其结果是一些空化泡进入持续振荡，而另外一些则完全崩溃。空化泡在破裂时把吸收的声场能量在极短的时间和极小的空间内释放出来，可形成高温和高压的环境，同时伴随有强大的冲击波和/或微射流，破坏细胞壁结构使其在瞬间崩裂，使植物细胞内的多糖成分得以快速释放，从而提高提取效率。另一方面，超声波对植物细胞壁结构的破坏作用也可能源于在超声波的作用下溶剂分子高速运动对细胞壁中大分子物质的共价键产生的剪切作用，这种激烈而快速的机械运动足以引起大分子物质的共价键断裂和降解，从而导致植物细胞壁结构的破坏。

2）加强传质过程

超声波甚至是低强度的超声波作用都可使介质的质点交替压缩伸张，产生线性或非线性交变振动，引起相互作用的伯努利力、黏滞力等，从而增强介质的质点运动，加速固液两相之间的物质传递过程。

3）降解植物多糖、提高植物多糖的溶解性

超声波的机械剪切作用还可以使一些大分子多糖物质降解生成一些更易溶于水的中低分子量多糖物质，或者将一些不溶性的纤维素降解为可溶性的多糖，从而提高水溶性多糖的产率并加速提取过程。

2. 超声辅助技术在红枣多糖提取中的应用

红枣原料组织细胞在超声波作用下，由于发生空化作用和剪切作用而使组织结构得到破坏，部分大分子多糖降解，因此可以提高提取得率、加快提取进程。

林勤保和赵国燕（2005）采用热水浸提、微波和超声波强化提取三种不同方法提取大枣多糖，结果表明，超声波辅助提取大枣多糖的得率为 0.982%，而热水浸提法仅为 0.889%。李进伟和丁霄霖（2006a）以金丝小枣为原料，通过响应面分析法优化得出枣多糖最佳提取工艺条件为超声功率 86～96 W、提取温度 45～53℃、提取时间 20 min，料液比 1∶20，此条件下枣多糖得率为 7.63%，纯度为 35.57%。与传统的水浴浸提法相比，该方法不仅缩短了提取时间，而且提高了枣多糖得率与纯度。潘莹（2015）以冬枣为原料，比较了超声和微波处理对冬枣多糖提取的影响。结果显示，在各自最优化工艺条件下，超声辅助提取（料液比 1∶10、

提取温度 80℃、提取功率 900 W、提取时间 50 min、提取 2 次）冬枣多糖的得率
为 9.343%，而微波辅助提取（微波功率 720 W、料液比 1∶35、提取时间 50 s、
提取 1 次）的多糖得率为 5.682%。说明超声辅助提取优于微波辅助提取。方元等
（2014）以哈密大枣为原料，通过 BoxBehnken 中心组合试验设计和响应面优化得
到超声波辅助提取哈密大枣多糖的最佳工艺参数为提取时间 40 min、超声波功率
125 W、水浴温度 60℃、料液比 1∶15，多糖得率为 2.321%。靳学远等（2013）
以山西太谷壶瓶枣为原料，通过正交试验优化得到的超声辅助提取壶瓶枣多糖
的最佳工艺条件为超声功率 180 W、超声时间 22 min、料水质量比 1∶10，多糖
得率为 11.32%。韩秋菊和马宏飞（2013）以新疆和田大枣为原料，通过正交试验
法优化得到超声波法辅助提取大枣多糖的最佳提取工艺条件为料液比 1∶30、超
声功率 80 W、超声时间 10 min、浸提温度 80℃，大枣多糖的提取率达到 6.97%。
杨春等（2008）以山西木枣为原料，通过正交试验得到超声辅助提取木枣多糖的
最佳工艺条件为超声波功率 200 W、料液 pH 为 9、料液比为 1∶12、温度 50℃、
提取时间 15 min，木枣多糖提取得率为 1.81%。

不同研究得到的最佳条件及对提取得率的提高效果不尽一致，一方面可能是
试验所用红枣原料不同所造成的，另外也可能是仪器设备条件及多糖得率的计算
方式不同所造成的。但总体上来说，不同研究均得出超声辅助技术可提高红枣多
糖提取得率的结论，而且提取温度也较传统热水浸提的温度低，提取时间缩短，
说明超声波处理有利于红枣多糖的快速提取，超声辅助技术可以在温和的条件下
实现红枣多糖的高效提取。将超声技术与酶技术联合使用可以达到协同增效的目
的，提取条件可以更加温和，并可以获得更高的红枣多糖得率。

由于超声波处理可能会对红枣多糖结构与生物活性产生影响，因此对于超声
辅助技术在红枣多糖提取中的应用必须进行全面评估。Li 等（2014）以新疆骏枣
为原料，分别采用热水浸提（80℃、3 h）和超声辅助提取（50℃、20 min）红枣
多糖，发现超声辅助提取红枣多糖得率可较热水浸提法提高 27.6%，而且二者的
单糖组成与抗氧化活性也存在差异。Qu 等（2013a）以新疆大枣为原料，分别以
提取得率和羟自由基清除能力为响应值，采用响应面法对红枣多糖的提取工艺条
件进行了优化，得出最佳提取条件分别为超声功率 120 W、提取时间 15 min、提
取温度 55℃（以多糖得率为响应值），超声功率 80 W、提取时间 15 min、提取温
度 40℃（以羟自由基清除率为响应值），获得最高提取得率和最高自由基清除能
力所需的最佳条件不同，高功率超声处理有利于提高红枣多糖提取得率，但对于
保持红枣多糖的抗氧化活性不利。这也间接说明超声提取过程中红枣多糖的结构
发生了变化。由于提取红枣多糖主要是用于保健食品或药用，在提取过程中保持
其功能活性十分重要，在将超声辅助技术应用于红枣多糖提取时必须充分考虑其

对红枣多糖结构和生物活性的影响，兼顾提取得率等，才能获得理想的效果。如王娜等（2014）采用超声辅助提取大枣多糖，考察了不同提取温度、pH、超声功率、超声时间及料液比对大枣粗多糖体外抗凝血活性和得率的影响。结果发现当提取温度为 80℃时，多糖提取得率最高，但抗凝血活性较弱，而在 40℃条件下提取时抗凝血活性保持较好，但提取率偏低；提高超声功率有利于获得较高抗凝血活性的红枣多糖提取物，但超声功率过高会造成多糖的降解，从而降低提取得率。综合考虑多糖得率和抗凝血活性，通过响应面法优化得到大枣多糖的最佳提取工艺超声温度 69℃、pH 7.15、超声功率 80 W、料液比为 1∶10（g/mL）、超声时间 30 min，在此条件下大枣多糖既能保持良好的体外抗凝血活性，又具有较高的得率。

3.3.4　红枣多糖的微波辅助提取

1. 微波辅助提取天然植物多糖的原理

与超声波的作用类似，微波处理也可破坏植物原料细胞壁结构、强化传质，从而对天然植物多糖的提取产生影响（张自萍，2006）。

微波的频率一般在 $3×10^8$～$3×10^{11}$Hz，能够深入渗透物体。在微波场中，植物细胞内的极性物质（尤其是水分子）吸收微波能，产生大量的热量，使胞内温度迅速上升，液态水汽化产生的压力将细胞膜和细胞壁冲破，形成微小的孔洞。进一步加热，导致细胞内部和细胞壁水分减少，细胞收缩，表面出现裂纹。由于孔洞或裂纹的存在，胞外溶剂更加容易进入细胞内，溶解并释放出胞内多糖，从而达到缩短提取时间、提高提取得率的目的。

2. 微波辅助技术在红枣多糖提取中的应用

微波选择性强，加热效率高，温度升高快速而均匀。因此，应用微波辅助技术提取红枣多糖，能够显著缩短提取时间，较大程度地提高多糖的提取效率。

林勤保和赵国燕（2005）采用热水浸提、微波和超声波强化提取等三种不同方法提取大枣多糖，结果表明，微波辅助提取效果最佳，提取率达到 1.137%，而热水浸提法仅为 0.889%。石奇等（2008）以陕北大枣为原料，通过正交试验优化得到大枣多糖微波提取的最佳工艺参数为提取液 pH 6.6、微波功率 480 W、时间 4 min，在此条件下多糖提取得率为 4.9%，较传统水浴提取提高 56.55%，而且提取物纯度得到大幅提高，提取时间也较传统水浴提取缩短约 70%。吕磊等（2006）以陕西佳县油枣为原料，采用溶剂浸泡与微波处理相结合的方法提取红枣多糖，通过正交试验确定其最佳工艺条件为浸泡时间 60 min、pH 6.5，微波处理 5 min，在此条件下多糖提取得率为 5.26%，较传统水提法提高 68.05%。马雪梅和吴朝峰（2013）以河南新郑大枣为原料，通过正交试验得到微波法提取大枣多糖的最佳工艺条件为提取时间 10 min、水料质量比 20∶1、溶液 pH 6.0、提取次数 2 次，在此条件下，大枣多糖提取得率可达 4.27%，较传统热水浸提法提高 56.41%，而且提取时间由 3 h 缩短为 10 min，提取效率得到大幅提高。牛希跃和许倩（2011）以新疆阿拉尔红枣为原料，采用微波处理与热水浸提相结合的方法提取红枣中的多糖，通过正交试验确定红枣多糖最佳提取工艺为 3 倍加水量，水浴浸提温度 90℃，微波处理时间 20 min，浸提次数 2 次，在此条件下多糖提取得率为 4.22%。李新明等（2011）采用响应面分析法优化红枣多糖的微波提取工艺，证实微波功率和液料比对红枣多糖提取率影响较大。此外，尹团章等（2016）还将木瓜蛋白酶和果胶酶与微波技术联合应用于黄河滩枣多糖的提取，发现复合酶辅助微波提取较单独使用复合酶辅助提取和微波提取的效果更好。

总之，微波辅助技术应用于红枣多糖提取，无论是在节能、高效，还是操作的方便性上都具有较强的优越性，因此具有广阔的应用前景。但同时也应该注意到，过度的微波处理也有可能造成红枣多糖结构与生物活性的改变（Qu et al.，2013b），因此在应用中应综合考虑多糖的提取得率与生物活性等，选择适宜的提取条件。

3.3.5　红枣多糖的碱法提取

红枣多糖除水溶性多糖外，还有大量的胞内多糖或者细胞壁结合多糖，常用的热水浸提方法不能使之溶出，采用一定浓度的碱溶液有助于破坏红枣的细胞壁结构，促进细胞壁结合多糖或胞内多糖的溶出，从而提高多糖提取得率。也可以热水浸提红枣多糖剩余的残渣为原料，采用碱溶液进一步提取其中的多糖物质，获得碱提红枣多糖，既提高了红枣资源的利用率，又获得了新的红枣多糖，有助于进一步开发利用红枣多糖资源。

通常采用氢氧化钠或氢氧化钾溶液作为提取溶剂，具体操作过程如下：

将红枣经水提多糖后剩余的不溶物，按照 1∶10~1∶15 料液比加入 0.1~0.5 mol/L NaOH 溶液，于室温条件下振荡提取 2~3 次，每次 30~60 min，过滤、离心收集上清液，用 HCl 调 pH 至中性，离心收集上清液，真空浓缩后用乙醇沉析，所得沉用蒸馏水复溶，透析后再次浓缩、乙醇沉析，沉淀依次用无水乙醇、丙酮、乙醚洗涤后，真空干燥得到碱提红枣多糖。

碱提红枣多糖与水提红枣多糖类似，呈浅灰色至灰褐色，在冷水中溶解缓慢，易溶于热水，但不溶于无水乙醇、甲醇、丙酮、乙醚、乙酸乙酯等有机溶剂。

由于氢氧化钠等强碱对红枣多糖结构具有一定的破坏作用，从而导致红枣多糖生物活性的变化。如热水浸提红枣多糖剩余的残渣为原料，采用 0.1 mol/L NaOH 溶液、按照 1∶10 料液比于室温条件下振荡提取 60 min，得到的碱提红枣多糖对 α-葡萄糖苷酶具有极强的抑制作用，浓度为 0.03 mg/mL 时其对 α-葡萄糖苷酶活性的抑制率即可达到 36.06%，超过了水提红枣多糖浓度为 11.5 mg/mL 时的抑制效果；当反应体系中多糖浓度为 0.15 mg/mL 时，碱提红枣多糖对 α-葡萄糖苷酶活性的抑制率达到 80% 以上，而且随着多糖浓度的提高，抑制率还会增加，其对 α-葡萄糖苷酶活性的半抑制剂量较水提红枣多糖低 99% 以上（焦中高等，2015）。不同碱提工艺条件可能会对碱提红枣多糖的得率及生物活性产生不同的影响，因此必须结合生物活性评价对碱提工艺条件进行综合评估，以得到既能提高多糖得率又可保证红枣多糖生物活性的工艺技术参数。

3.4　红枣多糖的分离纯化

红枣提取液中常含有小分子糖、可溶性蛋白质、脂类及一些酚类物质、色素等杂质，需要进一步进行分离纯化。常见水溶性多糖的分离方法主要有有机溶剂沉淀法、膜分离法等，其中尤以乙醇沉淀法最为常用，而甲醇等溶剂虽然也可使多糖从水提液中沉淀出来，但由于有毒而很少使用。

本节重点阐述红枣多糖的乙醇沉淀法分离和脱色、脱蛋白、脱脂等纯化过程，并结合树脂脱色技术的应用提出红枣多酚、红枣多糖的联合提取技术。

3.4.1　红枣多糖的乙醇沉淀法分离

与其他水溶性多糖的分离一样，红枣多糖水提液一般也采用乙醇沉淀方法使多糖从红枣水提液中分离出来。李小平等（2005，2007）以陕西佳县油枣为原料，研究了红枣多糖的沉淀特性。结果显示随着浸提液浓缩倍数的提高，多糖得率也随之增加，但沉淀得到的粗多糖的颜色也随之加深，说明色素等杂质在浓缩倍数较大时也随着多糖一起沉淀，但浓缩倍数过小，多糖沉淀不完全，且消耗乙醇较多，因此需综合考虑多糖得率和杂质含量来确定浓缩倍数；当乙醇浓度为 10% 和 20% 时，只能沉淀出少量多糖，随着乙醇浓度的增加，各级醇沉对应的多糖得率随醇浓度的升高而呈增加的趋势，在醇沉浓度小于 80% 时，多糖得率与醇沉浓度呈指数相关，但乙醇浓度为 80% 与 90% 时，油枣多糖的得率相差不大，说明乙醇浓度达 80% 时，可沉淀出大部分油枣多糖。目前红枣多糖的乙醇沉淀法分离一般都采用 80% 浓度的乙醇。

3.4.2　红枣多糖的纯化

醇沉之后得到的红枣粗多糖呈浅灰色至灰褐色，一般还含有可溶性蛋白质、色素、脂类等杂质，因此需进一步进行脱脂、脱色、脱蛋白等纯化步骤。

1. 脱脂

一般采用索氏抽提法脱除，也可在提取多糖之前直接对红枣原料进行脱脂处理。

2. 脱蛋白

常用的去除多糖中蛋白质的方法主要有 Sevag 法、三氯乙酸法、酶法等。其中，三氯乙酸法易造成多糖的降解，酶法脱蛋白时需预先筛选适宜的酶，而且会引入新的外源蛋白，而 Sevag 方法为比较温和的去除蛋白质的方法，对多糖结构和功能的影响也较小，而且具有操作方便、脱蛋白效果好等特点，因此是多糖脱蛋白的经典方法，常被用于天然水提多糖的脱蛋白。

为了尽可能保持红枣多糖的天然结构，在红枣多糖的纯化中一般采用比较温和且脱蛋白效果较好的 Sevag 法来去除其中的游离蛋白质，具体操作如下：

取一定浓度的红枣粗多糖溶液，按 1：4 比例加入 Sevag 试剂（氯仿与正丁醇以 4：1 体积比混配），放入分液漏斗中，充分振荡后静置。待分层完全后除去水层和试剂层交界处的变性蛋白质，取出上层多糖液。反复操作直至中间变性蛋白层几乎消失。将脱蛋白后的糖液分别按 1：4 加入无水乙醇沉析，然后经过滤、洗涤、干燥等程序得到脱蛋白红枣多糖。

红枣多糖在适当浓度下，用 Sevag 法 4 次以上即可脱除多数游离蛋白质，但完全脱除需要重复操作多次。例如，李小平（2004）用 Sevag 法脱蛋白 7 次，红枣多糖中蛋白质仍有 1/3 左右未脱除；赵国燕（2005）、罗莹和林勤宝（2007）反复用 Sevag 法脱蛋白 7 次后，蛋白质残留量仍为 0.58%。三氯乙酸法脱蛋白效率较高，如李小平（2004）用 5% 的三氯乙酸脱除一次，可脱除枣粗多糖中 2/3 左右的蛋白质，相当于用 Sevag 法脱蛋白 7 次后的效果，但此法较为剧烈，会破坏含呋喃糖残基的多糖，多糖损耗量也较大。酶法脱蛋白质，多糖的损失小，蛋白质脱除也较彻底。例如，赵国燕（2005）、罗莹和林勤宝（2007）用复合酶法（木瓜+胰蛋白酶）脱除枣粗多糖中的蛋白质，多糖得率为 50.3%，蛋白质残留量为 0.37%；李志洲等（2004）用胰蛋白酶处理可使红枣多糖的蛋白去除率达到 98.6%。但用酶法脱蛋白时需预先筛选适宜的酶，而且会引入新的外源蛋白。此外，也有多种方法联用脱除蛋白质的报道，但仍然以 Sevag 法最为常用，主要是由于该法操作简单，对多糖结构和功效的影响也较小，而且是多糖脱蛋白的经典方法。

焦中高（2012）在研究中采用 Sevag 法对红枣多糖脱蛋白 5 次后，蛋白质含量即由原来的 1.35% 降为 0.59%，蛋白质脱除率达到 56.3%。至第 8 次时，多糖溶液的颜色变浅，中间的变性蛋白质层仍可见，但至第 9 次时，中间的蛋白质层明显减少，至第 10 次时，中间几乎看不到变性蛋白质层，说明其中的游离蛋白质已基本完全脱除。脱蛋白多糖溶液经醇沉、过滤、洗涤、干燥等步骤得到脱蛋白的样品，多糖回收率为 65.6%，蛋白质脱除率达到 91.1%，说明重复多次应用 Sevag 法可有效脱除红枣多糖提取物中的蛋白质，但同时也会造成多糖的损失，这可能是因为脱蛋白次数过多，而每次操作时上层多糖液均不能完全分出，造成部分损失。

3. 脱色

常用的红枣多糖脱色方法包括活性炭脱色（杨世平和孙润广，2005；杨云等，2004a）、过氧化氢脱色（姚文华和尹卓容，2006）、树脂脱色（杨云等，2004b）、聚酰胺脱色（李进伟和丁霄霖，2006a）等，也可在醇沉之前预先对多糖提取液进行脱色处理以减少色素与多糖的共沉淀（刘海霞等，2007）。相对来说过氧化氢脱色效果较好，但过氧化氢属于强氧化剂，可能会对多糖结构与活性产生影响。树脂和活性炭对多糖结构和活性影响不大，但应用树脂脱色需预先进行筛选，活性炭吸附作为通用脱色方法，操作简单，因此在红枣多糖的脱色过程中得到较多应用。

1）红枣多糖的活性炭脱色

活性炭对红枣多糖溶液具有一定的脱色效果，而且随着活性炭用量的加大而增加，升高温度有利于活性炭吸附脱色（表 3.6）。但在脱色的过程中，活性炭的添加会造成多糖的损失，而且损失量随着活性炭用量的增加而增大。吸附温度的升高会减少活性炭对多糖的吸附量，在活性炭用量较大时，升高温度对减少多糖损失的效果更加明显，因此可考虑在相对于室温的较高温度下进行红枣多糖的活性炭脱色。但从表 3.6 还可以看出，在试验条件下，即使活性炭用量达到 7.5%，脱色率仍然只能达到 23.94%，脱色效果并不明显。这可能是由于红枣多糖在提取的过程中所带的色素多为酚类成分，常带有负电荷，而依靠范德华力吸附脱色的活性炭对它们的脱色效果并不明显；而相对于活性炭的孔隙来说，红枣多糖中色素的分子量相对较小，难以停留于活性炭的孔隙内而达到吸附除去的目的。较低的活性炭用量脱色效果不明显，高浓度下脱色效果虽然稍好一些，但同时会造成多糖的大量损失。此外，细微的粉末活性炭从多糖溶液中的彻底脱除也比较困难，必须要求特定的设备，势必会增加投资成本。因此，对于红枣多糖提取物来说，利用活性炭吸附并不是一种很好的脱色方法。

表 3.6 活性炭对红枣多糖的脱色效果

指标	35℃	35℃	60℃	60℃	60℃
活性炭用量/%	1.2	2.4	1.2	2.4	7.5
多糖损失率/%	10.47	17.55	9.38	13.73	21.59
脱色率/%	11.26	15.08	14.46	18.98	23.94

2）红枣多糖的树脂吸附脱色

大孔吸附树脂在色素提取领域已有广泛的应用，并且也较易实现连续生产，是适于规模化生产的一种操作过程。通常使用的 AB-8、XDA-5、XAD-761、LSA-8B

和 LSA-800B 等大孔吸附树脂对红枣多糖溶液均有一定的脱色效果（图 3.1）。与吸附前相比，用五种树脂处理后的多糖溶液在 420 nm 处吸收值均有一定程度的减小，其中以 LSA-800B 树脂对红枣多糖的脱色效果最好，而且对多糖的吸附损失也较小，适宜于对红枣多糖溶液的脱色处理。但从多糖损失角度考虑，仍以 XAD-761 树脂最为适宜。

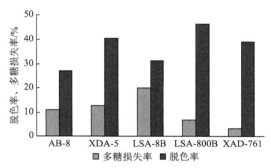

图 3.1 不同大孔树脂对红枣多糖的脱色效果

利用树脂吸附脱色可以采用固定床动态吸附脱色，经过反复吸附、再生、再吸附等可实现对多糖最大限度的脱色，而且树脂可以重复使用，易于连续化生产，具有节约成本、操作方便的优点，是红枣多糖的较佳脱色方法。

3.4.3 红枣多酚、多糖的联合提取分离

枣中含有多种营养成分，除了多糖之外，还含有大量的多酚物质，这些多酚物质在多糖的提取过程中也会进入提取液中。由于大孔吸附树脂对多酚类物质也具有较强的吸附作用，可将红枣多糖提取液直接通过大孔树脂吸附分离其中的多酚物质，既可脱除多糖提取液中的部分色素物质，又可实现红枣多酚、多糖的联合分离提取，达到综合提取红枣多酚、多糖的目的（焦中高，2012）。

1. 不同大孔树脂对红枣水提液中多酚、总糖的吸附及多酚解吸性能

图 3.2 为几种大孔树脂对红枣水提液中多酚、总糖的吸附及多酚解吸性能。由图可见，5 种树脂对红枣水提液中的多酚物质都具有较强的吸附作用，且解吸性能良好，80%（体积分数）乙醇溶液对多酚的解吸率均可达到 87% 以上，说明这几种树脂都可作为吸附分离红枣多酚的材料。但不同树脂对提取液中的糖分（包括多糖和小分子糖）均具有一定的吸附能力，可能会造成多糖得率的降低。5 种树脂中，以 LSA-8B 树脂对总糖的吸附最强，造成的总糖损失率最高，而 XAD-761 树脂对总糖的影响最小，并且其对红枣提取液中多酚的吸附性能仅比其他树脂稍

弱一点，解吸率可以达到 87.9%，可基本满足对红枣水提液中多酚的分离提取。因此，可以采用 XAD-761 树脂对红枣水提液中的多酚进行吸附分离，以达到同时提取得到红枣多糖、多酚的目的。

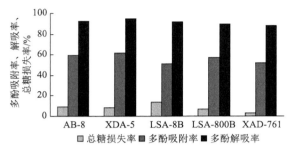

图 3.2　不同树脂对红枣水提液中的多酚、总糖的吸附与多酚解吸性能

　　树脂吸附后的红枣热水浸提液颜色变浅，经浓缩、醇沉后得到的多糖提取物的颜色明显较未吸附处理得到的多糖浅，多糖含量增加，说明大孔树脂吸附了水提液中的部分色素，从而减少了醇沉时色素杂质的带入，大孔树脂吸附法在分离得到红枣多酚的同时也对红枣多糖起到了一定的纯化和脱色效果。

　　2. 红枣多酚、多糖联合提取分离的工艺技术路线

　　根据红枣提取液中多酚类物质和多糖的不同性质，采用大孔树脂吸附后，用不同溶剂洗脱可实现红枣多酚、多糖的分级分离，从而达到联合提取分离的目的。具体工艺技术路线如图 3.3 所示。

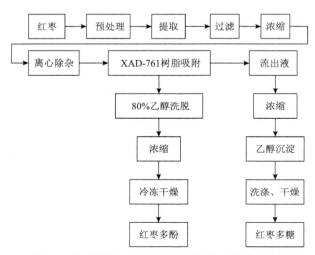

图 3.3　红枣多酚、多糖联合提取的工艺技术路线

3.5 红枣多糖的分级分离与结构分析

由于多糖结构十分复杂，获得单一分子结构的多糖极其困难，因此在多糖结构和构效关系研究中常常采用分级分离的方法，以获得相对均一的不同结构类型的多糖组分，再进行结构分析和生物活性测定。

本节在简要介绍多糖的分级分离和结构分析方法的基础上，重点阐述各种不同原料来源和分级分离方法所得到的红枣多糖组分的结构特性。

3.5.1 多糖的分级分离方法

多糖的分级方法很多，主要有乙醇分级沉淀、季铵盐沉淀法、离子交换分级、超滤分级、凝胶层析法等，其中尤以 DEAE-纤维素和各种类型的凝胶层析法最为常见，可将几种分级方法联合使用获得多种结构类型的多糖组分。

1. 乙醇分级沉淀法

乙醇分级沉淀法是指在多糖提取液中分次加入乙醇，使含醇量逐步增高，通过改变水溶液的极性降低多糖的溶解度，使其按照分子量段由大到小的顺序逐级从溶液中析出，达到分级分离的目的。此法操作简单，几乎适用于所有水溶性多糖。采用乙醇分级沉淀多糖，乙醇加入的速度不能太快，糖液的浓度也不能太高，溶液 pH 应呈中性，从而避免共沉淀的发生。虽然不同多糖可在不同浓度乙醇中分步沉淀，但特异性不高，导致对所需多糖的分离选择性较差，要提高多糖的纯度需经反复多次重沉淀，从而导致多糖损失大，多糖的回收率降低。因此一般仅应用于多糖的初步分离。

2. 季铵盐沉淀法

与乙醇分级沉淀法分离不同分子量多糖不同，季铵盐沉淀法是根据季铵盐能与酸性多糖形成不溶性化合物的特点，常用于中性多糖与酸性多糖的分离及不同酸性多糖的分级。一般来说，酸性强或分子量大的多糖首先沉淀出来，所以控制季铵盐的浓度可以实现不同酸性多糖的逐级分离。常用的季铵盐有十六烷基三甲基溴化铵（CTAB）、十六烷基吡啶（CPC）等。

3. 超滤膜法

超滤膜法与实验室常用的透析法分离纯化多糖的原理相似，主要根据超滤膜对大分子物质的截留作用，采用不同孔径的超滤膜依次对多糖溶液或提取液进行分级分离，同时也可除去一部分小分子杂质。由于此法无须加热和引入其他化学物质，因此有利于保持多糖的原始结构与生物活性，且具有节约能源、无污染等优点。与透析法相比，超滤膜法由于操作简单、处理量大、分离速度快，而且易于连续化操作，因此更适合规模化分离制备。但此法需要专用超滤设备，而且在分离中低分子量多糖时由于需要用孔径很小的超滤膜，因此容易堵塞超滤膜，增加操作难度。实际应用中应根据待分离物质不同选择不同规格的超滤膜。常用的超滤膜有陶瓷膜、醋酸纤维膜、聚砜膜、聚酰胺膜等。

4. 离子交换法

多糖的离子交换层析法分离，是以离子交换剂为固定相，根据离子交换剂上电荷基团对多糖溶液或者洗脱溶剂中不同离子或离子化合物进行可逆交换时结合力大小的差别进行分离。此法应用范围广，能分离中性多糖、酸性多糖及黏多糖，而且可以除去部分色素和游离蛋白质等杂质，对多糖具有一定的纯化作用，因此在多糖分级分离中应用最多。通常在对多糖进行凝胶层析之前先进行离子交换层析。常用的离子交换剂有 DEAE-纤维素、DEAE-葡聚糖（DEAE-Sephadex）、DEAE-琼脂糖（DEAE-Sepharose）等，一般采用不同浓度的盐溶液、碱溶液或者硼砂溶液作为洗脱溶剂进行分级洗脱。

5. 凝胶层析法

多糖的凝胶柱层析法分离，是利用多孔凝胶的分子筛作用，根据多糖分子大小和形状不同进行分级分离，因此又称为分子筛层析。多孔凝胶具有网状结构，小分子物质能够进入其内部，而大分子物质却被排阻在外部。因此当多糖混合溶液通过凝胶过滤层析柱时，溶液中的物质就按不同分子大小筛分开了，从而实现多糖的分级分离。此法分离精度高、选择性强，可根据待分离多糖的理化性质不同选择适宜的凝胶材料进行精细分离，因此也常用于多糖均一性的检验和分子量的测定。一般在活性多糖纯化分级中都先用纤维素层析纯化分级后，再用凝胶层析进行更进一步的纯化分级。常用的凝胶材料有葡聚糖凝胶（Sephadex）、琼脂糖凝胶（Sepharose，Bio-Gel A）、聚丙烯酰胺凝胶（Polyacrylamide Gel，Bio-Gel P）及后来经过性能改良的 Sephacryl（由烷基葡聚糖与次甲基双丙烯酰胺共价交联制成的）、Superdex（交联葡聚糖琼脂糖凝胶）和 Superose（一种高度交联的琼脂糖凝胶）等新型柱填料等。这些新型凝胶材料一般具有分辨率高、选择性强、流速快或者分离范围大等优点，因此更适合于多糖的高通量快速分离纯化。

3.5.2　多糖结构的分析方法

多糖属于大分子化合物，结构十分复杂。参照蛋白质等生物大分子结构的研究方法，通常也将多糖的结构分为一级结构、二级结构、三级结构和四级结构四个层级。其中，一级结构即初级结构，通常包括多糖分子量大小，单糖的组成和比例，糖苷键的连接方式，单糖的排列，取代基的种类及取代度，支链的长短、类型，聚合度等结构信息。二级结构、三级结构和四级结构属于高级结构（构象），主要取决于一级结构，一般认为多糖生物活性主要由其高级结构所决定。多糖的二级结构通常是指多糖骨架的形状，即多糖骨架链内以氢键结合所形成的各种聚合体。二级结构一般只关系到多糖分子的主链构象，不涉及侧链的空间排布。在多糖链中，糖环的几何形状几乎是硬性的，各种单糖残基绕糖苷键旋转而相对定位，可决定多糖整体的非共价相互作用，导致在二级结构的基础上进一步卷曲或折叠，或者是两链双螺旋排列关系而形成的一定构象即多糖的三级结构。多糖的四级结构是相同或不同多糖链的协同结合而形成的聚集体，也称亚单位现象。多糖的内部基团有相互作用，因其不同氢键的形成而构成特定的高级结构。目前对多糖结构的研究大部分仅局限于一级结构，高级结构仅在香菇多糖、裂褶菌多糖等一些真菌多糖中有一些初步研究（李盛等，2010；刘青业和许小娟，2016）。

　　常用的多糖结构分析方法主要包括甲基化分析、高碘酸氧化、Smith 降解及气相色谱法、高效液相色谱法、薄层色谱法、纸层析法、毛细管电泳法、紫外光谱法、红外光谱法、质谱分析法、核磁共振法、X 射线衍射法、圆二色谱法、原子力显微镜法等。其中，甲基化分析、高碘酸氧化、Smith 降解是多糖分析的经典化学方法，在各种天然多糖的结构分析中广泛应用。由于组成多糖的单糖种类繁多（目前已知单糖就达 200 多种），且每种单糖组成多糖的连接部位多，再加上连接方式不同及可能形成的支链(蛋白质形成支链较少)，多糖生物大分子结构远比蛋白质更为复杂，因而造成多糖的结构测定非常困难，任何一种分析方法都不可能对多糖结构做出明确的判断，必须采用多种方法联合使用才能获得相对比较完整、准确的结构信息。随着新技术的发展和仪器分析手段的不断改进，越来越多的新技术、新方法被应用于多糖的结构分析，使多糖的结构信息更加丰富，对多糖结构的判断更加准确。

1. 多糖分子量的测定

　　多糖分子量的大小与其理化性质、生物活性等密切相关。因此，分子量测定是多糖结构分析中重要的工作之一。由于多糖结构上具有微观不均一性的特点，因此通常所说的多糖分子量指的就是多糖的平均分子量。常用于多糖分子量测定的方法有凝胶渗透色谱法、蒸气压渗透计法、黏度法、光散射法和超滤法等，其中尤以凝胶渗透色谱法最为常用。该法根据分子筛原理，利用多孔凝胶对不同分子大小多糖的排阻特性测定其分子量，需要选择合适的不同分子量的标准品作为对照，因此所测得的分子量仅代表相似链长的平均质量而不是确切的分子大小。高效凝胶渗透色谱是高效液相色谱法与凝胶渗透色谱法相结合的一种测定生物大分子聚合物分子量的一种新技术，利用高效液相色谱的精确性优点，可以获得更准确的测定结果，而且较凝胶渗透色谱法更稳定。

2. 多糖中单糖组成的分析

单糖是组成多糖的基本单元和多糖结构的基础。对多糖的单糖组成进行分析是多糖结构分析的基础工作。在测定多糖的单糖组成之前，需要先对多糖进行酸水解。常用于水解多糖的酸类主要有盐酸、硫酸和三氟乙酸等，可根据待分析多糖的特性来选择酸的种类及其适宜的水解条件。多糖水解成单糖后，可用气相色谱法、液相色谱法、毛细管电泳法及薄层色谱法、纸层析法等对单糖种类和含量进行鉴别和测定，从而得出多糖的单糖组成。

3. 多糖中糖苷键类型及连接方式的化学分析

甲基化分析、高碘酸氧化、Smith 降解是多糖分析的经典化学方法，主要用于判断多糖分子中糖苷键类型及连接方式、连接位置、支链信息等。

1）甲基化分析

甲基化分析是多糖结构分析的重要手段，可用来确定糖苷键的连接位置等。其原理主要是将糖的全部自由烃基通过甲基化反应转变为稳定性很强的甲醚，然后酸水解得到部分甲基化的单糖，将它们转变为相应的糖醇乙酸酯，然后用气相色谱、气相色谱-质谱联用等方法确定各种甲基化单糖残基的种类和相对含量，进而可以推断糖的连接及分支情况，还可以了解重复单元中含糖残基的数目及种类（董群和方积年，1995）。用于多糖结构研究中的甲基化方法主要有 Purdie 法、Haworth 法、Menzies 法、Hakomori 法、Cicanu 的氢氧化钠解离法及在液氨中进行的甲基化等。其中，Hakomori 法以二甲亚砜为溶剂，用二甲基亚砜与氢氧化钠的反应产物甲基亚磺酰负离子 $CH_3SOCH_3^-$ 为强碱，甲基供体为碘甲烷。由于 $CH_3SOCH_3^-$ 易与氧、水分或二氧化碳反应而发生降解，所以整个操作过程需在氮气保护和无水条件下进行。该法具有需要样品量少、甲基化易于完成、反应在非水条件下进行、糖较少发生降解等优点，所以在多糖结构研究中应用最广。

2）高碘酸氧化

高碘酸氧化是多糖结构分析中常用的方法之一，通过高碘酸氧化，可以判断多糖分子中糖苷键的位置、类型、直链多糖的聚合度及支链状况等结构信息。高碘酸可选择性地氧化断裂多糖分子中连二羟基或连三羟基处的 C—C 键，但产生的产物不同。连二羟基的 C—C 键被氧化断裂时产生相应的醛，而连三羟基的 C—C 键被氧化断裂后产生甲酸及相应的醛。多糖分子中糖基间缩合的位置不同，消耗高碘酸的量与生成甲酸的量也不同。如 1→2 和 1→4 键合的糖基每分子消耗

1 分子高碘酸，不生成甲酸；1→6 键合的糖基或非还原末端经高碘酸氧化，每分子消耗 2 分子的高碘酸，并生成 1 分子甲酸；1→3 键合的糖基不被高碘酸氧化，所以既不消耗高碘酸也不生成甲酸。因此，通过测定高碘酸氧化过程中高碘酸的消耗量及甲酸的生成量，可以判断多糖分子中单糖的连接键型及分支程度等结构信息。高碘酸氧化必须在控制的条件下进行，以避免超氧化等副反应的发生。一般使多糖与最小量的高碘酸反应，溶液 pH 控制在 3～5，且应避光、低温，同时需做空白试验。

3）Smith 降解

进一步将多糖的高碘酸氧化产物还原，得到的多糖醇用稀酸在温和条件下水解，可发生特异性降解，即 Smith 降解。该反应只打断被高碘酸破坏的糖苷键，而未被高碘酸氧化的糖残基仍连在糖链上，因此经 Smith 降解后可得到小分子的多元醇和未被破坏的多糖和寡糖片段，然后用气相色谱、高效液相色谱等手段来分析降解产物，根据降解产物的组成即可推断出多糖分子中糖苷键的位置及连接顺序等。

4. 多糖结构的仪器分析

除化学方法外，现代仪器分析技术在多糖结构的分析中也有大量的应用，特别是对多糖高级结构的研究，必须借助大型分析仪器才能完成。如红外光谱（IR）用于确定糖苷键类型、糖的构型及多糖链上羟基的取代情况等，核磁共振（NMR）技术用于分析多糖链中糖基的连接顺序和立体构型及多糖分子的空间构象等，紫外吸收光谱可用于判断多糖复合物中是否含有核酸和蛋白质，X 射线衍射、圆二色谱等用于多糖分子空间构象的分析，原子力显微镜用于观察多糖分子形貌等，在单糖组成分析、甲基化分析和 Smith 降解等传统化学分析中也需要应用气相色谱、高效液相色谱、气相色谱-质谱联用等手段来分析降解产物。

1）红外光谱分析

红外光谱法是研究有机化合物官能团与分子结构的重要方法，也是研究糖类化合物结构不可缺少的重要手段。用红外光照射多糖分子时，分子中的化学键或官能团可发生振动吸收，不同的化学键或官能团吸收频率不同，在红外光谱上将处于不同位置，从而可获得分子中含有何种化学键或官能团的信息，而吸收谱带的吸收强度与化学基团的含量有关，因此也可用于多糖结构中某些化学基团的定量分析。如果胶类多糖的红外吸收谱图中糖醛酸的羧基在 1615 cm^{-1} 处有吸收峰，而甲酯化的羧基在 1743 cm^{-1} 处有吸收峰，吸收峰面积与基团数目成正比，因此可利用傅里叶变换红外光谱技术测定二者的比值来分析多糖分子中糖醛酸的甲酯化程度（Chatjigakis et al., 1998）。

2）核磁共振波谱分析

核磁共振（NMR）技术自 20 世纪 70 年代引入多糖结构的研究中后得到了快速的发展，对多糖结构的研究起到了巨大的推动作用。特别是随着核磁共振技术的发展和高磁场核磁共振仪及二维核磁共振（2D-NMR）技术的出现，为核磁共振技术在多糖结构解析中的应用提供了更广阔的天地，核磁共振波谱分析逐渐成为获得多糖全结构信息的最重要手段之一（王展和方积年，2000；李波等，2005）。如多糖 ¹H-NMR 谱主要用于确定糖苷键的构型，¹³C-NMR 谱可确定糖残基的数目和相对含量、糖链的连接位置、取代基的位置及异头碳的构型等，二维核磁共振谱可用于判断糖残基间的连接位置、糖单元的连接次序等，在多糖的空间构象（高级结构）研究中更是离不开 2D-NMR 技术。

3）紫外吸收光谱分析

紫外吸收光谱在多糖结构分析上作用不大，通常根据多糖复合物在 260～280 nm 有无特征吸收峰来判断其中是否含有核酸或蛋白质缀合物。

4）质谱分析

质谱分析技术于 20 世纪 50 年代末开始用于糖类分析，可以得到多糖的分子量、单糖组成、糖苷键的连接方式及分支情况等结构信息。近年来，随着质谱技术的快速发展，各种软电离技术相继诞生，克服了多糖难挥发、对热不稳定及高度聚合等不足，使质谱技术在多糖结构分析中的应用更趋广泛。如电喷雾电离质谱（ESI-MS）、基质辅助激光解析电离质谱（MALDI-MS），可快速、准确地测定多糖的分子量，基质辅助激光解析电离飞行时间质谱（MALDI-TOF-MS）还可以分析多糖的聚合度、分支情况及取代基的取代情况等。在多糖的单糖组成分析及在甲基化分析和 Smith 降解等传统化学分析中也经常应用色谱-质谱联用技术测定水解产物。

5）圆二色谱分析

圆二色谱（CD）技术根据不对称分子对左、右两种圆偏振光吸收的不同对多糖分子结构进行分析，不仅可用来测定多糖的一级结构，而且可用来获取多糖的构象信息，研究多糖的构象变化。在早期的多糖圆二色谱构象研究中，主要通过测定多糖与染料分子及其他具有低能量电子跃迁的分子的复合物的圆二色谱，为多糖是否具有螺旋结构提供佐证。后来随着真空紫外圆二色谱的应用，消除了衍生化反应对样品构象可能存在的影响，可以直接获取多糖的构象信息。多糖的结构决定圆二色谱的强度和形状，而从圆二色谱获得的构象信息的多少取决于样品的复杂程度。对于一些具有较好重复序列的多糖，采用圆二色谱技术可获得更加可靠的空间结构信息。而对于一些结构比较复杂多糖，尽管不能直接得到其空间构象，但可利用一些经验规则来判断其中是否存在一些特殊空间构象，并结合 NMR、X 射线衍射分析及分子模拟等方法，获取较可靠的多糖构象信息（段金友和方积年，2004）。

6）X 射线衍射分析

当对晶体进行 X 射线衍射时，其物质的组成、晶型、分子内成键、构象等决定了该晶体产生特有的衍射图谱。利用多糖的 X 射线衍射图谱，可以推算其分子内螺旋结构的螺距、对称性等参数。X 射线衍射法与计算机模拟技术相结合，可以从原子水平对多糖结构进行解析。由于进行 X 射线衍射的样品必须是高度有序的，至少要在样品中存在足量的微晶，而多糖通常不能结晶，因此在进行 X 射线衍射分析时必须通过外界的诱导使多糖中有相当部分的微晶态出现（王顺春和方积年，2000）。一般可将多糖溶液置于纤维扩张器中，让其在控制的湿度条件下干燥即可。

7）原子力显微镜

原子力显微镜（AFM）是在扫描隧道显微镜（STM）基础上发展起来的一种新型显微技术，可以在真空、空气和液体环境中操作，生物大分子在其生理环境下直接成像，观察分子的构象变化及实时动态反应，提供生物大分子纳米或亚微米级的三维结构信息，具有样品制备简单、分辨率高和直观可视化的特点，特别适合于对生物大分子进行可视化和功能化的研究。AFM 在多糖结构分析中的应用主要是利用 AFM 对多糖分子在纳米尺度上的高分辨成像，对多糖分子形貌、亚细胞结构等进行观察，分析多糖分子内螺旋结构的直径、线宽和糖链的长度、宽度、高度等结构信息（李国有等，2006；吴佳等，2008）。

3.5.3　红枣多糖的组成与结构特性

红枣多糖组成十分复杂，而且多糖本身具有不均一性，使得不同原料、不同提取分离和纯化分级方法所得到的产物不完全相同。这一方面说明红枣多糖组成的复杂性，同时也说明多糖结构的微观不均一性，导致对多糖结构的分析结果有较强的不确定性，不同原料来源、不同提取分离和纯化分级方法及各研究者采用的多糖结构分析方法不同均会对研究结果产生影响。

表 3.7 列举了从红枣中分离得到部分多糖组分的基本结构信息。

表 3.7　从红枣中分离得到的部分多糖组分

原料	多糖组分	平均分子量	单糖组成及比例	参考文献
金丝小枣	Ju-B-2	>2000 kDa	Rha、Ara、Gal、GalA，2：1：1：10.5	Zhao et al.，2006
金丝小枣	Ju-B-3	>2000 kDa	糖醛酸，含量 99.60%	Zhao et al.，2006
金丝小枣	Ju-B-7	>2000 kDa	GalA、Rha，8.1：1	Zhao et al.，2007
金丝小枣	JuBP-4	1600 kDa	Rha、Ara、Glc、Gal、GalA，1：8.83：2.08：7.44：33.79	Zhao et al.，2012

原料	多糖组分	平均分子量	单糖组成及比例	参考文献
金丝小枣	ZSP1b	93 kDa	Glc	Li et al., 2011a
金丝小枣	ZSP2	86 kDa	Rha、Ara、Glc、Gal，1：2.5：1.3：4.1	Li et al., 2011a
金丝小枣	ZSP3c	160 kDa	Rha、Ara、Gal，1：2：8	Li et al., 2011a
金丝小枣	ZSG4b	140 kDa	Rha、Ara、Man、Gal，13.8：4：3：8	Li et al., 2011a；李进伟等，2009
大枣	JPC	—	Man、Rib、GlucA、GalcA、Glu、Xyl、Gal、Ara，5.3：3.1：3.6：11.4：13.4：14.5：23.4：25.1	Chi et al., 2015
骏枣	CZPU	—	Ara、Rha、Glc、Gal、Man，5.46：4.96：5.17：2.63：1	Li et al., 2014
骏枣	ZP2a	120645 Da	Ara、Rha、Glc、Gal，1.3：1.7：0.3：1	Li et al., 2013
大枣	ZJPN	47100 Da	Ara、Xyl、Man、Glc、Gal，0.3：0.2：0.2：1：0.7	Chang et al., 2010
大枣	ZJPa1	55522 Da	Rha、Ara、Xyl、Man、Glc、Gal，0.3：9.6：0.1：0.4：1：12.1	Chang et al., 2010
大枣	ZJPa2	60053 Da	Rha、Ara、Xyl、Man、Glc、Gal，3：16.8：1.2：0.2：1：12.2	Chang et al, 2010
大枣	ZJPa3	52407 Da	Rha、Ara、Xyl、Glc、Gal，21：24：2：1：20	Chang et al, 2010
木枣	HJP1	67620 Da	Man、Rha、Gal、GalA、Glc、Ara，1.3：27.6：6.7：3.7：13：47.6	Wang et al., 2015
木枣	HJP3	2930 Da	Man、Rha、Gal、GalA、Glc、Ara，0.6：16：16.7：6.5：21：39.2	Wang et al., 2015
大枣	ZJ-6	4206 Da	GalA、Glc、Xyl、Ara，100：6.27：13.42：0.489	杨云等，2004c
冬枣	Frp	—	Rha、Ara、Gal、Glu、Xyl，1.0：3.6：1.0：0.5：0.2	Zhao et al., 2008
冬枣	DPA	10.4 kDa	Ara、Man、Glc、Gal，6.66：1.00：6.75：2.09	潘莹和许经伟，2016
冬枣	DPB	302 kDa	Rha、Ara、Man、Glc、Gal，4.33：10.90：1.00：3.25：4.78	潘莹和许经伟，2016
陕北大枣	JP	—	Ara、Glc、Rib、Rha、Gal，4.6：57.1：24.3：3.1：10.9	Wang et al., 2012
陕北滩枣	ZSP	—	Xyl、Ara、Glc、Rib、Rha、Gal、Man、GlcA、GalA，2.7：52.0：5.5：1.3：7.2：14.4：2.0：2.5：8.8	Zhao et al., 2014
圆铃大枣	YP1a	20.2 kDa	Rha、Ara、Glc、Gal，1：3.69：0.78：1.14	魏然，2014
圆铃大枣	YP2	89.5 kDa	Rha、Ara、Gal，1：2.49：1.82	魏然，2014
圆铃大枣	YP3	251 kDa	Rha、Ara、Gal，1：0.88：0.78	魏然，2014

原料	多糖组分	平均分子量	单糖组成及比例	参考文献
圆铃大枣	YP4a	522 kDa	Rha、Ara，1∶0.81	魏然，2014
灰枣	ZJP-0	963 kDa	GalA、Rha、Ara、Gal、Glc、Xyl，0.22∶0.90∶1∶30.85∶2.54∶4.04	焦中高，2012
灰枣	ZJP-1	1132 kDa	GalA、Rha、Ara、Gal、Glc、Xyl，3.09∶0.13∶1∶1.54∶0.29∶0.001	焦中高，2012
灰枣	ZJP-2	1037 kDa	GalA、Rha、Ara、Gal、Glc，10.42∶0.52∶1∶0.91∶0.60	焦中高，2012
灰枣	ZJP-3	989 kDa	GalA、Rha、Ara、Gal、Glc、Xyl，12.28∶2.68∶1∶1.26∶1.94∶0.73	焦中高，2012

注：Glc. 葡萄糖；Man. 甘露糖； Gal. 半乳糖；Rha. 鼠李糖；Ara. 阿拉伯糖；Xyl. 木糖；Rib. 核糖；GalA. 半乳糖醛酸；GlcA. 葡萄糖醛酸。

1. 红枣多糖的种类

综合不同研究结果，可把红枣多糖分为中性多糖和酸性多糖两大类，其中以酸性多糖居多，一般具有较高含量的糖醛酸，部分果胶类多糖半乳糖醛酸含量甚至可达 80%以上，而中性多糖不含糖醛酸或含量极少。林勤保等（1998a，1998b）采用 DEAE-纤维素柱层析法将红枣多糖分离纯化为中性多糖和酸性多糖两种组分，并用高效液相色谱法测定其单糖组成。结果表明，中性多糖的组成单糖为 L-阿拉伯糖、D-半乳糖和 D-葡萄糖，酸性多糖的组成单糖有 L-鼠李糖、L-阿拉伯糖、D-半乳糖、D-甘露糖和 D-半乳糖醛酸，其中 D-半乳糖醛酸的含量为 40.6%。Zhao 等（2008）测定了冬枣叶、花和果实中的多糖的组成，结果显示，不同枣器官中的多糖均含有大量的糖醛酸（28.7%～46.4%），说明其多糖组成主要为酸性多糖。赵智慧（2006）以金丝小枣多糖为原料，采用 DEAE 纤维素柱色谱及 Sepharose CL-6B 和 Sephadex G-25 柱色谱分级纯化得到 12 个均一红枣多糖组分，其中 1 个为中性多糖，11 个为酸性多糖。不同级分红枣多糖的单糖组成、糖醛酸含量等都存在较大差异。中性多糖主要是由阿拉伯糖、半乳糖和葡萄糖等单糖组成的杂多糖，其中不含糖醛酸。酸性多糖是以半乳糖醛酸为主链，通过糖苷键结合鼠李糖、阿拉伯糖、半乳糖、葡萄糖、木糖、甘露糖和芹糖等单糖组成的聚合物。枣多糖分子由数十到数千个单糖单元通过糖苷键结合在一起而形成，有单糖单元相同的同多糖如 JuBP-5，有单糖单元不相同的异多糖，平均分子量最低的为 28 kDa，最高的达 2000 kDa 以上，而且平均分子量 2000 kDa 左右的高分子量组分占据红枣多糖主要地位。Li 等（2011a）依次用 DEAE-Sepharose CL-6B 和 Sepharose CL-6B 柱色谱将金丝小枣多糖分离纯化得到 ZSP1b、ZSP2、ZSP3c 和 ZSP4b 四个组分，其平均分子量分别为 93kDa、86kDa、160kDa、140kDa，其中，ZSP1b 为中性多糖，不含糖醛酸，其他 3 种组分均含有一定量的半乳糖醛酸。Chang 等（2010）采用 DEAE-Sepharose CL-6B 柱色谱将红枣多糖分离纯化得到 1 个中性多糖组分（ZJPN）和 3 个酸性多糖组分（ZJPa1、ZJPa2 和 ZJPa3），它们的平均分子量在 40566~129518 Da 之间。气相色谱分析表明，这些红枣多糖组分由鼠李糖、阿拉伯糖、木糖、甘露糖、葡萄糖和半乳糖等 6 种单糖组成，半乳糖醛酸含量由低到高依次为 0、5.7%、79.5%、86.2%。

2. 红枣多糖的单糖组成及其连接方式

除糖醛酸外，红枣多糖通常还含有鼠李糖、阿拉伯糖、葡萄糖、半乳糖、木糖、核糖、甘露糖等单糖，说明红枣多糖是一种杂多糖。个别研究也得到过由相同单糖单元形成的同多糖（赵智慧，2006；Li et al.，2011a），但极少见。红枣多糖中糖醛酸主要有半乳糖醛酸和葡萄糖醛酸，其中以半乳糖醛酸较常见，广泛存在于多种酸性多糖组分中，而葡萄糖醛酸较为少见。单糖以鼠李糖、阿拉伯糖、葡萄糖、半乳糖较为常见，大部分分离得到的红枣多糖组分均含有上述单糖，而木糖、核糖、甘露糖等仅出现在少数多糖组分中。

通过甲基化分析、高碘酸氧化、Smith 降解并借助 NMR、FT-IR 波谱分析等手段，证实红枣多糖结构中多以 1→4 连接的半乳糖醛酸为主链，同时存在多种分支结构。如 Li 等（2011a，2011c，2013）通过气相色谱、红外光谱、甲基化和 NMR 分析，证实验枣多糖组分 ZP2a 和金丝小枣多糖组分 ZSP3c 的主链结构以（1→4）-D-半乳糖醛酸基为主，伴以少量（1→2）-L-鼠李吡喃糖基和（1→2，4）-L-鼠李吡喃糖基。ZSP3c 侧链由阿拉伯呋喃糖基和半乳吡喃糖基与主链在鼠李吡喃糖基的 O-4 位置相连接。而 ZP2a 支链则由 1,5-L-阿拉伯呋喃糖基、1,3,5-L-阿拉伯呋喃糖基、1,3-L-阿拉伯呋喃糖基、1,6-D-半乳吡喃糖基、1,4,6-D-半乳吡喃糖基和 1,4-D-葡萄吡喃糖基等在鼠李吡喃糖基的 O-4 位置与主链相连接。Zhao 等（2006，2007，2012）在对金丝小枣多糖组分 Ju-B-2 、Ju-B-7 和 JuBP-4 的研究中也发现，其主链主要由 1→4 连接的半乳糖醛酸聚糖和少量的鼠李半乳糖醛酸聚糖组成，侧链主要由 1→5 连接的阿拉伯糖和 1→6 连接的 β-半乳糖残基组成，通过鼠李糖基的 O-4 位置与主链相连接。杨云等（2004c）对 ZJ-6 的研究也表明，该多糖是一个以 α-D-（1→4）-半乳糖醛酸为主链，葡萄糖、木糖、阿拉伯糖在末端或支链相连的酸性杂多糖。冬枣果胶多糖中除 α-D-（1→4）-半乳糖醛酸主链外，也存在 1→2 连接的鼠李吡喃糖基、1→2,4 连接的鼠李吡喃糖基、1→5 连接的阿拉伯呋喃糖基、1→3,5 连接的阿拉伯呋喃糖基等，说明具有分支结构（Zhao et al.，2008）。Wang 等（2015）还证实木枣多糖组分 HJP1 和 HJP3 结构中存在 I 型鼠李糖半乳糖醛酸聚糖单元和阿拉伯半乳聚糖/阿拉伯聚糖侧链。

除单糖外，一些多糖分子中还含有结合蛋白。如李进伟等（2009）从金丝小枣中分离纯化得到一种白色粉末状蛋白聚糖，含有 9.7%蛋白质，由 O-型糖肽键与多糖结合。

目前尚没有对红枣多糖高级结构的研究。

3.6 红枣多糖的生物活性

同其他许多天然植物多糖一样，红枣多糖也具有多种生理活性和功效。目前已被证实的有调节机体免疫功能、抗氧化、补气补血、抑制癌细胞增殖、降血糖、改善糖尿病症状、保肝护肝、降血脂、抗疲劳、抗凝血及抑制酪氨酸酶、透明质酸酶活性等。

本节重点阐述红枣多糖的生物活性与药理作用。

3.6.1 增强机体免疫功能

1. 体外试验

在体外试验中，红枣粗多糖及其纯化组分具有明显抗补体活性，能升高小鼠胸腺指数和脾脏指数，促进鼠脾淋巴细胞和腹腔巨噬细胞的增殖，且表现出明显的量效关系（张庆等，1998，2001a；李进伟和丁霄霖，2006b；Zhao et al.，2006，2007，2008，2012；Li et al.，2011b）。进一步的研究还表明，大枣中性多糖（JDP-N）能引起小鼠腹腔巨噬细胞膜去极化和细胞内 Ca^{2+} 浓度及 pH 明显升高，从而活化巨噬细胞，增强其细胞抗毒功能并促进分泌 IL-2、TNF、NO 等（张庆等，1999，2001b，2001c，2001d，2002）。说明红枣多糖可通过多种途径来调节机体免疫功能。

2. 体内试验

苗明三（2004a）用放血与环磷酰胺并用致免疫低下的小鼠为研究对象，探讨大枣多糖对免疫抑制小鼠的免疫器官的影响。结果发现，大枣多糖对小鼠气血双虚模型有很好的改善作用，可使模型小鼠胸腺、脾脏的病理变化显著减轻。与模型组相比，大枣多糖可使胸腺皮质显著增厚，脾小节显著增大，胸腺皮质淋巴细胞数和脾淋巴细胞数显著增加。说明大枣多糖在体内对免疫器官的萎缩有好的拮抗作用，从而提高机体免疫功能。以 D-半乳糖致衰老模型小鼠为研究对象也得到类似的结果（苗明三和盛家河，2001）。进一步的研究还表明，大枣多糖可显著促进免疫低下小鼠腹腔巨噬细胞 IL2-α 的产生及活性，降低血清可溶性白细胞介素 2 受体（SIL-2R）水平，从而起到免疫兴奋作用（苗明三，2004b，2004c）。红枣多糖还可促进慢性疲劳综合征模型大鼠 T 淋巴细胞的增殖，提高胸腺指数和外周血单核细胞 CD4$^+$/CD8$^+$ 比值、NK 细胞活性及 IL2 水平（Chi et al.，2015；邵长专和唐刚，2015）。对白罗曼鸡接种新城疫疫苗并注射红枣多糖，进行体内免疫活性试验，发现红枣多糖可以促进其外周血淋巴细胞增殖，提高其血清抗体效价（Zhang et al.，2013）。

3.6.2　抗氧化活性

红枣多糖能提高小鼠血液、肝脏及脑组织中超氧化物歧化酶和过氧化氢酶活性，降低小鼠血液、肝脏及脑组织丙二醛含量，说明红枣多糖在体内具有抗氧化作用（李小平等，2005）。曹蒴（2008）的研究则表明，红枣多糖可以提高运动前或运动后小鼠血清 SOD 和 GSH-Px 活性，快速清除运动时产生的过量自由基，使细胞膜的完整性得以较好的维持。红枣多糖也可提高慢性疲劳综合征大鼠模型血清中超氧化物歧化酶和谷胱甘肽过氧化物酶的活性，降低 MDA 水平，从而改善疲劳症状（Chi et al.，2015）。Wang 等（2011）对兔小肠缺血再灌注损伤模型的研究也得到类似的结论，红枣多糖可明显降低模型动物的小肠 MDA 水平并提高其抗氧化酶的活性，从而改善其生长性能和体内抗氧化水平。王留等（2013）在断奶仔猪基础日粮中添加红枣多糖，发现红枣多糖能够显著提高断奶仔猪血液中超氧化物歧化酶和总抗氧化能力，降低丙二醛含量，从而提高仔猪体内抗氧化水平。

李雪华和龙盛京（2000）采取热水提取-乙醇沉淀-氯仿正丁醇法去蛋白的工艺提取得到大枣多糖（JPS），并采用化学发光法分别测定了 JPS 对全血化学发光体系中的全血白细胞呼吸爆发中产生的活性氧、连苯三酚自氧化法产生的超氧阴离子自由基、抗坏血酸-Cu^{2+}-过氧化氢体系产生的羟自由基及过氧化氢-鲁米诺发光体系中的过氧化氢的清除效果。结果表明，JPS 对各体系产生的活性氧均具有较强的清除作用，其活性大小与多糖的用量呈正相关，试验中 JPS 对上述体系产生的活性氧的抗氧化值（AOV）分别为 109.48、9057.9、312.01、5.204。在全血生理环境下，JPS 对全血化学发光中活性氧的清除能力最强。分析认为可能是大枣多糖与机体维系自由基平衡的物质共同协调发挥作用，从而发挥了大枣多糖的抗氧化能力，说明大枣多糖是特别适合于人体血液系统中的抗氧化反应的首选物质。

Li 等（2011a）采用体外试验方法，对金丝小枣多糖分离纯化得到 ZSP1b、ZSP2、ZSP3c 和 ZSP4b 四个组分的抗氧化活性进行研究。结果表明，金丝小枣粗多糖（CZSP）及其纯化得到的四个组分均具有一定的还原能力，并对超氧阴离子自由基、羟自由基、DPPH 自由基具有清除作用，糖醛酸含量高的组分 ZSP3c 和 ZSP4b 的抗氧化活性显著高于不含糖醛酸的组分 ZSP1b，表明糖醛酸对于红枣多糖的抗氧化活性比较重要。Chang 等（2010）的研究还发现，红枣多糖各个纯化组分对超氧阴离子自由基的清除效果普遍好于羟自由基，而且酸性多糖对铁离子的螯合能力显著高于中性多糖。

3.6.3　抗肿瘤

大枣多糖（JPS）在体外对人肝癌细胞株 HepG-2 增殖具有明显的抑制作用，其抗肿瘤效果具有一定的量效性和时效性；JPS 抗肿瘤作用与诱导 HepG-2 细胞凋亡和 G_0/G_1 期细胞阻滞有关。在体内抗肿瘤试验中，JPS 可明显抑制小鼠实体瘤 S180 的生长，其机制可能与免疫增强作用有关（辛娟，2005）。Hung 等（2012）的研究表明，红枣多糖还可诱导黑色素瘤细胞凋亡和 G_2/M 期细胞阻滞，提高细胞凋亡相关酶 caspase-3 和 caspase-9 的活性，从而起到抑制黑色素瘤细胞增殖的作用。

红枣多糖经纯化分级后得到的各个均一组分对不同肿瘤细胞也具有一定的抑制作用。赵智慧（2006）对从金丝小枣中分离纯化得到的 12 个多糖均一组分进行抗肿瘤活性筛选，结果发现，JuNP、JuBP-1、JuBP-2、JuBP-3 在体外对人急性髓性白血病细胞株 HL60、人胃癌细胞株 BGC823、人肝癌细胞株 Be17402 和人鼻咽癌细胞株 KB 均表现出抗肿瘤活性，JuNP 对人鼻咽癌细胞株 KB 的体外细胞抑制率高达 90.36%；JuBP-3 对人胃癌细胞株 BGC823 的抑制率为 91.54%；JuBP-2 对四种肿瘤细胞株的抑制率均在 70% 以上；JuBP-4 对人胃癌细胞株 BGC823、人肝癌细胞株 Be17402 和人鼻咽癌细胞株 KB 有明显的抑制作用，特别是对人鼻咽癌细胞株 KB 抑制率达到 90.65%。从木枣中分离纯化得到的两个多糖组分 HJP1 和 HJP3 还可以抑制肝癌细胞株 HepG2 的增殖（Wang et al.，2015）。

3.6.4　补气补血

红枣多糖是红枣补气生血的主要活性成分。徐瑜玲等（2004）采用放血与环磷酰胺并用所致气血双虚小鼠动物模型为研究对象，考察了大枣多糖的补气生血作用。结果表明，大枣多糖可通过升高气血双虚模型动物的血清粒细胞-巨噬细胞集落刺激因子（granulocyte-macrophage colony stimulating factor，GM-CSF）而对小鼠模型呈现出促进骨髓造血和兴奋免疫的作用，显著升高模型小鼠血象水平，使血红蛋白、白细胞计数、红细胞计数和血小板计数显著升高；大枣多糖连续服用 14 d，基本可使血象恢复到正常水平。进一步的研究还发现，大枣多糖对大鼠气血双虚模型的全血细胞有明显的改善作用，而且可以使红细胞膜 Na^+-K^+-ATP 酶、Mg^{2+}-ATP 酶、Ca^{2+}-ATP 酶及 Ca^{2+}-Mg^{2+}-ATP 酶活性明显提高，说明大枣多糖还可改善气血双虚模型大鼠的造血功能和红细胞能量代谢，从而起到补血作用（苗明三等，2006）。

王留等（2013）在断奶仔猪基础日粮中添加大枣多糖，发现大枣多糖能够显著提高断奶仔猪血液中红细胞、白细胞的数目和血红蛋白、血清总蛋白、白蛋白、球蛋白的含量，从而改善断奶仔猪血液生理状态，提高其抗病力。

3.6.5　保肝护肝

红枣多糖对肝损伤具有一定的防护作用。红枣多糖可使四氯化碳所致化学性肝损伤小鼠体内的丙氨酸转氨酶（ALT）活力和天冬氨酸转氨酶（AST）活性水平明显降低，而且能改善四氯化碳引起的肝脏组织病理变化（张钟和吴茂东，2006）。此外，顾有方等（2006）对急性肝损伤的小鼠用大枣多糖进行治疗，结果发现大枣多糖治疗组模型小鼠的肝损伤症状有明显改善，肝细胞再生也比较明显，模型动物血清中的抗氧化酶 SOD、GSH-Px 活性也得到提高，说明大枣多糖可能通过提高机体清除自由基能力起到防护和修复肝损伤的作用。Wang 等（2012）的研究也发现，喂服陕北滩枣多糖（400 mg/kg）可以显著降低由四氯化碳引起的小鼠血清 ALT、AST、LDH 活性和肝脏 MDA 水平，喂服陕北滩枣多糖处理组小鼠肝脏指数得到改善，SOD、GSH-Px 保持在正常水平，说明陕北滩枣多糖可能通过维持肝脏抗氧化系统和清除自由基来保护肝脏免受四氯化碳的伤害。Liu 等（2015）的研究证实黄河滩枣多糖可降低四氯化碳或对乙酰氨基酚（ASAP）所致化学性肝损伤小鼠血清 AST、ALT 和 LDH 活性，进一步的研究还证实黄河滩枣多糖处理组小鼠肝脏组织 SOD 和 GSH-Px 活性提高，MDA 水平降低，说明黄河滩枣多糖可提高肝脏组织抗氧化水平，从而保护肝脏免受化学药物伤害，组织病理学观察也证实了黄河滩枣多糖对肝损伤的防护作用。

3.6.6　抗疲劳

红枣多糖能增加肌糖原和肝糖原储备，维持运动时血糖水平，减缓对蛋白质的过度利用，从而为机体提供更多能源物质，延缓疲劳产生。同时，红枣多糖还能加速肌肉中过多乳酸的清除代谢过程，从而可延缓疲劳症状的产生或加速疲劳症状的消除。

曹犇和池爱平（2006）、曹犇（2008）以雄性小鼠为试验对象，建立递增强度游泳训练模型，采用一次性力竭试验，对小鼠灌服木枣多糖溶液，4 周后测定血糖、肌糖原、肝糖原、血乳酸、血清肌酸激酶（CK）、谷草转氨酶（GOT）、谷丙转氨酶（GPT）、乳酸脱氢酶（LDH）、血清抗氧化酶活性等生化指标，考察木枣多糖抗小鼠运动性疲劳的效果。结果表明，服用一定剂量木枣多糖能提高肌糖原和肝糖原含量，减少力竭运动后血乳酸的积累，维持血糖恒定，使上述血清酶呈现不同程度的良性变化，延长小鼠力竭时间。说明木枣多糖能够延缓机体运动性疲劳的产生，具有提高运动能力的作用。王海元（2009）的研究也表明，补充红枣多糖可延长游泳训练小鼠游泳至力竭时间，使游泳小鼠的血清 CK、LDH、血尿素氮含量降低，肌糖原、肝糖原含量升高，心肌的 CAT 活性升高、MDA 含量下降，肝脏的过氧化氢酶（CAT）和 GSH-Px 活性升高，骨骼肌的 GSH-Px 活性升高、MDA 含量下降。这说明红枣多糖可通过增加游泳小鼠机体糖储备来提高机体运动的能力，减缓游泳小鼠运动过程中对蛋白质的过度利用，使运动小鼠部分组织的抗氧化酶活性发生不同程度的良性变化，减少自由基生成，提高机体的抗氧化能力，并对小鼠骨骼肌膜及肾脏、骨骼肌、肝脏和心脏等器官都具有一定的保护作用。张钟和吴茂东（2006）、池爱平等（2007）的研究也得到了类似的结果。

赵其达拉吐和孙美艳（2016）以 40 名体育系大学生作为试验对象进行试验，研究富含大枣多糖食品对运动员运动性疲劳的缓解程度。经过为期 3 个月的研究，发现观察组运动员体重较对照组运动员明显提高（$P<0.05$），而疲劳指数和心肺危险指数均显著低于对照组运动员（$P<0.05$）。通过肌肉活检分析，证明训练结束后观察组运动员肌肉糖原含量明显高于对照组运动员（$P<0.05$）。对两组运动员血浆成分进行分析，其中疲劳度相关指标血尿素氮含量降低（$P<0.05$），而促红细胞生成素、睾酮、血红蛋白及肌酸激酶均明显高于对照组运动（$P<0.05$）。所有的研究对象均未发生任何不良反应，证明大枣多糖食品具有效缓解运动性疲劳的功能。

红枣多糖还可通过调节机体免疫力和提高体内抗氧化水平来改善慢性疲劳综合征模型大鼠的疲劳症状（Chi et al.，2015）。

3.6.7 降血糖、改善糖尿病症状

糖尿病不仅发病率高，而且能引起高血压、冠心病、肾功能衰竭、脑血管疾病、视网膜病变等慢性并发症造成残疾甚至过早死亡，严重危害人类健康。研究表明，红枣多糖可抑制碳水化合物吸收、改善 β 细胞功能、提高血清胰岛素水平、改善糖耐量等方面对糖尿病发挥防治作用，同时还可以抑制糖尿病人非酶糖化反应和高级糖化终末产物（AGEs）在体内的蓄积，从而预防糖尿病并发症的发生。

1. 体内试验

罗依扎·瓦哈甫等（2012）以 200 mg/kg 剂量腹腔注射四氧嘧啶建立四氧嘧啶糖尿病动物模型，以 0.03 mg/kg 剂量腹腔注射肾上腺素建立肾上腺素高血糖动物模型。对造模成功的小鼠随机分为模型对照组、红枣多糖大（0.8 g/kg）、中（0.4 g/kg）、小（0.2 g/kg）剂量组和阳性药物组，以灌喂给药。对两种类型小鼠的处理均设立正常对照组，给予等体积的水。灌喂 14d 后测定小鼠空腹的血糖、胰岛素，结果表明，红枣多糖对肾上腺素引起的急性血糖升高无明显作用，对四氧嘧啶诱导的糖尿病小鼠其大剂量显示出一定的降糖作用，并使得血清胰岛素水平有所升高。红枣多糖对正常小鼠血糖没有影响，但对正常小鼠糖耐量有改善作用。

Zhao 等（2014）采用高果糖饮食诱导小鼠出现高血糖、高胰岛素血症、血脂异常等症状，但同时服用 400 mg/kg BW 红枣多糖处理组小鼠的血糖、胰岛素、

血清总胆固醇（TC）、甘油三酯（TG）、低密度脂蛋白胆固醇（LDL-C）和极低密度脂蛋白胆固醇（VLDL-C）水平显著降低，高密度脂蛋白胆固醇（HDL-C）含量显著升高，β 细胞功能得到明显改善，胰岛素耐受性和动脉硬化指数分别降低31.3%和47.1%，组织病理学观察证实红枣多糖可阻止高果糖饮食诱导的肝脏细胞脂肪变性。这说明红枣多糖可以降低血糖、阻止糖尿病引起的脂肪代谢紊乱和动脉硬化等并发症的发生。

2. 体外试验

1）红枣多糖对 α-淀粉酶和 α-葡萄糖苷酶的抑制作用

α-淀粉酶和 α-葡萄糖苷酶是影响饮食中淀粉等主要碳水化合物消化、吸收的关键酶，抑制其活性可以延缓人体对淀粉等物质的降解和葡萄糖的吸收，从而抑制餐后血糖的快速升高。因此，α-淀粉酶和 α-葡萄糖苷酶抑制剂常被用于治疗 II 型糖尿病，可有效降低餐后血糖水平和减少糖尿病并发症的发生（Tundis et al.，2010）。焦中高（2012）通过体外试验证实红枣多糖对 α-淀粉酶和 α-葡萄糖苷酶活性均具有一定的抑制作用，并且抑制效果随着多糖浓度的增加而增大，具有明显的量效关系。在试验条件下，红枣多糖对 α-淀粉酶和 α-葡萄糖苷酶活性的最高抑制率分别为 53.35%和 62.65%，IC_{50} 分别为 11.39 mg/mL 和 16.61 mg/mL。说明红枣多糖可能对淀粉酶促水解直至生成葡萄糖的整个过程的不同阶段产生影响，从而可有效延缓单糖的释放和吸收，抑制餐后高血糖，从而减少糖尿病并发症的发生。

2）红枣多糖对蛋白质非酶糖化反应的抑制作用

蛋白质、DNA 与还原糖之间的非酶糖化反应在生物体内广泛存在，其中尤以蛋白质的非酶糖化最受关注。现代医学研究表明，糖尿病人持续的高血糖状态，加速了体内组织广泛的非酶糖化反应，并造成了高级糖化终产物（AGEs）在体内的蓄积。AGEs 可通过改变蛋白质的结构和功能、影响脂质代谢、修饰核酸和胞内蛋白及诱导氧化应激等，最终造成糖尿病慢性并发症的发生和发展，如动脉粥样硬化形成、微血管病变、心肺顺应性减低、晶体混浊致白内障、肾小球基底膜通透性升高致糖尿病性肾病等，因此是糖尿病并发症发生的关键因素（钱萍萍和刘长云，2003；Brownlee et al.，1988）。焦中高（2012）采用 BSA-Glu 非酶糖化反应体系通过体外试验证实，红枣多糖及其经 DE52 纤维素分离纯化得到的不同级分多糖对非酶糖化反应中间产物 Amadori 和终产物 AGEs 的形成均具有一定的抑制作用，说明红枣多糖可能对糖尿病并发症具有一定的防治作用。

3.6.8 抗凝血

凝血是造成血管内栓塞的重要原因，严重威胁人类健康，应用抗凝血药物可以预防血管内栓塞造成的中风或其他血栓性疾病。通常可通过测定抗凝血药物对凝血酶原时间（prothrombin time，PT）、活化部分凝血活酶时间（activated partial thromboplastin time，APTT）、凝血酶时间（thrombin time，TT）等指标的影响来评价其抗凝血活性。其中，PT 主要反映外源性凝血系统的凝血状况，APTT 主要反映内源性凝血系统的凝血状况，TT 主要反映纤维蛋白原转为纤维蛋白的凝血状况。

王娜等（2013，2014，2015）采用体外试验方法，研究了不同品种大枣、不同提取方法和不同干制方式条件下粗多糖对人血浆抗凝血活性指标的影响。结果发现大枣粗多糖能显著延长人血浆的 APTT 值，而对 TT、PT 值没有显著影响，说明大枣粗多糖主要通过内源性凝血系统发挥抗凝血作用；不同品种大枣多糖具有一定的抗凝血活性，但存在较大差异；大枣干制方式、多糖提取工艺、纯化过程等都可对大枣多糖提取物的抗凝血活性产生影响。

3.6.9 抑制酪氨酸酶活性

酪氨酸酶又称多酚氧化酶，广泛存在于人和动植物及微生物体内，是黑色素生物合成过程中必不可少的关键限速酶。在黑色素生成过程中，酪氨酸酶能够催化单酚的羟化反应生成邻二酚（单酚酶活性），并将邻二酚进一步氧化生成邻醌（二酚酶活性），邻醌再进一步通过环化、脱羧和聚合等反应形成黑色素。酪氨酸酶的合成和催化活力的升高，导致体内黑色素合成过多，造成色斑及黑色素瘤的形成。通过抑制剂来抑制酪氨酸酶活性是预防和治疗色素沉着及黑色素瘤的重要方法之一。

王仁才等（2016）以三年生糖枣为试材，将其水提多糖依次采用 DEAE-52 纤维素和 SephadexG-100 葡聚糖柱层析，分离出 DT_A、DT_{B1}、DT_{B2}、DT_{B3}、DT_C 5 个多糖组分，并以 L-多巴为底物，测试了不同多糖组分对酪氨酸酶的抑制作用。结果显示，不同多糖组分对酪氨酸酶活性都具有一定的抑制作用，其中尤以 DT_{B3} 的酶活性抑制率最高，在 0.5 mg /mL 浓度条件下，达到 77.94%，DT_C 的酶活性抑制率次之，为 69.93%，其余组分对酶活性抑制率均小于 50%。进一步的酶反应动力学分析表明，DT_{B3} 可在短时间内与酪氨酸酶快速结合，呈现非竞争性抑制特征。这说明红枣多糖可能在黑色素合成相关皮肤病治疗和美容美白等方面发挥作用。

3.6.10 抑制透明质酸酶活性

透明质酸作为细胞外基质的重要组成部分，除了维持胞外网状结构的完整性、黏弹性并发挥调节细胞渗透压、连接细胞、屏蔽、润滑关节和缓冲应力等机械功能外，还具有调节细胞功能、猝灭自由基等生理活性，在人体许多发育和调控过程如细胞黏附、形态发生、伤口愈合、肿瘤发生、血管形成、疼痛和炎症反应中起重要作用（曲蕾和姬胜利，2007；Fraser et al.，1997）。透明质酸酶（hyaluronidase）是透明质酸的特异性裂解酶，可将透明质酸降解为寡聚透明质酸，从而改变透明质酸的活性和功能。透明质酸的合成和由透明质酸酶催化的降解之间的慢性失衡可导致关节疾病和其他类型的炎症反应（Wang et al.，2006）。由透明质酸酶催化产生的低分子量透明质酸碎片可作为信号分子通过上调 CD44 受体、胞浆移动和组织金属蛋白酶同时降低蛋白聚糖硫酸化而加重炎症反应（Ohno-Nakahara et al.，2004；Stern et al.，2006），分子量小于 36000 的寡聚透明质酸还可通过增强 CD44 膜外区域的降解来促进肿瘤细胞的生长、浸润或转移（曲蕾和姬胜利，2007；Sugahara et al.，2003）。浸润性乳腺癌组织内透明质酸酶的活性显著高于其他乳腺组织（Madan et al.，1999），说明乳腺癌的发生、发展可能与透明质酸的降解有关。因此，外源补充透明质酸酶抑制剂，抑制透明质酸酶的活性，有助于维持透明质酸的功能，可预防、治疗由于透明质酸过度降解造成的各种疾病（Girish et al.，2009）。

透明质酸的过度降解可导致关节疾病和过敏及其他类型的炎症反应，而且与肿瘤的发生、发展密切相关。红枣多糖对透明质酸酶具有较强的抑制作用，而且随着红枣多糖浓度的增加而增强，呈现出较好的量效关系（焦中高，2012）。在试验浓度范围（0.02～4 mg/mL）内，其对透明质酸酶活性的抑制率最高可达 93.55%，试验条件下其 IC_{50} 为 0.095 mg/mL。因此，红枣多糖是一种优良的透明质酸酶抑制剂，可以阻止体内透明质酸的分解，有助于维持透明质酸的功能，对于由于透明质酸过度降解造成的各种疾病可能具有一定的防治作用。

3.6.11　降血脂

李小平（2004）采用饲喂高脂饲料制造高血脂小鼠模型，发现同时喂服红枣多糖可以显著抑制模型小鼠血清甘油三酯、总胆固醇含量升高，提高高密度脂蛋白胆固醇（HDL-C）的含量，抑制高脂饲料所引起的小鼠动脉硬化指数的升高，高剂量条件下各项指标甚至优于正常饮食小鼠，说明红枣多糖可降低血脂水平，改善血液内脂肪组成，降低发生动脉硬化的风险。

Zhao 等（2014）的研究则表明，从陕北滩枣中分离得到的红枣多糖对高果糖饮食诱导糖尿病小鼠的脂肪代谢也可产生重要影响。高果糖饮食诱导的糖尿病小鼠模型组出现血脂异常等症状，但同时服用 400 mg/kg BW 红枣多糖处理组小鼠的血清总胆固醇、甘油三酯、低密度脂蛋白胆固醇和极低密度脂蛋白胆固醇水平显著降低，高密度脂蛋白胆固醇含量显著升高，动脉硬化指数降低 47.1%，说明红枣多糖可以阻止糖尿病引起的脂肪代谢紊乱和动脉硬化等并发症的发生。

3.7 小 结

当前，关于活性多糖的研究方兴未艾，各种天然多糖资源的开发、活性发掘是研究的重点。红枣作为我国传统的药食两用食物和滋补佳品，多糖是其果实中含量最高的一类功能性成分，也最受关注，关于红枣多糖的研究也最多。但由于多糖属于高分子化合物，结构十分复杂，对其进行深入研究比较困难，因此目前关于红枣多糖的研究仍处于一个较低的水平上，远远落后于目前已在医药和保健品中广泛应用的中药多糖、食用菌多糖及海藻多糖等的研究深度和广度。关于红枣多糖的研究结果显得杂乱，缺乏公认的研究结果或理论，不能全面、真实反映红枣多糖的功能价值。红枣多糖的应用也基本属于空白。

为充分理解红枣多糖的功能特性，加快红枣多糖的开发利用，需要进一步加强以下几个方面的研究。

1. 红枣多糖的提取与分离纯化研究

由于技术的限制，目前多糖的提取与分离纯化的效率仍较低，因此，充分利用各种现代高新技术，继续研究开发高效易行的多糖提取与分离纯化技术仍是当前红枣多糖研究的重点方向。

此外，由于红枣多糖结构极其复杂，其受提取与分离纯化工艺条件的影响也比较大，因此导致不同研究者得出的结果千差万别，但由于缺乏不同提取与分离纯化工艺条件对红枣多糖结构与生物活性影响的系统研究，难以对不同研究者的结果进行归纳总结并有效利用，这也是影响红枣多糖研究进度与深度的重要原因之一。因此，应加强红枣多糖这方面的基础研究，形成公认的理论以指导红枣多糖的提取与分离纯化，从而加速红枣多糖研究进程。

2. 红枣多糖的结构与生物活性研究

由于红枣多糖尤其是活性多糖的研究起步较晚，因此目前关于红枣活性多糖的研究仍处于一个较低的水平，红枣多糖的分子结构的研究目前仅限于一级结构的测定，基本没有涉及高级结构，而多糖的高级结构与多糖的活性有着更为密切的关系，因而研究红枣多糖的高级结构更有助于阐明红枣多糖的构效关系。

关于红枣多糖生物活性的研究，目前也处于初级阶段，大多是一些粗提物的活性评价，缺乏用单一组分探讨其作用机理与构效关系的研究，而多糖的作用机制与构效关系一直是研究的重点，对于指导多糖应用开发和加速多糖产业化进程具有重要作用。因此，在对红枣多糖粗提物的活性进行初步评价的基础上进一步采用结构明确的均一组分探讨其作用机理与构效关系，发现活性最强、结构明确的红枣多糖单一组分，对于红枣多糖的深层次开发具有重要意义。

此外，特异活性的发掘也可对红枣多糖的开发应用产生重要推动作用。因此，还要进一步扩大红枣多糖生物活性的评价范围，发现红枣多糖新的活性与应用价值，为红枣多糖开拓新的应用途径。

3. 红枣多糖生理功效的协同作用与应用技术研究

目前关于红枣多糖生理功效的研究比较单一，未充分考虑红枣中多种成分的相互作用，一方面影响了对多糖在红枣保健功效中所发挥作用的深入理解，另一方面也限制了红枣多糖的应用。因此，需研究红枣中活性多糖与其他功能性成分的相互作用及其对生物活性的影响、红枣多糖与其他食品或药物组分的相互作用及其对生物活性的影响、食品加工过程对红枣多糖组成及生物活性的影响等，提出红枣多糖在医药、功能性食品等方面的最佳应用途径、增效技术，开发基于红枣多糖保健功效的功能性产品，从而推动红枣多糖研究与应用的产业化发展。

4. 红枣多糖的合成与代谢调控机制研究

目前关于不同品种红枣间多糖含量比较的研究较多，但关于不同品种红枣间活性多糖组成差别的研究很少，关于红枣多糖的合成与代谢调控机制研究尚属空白。为获得高含量、高质量多糖的红枣产品，需研究不同品种红枣多糖组成及生物活性的差异、红枣果实中活性多糖的合成途径及其调控机制，为选育高多糖含量的功能性红枣新品种提供理论依据；研究红枣果实发育、贮藏、加工过程中多糖类物质的积累、转化、代谢及其调控机制，为利用栽培管理措施、采后处理和适宜加工技术进行活性多糖富集从而提高红枣及其加工产品中活性多糖含量提供依据和参考。

参 考 文 献

蔡为荣, 顾小红, 汤坚. 2010. 仙人掌多糖提取纯化及其抗凝血活性研究[J]. 食品科学, 31(6): 131-136.

曹蔣, 池爱平. 2006. 酶法提取木枣多糖对游泳小鼠血清酶的影响[J]. 食品科学, 27(10): 531-534.

曹蔣. 2008. 木枣多糖抗小鼠运动疲劳的实验研究[J]. 食品科学, 29(9): 571-574.

陈建国, 步文磊, 来伟旗, 等. 2011. 桑叶多糖降血糖作用及其机制研究[J]. 中药材, 42(3): 515-520.

陈玉香, 张丽萍, 梁忠岩, 等. 1997. 沙棘果水溶性多糖 Hn 的分离纯化与抗病毒研究[J]. 东北师大学报（自然科学版）, (4): 74-77.

陈宗礼, 张向前, 刘世鹏, 等. 2015. 枣多糖提取工艺优化及陕北二十五个品种枣多糖含量分析[J]. 北方园艺, (17): 110-114.

池爱平, 陈锦屏, 熊正英, 2007. 木枣多糖抗疲劳组分对力竭游泳小鼠糖代谢的影响[J]. 中国运动医学杂志, 26(4): 411-415.

崔莹莹, 张剑韵, 张容鹄, 等. 2009. 大蒜多糖的体外抗凝血作用及结构分析[J]. 食品与发酵工业, 35(4): 24-27.

戴玲, 赵帜平, 沈业寿, 等. 2006. 丹皮多糖对 α-葡萄糖苷酶作用的影响[J]. 生物学杂志, 23(2): 23-25.

董群, 方积年. 1995. 寡糖及多糖甲基化方法的发展及现状[J]. 天然产物研究与开发, 7(2): 60-65.

段金友, 方积年. 2004. 圆二色谱在糖类化合物结构研究中的应用[J]. 天然产物研究与开发, 16(1): 71-75.

范会平, 李瑜, 艾志录, 等. 2010. 超声辅助果胶酶法提取大枣中性多糖研究[J]. 江苏农业科学, (5): 384-386.

方元, 许铭强, 汪欣蓓, 等. 2014. 超声波辅助提取哈密大枣多糖的工艺优化[J].食品与机械, 30(2): 175-180.

高英, 叶小利, 李学刚, 等. 2010. 黄精多糖的提取及其对 α-葡萄糖苷酶抑制作用[J]. 中成药, 32(12): 2133-2137.

顾有方, 李卫民, 李升和, 等. 2006. 大枣多糖对小鼠四氯化碳诱发肝损伤防护作用的实验研究[J]. 中国中医药科技, 13(2): 105-107.

关奇, 杨万政, 温中平. 2005. 沙棘果皮、叶中多糖的提取及其抑菌作用研究[J]. 国际沙棘研究与开发, 3(2): 17-20.

郭瑞华, 翟丽, 刘正猛, 等. 2005. 豆豉及其多糖对 α-葡萄糖苷酶抑制作用的研究及豆豉中降糖有效成分的初步分析[J]. 中药材, 28(1): 38-40.

郭燕君, 袁华, 张俐娜, 等. 2006. 灵芝多糖对阿尔茨海默病大鼠海马组织形态学及抗氧化能力的影响[J]. 解剖学报, 37(5): 409-413.

韩秋菊, 马宏飞. 2013. 超声波法提取大枣多糖工艺的优化[J]. 氨基酸和生物资源, 35(1): 51-53.

何新益, 刘仲华. 2007. 苦瓜多糖降血糖活性的高通量筛选研究[J]. 食品科学, 28(2): 313-316.

胡爱军, 郑捷. 2004. 食品工业中的超声提取技术[J]. 食品与机械, 20(4): 57-60.

黄绍华, 胡晓波, 王震宙. 2006. 山药多糖对 α-淀粉酶活力的抑制作用[J]. 食品工业科技, 27(9): 94-95.

姜晓燕, 胡云峰, 崔翰元, 2009. 酶法提取灵武长枣多糖及抗氧化作用的研究[J]. 食品工业, (6): 31-33.

蒋鑫, 徐静, 李妍妍, 等. 2011. 海参消化道多糖降血脂功能的研究[J]. 中国食品学报, 11(7): 46-49.

靳学远, 刘红, 秦霞, 2013. 超声波辅助提取壶瓶枣多糖工艺优化[J]. 湖北农业科学, 52(14): 3386-3387.

焦中高, 2012. 红枣多糖的分子修饰与生物活性研究[D]. 西北农林科技大学博士学位论文.

焦中高, 张春岭, 刘杰超, 等. 2015. 碱提红枣多糖与水提红枣多糖生物活性的比较研究[J]. 食品安全质量检测学报, 6(10): 4181-4187.

李波, 陈海华, 许时婴. 2005. 二维核磁共振谱在多糖结构研究中的应用[J].天然产物研究与开发, 17(4): 523-526.

李德海, 王志强, 孙常雁, 等. 2010. 黄伞子实体多糖的初步纯化及降血脂研究[J]. 食品科学, 31(9): 268-271.

李国有, 陈勇, 王云起, 等. 2006. 原子力显微镜在多糖分子结构研究中的应用[J]. 现代仪器与医疗, 12(5): 14-17.

李进伟, 丁霄霖. 2006a. 金丝小枣多糖的提取及脱色研究[J]. 食品科学, 27(4): 150-154.

李进伟, 丁霄霖. 2006b. 金丝小枣多糖的生物活性[J]. 食品生物技术学报, 25(5): 103-106.

李进伟, 范柳萍, 张连富, 等. 2009. 金丝小枣蛋白聚糖的分离纯化及其结构分析[J]. 食品工业科技, 30(4): 67-69.

李静, 王亚平. 2005. 当归多糖对骨髓巨噬细胞的影响及其与造血调控的关系[J]. 中草药, 36(1): 69-72.

李培. 2008. 若羌红枣多糖提取、精制工艺研究[D]. 新疆大学硕士学位论文.

李盛, 许淑琴, 张俐娜. 2010. 菌类多糖链构象及其表征方法研究进展[J]. 高分子学报, (12): 1359-1375.

李小平. 2004. 红枣多糖提取工艺研究及其生物功能初探[D]. 陕西师范大学硕士学位论文.

李小平, 陈锦屏. 2007. 油枣多糖的酶法提取及其对多糖分子量分布的影响[J].食品科学, 28(8): 191-194.

李小平, 陈锦屏, 邓红, 等. 2005. 红枣多糖沉淀特性及抗氧化作用[J]. 食品科学, 26(10): 14-216.

李新明, 张永茂, 张俊, 等. 2011. 响应面法优化红枣多糖的微波提取工艺研究[J]. 北方园艺, (9): 49-52.

李雪华, 龙盛京. 2000. 大枣多糖的提取与抗活性氧研究[J]. 广西科学, 7(1): 54-56, 63.

李志洲, 杨海涛, 邓百万. 2004. 大枣多糖的提取工艺[J]. 食品与发酵工业, 30(11): 127-129.

林勤保, 高大维, 于淑娟, 等. 1998a. 大枣多糖的分离和纯化[J]. 食品工业科技, 19(4): 20-21.

林勤保, 高大维, 于淑娟, 等. 1998b.大枣多糖的单糖组成的高效液相色谱法研究[J]. 郑州粮食学院学报, 19(3): 57-61.

林勤保, 赵国燕. 2005. 不同方法提取大枣多糖工艺的优化研究[J]. 食品科学, 26(9): 368-371.

刘长安, 赵帜平, 沈业寿, 等.2005. 丹皮多糖 2b 对体外非酶糖化反应及终产物生成的抑制作用. 生物学杂志, 22(1): 20-21.

刘成梅, 付桂明, 涂宗财, 等. 2002. 百合多糖降血糖功能研究[J]. 食品科学, 23(6): 113-114.

刘聪, 海妮, 张英. 2014. 红枣不同部位中有效成分含量的比较研究[J]. 现代食品科技, 30(3): 258-261.

刘海霞, 牛鹏飞, 王峰, 等. 2007. 大孔吸附树脂对大枣多糖提取液的脱色条件研究[J]. 食品与发酵工业, 33(10): 180-184.

刘玲英, 陈晓东, 吴伯瑜, 等. 2010. 芦荟多糖对体外培养人成纤维细胞增殖和分泌透明质酸与羟脯氨酸的影响[J]. 中西医结合学报, 8(3): 256-262.

刘青业, 许小娟. 2016. 三螺旋多糖的链结构与功能研究进展[J].功能高分子学报, 29(2): 134-152.

路筱涛, 鲍淑. 2002. 刺梨多糖对小鼠抗应激功能和免疫功能的影响[J]. 广州中医药大学学报, 19(2): 141-142.

吕磊, 徐抗震, 樊君. 2006. 微波强化提取大枣多糖的研究[J]. 延安大学学报:自然科学版, 25(2): 61-63.

罗晶洁, 王尉, 曹学丽. 2011. 桑叶多糖的分离纯化及对 α-葡萄糖苷酶的抑制活性[J]. 食品科学, 32(3): 112-116.

罗依扎·瓦哈甫, 骆新, 谢飞, 等. 2012. 红枣多糖对小鼠血糖及血清胰岛素水平影响的初步研究 [J]. 食品工业科技, 33(22): 369-371.

罗莹, 林勤宝. 2007. 大枣多糖脱蛋白方法的研究[J]. 食品工业科技, 28(8): 126-128.

罗祖友, 胡筱波, 吴谋成. 2007. 植物多糖的降血糖与降血脂作用[J]. 食品科学, 28(10): 596-510.

马雪梅, 吴朝峰. 2013. 微波法提取大枣多糖的工艺研究[J]. 湖北农业科学, 52(19): 4751-4753.

孟宪军, 刘晓晶, 孙希云, 等. 2010. 蓝莓多糖的抗氧化性与抑菌作用[J]. 食品科学, 31(17): 110-114.

苗明三. 2004a. 大枣多糖对小鼠气血双虚模型胸腺及脾脏组织的影响[J]. 中国临床康复, 8(27): 5894-5895.

苗明三. 2004b. 大枣多糖对免疫抑制小鼠腹腔巨噬细胞产生 IL-1α 及脾细胞体外增殖的影响[J]. 中药药理与临床, 20(4): 21-22.

苗明三. 2004c. 大枣多糖对免疫抑制小鼠白细胞介素 2 及其受体水平的影响[J]. 中国临床康复, 8(30): 6692-6693.

苗明三, 苗艳艳, 孙艳红. 2006. 大枣多糖对血虚大鼠全血细胞及红细胞 ATP 酶活力的影响[J]. 中国临床康复第, 10(11): 97-99.

苗明三, 盛名河. 2001. 大枣多糖对衰老模型小鼠、脾脏和脑组织影响的形态计量学观察[J]. 中药药理与临床, 17(5): 18.

牛希跃, 许倩. 2011. 微波辅助提取红枣多糖工艺的研究[J]. 广西轻工业, (4): 74-75, 82.

潘莹. 2015. 冬枣多糖的 2 种提取工艺优化比较[J]. 江苏农业科学, (5): 262-265.

潘莹, 许经伟. 2016. 冬枣多糖的分离纯化及抗氧化活性研究[J]. 食品科学, 37(13): 89-94.

庞启深, 郭宝江, 阮继红. 1998. 螺旋藻多糖对核酸内切酶活性和 DNA 修复合成的增强作用[J]. 遗传学报, 15(5): 374-381.

彭艳芳, 李洁, 赵仁邦, 等. 2008. 金丝小枣和冬枣果实发育过程中低聚糖和多糖含量的动态研究[J]. 果树学报, 25(6): 846-850.

彭艳芳, 刘孟军, 赵仁邦. 2007.不同发育阶段枣果营养成分的研究[J]. 营养学报, 29(6): 621-622.

钱萍萍, 刘长云. 2003. 糖尿病非酶糖化抑制剂研究进展[J]. 国外医学卫生学分册, 30(3): 137-140.

曲蕾, 姬胜利. 2007. 透明质酸及透明质酸酶与肿瘤的关系[J]. 中国生化药物杂志, 28(2): 127-129.

邵长专, 唐刚. 2015. 大枣多糖对慢性疲劳综合症大鼠的作用效果[J]. 食品科学, 36(1): 205-208.

邵传森, 林佩芳. 1991. 中华猕猴桃多糖体外抗轮状病毒作用的初步观察[J]. 浙江中医学院学报, 15(6): 29-30.

申建和, 陈琼华. 1987. 黑木耳多糖、银耳多糖、银耳孢子多糖的抗凝血作用[J]. 中国药科大学学报, 18(2): 137-140.

石奇. 2006. 复合酶法提取大枣多糖的研究[D]. 西北大学硕士学位论文.

石奇, 石异, 杨晓慧, 等. 2008. 微波法提取大枣多糖的工艺研究[J]. 应用科技, 35(7): 55-57.

石勇, 王会晓, 纵伟. 2010. 复合酶法提取红枣多糖工艺研究[J]. 食品工程, (4): 31-33.

孙晓瑞, 王娜, 谢新华, 等. 2011. 超声波辅助酶法提取红枣多糖的研究[J]. 林产化学与工业, 31(4): 58-62.

田丽梅, 王旻, 陈卫. 2006. 枸杞多糖对 α-葡萄糖苷酶的抑制作用[J]. 华西药学杂志, 21(2): 131-133.

田龙. 2008. 水溶性大豆多糖的抑菌活性研究[J]. 中国油脂, 33(12): 64-66.

王成会, 林书玉. 2007. 超声提取机理分析[J]. 声学技术, 26(5): 88-89.

王海元. 2009. 红枣多糖对小鼠运动能力的影响及其机理的研究[D]. 浙江师范大学硕士学位论文.

王慧铭, 孙炜, 黄素霞, 等. 2008. 昆布多糖对大鼠减肥及降血脂作用的实验研究[J]. 中国现代应用药学, 25(1): 16-19.

王俊钢, 刘成江, 吴洪斌, 等. 2012. 超声波协同纤维素酶提取骏枣多糖工艺优化[J]. 广东农业科学, 39(1): 90-93.

王留, 张代, 刘秀玲. 2013. 大枣多糖对断奶仔猪血液生理生化指标及抗氧化能力的影响[J]. 中国猪业, 8(4): 60-62.

王娜, 冯艳风, 范会平. 2013. 大枣粗多糖体外抗凝血活性的差异化研究[J]. 中国食品学报, 13(12): 34-39.

王娜, 冯艳风, 潘治利, 等. 2014. 超声辅助提取对大枣粗多糖体外抗凝血活性及得率的影响[J]. 中国食品学报, 14(4): 87-94.

王娜, 马琳, 谢新华, 等. 2015. 红枣多糖初步纯化及其对体外抗凝活性的影响[J]. 中国食品学报, 15(10):141-146.

王仁才, 石浩, 吴小燕, 等. 2016. 糖枣多糖经硫酸化修饰前后对酪氨酸酶抑制作用分析[J]. 天然产物研究与开发, 28: 713-718.

王顺春, 方积年. 2000. X-射线纤维衍射在多糖构型分析中应用的研究进展[J]. 天然产物研究与开发, 12(2): 75-80.

王庭欣, 王庭祥, 庞佳宏. 2007. 海带多糖降血糖、血脂作用的研究[J]. 营养学报, 29(1): 99-100.

王翔岩, 齐云, 蔡润兰, 等. 2009. 肉苁蓉多糖的巨噬细胞活化作用[J]. 中国药理学通报, 25(6): 787-790.

王展, 方积年. 2000. 高场核磁共振波谱在多糖结构研究中的应用[J]. 分析化学, 28(2): 240-247.

王忠民, 王跃进, 周鹏. 2005. 葡萄多糖抑菌特性的研究[J]. 食品与发酵工业, 31(1): 77-79.

魏然. 2014. 圆铃大枣多糖提取、纯化及生物活性研究[D]. 山东农业大学硕士学位论文.

魏守蓉, 薛存宽, 何学斌, 等. 2005. 绞股蓝多糖降血糖作用的实验研究[J]. 中国老年学杂志, 25(4): 418-420.

巫光宏, 王玉琪, 何典路, 等. 2009. 虎奶菇菌核水提多糖对糖尿病小鼠的抗氧化作用[J]. 天然产物研究与开发, 21(2): 334-338.

吴佳, 邓霄, 张芸, 等. 2008. 原子力显微镜技术在多糖研究中的应用[J].中国农业科学, 41(10): 3222-3228.

吴箫笛, 陈红漫. 2006. 水溶性苦瓜多糖的分离纯化及生物学活性的研究[J]. 食品科学, 27(3): 82-86.

辛娟. 2005.大枣多糖的提取与丹皮酚肿衍生物联合抗肿瘤的体内外实验研究[D]. 重庆大学硕士学位论文.

熊燕飞, 韩志红, 刘欣安, 等. 2005. 香蕉多糖的提取及其抗肿瘤作用研究[J]. 中华实用中西医杂志, 18(2): 261-263.

徐庆, 滕俊英. 2004. 植物多糖的降血糖作用与机理[J]. 中国食物与营养, (8): 105-107.

徐瑜玲, 苗明三, 孙艳红, 等. 2004. 大枣多糖对气血双虚模型小鼠造血功能的影响[J]. 中国临床康复, 24(8): 5050-5051.

杨春, 丁卫英, 邓晓燕, 等. 2008. 超声波辅助浸提木枣多糖优化工艺的研究[J]. 农产品加工·学刊, (5): 24-26.

杨娟, 陈付学, 梁光义. 2005. 刺梨多糖对神经干细胞谷氨酸损伤的保护作用[J]. 营养学报, 27(4): 339-341.

杨娟, 杨付梅, 孙黔云. 2006. 刺梨多糖的分离纯化及其神经营养活性[J]. 中国药学杂志, 41(13): 980-982.

杨军, 章英才, 苏伟东. 2011. 灵武长枣多糖含量的变化规律[J]. 北方园艺, (20): 13-16.

杨世平, 孙润广. 2005. 陕北红枣中多糖的酶加水法提取工艺研究[J]. 武汉植物学研究, 23(4): 373-375.

杨咏洁, 梁成云, 崔福顺. 2010. 荠菜多糖的超声波提取工艺及其抑菌活性的研究[J]. 食品工业科技, 31(4): 146-148,151.

杨云, 孟江, 冯卫生, 等. 2004a. 大枣酸性多糖 ZJ-6 的化学研究[J]. 食品科学, 25(5): 55-58.

杨云, 刘福勤, 冯卫生, 等. 2004b. 碱法提取大枣渣多糖及活性炭脱色的工艺研究[J]. 食品与发酵工业, 30(7): 30-32.

杨云, 田润涛, 冯卫生, 等. 2004c. 大枣渣多糖制备工艺的研究[J]. 林产化学与工业, 24(3): 91-94.

杨云, 谢新年, 孟江, 等. 2003. 酶法提取大枣多糖的研究[J]. 食品工业科技, 24(10): 93-95.

姚文华, 尹卓容. 2006. 大枣多糖脱色的工业化试验[J]. 食品工业, (5): 41-43.

叶明, 李世艳, 郝伟伟, 等. 2009. 金顶侧耳胞内多糖生物活性研究[J]. 菌物学报, 28(4): 558-563.

叶绍明, 岑颖洲, 张美英, 等. 2007. 麒麟菜硫酸酯多糖体外抗病毒作用的研究[J]. 中国海洋药物, 26(3): 14-19.

尹鸿萍, 盛玉青. 2006. 盐藻多糖体内抑菌及抗炎作用的研究[J]. 中国生化药物杂志, 27(6): 361-363.

尹团章, 熊国玺, 王娜, 等. 2016. 复合酶辅助微波技术提取红枣多糖的工艺研究[J]. 湖北农业科学, 55(7): 1799-1801.

于斐, 李全宏. 2011. 南瓜多糖主要成分对 α-葡萄糖苷酶的抑制作用[J]. 食品科技, 36(9): 202-206.

于红, 张文卿, 赵磊, 等. 2006. 钝顶螺旋藻多糖抗病毒作用的实验研究[J]. 中国海洋药物, 25(5): 19-24.

张凌凌, 潘景芝, 张文婷, 等. 2010. 树舌胞内粗多糖的提取及其抗炎活性研究[J]. 菌物学报, 8(2): 85-89, 102.

张庆, 雷林生, 孙莉莎, 等. 1998. 大枣多糖体外抗补体活性及促进小鼠脾细胞的增殖作用[J]. 中药药理与临床, 14(5): 19-21.

张庆, 雷林生, 孙莉莎, 等. 1999. 大枣多糖体外对小鼠腹腔巨噬细胞功能的影响[J]. 中药药理与临床, 15(3): 21-23.

张庆, 雷林生, 许军. 2001b. 大枣中性多糖对小鼠腹腔巨噬细胞膜电位的影响[J]. 中药药理与临床, 17(6): 22-24.

张庆, 雷林生, 许军. 2002. 大枣中性多糖对小鼠腹腔巨噬细胞内 pH 值的影响[J]. 中药药理与临床, 18(1): 8-9.

张庆, 雷林生, 杨淑琴, 等. 2001d. 大枣中性多糖对小鼠腹腔巨噬细胞分泌肿瘤坏死因子及其 mRNA 表达的影响[J]. 第一军医大学学报, 21(8): 592-594.

张庆, 雷林生, 杨淑琴, 等. 2001c. 大枣中性多糖对小鼠腹腔巨噬细胞浆游离 Ca^{2+} 浓度的影响[J]. 中药药理与临床, 17(3): 14-17.

张庆, 雷林生, 杨淑琴, 等. 2001a. 大枣中性多糖对小鼠脾淋巴细胞增殖的影响[J]. 南方医科大学学报, 21(6): 426-428.

张雯, 赵旌旌, 王捷思, 等. 2010. 金耳菌丝体多糖对实验性 2 型糖尿病大鼠的降血糖作用研究[J]. 天然产物研究与开发, 22(1): 49-53.

张颖, 郭盛, 严辉, 等. 2016. 不同产地不同品种大枣中可溶性糖类成分的分析[J]. 食品工业, 37(8): 265-270.

张钟, 吴茂东. 2006. 大枣多糖对小鼠化学性肝损伤的保护作用和抗疲劳作用[J]. 南京农业大学学报, 29(1): 94-97.

张自萍. 2006. 微波辅助提取技术在多糖研究中的应用[J]. 中草药, 37(4): 630-632.

章英才, 苏伟东, 杨军. 2012. 灵武长枣多糖积累分布特征研究[J]. 北方园艺, (21): 7-11.

昭日格图, 娜日苏, 博日吉汗格日勒图, 等. 2009. 黄芪多糖咀嚼片降血脂人体试食试验研究[J]. 食品科学, 30(15): 196-199.

赵爱玲, 李登科, 王永康, 等. 2010. 枣品种资源的营养特性评价与种质筛选[J]. 植物遗传资源学报, 11(6): 811-816.

赵爱玲, 李登科, 王永康, 等. 2012. 枣树不同品种、发育时期和器官的水溶性多糖含量研究[J]. 山西农业科学, 40(10): 1040-1043.

赵国燕. 2005. 大枣多糖的分离纯化和结构研究[D]. 山西大学硕士学位论文.

赵其达拉吐, 孙美艳. 2016. 富含大枣多糖食品对运动员缓解运动性疲劳的效果研究[J]. 食品研究与开发, 37(18): 182-185.

赵智慧. 2006. 枣水溶性多糖的研究[D]. 河北农业大学博士学位论文.

Ananthi S, Raghavendran H R, Sunil A G, et al. 2010. *In vitro* antioxidant and *in vivo* anti-inflammatory potential of crude polysaccharide from *Turbinaria ornata* (Marine Brown Alga)[J]. Food and Chemical Toxicology, 48(1): 187-92.

Bendjeddou D, Lalaoui K, Satta D. 2003. Immunostimulating activity of the hot water-soluble polysaccharide extracts of *Anacyclus pyrethrum*, *Alpinia galanga* and *Citrullus colocynthis*[J]. Journal of Ethnopharmacology, 88: 155-160.

Brownlee M, Cerami A, Vlassara H. 1988. Advanced products of non-enzymatic glycosylation and the photogenesis of diabetic vascular disease[J]. Diabetes Metabolism Reviews, 4(5): 437-451.

Capek P, Machova E, Turjan J. 2009. Scavenging and antioxidant activities of immunomodulating polysaccharides isolated from *Salvia officinalis* L.[J]. International Journal of Biological Macromolecules, 44: 75-80.

Chang S C, Hsu B Y, Chen B H. 2010. Structural characterization of polysaccharides from *Zizyphus jujuba* and evaluation of antioxidant activity[J]. International Journal of Biological Macromolecules, 47(4): 445-453.

Chatjigakis A K, Pappas C, Proxenia N, et al. 1998. FT-IR spectroscopic determination of degree of esterification of cell wall pectin from stored peaches and correlation to textural changes[J]. Carbohydrate Polymers, 37: 395-408.

Chen X, Bai X, Liu Y, et al. 2009. Anti-diabetic effects of water extract and crude polysaccharides from tuberous root of *Liriope spicata* var. prolifera in mice[J]. Journal of Ethnopharmacology, 122(2): 205-209.

Chen X, Ye Y, Cheng H, et al. 2005. Components and antioxidant activity of polysaccharide conjugate from green tea[J]. Journal of Agricultural and Food Chemistry, 57(13): 5795-5798.

Chi A P, Kang C Z, Zhang Y, et al. 2015. Immunomodulating and antioxidant effects of polysaccharide conjugates from the fruits of *Ziziphus jujube* on chronic fatigue syndrome rats[J]. Carbohydrate Polymers, 122: 189-196.

Chun H, Shin D H, Hong B S,et al. 2001. Purification and biological activity of acidic polysaccharide from leaves of *Thymus vulgaris* L.[J]. Biological & Pharmaceutical Bulletin, 24(8): 941-946.

Chung H Y, Yoo M K, Kawagishi H. 2009. Characteristics of water-soluble polysaccharide, showing inhibiting activity on α-glucosidase, in *Cordyceps militaris*[J]. Food Science and Biotechnology, 18: 667-671.

Ciancia M, Quintana I, Cerezo A S. 2010. Overview of anticoagulant activity of sulfated polysaccharides from seaweeds in relation to their structures, focusing on those of green seaweeds[J]. Current Medicinal Chemistry, 17: 2503-2529.

Deters A M, Schroder K R, Hensel A. 2005. Kiwi Fruit (*Actinidia chinensis* L.) polysaccharides exert stimulating effects on cell proliferation via enhanced growth factor receptors, energy production, and collagen synthesis of human keratinocytes, fibroblasts, and skin equivalents[J]. Journal of Cell Physiology, 202: 717-722.

Dong C X, Hayashi K, Lee J B,et al. 2010. Characterization of structures and antiviral effects of polysaccharides from *Portulaca oleracea* L.[J]. Chemical & Pharmaceutical Bulletin, 58(4): 507-510.

Fraser J R, Laurent T C, Laurent U B. 1997. Hyaluronan: its nature, distribution, functions and turnover[J]. Journal of Internal Medicine, 242(1): 27-33.

Gao Q H, Bai C F, Wang M. 2015. Polysaccharides in jujube (*Ziziphus jujuba* Mill.) fruit: Extraction, antioxidant properties and inhibitory potential against α-amylase *in vitro*[J]. Journal of Chemical and Pharmaceutical Research, 7(12): 943-949.

Gao Y, Gao H, Chan E, et al. 2005. Antitumor activity and underlying mechanisms of ganopoly, the refined polysaccharides extracted from *Ganoderma lucidum* in mice[J]. Immunological Investigations, 34(2): 171-198.

Gao Y, Zhou S, Wen J, et al. 2002. Mechanism of the antiulcerogenic effect of *Ganoderma lucidum* polysaccharides on indomethacin-induced lesions in the rat[J]. Life Science, 72: 731-745.

Girish K S, Kemparaju K, Nagaraju S, et al. 2009. Hyaluronidase inhibitors: a biological and therapeutic perspective[J]. Current Medicinal Chemistry, 16(18): 2261-2288.

Hotta H, Hagiwara K, Tabata K, et al. 1993. Augmentation of protective immune responses against Sendai virus infection by fungal polysaccharide schizophyllan[J]. International Journal of Immunopharmacology, 15(1): 55-60.

Hung C F, Hsu B Y, Chang S C, et al. 2012. Antiproliferation of melanoma cells by polysaccharide isolated from *Zizyphus jujuba*[J]. Nutrition, 28: 98-105.

Inoue N, Yamano N, Sakata K, et al. 2009. The sulfated polysaccharide porphyran reduces apolipoprotein B100 secretion and lipid synthesis in HepG2 cells[J]. Bioscience Biotechnology & Biochemistry, 73(2): 447-449.

Jaques L B. 1979. Heparin: An old drug with a new paradigm[J]. Science, 206(4418): 528-533.

Katsube T, Yamasaki Y, Iwamoto M, et al. 2003. Hyaluronidase inhibiting polysaccharide isolated and purified from hot water extract of sporophyll of *Undaria pinnatifida*[J]. Food Science and Technology Research, 9: 25-29.

Kiho T, Yamane A, Hui J, et al. 1996. Hypoglycemic activity of a polysaccharide from the cultural mycelium of *Cordyceps sinensis* and its effect on glucose metabolism in mouse liver[J]. Biological & Pharmaceutical Bulletin, 19: 294-296.

Kobayashi M, Matsushita H, Yoshida K, et al. 2004. *In vitro* and *in vivo* anti-allergic activity of soy sauce[J]. International Journal of Molecular Medicine, 14: 879-884.

Kou X H, Chen Q, Li X H, et al. 2015. Quantitative assessment of bioactive compounds and the antioxidant activity of 15 jujube cultivars[J]. Food Chemistry, 173: 1037-1044.

Kwak Y S, Kyung J S, Kim J S, et al. 2010. Anti-hyperlipidemic effects of red ginseng acidic polysaccharide from Korean red ginseng[J]. Biological & Pharmaceutical Bulletin, 33(3): 468-472.

Kweon M H, Park M K, Ra K S. 1996. Screening of anticoagulant polysaccharides from edible plants[J]. Agricultural Chemistry and Biotechnology, 39: 159-164.

Lai C Y, Hung J T, Lin H H, et al. 2010. Immunomodulatory and adjuvant activities of a polysaccharide extract of *Ganoderma lucidum in vivo* and *in vitro*[J]. Vaccine, 28(31): 4945-4954.

Li H, Lu X, Zhang S, et al. 2008. Anti-inflammatory activity of polysaccharide from *Pholiota nameko*[J]. Biochemistry (Mosc), 73: 669-675.

Li H, Zhang M, Ma G. 2010. Hypolipidemic effect of the polysaccharide from *Pholiota nameko*[J]. Nutrition, 26(5): 556-562.

Li J, Ai L, Hang F et al. 2014. Composition and antioxidant activity of polysaccharides from jujuba by classical and ultrasound extraction[J]. International Journal of Biological Macromolecules, 63: 150-153.

Li J, Ai L, Yang Q, et al. 2013. Isolation and structural characterization of a polysaccharide from fruits of *Zizyphus jujuba* cv. Junzao[J]. International Journal of Biological Macromolecules, 55: 83-87.

Li J, Ding S D, Ding X L. 2007. Optimization of the ultrasonically assisted extraction of polysaccharides from *Zizyphus jujuba* cv. jinsixiaozao[J]. Journal of Food Engineering, 80(1): 176-183.

Li J, Liu Y, Fan L, et al. 2011a. Antioxidant activities of polysaccharides from the fruiting bodies of *Zizyphus jujuba* cv. jinsixiaozao[J]. Carbohydrate Polymers, 84: 390-394.

Li J, Shan L, Liu Y, et al. 2011b. Screening of a functional polysaccharide from *Zizyphus jujuba* cv. jinsixiaozao and its property[J]. International Journal of Biological Macromolecules, 49(3): 255-259.

Li J, Fan L P, Ding S D. 2011c. Isolation, purification and structure of a new water-soluble polysaccharide from *Zizyphus jujuba* cv. jinsixiaozao[J]. Carbohydrate Polymers, 83: 477-482.

Li L, Ding C C, Li F H. 2011. Study on the antibacterial effects of two *Dendrobium* polysaccharides[J]. Medicinal Plant, 2(2): 21-22.

Li L Y, Li L Q, Guo C H. 2010. Evaluation of in vitro antioxidant and antibacterial activities of *Laminaria japonica* polysaccharides[J]. Journal of Medicinal Plants Research, 4: 2194-2198.

Liu G P, Yuan S Z, Wang C Y, et al. 2015. Hepatoprotective effects of polysaccharides extracted from *Zizyphus jujube* cv. Huanghetanzao[J]. International Journal of Biological Macromolecules, 76: 169-175.

Luo Q, Cai Y, Yan J, et al. 2004. Hypoglycemic and hypolipidemic effects and antioxidant activity of fruit extracts from *Lycium barbarum*[J]. Life Sciences, 76: 137-149.

Madan A K, Yu K, Dhurandhar N, et al. 1999. Association of hyaluronidase and breast adenocarcinoma invasiveness[J]. Oncology Reports, 6: 607-609.

Masuda Y, Matsumoto A, Toida T,et al. 2009. Characterization and antitumor effect of a novel polysaccharide from *Grifola frondosa*[J]. Journal of Agricultural and Food Chemistry, 57(21): 10143-10149.

Mestechkina N M, Shcherbukhin V D. 2010. Sulfated polysaccharides and their anticoagulant activity: A review[J]. Applied Biochemistry and Microbiology, 46: 267-273.

Naqash S Y, Nazeer R A. 2011. Anticoagulant, antiherpetic and antibacterial activities of sulphated polysaccharide from Indian medicinal plant *Tridax procumbens* L. (Asteraceae). Applied Biochemistry and Microbiology[J], 165(3-4):902-912.

Niels G, Inken G, Susanne A. 2009. Evaluation of seasonal variations of the structure and anti-inflammatory activity of sulfated polysaccharides extracted from the red alga *Delesseria sanguinea* (Hudson) Lamouroux (Ceramiales, Delesseriaceae)[J]. Biomacromolecules, 10: 1155-1162.

Ohno-Nakahara M, Honda K, Tanimoto K, et al. 2004. Induction of CD44 and MMP expression by hyaluronidase treatment of articular chondrocytes[J]. Journal of Biochemistry, 135(5): 567-575.

Paiva A A, Castro A J, Nascimento M S, et al. 2011. Antioxidant and anti-inflammatory effect of polysaccharides from *Lobophora variegata* on zymosan-induced arthritis in rats[J]. International Immunopharmacology, 11(9): 1241-1250.

Qu C L, Yu S C, Luo L, et al. 2013a. Optimization of ultrasonic extraction of polysaccharides from *Ziziphus jujuba* Mill. by response surface methodology[J]. Chemistry Central Journal, 7: 160.

Qu C L, Yu S C, Jin H L, et al. 2013b. The pretreatment effects on the antioxidant activity of jujube polysaccharides[J]. Spectrochimica Acta Part A—Molecular and Biomolecular Spectroscopy, 114: 339-343.

Rout S, Banerjee R. 2007. Free radical scavenging, anti-glycation and tyrosinase inhibition properties of a polysaccharide fraction isolated from the rind from *Punica granatum*[J]. Bioresource Technology, 98: 3159-3163.

Sawabe Y, Nakagomi K, Iwagami S, et al. 1992. Inhibitory effects of pectic substances on activated hyaluronidase and histamine release from mast cells[J]. Biochimica et Biophysica Acta, 1137: 274-278.

Shanmugam M, Mody K H. 2000. Heparinoid-active sulphated polysaccharides from marine algae as potential blood anticoagulant agents[J]. Current Science, 79(12): 1672-1683.

Song Y, Zhang Y, Zhou T, et al. 2012. A preliminary study of monosaccharide composition and α-glucosidase inhibitory effect of polysaccharides from pumpkin (*Cucurbita moschata*) fruit[J]. International Journal of Food Science and Technology, 47: 357-361.

Stern R, Asari A A, Sugahara K N. 2006. Hyaluronan fragments: an information-rich system[J]. European Journal of Cell Biology, 85(8): 699-715.

Subramanian M, Chintalwar G J, Chattopadhyay S. 2005. Antioxidant and radioprotective properties of an *Ocimum sanctum* polysaccharide[J]. Redox Report, 10(5): 257-264.

Sugahara K N, Murai T, Nishinakamura H, et al. 2003. Hyaluronan oligosaccharides induce CD44 cleavage and promote cell migration in CD44-expressing tumor cells[J]. Journal of Biological Chemistry, 278(34): 32259-32265.

Tundis R, Loizzo M R, Menichini F. 2010. Natural products as α-amylase and α-glucosidase inhibitors and their hypoglycaemic potential in the treatment of diabetes: An update[J]. Mini-Reviews in Medicinal Chemistry, 10: 315-331.

Udabage L, Brownlee G R, Stern R, et al. 2004. Inhibition of hyaluronan degradation by dextran sulphate facilitates characterization of hyaluronan synthesis: an *in vitro* and *in vivo* study[J]. Glycoconjugate Journal, 20: 461471.

Wakabayashi T, Hirokawa S, Yamauchi N, et al. 1997. Immunomodulating activities of polysaccharide fractions from dried safflower petals[J]. Cytotechnology, 25(1-3): 205-211.

Wang B. 2011. Chemical characterization and ameliorating effect of polysaccharide from Chinese jujube on intestine oxidative injury by ischemia and reperfusion[J]. International Journal of Biological Macromolecules, 48: 386-391.

Wang C T, Lin Y T, Chiang B L, et al. 2006. High molecular weight hyaluronic acid down-regulates the gene expression of osteoarthritis-associated cytokines and enzymes in fibroblast like synoviocytes from patients with early osteoarthritis[J]. Osteoarthritis Cartilage, 14(12):1237-1247.

Wang D Y, Zhao Y, Jiao Y D, et al. 2012. Antioxidative and hepatoprotective effects of the polysaccharides from *Zizyphus jujube* cv. Shaanbeitanzao[J]. Carbohydrate Polymers, 88(4): 1453-1459.

Wang Y, Bian X, Park J, et al. 2011. Physicochemical properties, *in vitro* antioxidant activities and inhibitory potential against α-glucosidase of polysaccharides from *Ampelopsis grossedentata* leaves and stems. Molecules, 16(9): 7762-7772.

Wang Y, Yang Z, Wei X. 2010. Sugar compositions, α-glucosidase inhibitory and amylase inhibitory activities of polysaccharides from leaves and flowers of *Camellia sinensis* obtained by different extraction methods[J]. International Journal of Biological Macromolecules, 47(4): 534-539.

Wang Y J, Liu X Q, Zhang J Z, et al. 2015. Structural characterization and *in vitro* antitumor activity of polysaccharides from *Zizyphus jujube* cv. Muzao[J]. RSC Advances, 5(11): 7860-7867.

Wu D M, Duan W Q, Liu Y, et al. 2010. Anti-inflammatory effect of the polysaccharides of golden needle mushroom in burned rats[J]. International Journal of Biological Macromolecules, 46(1):100-103.

Xu J, Wang Y, Xu D S, et al. 2011. Hypoglycemic effects of MDG-1, a polysaccharide derived from *Ophiopogon japonicas*, in the ob/ob mouse model of type 2 diabetes mellitus. International Journal of Biological Macromolecules, 49(4): 657-662.

Yang B, Zhao M, Jiang Y. 2008. Optimization of tyrosinase inhibition activity of ultrasonic-extracted polysaccharides from longan fruit pericarp[J]. Food Chemistry, 110: 294-300.

Yao H, Chen Y, Li S. 2009. Promotion proliferation effect of a polysaccharide from *Aloe barbadensis* Miller on human fibroblasts *in vitro*[J]. International Journal of Biological Macromolecules, 45: 152-156.

Ye H, Wang K, Zhou C, et al. 2008. Purification, antitumor and antioxidant activities *in vitro* of polysaccharides from the brown seaweed *Sargassum pallidum*[J]. Food Chemistry, 111: 428-432.

Yu Y T, Lu T J, Chiang M T, et al. 2005. Physicochemical properties of water-soluble polysaccharide enriched fractions of adlay and their hypolipidemic effect in hamsters[J]. Journal of Food and Drug Analysis, 13(4): 361-367.

Zhang H, Y e L, Wang K. 2010. Structural characterization and anti-inflammatory activity of two water-soluble polysaccharides from *Bellamya purificata*[J]. Cabohydrate Polymers, 81: 953-960.

Zhang J, Chen J, Wang D, et al. 2013. Immune-enhancing activity comparison of sulfated ophiopogonpolysaccharide and sulfated jujube polysaccharide[J]. International Journal of Biological Macromolecules, 52(1): 212-217.

Zhang Q, Li N, Zhou G, et al. 2003. *In vivo* antioxidant activity of polysaccharide fraction from *Porphyra haitanesis* (Rhodephyta) in aging mice[J]. Pharmacological Research, 48(2): 151-155.

Zhang Z, Wang X, Zhang J, et al. 2011. Potential antioxidant activities in vitro of polysaccharides extracted from ginger (*Zingiber officinale*) [J]. Carbohydrate Polymers, 86(2): 448-452.

Zhao Y, Yang X, Ren D, et al. 2014. Preventive effects of jujube polysaccharides on fructose-induced insulin resistance and dyslipidemia in mice[J]. Food & Function, 5: 1771-1778.

Zhao Z H, Dai H, Wu X M, et al. 2007. Characterization of a pectic polysaccharide from the fruit of *Ziziphus jujuba*[J]. Chemistry of Natural Compounds, 43: 374-376.

Zhao Z H, Li J, Wu X M, et al. 2006. Structures and immunological activities of two pectic polysaccharides from the fruits of *Ziziphus jujuba* Mill.cv. jinsixiaozao Hort.[J]. Food Research International, 39(8): 917-923.

Zhao Z H, Liu M J, Tu P F, et al. 2012. A bioactive polysaccharide isolated from the fruits of Chinese jujube[J]. Asian Journal of Chemistry, 24(2): 813-815.

Zhao Z H, Liu M J, Tu P F. 2008. Characterization of water soluble polysaccharides from organs of Chinese jujube (*Ziziphus jujuba* Mill.cv. Dongzao) [J]. European Food Research and Technology, 226: 985-989.

Zhauynbaeva K S, Malikova M K, Rakhimov D A, et al. 2003. Water-soluble polysaccharides from *Narcissus poeticus* and their biological activity[J]. Chemistry of Natural Compounds, 39: 520-522.

Zhu W, Chiu L C, Ooi V E, et al. 2004. Antiviral property and mode of action of a sulphated polysaccharide from *Sargassum patens* against herpes simplex virus type 2[J]. International Journal of Antimicrobial Agents, 24: 279-283.

第 4 章　红枣多糖的分子修饰

　　尽管天然多糖具有众多药理活性，但仍然存在着种种问题。例如，有些天然多糖活性较弱或者缺乏某些活性，需要进一步提高和改善其活性才具有应用价值；而有些天然多糖虽然药效良好，具备较好的开发应用价值，但应用中也可能会产生一些不良反应，甚至是毒副作用，这也在一定程度上限制了其应用；还有一些多糖，其天然结构和理化特性（如溶解性等）不利于其生理活性的发挥，必须进行某些改进才能够具备应用价值。由于多糖的活性和理化性质直接或间接地受到其结构的制约，因此采取一定的方法对多糖结构进行适当修饰是解决以上问题的根本途径。在研究多糖的构效关系时，也常用到多糖的分子修饰。

　　分子修饰是通过化学、物理及生物学等手段对化合物分子进行结构改造，以获得众多结构类型衍生物的方法。选择适宜的方法对天然多糖进行分子修饰使其结构发生变化，可改变其理化性质和生物活性，不仅可以通过多糖结构和生物活性的变化更好地研究其构效关系，也丰富了多糖化合物的结构类型，为高活性或特异性多糖药物筛选提供了更多选择。因此，对天然多糖进行分子修饰已成为研究多糖构效关系和探索多糖活性中心的重要手段，更为提高多糖应用价值和拓宽多糖应用途径奠定了基础。

　　通过对红枣多糖进行分子修饰，不仅可以获得不同结构类型的红枣多糖衍生物，而且有可能改变原红枣多糖的理化特性及生物功能，同时有助于研究揭示红枣多糖的构效关系，也可提供几种提高和改善红枣多糖生物功效的分子修饰技术和方法，为开发高活性红枣多糖产品提供指导，从而进一步推动红枣多糖的研究开发和产业化应用，并丰富多糖构效关系研究的内容，为全面理解多糖构效关系积累基础资料。

　　目前对红枣多糖的分子修饰主要有硫酸酯化、羧甲基化、乙酰化、降解、硒酸酯化修饰及与铁离子络合等。本章在对天然多糖的分子修饰及其对生物活性的影响概述的基础上，重点阐述红枣多糖降解、硫酸酯化、羧甲基化、磷酸酯化和乙酰化修饰及其对红枣多糖生物活性的影响等。

4.1　天然多糖的分子修饰及其对生物活性的影响概述

　　多糖的化学结构是其生物活性的基础，通过分子修饰可使天然多糖的结构发生变化，从而导致多糖理化性质和生物活性的改变。常见的天然多糖分子修饰方法主要有硫酸酯化、羧甲基化、羧乙基化、乙酰化、磷酸酯化、苯甲酰化、羟丙基化、棕榈酰化、硬脂酰化、双基团衍生化、碘化和氨化、降解修饰等，其中尤以硫酸酯化、羧甲基化、乙酰化、磷酸酯化和降解修饰较为常见。

本节重点阐述天然多糖的硫酸酯化、羧甲基化、乙酰化、磷酸酯化、降解修饰及其对生物活性的影响。

4.1.1 硫酸酯化

硫酸酯化多糖（或称为多糖硫酸酯）是一类含有硫酸基团的多糖衍生物，天然存在于海藻等动植物体内。不少含有硫酸基团的天然动植物多糖具有抗病毒、抗凝血、抗肿瘤、抗氧化、增强机体免疫等诸多独特的生物活性，尤其是被发现具有抗 HIV 的作用后，硫酸酯化多糖更受研究者的重视，成为多糖研究的热点，硫酸酯化也因此成为多糖分子修饰的重点。

1. 多糖硫酸酯化修饰的方法

多糖的硫酸酯化修饰通常采用化学合成方法，在一定条件下，使多糖与硫酸化试剂进行反应，多糖分子中部分羟基与硫酸基团结合形成硫酸酯。常见的多糖硫酸酯化修饰方法有氯磺酸-吡啶法、三氧化硫-吡啶法及浓硫酸法等。其中，氯磺酸-吡啶法具有收率高、硫酸基取代度高和原料廉价易得等优点，是目前应用最多的多糖硫酸酯化修饰方法；三氧化硫-吡啶法尽管反应条件比较温和，操作也比较方便，但原料价格较高，不适合于大规模制备，因此仅限于实验室研究使用；浓硫酸法虽然原料易得，但易引起多糖降解，收率低，因此实际应用很少。

由于以上方法都是用强酸或者强酸-有机溶剂作为反应体系，多糖长时间处在强酸环境中易造成降解，导致收率降低或者原始活性丧失，而且多糖在有机溶剂中溶解性很差，也会造成反应缓慢，不易获得较高的硫酸基取代度，因此，通过加入催化剂或者改变溶剂系统增加多糖的溶解性可能提高反应速率，改善硫酸酯化修饰的效果。例如，Wei 等（2012）在红芪多糖的硫酸酯化修饰中，采用离子液体（1-butyl-3-methylimidazolium chloride，1-丁基-3-甲基咪唑氯化物）溶解多糖，并加入 4-二甲基氨基吡啶（4-dimethylaminopyridine，DMAP）作为催化剂，可显著提高氯磺酸-吡啶法修饰红芪（*Radix hedysari*）多糖的反应速率，减少对红芪多糖的降解。Liu 等（2014）在苦瓜（*Momordica charantia* L.）多糖的硫酸酯化修饰中应用离子液体作溶剂并加入 DMAP 作为催化剂也获得了较好的效果。

2. 硫酸酯化修饰对多糖生物活性的影响

多糖的硫酸酯化为多糖带来了新的生物活性和功能，一些原有的生物活性被改善或提高。例如，凝结多糖（curdlan）是一种微生物多糖，它本身不具有抗病毒活性，但经硫酸化修饰后的产物硫酸化凝结多糖能有效抑制 HIV-1 在 H9 细胞中的感染，与常规的抗 HIV 药物相比，硫酸酯化凝结多糖具有抗 HIV-1 活性高、抗凝血副作用小的特点，是一种很有前途的抗 HIV 多糖药物（Jagodzinski et al.，1994）；红芪多糖不能抑制人肺腺癌上皮细胞株 A549 的增殖，对胃癌细胞株 BGC-823 仅有很弱的抑制作用，但硫酸酯化红芪多糖对两种癌细胞都具有明显的抑制作用（Wei et al.，2012）；香菇多糖（lentinan）具有抗肿瘤作用，但不具备抗艾滋病作用，经过硫酸酯化修饰后具有显著抗艾滋病病毒活性（Yoshida et al.，1998）；小分子量的牛膝多糖有免疫增强作用，却无抗病毒活性，经硫酸酯化处理后，产生较强抗乙肝病毒 HBsAg、HBeAg 和 HIV-1 的活性（田庚元等，1995；彭宗根等，2008）；灰树花（Grifola frondosa）碱提多糖难溶于水，药理实验与应用研究受到限制，通过化学修饰得到的硫酸酯化衍生物不仅溶于水，而且在体外对人胃癌细胞 SGC-7901 有直接杀伤作用（Shi et al.，2007）；从地衣（Cladonia ibitipocae）中分离得到的一种半乳葡甘露聚糖本身没有抗凝血活性，但经硫酸酯化修饰后表现出抗凝血活性（Martinichen-Herrero et al.，2005）；箬竹多糖在高浓度下才可抑制 HIV 导致的细胞病变，而硫酸酯化箬竹多糖在 10μg/mL 浓度以上时就可完全保护人 T 淋巴细胞株 MT24 免受 HIV 的侵袭（陈春英等，1998）；未硫酸酯化前鱿鱼墨多糖无明显的抗凝血活性，经硫酸酯化修饰之后，不同浓度的硫酸酯化修饰样品均显示出了较强的抗凝血活性（陈士国等，2010）；从一种海产丝状真菌（Phoma herbarum YS4108）中提取的多糖经硫酸酯化修饰后可产生较强的抗氧化和自由基清除活性（Yang et al.，2005）；硫酸酯化修饰的苦瓜多糖、螺旋藻多糖表现出较强的羟自由基清除活性（张海容等，2003；Liu et al.，2014）；硫酸酯化霍山石斛（Dendrobium huoshanense）多糖对非酶糖化反应的抑制作用较原多糖提高 52.5%（Qian et al.，2014）；灵芝多糖、菌核侧耳（Pleurotus tuber-regium）多糖、玉米糠多糖、宝乐果（Borojoa sorbilis）多糖等经硫酸酯化修饰后抗肿瘤活性大幅提高（Tao et al.，2006；Wang J et al.，2009；Zhang et al.，2012；Si et al.，2016；Xu FF et al.，2016）；黑木耳（Auricularia auricula）多糖、银耳（Tremella fuciformis）多糖经硫酸酯化修饰后抗病毒活性显著提高（Nguyen et al.，2012；Zhao et al.，2011）；灵芝多糖经硫酸酯化修饰后对超氧阴离子自由基和羟自由基的清除能力、还原能力及对胆汁酸的结合能力均得到提高（Liu et al.，2010）；麦冬多糖（Ophiopogon polysaccharide）、枣多糖、枸杞（Lycium barbarum）多糖经硫酸酯化修饰后其免疫调节活性得到增强（Wang et al.，2010；Zhang J et al.，2013）；硫酸酯化修饰还可提高茶多糖的降血糖活性（Wang Y et al.，2009）。

　　通过对多糖进行硫酸化或去硫酸基等结构修饰，一方面改善了天然多糖的生物活性，扩展了应用途径，另一方面也为多糖构效关系研究积累了资料。尽管硫酸化修饰改变多糖生物活性的分子机制尚不能完全清楚，但硫酸基在硫酸酯化多糖生物活性中的重要性已得到了公认，硫酸基对多糖抗病毒活性的重要作用也已引起了人们的高度重视，使得硫酸酯化成为多糖分子修饰的重点。

4.1.2　羧甲基化

许多天然多糖类化合物如纤维素、淀粉、壳聚糖等通过羧甲基化反应制备了其衍生化产物，其中最熟知的羧甲基纤维素在 20 世纪 20 年代首次被合成以后，如今已作为一种重要的工业原料广泛应用于清洁剂、石油开采、造纸、纺织等领域，作为增稠剂用于食品和药剂配方中。多种多糖经羧甲基化修饰后其水溶性提高，生物活性增强或增加了新的活性，并且羧甲基化反应具有反应过程易于控制、所用试剂价格低廉、反应产物无毒性等优点，因此在多糖的结构修饰中羧甲基化反应得到广泛的应用。

1. 多糖羧甲基化修饰的方法

多糖的羧甲基化修饰一般在氢氧化钠-氯乙酸反应体系中进行，即先用碱液溶解多糖，然后加入氯乙酸进行羧甲基化修饰。根据反应介质不同，通常可将羧甲基化多糖的制备方法分为水媒法和溶媒法两种。其中，水媒法是把多糖用稀碱溶液溶解，再加入一定量的氯乙酸进行醚化反应；溶媒法是把多糖悬浮在异丙醇等有机溶剂中，加入 NaOH 碱化一段时间，再加入氯乙酸进行醚化反应。由于溶媒法以有机溶剂为反应介质，反应体系在碱化、醚化过程中传热、传质迅速，反应均匀、稳定，主反应快，副反应少，醚化剂利用率较高，因此比较适宜多糖的羧甲基化修饰。但由于多糖在有机溶剂中溶解性差，反应可能不完全，而且异丙醇价格较高，而水媒法原料易得、价格低廉，因此仍有大量应用。

在多糖的羧甲基化修饰中，多糖种类、碱液浓度、氯乙酸用量、反应温度和时间均可对羧甲基化修饰效果产生影响。例如，陈义勇和张阳（2016）采用响应面试验设计法对杏鲍菇多糖羧甲基化的工艺条件进行了优化，得到最佳杏鲍菇多糖羧甲基化最佳工艺为杏鲍菇多糖 0.1 g、NaOH 用量 2.98 g、氯乙酸用量 2.51 g、反应时间 4 h、反应温度 60℃，此条件下羧甲基杏鲍菇多糖取代度达 0.891。米糠多糖羧甲基化修饰的最佳工艺条件为米糠多糖 0.5 g、反应温度 52℃、反应时间 2.5 h、NaOH 溶液 1.20 mol/L、氯乙酸用量 3.20 g，在该条件下可以得到反应产物取代度的最大值为 0.99（李哲等，2016），鸡腿菇多糖羧甲基修饰的最佳工艺条件为鸡腿菇多糖 0.5 g、氢氧化钠 7.5 g、氯乙酸 6.0 g、反应温度 55℃、反应时间 5 h，在该优化条件下，羧甲基鸡腿菇多糖取代度达 0.989（周瑞等，2010）。为了解决一次性加碱造成的副反应程度大、氯乙酸利用率低等问题，王利亚和喻宗源（1998）提出了以茯苓粉为原料，以乙醇和水为介质，采用两次碱化法直接合成羧甲基茯苓葡聚糖的新工艺，在取代度（degree of substitution，DS）≥0.9 时，醚化剂氯乙酸的利用率可由传统工艺的 40% 提高到 80%。

通常在进行多糖羧甲基化修饰工艺优化时以获得高取代度的羧甲基多糖为指标，但在改变反应条件使产物羧甲基取代度增加的同时，都或多或少存在产物得率降低的现象。因此，在对某一物质进行羧甲基化修饰时，在关注产物取代度的同时，也必须考虑得率的高低，在羧甲基化修饰的过程中应很好地控制反应条件，以求在产物得率和羧甲基取代度之间寻求较好的平衡。

2. 羧甲基化修饰对多糖生物活性的影响

大多数有生物活性的多糖都是水溶的，难溶于水的多糖通常认为不能发挥作用。因此，提高多糖的水溶性是改善和提高多糖生物活性的重要手段之一。一般认为，羧甲基化修饰可以增加多糖的水溶性，再加上分子量的降低和活性部位的改变，可从多方面对多糖的生物活性产生影响。例如，虎奶多糖基本不溶于水，通过羧甲基化修饰，可以获得水溶性的羧甲基虎奶多糖，而且可有效抑制 Fe^{2+}-V_C（Fe^{2+}-维生素 C）引起的大鼠肝线粒体脂质过氧化、膜流动性的降低和线粒体的肿胀，清除邻苯三酚自氧化产生的超氧阴离子自由基并呈一定的剂量-效应关系，抗肿瘤活性也得到大幅提高（王雁等，2000；Zhang et al.，2004）；灵芝（*Ganoderma lucidum*）多糖经羧甲基化修饰后水溶性大幅提高，同时其抗氧化活性和抗肿瘤活性也得到加强（Wang J et al.，2009；Xu et al.，2009）；银耳（*Tremella fuciformis*）多糖经羧甲基化修饰后水溶性和抗氧化活性均得到提高，并与羧甲基取代度呈正相关（Wang et al.，2012）；羧甲基化修饰能够显著增强大粒车前子（*Plantago asiatica* L.）多糖促进树突状细胞分泌细胞因子 IL-12 p70 的功效，较高取代度的羧甲基大粒车前子多糖促进树突状细胞成熟的活性明显高于原多糖（Jiang et al.，2014）；与修饰前的鸡腿菇多糖相比，羧甲基鸡腿菇多糖清除羟自由基及超氧阴离子自由基的能力有很大提高（周瑞等，2010）；黑木耳（*Auricularia auricula*）多糖经适当羧甲基化修饰后可使其抗氧化活性提高将近一倍（Yang et al.，2011）；桑黄（*Phellinus linteus*）多糖经羧甲基化修饰后水溶性和抗肿瘤活性得到显著提高（Shin et al.，2007）；浒苔（*Enteromorpha prolifera*）多糖经降解后再进行羧甲基化修饰，所得到的低分子量羧甲基浒苔多糖的抗氧化活性较原多糖及其降解产物均有大幅提高（Shi et al.，2017）；对茯苓（*Poria cocos*）β-葡聚糖进行羧甲基化修饰，可使茯苓 β-葡聚糖产生较强的抗肿瘤活性（Wang et al.，2004）。

4.1.3 乙酰化

乙酰化是多糖化学修饰常用的方法之一。通过乙酰化修饰，可以增加多糖在水中的溶解度，改变糖链的空间排布，进而从多方面影响多糖生物活性。

1. 多糖乙酰化修饰的方法

多糖的乙酰化是将多糖支链上羟基用乙酰基团取代，通常采用乙酸或乙酸酐作为乙酰化试剂。一般先将多糖置于一定的溶剂如吡啶、甲酰胺、甲醇中，然后加入乙酰化试剂来完成酰化反应，也可在反应体系中加入浓硫酸、N-溴代琥珀酰亚胺（NBS）等催化剂来加快反应速率。

在多糖的乙酰化修饰中，多糖种类、乙酰化试剂用量、反应时间、反应温度等都可对多糖的乙酰化效果产生影响。例如，王警等（2016）采用响应面分析法对龙眼肉多糖的乙酰化修饰工艺进行优化，得到最佳乙酰化工艺条件为乙酸酐-多糖物质的量比为 10.2∶1、反应温度 42℃、反应时间 30 min，该工艺条件下龙眼肉多糖乙酰化取代度达到 0.443；杨春瑜等（2015）以甲酰胺为溶剂，乙酸酐为酰化试剂，NBS 为催化剂，采用二次回归正交组合设计法，得到黑木耳多糖乙酰化修饰最佳工艺条件为反应时间 3.5 h、反应温度 80.0℃、乙酰化试剂用量 32.5 mL、NBS 添加量 1.0%，在此条件下得到的乙酰化黑木耳多糖取代度平均值为 0.55；宋逍等（2013）应用乙酸酐法合成乙酰化款冬花多糖，得出款冬花多糖乙酰化的最佳工艺条件为乙酸酐与多糖的物质的量比 3.4、反应温度 52℃、反应时间 3.2 h，此条件下制备得到的乙酰化款冬花多糖的取代度可达 0.453；赵鹏等（2014）采用响应面法优化得到二色补血草多糖的最优工艺条件为反应时间 2.6 h、乙酸酐与多糖的物质的量比 3.3∶1、反应温度 65℃，在此条件下，制备得到的二色补血草乙酰化多糖取代度为 0.409；青钱柳多糖乙酰化最优反应条件为多糖∶乙酸酐=1∶60、反应时间 2 h、反应温度 40℃，此条件下制备得到的乙酰化青钱柳多糖的取代度可达 0.68 以上（王之珺等，2015）；绿茶多糖乙酰化修饰最优条件为茶多糖质量与乙酸酐体积比为 1∶40、保温时间 4 h、反应温度为 30℃，此条件下乙酰化绿茶多糖最大取代度为 0.337（梁少茹等，2015）。不同多糖乙酰化的最佳工艺条件存在较大差异，其所能达到的最高取代度差别也较大，这可能与不同多糖的天然结构之间的差别有关。

2. 乙酰化修饰对多糖生物活性的影响

乙酰基可以使糖链的伸展发生变化，导致多糖的羟基暴露，从而增加其在水中的溶解度。同时，乙酰基的引入，还可改变多糖分子的定向性和横向次序，使糖链的空间排布发生变化，从而导致多糖的生物活性发生变化。例如，从金耳（*Tremella aurantialba*）子实体中分离得到的一个酸性多糖 TAPA1，经乙酰化修饰后可显著促进小鼠脾淋巴细胞的增殖和巨噬细胞 RAW264.7 NO 的生成，显示出较强的免疫增强活性，而去乙酰化修饰则导致活性降低，说明乙酰化修饰是提高

TAPA1 免疫增强活性的有效途径（Du et al.，2014）；乙酰化龙眼肉多糖能够清除羟自由基、抑制脂质过氧化及 H_2O_2 诱导的红细胞溶血，IC_{50} 分别为 702.41 μg/mL、646.04 μg/mL 和 380.11 μg/mL，表现出比未修饰龙眼肉多糖更强的抗氧化活性（王警等，2016）；黑木耳多糖乙酰化改性后清除羟自由基和超氧阴离子自由基的能力有所增强，还原能力也要比原料多糖有所提高（杨春瑜等，2015）；经乙酰化修饰后的南瓜多糖，其 DPPH 自由基、羟自由基、超氧阴离子自由基清除率均可得到显著增强，并且与乙酰基取代度呈正相关（Song et al.，2013）；乙酰化绿茶多糖对超氧阴离子自由基、羟自由基和亚硝基的体外清除活性最大可较原多糖分别提高 32.06%、36.96%和 55.99%，并且随着乙酰基取代度的提高而增强（梁少茹等，2015）；款冬花多糖乙酰化后的多糖溶解性和抗氧化性能均得到提高（宋道等，2013）；孔石莼（*Ulva pertusa*）多糖经羧甲基化修饰后，其抗氧化活性和降血脂作用得到显著增强（Qi et al.，2006，2012）；乙酰化修饰可显著提高枸杞多糖的抗氧化及抗肿瘤活性（彭天元等，2015）；海带褐藻多糖硫酸酯、二色补血草多糖、青钱柳多糖、灵芝多糖、浒苔（*Enteromorpha linza*）多糖、坛紫菜（*Porphyra haitanensis*）多糖乙酰化后抗氧化活性均明显增强（赵鹏等，2014；王之珺等，2015；王晶等，2008；叶颖霞等，2016；Zhang et al.，2010，2011）。

4.1.4　磷酸酯化

多糖磷酸酯在自然界中主要存在于菌类，数量不是很多，一般通过化学合成方法获得。通过磷酸酯化修饰，多糖的理化性质发生变化，一些原本没有活性的多糖产生了一些生理活性，一些多糖的生物活性得到提高，因此对多糖进行磷酸酯化修饰具有重要意义。

1. 多糖磷酸酯化修饰的方法

多糖的磷酸酯化修饰是一种共价修饰，是在磷酸化试剂的作用下，多糖分子中的羟基被磷酸基取代的过程。常见的磷酸化试剂有磷酸、磷酸酐、磷酸盐、磷酰氯等。其中，用磷酸或者磷酸酐进行磷酸酯化比较简单易行，但反应需在酸性或高温条件下进行，易引起多糖的降解，降低收率，因此仅适合于一些对酸和高温稳定的多糖；磷酸盐一般不会引起多糖的降解，但其反应活性极低，不易得到高取代度的产物；磷酰氯是一种活性较高的磷酸化试剂，用其作为磷酸化试剂可获得高取代的磷酸化多糖，但由于反应激烈、收率低、副产物复杂而限制了它的广泛应用，一般只用于合成简单的多糖磷酸酯。不同多糖应根据多糖本身特性和磷酸酯化修饰的目的选择适宜的磷酸酯化方法。

在多糖的磷酸酯化修饰中，多糖种类、磷酸化试剂的用量、反应温度、反应时间、pH 等都可对磷酸酯化的效果产生影响。例如，张难等（2008a，2008b）比较了不同磷酸化试剂对香菇多糖磷酸酯化修饰的影响,确定采用 5%三聚磷酸钠和 2%三偏磷酸钠的混合液作为磷酸化试剂,进一步通过正交试验确定香菇多糖的最佳磷酸化工艺条件为温度 80℃、时间 5 h、pH 8.0,此条件下所得磷酸化香菇多糖衍生物的磷酸根接枝量为 7.77%;孙雪等(2011)采用混合磷酸盐(三聚磷酸钠与三偏磷酸钠质量比为 6∶1)作为磷酸化试剂,对浒苔多糖进行磷酸化修饰,通过响应面设计法确定磷酸化修饰的最佳条件为反应温度 80℃、反应时间 5h、反应 pH 9.0、磷酸化试剂质量浓度 0.10g/mL,此条件下制备得到的磷酸化浒苔多糖磷酸根含量(以 P 计)达到 14.40%;柑橘果胶在磷酸化试剂中三聚磷酸钠与三偏磷酸钠质量比为 3∶2 时修饰效果较好,其最佳磷酸化工艺条件为复合磷酸化试剂质量浓度 0.11 g/mL、反应温度 78℃、反应时间 4.2 h、pH 8,此条件下制备得到的磷酸化果胶中磷酸根含量为 1.31%(苏东林等,2015);乳酸乳球菌胞外多糖磷酸化的最佳工艺优化条件为胞外多糖与磷酸盐质量比为 6∶1、温度 90℃、时间 4 h、pH 6.0,此条件下所得磷酸化多糖的磷酸基的接枝量为 1.639 mg/g(辛灵莹和潘道东,2012)。不同多糖适宜的磷酸化试剂和磷酸化的最佳工艺条件不同,在最佳条件下所达到的磷酸化效果也存在很大差别,说明多糖本身结构对其磷酸酯化影响较大。

2. 磷酸酯化修饰对多糖生物活性的影响

多糖经磷酸酯化修饰后化学结构改变,常常会导致生物活性发生变化。如从茯苓菌核中分离得到的(1-3)-β-D-葡聚糖 PCS3-Ⅱ本身没有明显的抗肿瘤活性,但经磷酸酯化修饰后表现出较强的抗鼠肉瘤细胞株 S-180 增殖活性(Chen et al., 2009);Huang 等(2011)从茯苓菌丝中分离得到一种水不溶性的 (1-3)-α-D-葡聚糖 Pi-PCM,本身也没有明显的抗肿瘤活性,但通过磷酸化修饰后表现出强烈的抗肿瘤活性,相同剂量时,其对小鼠 S-180 肉瘤的抑制效果优于常用的抗肿瘤药物 5-氟尿嘧啶(5-FU);与未经修饰的南瓜多糖相比,磷酸化南瓜多糖对 DPPH 自由基和超氧阴离子自由基的清除活性及还原能力均得到提高,对 H_2O_2 诱导的鼠胸腺淋巴细胞死亡和凋亡的抑制效果也优于原多糖,说明磷酸化修饰可以提高南瓜多糖的抗氧化活性(Song et al., 2015);黄精(Polygonatum cyrtonema Hua.)多糖经磷酸化修饰之后抗单纯疱疹病毒的活性明显提高(Liu et al., 2011);从缘管浒苔(Enteromorpha linza)中提取的一种小分子中性多糖,经磷酸化修饰后对超氧阴离子自由基、羟自由基的清除活性和还原能力均得到提高(Wang et al., 2013);粒毛盘菌(Lachnum)YM120 胞外多糖 LEP-1a 经磷酸酯化修饰后对小鼠 S-180 肉瘤的抑制作用显著增强(袁如月,2013);姬松茸(Agaricus blazei Murill)多糖经磷酸酯化修饰后对大肠杆菌和沙门氏菌的抑制作用增强,对小鼠的免疫增强活性也得到提高(路垚,2016)。

4.1.5 降解

多糖的分子量与其生物活性密切相关，其分子量大小直接影响着其空间构象和生物利用度。一般来说，多糖的分子量越大，其分子体积也越大，越不利于多糖跨越多重细胞障碍进入生物体内，影响其在体内的生物学效应。因此，通过物理、化学或者生物等方法将高分子量的多糖适度降解为较低分子量的多糖常常会提高其生物活性和利用度。

1. 多糖的降解方法

进行多糖降解的方法很多，大体可分为物理降解法、化学降解法和生物降解法三大类。其中，物理降解法主要包括微波降解法、辐射降解法和超声降解法等，具有绿色高效、操作程序简化、可控性好等优点。化学降解法主要包括酸降解法和氧化降解法等，具有所需试剂便宜易得、适应性广的优点。酸降解是经典的多糖水解方法，在多糖的结构研究中已有广泛应用；过氧化氢降解具有无毒、无残留等优点，是一种较理想的化学降解方法。生物降解法主要包括微生物降解法和酶降解法。其中，酶降解法是最常用的生物降解法之一，具有反应条件温和、降解过程容易控制、环境污染较少等优点，但酶的引入会增加后续处理，而且专一性的酶不易得到且价格昂贵。微生物降解法也存在特异性强、专门用途微生物不易获得、应用范围受限等缺点。因此，在实际操作中仍以超声降解法和化学降解法应用较多。

2. 降解修饰对多糖生物活性的影响

大分子多糖降解为小分子多糖后，其水溶性和空间结构会随之改变，从而导致生物活性发生变化。例如，浒苔（*Enteromorpha prolifera*）多糖经 H_2O_2-V_C（H_2O_2-维生素 C）降解后抗氧化活性得到显著提高（Zhang Z et al., 2013；Shi et al., 2017）；条斑紫菜（*Porphyra yezoensis*）多糖经超声降解后抗氧化活性和对人胃癌细胞株 SGC7901 的抑制作用都得到显著增强（Zhou et al., 2008, 2012；Yu et al., 2015）；采用果胶酶或葡萄糖淀粉酶降解也可提高条斑紫菜的抗氧化活性，但过度降解会造成活性降低，最适降解条件下果胶酶降解对条斑紫菜多糖抗氧化活性的改善效果优于葡萄糖淀粉酶，说明降解条斑紫菜多糖抗氧化活性的增强并不仅仅是分子量降低的影响，酶的作用类型不同，对降解条斑紫菜多糖结构的影响也是造成抗氧化活性变化的重要因素（Xu et al., 2016）。金针菇（*Flammulina velutipes*）多糖经蜗牛酶或稀硫酸降解后，其对羟自由基、超氧阴离子自由基的清除活性和还原能力均高于原多糖，对小鼠血液和心脏、肝、肾等器官中抗衰老酶（SOD、GSH-Px）活性的提高和脂质过氧化的抑制效果也优于原多糖（Ma et al., 2014）；Zhang 等（2014）采用 Fenton 反应（Fe^{2+}/V_C/H_2O_2）产生的自由基降解银耳（*Tremella fuciformis*）多糖，发现降解后得到的低分子量银耳多糖对羟自由基、超氧阴离子自由基的清除活性和还原能力均高于原多糖；王淼等（2008）采用 H_2O_2 法降解产于印尼的海藻异枝麒麟菜硫酸多糖（ESPS），发现具有小分子量的降解 ESPS 对草酸钙晶体成核与生长的抑制效果明显优于大分子量的未降解 ESPS；Zhao 等（2006）采用 H_2O_2-V_C 降解坛紫菜多糖得到不同分子量的降解产物，发现分子量较小的降解坛紫菜多糖具有较高的抗氧化活性，而且分子量越小，抗氧化活性越强；Qi 等（2005）在对 H_2O_2 降解得到的不同分子量孔石莼（*Ulva pertusa* Kjellm）多糖的抗氧化活性的研究中也得到了类似结果；羊栖菜（*Sargassum fusiforme*）多糖经 H_2O_2-V_C 降解后抗氧化活性和对酪氨酸酶的抑制作用均增强（Chen et al.，2016）；海带（*Laminaria japonica*）多糖经超声降解之后得到的低分子量产物对超氧阴离子自由基的清除作用可较原多糖提高 3 倍（Zhao et al.，2016）；稀硫酸降解可使虫草（*Cordyceps sinensis*）菌丝体胞外多糖的抗氧化和自由基清除能力提高 30%～80%（Yan et al.，2009）；山药（*Dioscorea opposita*）黏多糖经 H_2O_2-V_C 降解后抗氧化和抗突变活性均较原多糖有所改善（Zhang et al.，2016）；龙须菜（*Gracilaria lemaneiformis*）多糖经降解后对糖尿病小鼠的降血糖作用明显增强，而且对糖尿病小鼠体内抗氧化水平的保持效果也优于原多糖（Liao et al.，2015）；超声波降解可增强紫球藻胞外多糖对鼠肉瘤细胞株 S180 和淋巴瘤细胞株 CA46 增殖的抑制活性（刘梅，2008）；酸水解法得到的低分子量岩藻多糖的抗肿瘤活性比降解前升高（史大华等，2012）；降解浒苔多糖的抗氧化活性明显高于未降解浒苔多糖（高玉杰和吕海涛，2013）。

　　虽然大部分降解修饰都可改善多糖的一些生物活性，但过度降解常会导致活性降低。Hou 等（2012）对海带岩藻聚糖不同降解程度的产物的抗氧化活性进行比较，发现其抗氧化活性与分子量之间并不是单纯的线性关系，当分子量为 3.8 kDa、1.0 kDa 和超过 8.3 kDa 时才具有较好的自由基清除活性和还原能力；吴琼等（2009）采用盐酸降解法对水溶性银耳多糖进行降解，当降解得到的低分子银耳多糖的平均分子量在 2～10kDa 范围内时，抗氧化活性高于原多糖，而当平均分子量大于 10 kDa 或小于 2 kDa 时，抗氧化活性较低；角叉菜多糖通过 H_2O_2 降解使分子量适当减小，可提高其抑瘤率，但分子量太小又会使抑瘤率迅速降低，具有适中分子量的角叉菜多糖能保持高的抑瘤率（师然新等，2000）。这说明降解导致的多糖空间结构的改变也不容忽视，要想获得较高活性的降解产物，必须根据不同多糖的特性，控制适宜的降解程度。

　　除以上介绍的几种常见的多糖分子修饰方法外，苯甲酰化、羧乙基化、棕榈酰化、磺酰化、硬脂酰化、碘化和氨化等在多糖的分子修饰与构效关系研究中也都有一些应用，并取得了一些积极性的成果。特别是多种修饰方法的联合应用，不仅可以得到更多种结构类型和生物活性的多糖衍生物，而且可以进一步从结构差异与生物活性不同的比较中探讨其构效关系与作用机理。如 Wang 等（2004）对茯苓 β-葡聚糖分别进行硫酸化、羧甲基化、甲基化、羟乙基化、羟丙基化修饰，通过活性试验不仅发现硫酸化和羧甲基化使茯苓 β-葡聚糖产生了抗肿瘤活性，而且通过对各种衍生物理化性质与结构的比较，提出较好水溶性、较低链柔性和中等分子量可能对增强茯苓 β-葡聚糖抗肿瘤活性具有积极作用。

此外，将多糖与多种无机元素如硒、铁等络合制备高安全性和高生物活性的有机补硒剂或补铁剂，不但具有微量元素的生理功能，而且具有多糖的各种活性与功效，能够充分发挥微量元素和多糖的双重生理功效，使两者的作用相互协调并得到增强，更易于被机体吸收和利用，毒副作用降低。因此这也是多糖分子修饰的一个重要方面。

由于多糖结构的复杂性，各种天然多糖的结构存在较大差异，导致其理化特性、生物活性也存在较大差异，从而使分子修饰所产生的效果也各不相同，有时甚至会出现相反的结果。而目前大多数多糖的构效关系和产生各种生物活性的机理尚不明确，对分子修饰的作用机理更是缺乏相应的研究，难以为多糖的定向修饰提供理论指导。因此，必须通过大量相关基础研究，明确活性多糖各种生物活性的作用机理和活性中心及其构型，才能有针对性地对多糖进行定向修饰，获得特定活性的多糖衍生物。可以预见，随着多糖药理学、化学、生物学及构效关系研究的不断深入和分子修饰理论、技术水平的不断完善与提高，应用分子修饰技术将开发出更多、更高效的新型多糖类药物。

4.2　红枣多糖的降解修饰

降解是多糖分子修饰和结构分析常用的方法之一，通过不同方式的降解，可以获得不同分子大小的产物，从而导致多糖空间结构、理化特性和生物活性的改变，因此其对于改善和发掘多糖活性及多糖构效关系研究具有重要意义。

本节重点阐述红枣多糖的降解方法及降解修饰对红枣多糖生物活性的影响。

4.2.1　红枣多糖的降解方法

多糖的降解方法很多，目前应用于红枣多糖降解的主要有超声波法、酸降解法和过氧化氢法。

1. 超声降解

超声处理是常用的多糖物理降解方法之一，具有操作简单、可控性好、无污染、不引入外来物质等优点，而且经超声降解的多糖常常表现出更好的均一性，因此常被用于各种多糖的可控降解。

红枣多糖的超声降解效果受超声波功率、频率、温度、作用时间、多糖浓度等因素的影响。

1）超声作用时间

在红枣多糖的超声处理过程中，随着超声处理时间的延长，高分子量多糖逐渐减少，低分子量多糖逐渐增加，从而导致红枣多糖的平均分子量降低。但随着处理时间的进一步延长，超声降解的效果逐渐不再明显，降解至一定分子大小后不能继续发生降解反应。这说明超声处理可能更有利于打断分子量较大的链，而使分子量较低的链断裂的可能性较小，极低分子量多糖产生的量极少。其原因可能是由于某一超声场所提供的振动动能和空穴作用只能导致一定链长以上的大分子的化学键断裂，当链长降解达到一定程度后，只有进一步增强超声强度才能实现继续降解。因此，在某一特定超声条件下，多糖降解到一定程度即终止。正因为如此，超声降解的多糖常常表现出更好的均一性，同时也是超声处理尽管对多糖有降解作用但仍然可以应用于多糖辅助提取的重要原因。

2）超声功率和频率

随着超声功率的增加，红枣多糖的降解程度增大，尤其在较低功率范围内这种变化更为明显。这是由于随着超声功率的增加，超声波的机械性断键作用增大，使更多的大分子在高速振动和剪切力的作用下降解成低分子多糖。此外，功率越高，能量密度越大，超声作用所产生的空化效应就越强，空化泡越多，超声降解作用就越强，因此造成红枣多糖降解程度增大。

在同一超声功率下，超声频率增加，红枣多糖的降解程度也加大，变频超声处理的降解效果要好于单一频率超声。

3）超声温度

随着温度的升高，红枣多糖超声降解的程度降低，低温有利于红枣多糖的超声降解。其原因可能在于，在温度较高的条件下对多糖进行超声处理，溶液中气体的溶解度降低，空化泡的产生受到抑制，使空化作用减弱，不利于多糖降解。而在对红枣多糖进行超声降解的过程中超声波的热效应也是不容忽视的，因此对红枣多糖进行超声降解时应尽量使多糖溶液恒定于一个较低的温度，从而有利于更好地发挥超声对红枣多糖的降解作用。

4）红枣多糖起始浓度

随着多糖溶液起始浓度的增加，经超声处理后多糖的平均分子量逐渐增加，低浓度多糖溶液有利于其超声降解。

超声处理虽然可以使红枣多糖进行降解，但相对来说较为温和，降解后分子量仍然较高。进一步提高超声功率和频率可增加红枣多糖的降解程度，但同时也会提高对超声处理设备的要求和投入，加大降解成本，要获得低分子量的红枣多糖，以与其他降解方法结合使用比较适宜。

2. 酸降解

酸降解是多糖结构分析中常用的降解方法之一，具有操作简单、降解效果好等优点。但由于酸对多糖降解比较剧烈，如果条件控制不好可能会出现过度降解等现象，造成多糖损失。而且在高温条件下，由于糖苷键的水解是随机的，使降解产物分子量分布范围较宽，将给以后的分离纯化带来一定的难度。因此，控制酸降解条件对于获得适宜分子量的红枣多糖至关重要。

研究表明，在室温条件下，应用低浓度盐酸可对红枣多糖产生较强的降解作用，并获得分子量相对比较均一的降解产物。不同盐酸浓度、作用时间及红枣多糖浓度均可对降解效果产生影响。

1）作用时间

在红枣多糖的盐酸降解过程中，随着盐酸的加入，红枣多糖的平均分子量在最初的几分钟内迅速下降，以后随着时间的延长，这种下降趋势虽一直保持，但下降速度明显变缓，变化幅度很小，最后基本不再变化。在一定盐酸浓度条件下，即使再继续延长作用时间也不能增加红枣多糖的降解程度。这一现象的发生可能是由于红枣多糖中对该浓度盐酸敏感的键先受到攻击而发生断裂，当剩余的键对该浓度盐酸相对比较稳定时，即表现为多糖分子量的相对稳定。

2）盐酸浓度

盐酸的浓度对于红枣多糖酸降解的最终分子量具有重要影响。酸度越高，红枣多糖的降解越剧烈，提高盐酸的浓度可大大降低多糖的分子量。

3）红枣多糖初始浓度

对不同初始浓度的红枣多糖溶液进行盐酸降解，其降解产物的分子量有较大差别，因此红枣多糖溶液的初始浓度对盐酸的降解效果具有重要影响。在降解体系中盐酸浓度相同的条件下，红枣多糖溶液浓度的增加大大降低了红枣多糖的降解速率，表现为随多糖起始浓度的增加，同样条件下盐酸降解后多糖的平均分子量增大。

有研究认为，经酸降解的多糖均一性较差，需要对多糖进行进一步的分离纯化，这是酸降解多糖的一个很致命的缺点。但在红枣多糖的盐酸降解产物的排阻色谱图（图 4.1）中可以看到，降解后的红枣多糖虽然分子量大大降低，但即使是降解 150 min 后多糖的洗脱峰仍为单一峰。因此，在一定盐酸浓度条件下得到的红枣多糖降解产物为相对均一的多糖。盐酸降解后多糖的均一性可能和红枣多糖的糖苷键组成及其对盐酸的敏感性有关。

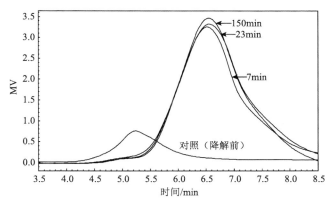

图 4.1　红枣多糖盐酸降解前后的分子量分布

3. 过氧化氢降解

　　过氧化氢对红枣多糖也具有较强的降解作用，经过氧化氢处理后的多糖分子量大大降低，过氧化氢浓度越高，降解作用越强，但其分子量分布很宽，并且存在大量的小分子糖，要得到分子量相对比较均一的多糖组分难度较大。因此认为，过氧化氢不宜用于红枣多糖的降解。

　　不同浓度过氧化氢对红枣多糖的降解效果详见图 4.2。

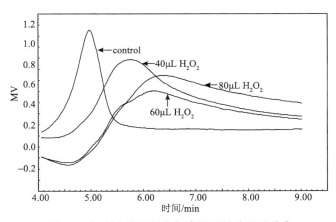

图 4.2　红枣多糖过氧化氢降解后的分子量分布

4.2.2　降解修饰对红枣多糖生物活性的影响

　　多糖的分子量与其生物活性密切相关，降解可导致多糖空间结构、理化特性和生物活性的改变。研究表明，对红枣多糖进行超声降解和盐酸降解可使其抗氧化活性和对 α-淀粉酶、α-葡萄糖苷酶、透明质酸酶及蛋白质非酶糖化反应的抑制活性等发生改变（焦中高，2012）。

1. 降解修饰对红枣多糖抗氧化活性的影响

1）超声降解对红枣多糖抗氧化活性的影响

采用 10 mg/mL 红枣多糖溶液在温度 25℃、功率 500 W、频率 40 Hz 条件下超声处理 30 min、60 min、120 min、240 min、480 min、720 min 后，以 0.5 mg/mL 浓度分别用光照核黄素体系、Fenton 反应体系和 DPPH 自由基测定体系做自由基清除活性试验，探讨超声降解对红枣多糖自由基清除活性的影响。结果表明，红枣多糖经超声处理后对不同体系产生的自由基的清除能力均得到一定程度的提高，说明分子量降低有利于其自由基清除活性的发挥。但超声处理对红枣多糖各种自由基清除活性的影响存在较大差别。在 DPPH 测定体系中，红枣多糖经超声降解 30 min 后其清除活性即达到最大，其后仅有轻微变化，这与超声降解过程中红枣多糖的分子量变化相一致，说明分子量大小是影响红枣多糖对 DPPH 自由基清除活性的最重要因素。而在 Fenton 反应体系和光照核黄素体系中，超声降解对两种自由基的清除活性均表现为先升高后降低再升高的变化趋势，特别是在光照核黄素体系中，长时间超声处理造成红枣多糖对超氧阴离子自由基的清除能力大幅提高，而在这个过程中红枣多糖的分子量变化很小，说明在分子量大小影响红枣多糖自由基清除能力的同时，超声造成的多糖构象改变也可造成红枣多糖自由基清除活性的改变，这种影响甚至可超过分子量大小的影响。超声处理程度不同，对于红枣多糖构象的影响也不相同，超声降解 60~120 min 造成红枣多糖自由基清除活性的下降可能是由于形成了不利于发挥其活性的构象，而继续延长处理时间可能又形成了更加有利于清除羟自由基和超氧阴离子自由基的构象，从而使其活性大幅提高。因此，适度超声降解可提高红枣多糖对不同体系产生的自由基的清除能力。超声处理对红枣多糖抗氧化活性的影响存在双重效应，既可通过调整分子大小影响红枣多糖抗氧化活性，又可通过声场作用造成多糖构象改变从而影响红枣多糖抗氧化活性，这种影响甚至可能超过分子大小的影响。在试验条件下，超声处理最高可使红枣多糖对超氧阴离子自由基、羟自由基及 DPPH 自由基的清除率分别提高 3.16 倍、2.00 倍、0.16 倍。

2）盐酸降解对红枣多糖抗氧化活性的影响

与超声降解对红枣多糖自由基清除活性的影响相似，适度盐酸降解也可显著提高红枣多糖对不同体系产生的自由基的清除能力。红枣多糖经不同浓度盐酸（0.1~0.5 mol/L）处理后对不同体系产生的自由基的清除能力均得到一定程度的提高，再次说明分子量降低有利于其自由基清除活性的发挥。在试验条件下，盐酸降解最高可使红枣多糖对超氧阴离子自由基、羟自由基及 DPPH 自由基的清除率分别提高 4.78 倍、1.46 倍、0.22 倍。但在高浓度盐酸降解时由于造成了红枣多糖的过度降解，红枣多糖的活性构象可能遭到破坏，造成自由基清除能力大幅降低，甚至在 DPPH 测定体系中还低于原多糖，说明适度降解对于维持和提高红枣多糖对于自由基的清除活性非常重要，分子量降低至 230 kDa 以下时其自由基清除活性大幅降低。

2. 降解修饰对红枣多糖 α-淀粉酶抑制活性的影响

采用 10 mg/mL 红枣多糖溶液在温度 25℃、功率 500 W、频率 40 Hz 条件下超声处理 30 min、60 min、120 min、240 min、480 min、720 min 后做活性测定，探讨超声降解对红枣多糖 α-淀粉酶抑制活性的影响。结果表明，红枣多糖经超声处理后其对 α-淀粉酶的抑制活性减弱，说明分子量降低不利于其 α-淀粉酶抑制活性的发挥。但从不同浓度盐酸（0.1～0.5 mol/L）降解对红枣多糖 α-淀粉酶抑制活性的影响来看，适度的降解可提高红枣多糖对 α-淀粉酶活性的抑制作用，但过度降解仍可造成其 α-淀粉酶抑制活性的减弱。这说明超声降解对红枣多糖 α-淀粉酶抑制活性的影响可能是多方面的，既有分子量变化的影响，同时可能还有超声造成的多糖结构及构象的改变，从而影响其活性的发挥。盐酸降解的红枣多糖分子量在 230～350 kDa 之间表现出较强的 α-淀粉酶抑制活性，试验条件下其对 α-淀粉酶活性的抑制率最高可较原红枣多糖提高 38.25%。

3. 降解修饰对红枣多糖 α-葡萄糖苷酶抑制活性的影响

红枣多糖经超声处理后其对 α-葡萄糖苷酶活性的抑制作用得到增强，而且抑制效果随着超声处理时间的延长而提高。但当采用盐酸降解处理时，虽然低浓度的盐酸处理仍可提高红枣多糖对 α-葡萄糖苷酶活性的抑制作用，但继续增大盐酸浓度进行高强度的酸降解则会造成其 α-葡萄糖苷酶抑制活性的大幅下降。这说明红枣多糖的分子量对于其 α-葡萄糖苷酶抑制活性具有重要意义，分子量过高或过低都会造成该活性的降低。试验条件下，红枣多糖分子量在 300～600 kDa 之间表现出较强的 α-葡萄糖苷酶抑制活性，但分子量降低至 290 kDa 以下时其 α-葡萄糖苷酶抑制活性大幅降低，超声处理和盐酸降解最高可使红枣多糖对 α-葡萄糖苷酶活性的抑制率分别提高 2.09 倍和 1.56 倍。

4. 降解修饰对红枣多糖非酶糖化反应抑制活性的影响

不同降解处理都可增强红枣多糖对非酶糖化反应的抑制作用，但抑制效果与降解程度没有明显的相关性。这说明分子量大小对于红枣多糖的非酶糖化反应抑制活性尽管影响很大，但并不是唯一决定因素，红枣多糖的空间结构、溶液构象等仍然对其活性发挥产生重要作用。在试验条件下，超声降解最高可使红枣多糖对 Amadori 产物和 AGEs 形成的抑制率分别提高 108.93% 和 29.41%，而盐酸降解最高可使其分别提高 95.55% 和 29.65%。

5. 降解修饰对红枣多糖透明质酸酶抑制活性的影响

红枣多糖经短时间超声处理后其透明质酸酶抑制活性略有增强，但继续延长处理时间，红枣多糖降解产物对透明质酸酶活性的抑制作用又呈下降趋势。在试验条件下，红枣多糖超声降解至平均分子量在 600～660 kDa 时透明质酸酶抑制活性最强，降至 600 kDa 以下时即呈下降趋势，但在整个超声降解过程中变化不大。低浓度盐酸降解对红枣多糖透明质酸酶抑制活性的影响不大，但当盐酸浓度增大至 0.4 mol/L 以上即红枣多糖平均分子量被降低到 200 kDa 以下时，其对透明质酸酶的抑制活性急剧降低。说明较高分子量对于维持红枣多糖较强的透明质酸酶抑制活性十分重要，保持一定的链长是发挥红枣多糖对透明质酸酶抑制活性的关键。适度超声降解有助于提高红枣多糖的透明质酸酶抑制活性。

4.3　红枣多糖的硫酸酯化修饰

由于多糖硫酸酯常常具有独特生物活性，使得硫酸酯化成为多糖分子修饰的热点。对红枣多糖进行硫酸酯化修饰的方法及硫酸酯化修饰对红枣多糖生物活性的影响也取得了一定的研究进展。

本节重点阐述红枣多糖的硫酸酯化修饰方法及硫酸酯化修饰对红枣多糖理化性质和生物活性的影响。

4.3.1　红枣多糖的硫酸酯化修饰方法

在众多的多糖硫酸酯化修饰方法中，氯磺酸-吡啶法是最为常用的方法之一。采用氯磺酸-吡啶法对红枣多糖进行硫酸酯化修饰，试剂简单易得，反应条件相对简单，产物回收方便，可以在保持红枣多糖基本结构的前提下实现对红枣多糖有效的硫酸酯化修饰，而且可通过调整反应条件制备不同取代度的硫酸酯化红枣多糖，因此是比较理想的一种红枣多糖的硫酸酯化方法。

1. 氯磺酸-吡啶法硫酸酯化红枣多糖的制备

1）酯化试剂的制备

在带有搅拌装置和冷凝装置的 250 mL 三颈烧瓶中加入预冷的无水吡啶，并将烧瓶置于冰盐浴中，较为剧烈地不停搅拌，再将氯磺酸按照一定比例逐滴缓慢加入。滴加完毕后撤去冰盐浴，将酯化试剂于–20℃封存备用。

2）酯化

精确称取 1.0 g 红枣多糖，分散于 30 mL 无水甲酰胺中制成红枣多糖悬液，室温下加入酯化试剂，升温至 40～80℃搅拌反应 1～3 h。反应结束后取出烧瓶冷却至室温，然后加入预冷的 100 mL 冰水中，用 1 mol/L 的 NaOH 溶液中和至 pH

为 7.5。加入四倍体积的无水乙醇，4℃静置过夜、过滤，将沉淀用自来水透析 3 d，蒸馏水透析 1 d。透析液再用四倍体积的无水乙醇沉析，沉淀经低温真空干燥得到硫酸酯化红枣多糖衍生物。

2. 氯磺酸-吡啶法红枣多糖硫酸酯化修饰的影响因素

在应用氯磺酸-吡啶法对多糖进行硫酸酯化修饰时，影响多糖硫酸酯化效果的因素主要有酯化试剂中氯磺酸与吡啶的比例、反应温度、反应时间等。

1）酯化试剂中氯磺酸与吡啶的比例

在应用氯磺酸-吡啶法对多糖进行硫酸酯化修饰时，硫酸基主要来自于氯磺酸。因此，增加酯化试剂中氯磺酸的比例，可以提供更多的硫酸基，从而有助于提高多糖的硫酸酯化修饰效果。但由于氯磺酸属于强酸性物质，加入比例过高会造成反应体系酸性过强，而多糖在强酸性条件下易被降解，造成硫酸酯化多糖得率降低，而且在反应过程中还容易产生板结现象，难以搅拌均匀，导致反应不完全，影响硫酸酯化的效果。因此，酯化试剂中氯磺酸与吡啶的比例太大或太小，都会影响到硫酸酯化的效果。

在红枣多糖的硫酸酯化修饰中，当氯磺酸与吡啶的比例低于 1：3 时，制备得到的红枣多糖硫酸酯的取代度随着二者比例的提高而升高，特别是当二者比例由 1：5 升高至 1：4 时，硫酸基取代度大幅增高，但当二者比例继续升高至 1：3 时，硫酸基取代度仅略有提高，而当二者比例由 1：3 升高至 1：2 时，制备得到的红枣多糖硫酸酯的取代度则急剧下降。说明此时反应体系中氯磺酸含量太高，反应过程中产生板结现象，难以搅拌均匀，导致反应不完全，影响了硫酸酯化的效果。酯化试剂中氯磺酸与吡啶的体积比为 1：3～1：4 时比较适宜于红枣多糖硫酸酯化修饰（焦中高，2012）。

2）反应温度

温度是影响化学反应速率和程度的一个重要因素。一般温度越高，反应速率越快，但由于多糖在高温和强酸性条件下易发生降解和碳化，因此也可影响多糖硫酸酯化反应的效果。

在红枣多糖的硫酸酯化修饰中，当温度在 70℃以下时，随着反应温度的升高，红枣多糖的硫酸酯化程度逐渐升高，说明一定程度的高温条件有利于红枣多糖的硫酸酯化修饰。但当反应温度从 70℃升至 80℃时，取代度却呈下降趋势，说明太高温度同样不利于红枣多糖的硫酸酯化。其原因可能是红枣多糖在高温和强酸性条件下发生了降解和部分碳化，影响酯化反应的进行，因此红枣多糖的硫酸酯化修饰宜在 70℃左右的温度条件下进行（焦中高，2012）。

3）反应时间

一定的反应时间是多糖硫酸酯化效果的重要保证。在一定温度范围内，增加反应时间，有助于酯化反应的进行，但在高温、高酸条件下，反应时间过长，同样会造成多糖的部分降解和碳化，影响多糖硫酸酯化反应的效果。

在红枣多糖的硫酸酯化修饰中，当酯化试剂中氯磺酸与吡啶的比例和反应温度一定时，在一定范围内，随着酯化时间的延长，红枣多糖的硫酸酯化程度逐渐提高，但在高温、高酸条件下，反应时间过长，同样会造成多糖的部分降解和碳化，导致酯化度下降。红枣多糖的硫酸酯化修饰的较佳反应时间应为 2~2.5 h（焦中高，2012）。

3. 红枣多糖的其他硫酸酯化方法

1）三氧化硫-吡啶法

渠琛玲等（2013）以脱色、脱蛋白之后的新疆若羌红枣多糖为原料，采用三氧化硫-吡啶法制备硫酸酯化大枣多糖。具体操作过程为 0.5 g 脱色脱蛋白大枣多糖置于三颈瓶中，将 10 mL 甲酰胺和 4.0 g 三氧化硫-吡啶复合物溶于 20 mL 吡啶中，并将此混合物缓慢加入三颈瓶中，升温至 60℃，搅拌 3 h。反应结束后，冷却至室温并加入适量蒸馏水，定容至 250 mL，然后离心弃去沉淀。向上清液中加入 95%乙醇沉淀多糖。沉淀用蒸馏水复溶后，将复溶溶液置于透析袋中透析 3 d，浓缩、醇沉、干燥后得褐色硫酸酯化大枣多糖，其硫酸基取代度为 0.51。

2）甲酰胺-氨基磺酸法

王仁才等（2016）以甲酰胺为反应介质，用氨基磺酸作为硫酸酯化试剂对糖枣多糖进行硫酸酯化。具体操作过程为 10 mg 纯化糖枣多糖组分置于 20 mL 的玻璃试管中，同时分别加入 50 mg 氨基磺酸和 10 mL 甲酰胺试剂，在 100℃下，水浴搅拌、反应 5 h，等反应结束后立即放入冰水中 0.5 h，然后放置至室温，用 0.5 mol/L NaOH 溶液中和至中性，然后将反应液装入透析袋中，先用自来水透析 24 h，再用蒸馏水透析 12 h，将溶液旋转减压浓缩到一定体积后，经乙醇沉淀、离心、干燥，得到硫酸酯化糖枣多糖。不同纯化组分在同一条件下反应所得到产物的硫酸基取代度在 0.61~1.25 之间，存在较大差异。这说明红枣多糖的化学组成与结构对其硫酸酯化修饰效果的影响也很大。

4.3.2 硫酸酯化修饰对红枣多糖理化性质的影响

采用氯磺酸-吡啶法对红枣多糖进行硫酸酯化修饰可造成红枣多糖轻微降解，但明显改善其在水溶液中的分布状态，提高其溶解性（焦中高，2012）。

1. 分子量

采用氯磺酸-吡啶法，不同反应条件下制备的硫酸酯化红枣多糖（S-ZJP）的硫酸基取代度、分子量及制备工艺条件见表 4.1。由表 4.1 可以看出，制备得到的四种硫酸酯化红枣多糖的分子量均低于原红枣多糖（ZJP），说明硫酸酯化修饰造成了红枣多糖的部分降解，但降解幅度不大，取代度最高的 S-ZJP-4 的分子量也仅较原多糖降低约 16%，其他三种硫酸酯化红枣多糖的降解更加轻微，再次证明氯磺酸-吡啶法是一种比较温和的多糖硫酸酯化修饰方法，可以在保证红枣多糖基本结构的前提下实现对其有效的硫酸酯化修饰。

表 4.1　硫酸酯化红枣多糖样品的制备条件及取代度和分子量

样品	制备条件			MW/kDa	DS$_{suf}$
	$V_{氯磺酸}$: $V_{吡啶}$	反应温度/℃	反应时间/h		
S-ZJP-1	1 : 3	40	1.5	1006	0.45
S-ZJP-2	1 : 3	60	1.5	915	0.79
S-ZJP-3	1 : 4	60	2.0	977	1.03
S-ZJP-4	1 : 3	60	2.5	878	1.39

2. 溶解性

红枣多糖的硫酸酯化修饰增加了其水溶性。在同样浓度条件下，原红枣多糖在冷水中溶解较慢，经加热或超声辅助后才能很好溶解，而经硫酸酯化修饰后溶解性大大改善，在冷水中轻轻振摇后即能较快溶解。在同浓度条件下，硫酸酯化红枣多糖水溶液的透光率明显高于原红枣多糖溶液，并随硫酸基取代度的升高而增大（图 4.3），说明硫酸酯化修饰可明显改善红枣多糖在水溶液中的分布状态，提高其溶解性，且与硫酸基取代度密切相关。

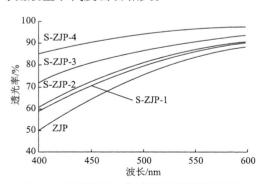

图 4.3　硫酸酯化红枣多糖水溶液的透光率

4.3.3　硫酸酯化修饰对红枣多糖生物活性的影响

硫酸酯化修饰是增加和改进天然多糖的生物活性的重要手段之一，其对多糖生物活性的影响已在香菇多糖、牛膝多糖、灵芝多糖等多种天然多糖中得到证实（田庚元等，1995；Liu et al.，2010；Yoshida et al.，1998）。研究表明，对红枣多糖进行适宜的硫酸酯化修饰可增强其抗氧化活性、免疫增强活性和对 α-葡萄糖苷酶、透明质酸酶、酪氨酸酶及蛋白质非酶糖化反应的抑制作用。

1. 硫酸酯化修饰对红枣多糖抗氧化活性的影响

硫酸酯化修饰对红枣多糖抗氧化活性的影响不仅与硫酸基取代度有关，而且应用不同抗氧化测试体系常常会得到不同的结果。适度硫酸酯化修饰可以显著增强红枣多糖对超氧阴离子自由基和羟自由基的清除活性，过度硫酸酯化会造成其超氧阴离子自由基和羟自由基清除活性降低，但硫酸酯化修饰对 DPPH 自由基清除活性的影响则较小（焦中高，2012）。

1）硫酸酯化修饰对红枣多糖超氧阴离子自由基清除效果的影响

在光照核黄素测试体系中，较低取代度的硫酸酯化红枣多糖 S-ZJP-1（DS_{suf} =0.45）、S-ZJP-2（DS_{suf} =0.79）、S-ZJP-3（DS_{suf} =1.03）的超氧阴离子自由基清除活性均较原红枣多糖大幅提高，且随着硫酸基取代度的增加而增强，但继续提高硫酸基取代度却会造成其超氧阴离子自由基清除活性大幅下降，硫酸基取代度最高的 S-ZJP-4（DS_{suf} =1.39）的超氧阴离子自由基清除活性甚至低于原多糖，说明适度硫酸酯化修饰可以显著增强红枣多糖对超氧阴离子自由基的清除活性，但过度硫酸酯化不利于红枣多糖对超氧阴离子自由基清除活性的发挥。在四种不同取代度的硫酸酯化红枣多糖中，以中等取代度的硫酸酯化红枣多糖 S-ZJP-2（DS_{suf} =0.79）、S-ZJP-3（DS_{suf} =1.03）的超氧阴离子自由基清除活性最高，其半抑制剂量（清除 50%自由基所需要的浓度，IC_{50}）较原红枣多糖（ZJP）降低一半以上。这说明硫酸酯化修饰可以作为提高和改善红枣多糖的超氧阴离子自由基清除活性的重要技术手段。

2）硫酸酯化修饰对红枣多糖羟自由基清除效果的影响

在 Fenton 反应体系中，低取代度硫酸酯化红枣多糖 S-ZJP-1（DS_{suf} =0.45）、S-ZJP-2（DS_{suf} =0.79）对羟自由基的清除活性较原多糖（ZJP）显著提高，而中等取代度硫酸酯化红枣多糖 S-ZJP-3（DS_{suf} =1.03）仅略有提高，而硫酸基取代度最高的硫酸酯化红枣多糖 S-ZJP-4（DS_{suf} =1.39）的羟自由基清除活性则显著低于原红枣多糖，说明过度硫酸酯化对于红枣多糖的羟自由基清除活性的发挥同样不利。

3）硫酸酯化修饰对红枣多糖 DPPH 清除效果的影响

在 DPPH 自由基测试体系中，仅有 S-ZJP-2（DS_{suf} =0.79）对 DPPH 自由基的清除活性较原红枣多糖有所提高，而其他三种硫酸酯化红枣多糖 S-ZJP-1（DS_{suf} =0.45）、S-ZJP-3（DS_{suf} =1.03）、S-ZJP-4（DS_{suf} =1.39）的 DPPH 自由基清除活性均低于 ZJP，尤其是 S-ZJP-4 最为明显。

此外，原红枣多糖对亚硝基没有清除活性，但经过硫酸化修饰后产生了较强的亚硝基清除活性，并在低浓度条件下呈现一定的量效关系（焦中高等，2007）。这说明对红枣多糖进行适当硫酸化修饰，可以提高其自由基清除活性并产生新的活性。

2. 硫酸酯化修饰对红枣多糖 α-淀粉酶抑制效果的影响

红枣多糖的硫酸酯化降低了其对 α-淀粉酶的抑制活性，而且随着硫酸基团取代程度的增加降低越多，说明硫酸基取代不利于增加红枣多糖的 α-淀粉酶抑制活性（焦中高，2012）。

3. 硫酸酯化修饰对红枣多糖 α-葡萄糖苷酶抑制效果的影响

相对于原红枣多糖来说，不同取代度的硫酸酯化红枣多糖对 α-葡萄糖苷酶的抑制活性均有不同程度的增强，但抑制活性的增强与硫酸基取代度之间无相关性。硫酸基取代度为 0.79 的硫酸酯化红枣多糖 S-ZJP-2 对 α-葡萄糖苷酶活性的抑制作用最强，在试验条件下其对 α-葡萄糖苷酶活性的抑制率为原红枣多糖（ZJP）的 2.87 倍，但继续提高硫酸基取代度则活性呈下降趋势（焦中高，2012）。说明中等强度的硫酸酯化修饰是提高红枣多糖对 α-葡萄糖苷酶活性抑制作用的有效方法之一。

4. 硫酸酯化修饰对红枣多糖非酶糖化反应抑制效果的影响

与未修饰的红枣多糖相比，低取代度的硫酸酯化红枣多糖 S-ZJP-1（DS_{suf}=0.45）、S-ZJP-2（DS_{suf}=0.79）对 BSA-Glu 反应体系中 Amadori 产物和终产物 AGEs 的形成的抑制作用均得到提高，而高取代度的硫酸酯化红枣多糖 S-ZJP-3（DS_{suf}=1.03）、S-ZJP-4（DS_{suf}=1.39）的抑制活性却大幅下降（焦中高，2012）。这说明硫酸基取代对于红枣多糖的非酶糖化反应抑制活性具有重要影响，选择合适的硫酸基取代度对于提高红枣多糖对非酶糖化反应的抑制活性非常重要。

5. 硫酸酯化修饰对红枣多糖透明质酸酶抑制活性的影响

红枣多糖经不同程度硫酸酯化修饰后对透明质酸酶活性的抑制作用均有不同程度的增强，并且其抑制活性随硫酸基取代度的增加而增强，在多糖浓度 0.2 mg/mL 条件下，取代度最高的硫酸酯化红枣多糖 S-ZJP-4（DS_{suf}=1.39）对透明质酸酶活性的抑制率高达 98.27%，较原多糖提高 45.79%，说明红枣多糖中硫酸酯团的引入对其对透明质酸酶活性的提高具有有益作用（焦中高，2012）。

6. 硫酸酯化修饰对红枣多糖酪氨酸酶抑制活性的影响

不同糖枣多糖组分经硫酸酯化修饰后，总体上对酪氨酸酶的抑制作用都有一定程度的提高,但不同组分之间存在较大差别。经 DEAE 纤维素 Sephadex G-100 柱层析分离得到的 5 个糖枣多糖组分中,硫酸酯化修饰的糖枣多糖组分 DT_A (DS_{suf} =1.25)、DT_{B1} (DS_{suf} =1.10)、DT_{B2} (DS_{suf} =0.74)对酪氨酸酶的抑制率分别较原多糖提高 60.19%、41.66%和 29.55%,而分子量相对较小的硫酸酯化糖枣多糖组分 DT_{B3} (DS_{suf} =0.61)和 DT_C (DS_{suf} =1.06)对酪氨酸酶的抑制率与硫酸酯化修饰前没有显著差异(渠琛玲等,2013)。这说明硫酸酯化修饰改变糖枣多糖酪氨酸酶抑制活性的机理比较复杂,硫酸基取代度对酪氨酸酶抑制活性的影响似乎不太显著,而硫酸酯化修饰导致的糖枣多糖空间结构的改变成为影响其酪氨酸酶抑制活性的主要因素。

7. 硫酸酯化修饰对红枣多糖免疫增强活性的影响

Zhang J 等(2013)在对新城疫疫苗的白罗曼母鸡进行的体内免疫活性试验中,红枣多糖及其硫酸酯都可以促进其外周血淋巴细胞增殖,提高其血清抗体效价,说明红枣多糖及其硫酸酯类衍生物都具有免疫增强作用。而且硫酸酯化红枣多糖的免疫增强活性显著高于未修饰红枣多糖,说明硫酸酯化修饰可提高红枣多糖的免疫增强活性。

4.4　红枣多糖的羧甲基化修饰

羧甲基化是最常用的多糖分子修饰方法之一,也是增加多糖水溶性的重要手段之一。由于羧甲基化反应过程易于控制、所用试剂价格低廉、反应产物无毒性,因此在多糖的结构修饰中得到广泛应用。天然多糖经羧甲基化修饰后理化性质和生物活性均可能发生改变。

本节重点阐述红枣多糖的羧甲基化修饰方法及羧甲基化修饰对红枣多糖理化特性和生物活性的影响。

4.4.1　红枣多糖的羧甲基化修饰方法

1. 羧甲基化红枣多糖的制备

采用氢氧化钠-氯乙酸反应体系可成功对红枣多糖进行羧甲基化修饰,具体操作过程如下:精确称取 1 g 红枣多糖,溶于一定浓度的氢氧化钠溶液中,剧烈搅拌下缓慢加入一定量的氯乙酸,混匀后于 60℃继续搅拌反应 3 h,冷却,用冰醋酸(或氢氧化钠溶液)中和至 pH 为 7.0,过滤,滤液于透析袋中用蒸馏水透析 72 h,透析袋内溶液真空浓缩后冷冻干燥,得到羧甲基化红枣多糖。

2. 红枣多糖羧甲基化修饰的影响因素

在应用氢氧化钠-氯乙酸反应体系对红枣多糖进行羧甲基化修饰时，反应液 pH、氯乙酸用量、NaOH 浓度及反应温度等都可对羧甲基化修饰效果产生影响（焦中高等，2011）。

1）氢氧化钠浓度（反应液 pH）

在红枣多糖的氢氧化钠-氯乙酸反应体系中，随着反应液中 NaOH 浓度的增加即反应液 pH 的增加，产物的羧甲基取代度逐渐增加，而且会在其最适 pH 条件附近出现大幅度的提升，当 NaOH 浓度增大到一定程度后，这种变化又趋缓（表 4.2）。但羧甲基取代度增加的同时伴随着产物得率的降低，特别是在高浓度 NaOH 条件下，羧甲基红枣多糖回收得率大幅下降。

表 4.2 NaOH 浓度对羧甲基化红枣多糖制备的影响

样品	CM-ZJP-1	CM-ZJP-2	CM-ZJP-3	CM-ZJP-4	CM-ZJP-5	CM-ZJP-6	CM-ZJP-7
NaOH 浓度/（mol/L）	0.5	1.0	1.5	2.0	2.5	3.0	3.5
反应液 pH	1.11	2.56	3.75	11.85	12.6	12.85	13.1
得率/%	54.36	50.70	48.14	47.53	31.62	23.72	11.90
羧甲基取代度	0.016	0.033	0.057	0.082	0.200	0.204	0.220

2）羧甲基化试剂用量

在红枣多糖用量不变、反应温度不变的条件下，NaOH 溶液的体积和氯乙酸用量同时加倍，会大幅增加产物的羧甲基取代度，而得率仅稍有降低（表 4.3）。因此，在使反应液的 pH 保持在最适条件下的同时，适当增加 NaOH 和氯乙酸的用量，即增大羧甲基化试剂与红枣多糖的比例，有利于羧甲基取代度的增加。

表 4.3 试剂用量对红枣多糖羧甲基化修饰的影响

样品	NaOH/(mol/L)	NaOH/mL	氯乙酸/g	羧甲基取代度	得率/%
1	2	20	3	0.053	48.35
2	2	40	6	0.082	47.53
3	3	20	3	0.145	28.16
4	3	40	6	0.200	23.72

3）红枣多糖羧甲基化修饰产物取代度与得率的关系

应用氢氧化钠-氯乙酸反应体系对红枣多糖进行羧甲基化修饰过程中，在改变反应条件使产物羧甲基取代度增加的同时，都或多或少存在产物得率降低的现象，红枣多糖羧甲基化修饰产物的产物得率随着取代度的增加而降低，且呈明显的负相关关系。一般在高 NaOH 浓度和单氯乙酸用量条件下可获得高取代度的羧甲基化红枣多糖，但较强的反应条件如高温、高 NaOH 浓度和氯乙酸浓度，会导致更多的高分子量红枣多糖降解，小分子降解产物在透析的过程中损失掉，使得经冷冻干燥回收到的羧甲基化红枣多糖减少而表现为产物得率的降低。因此，在应用氢氧化钠-氯乙酸反应体系对红枣多糖进行羧甲基化修饰时，在关注产物取代度的同时，也必须考虑产物得率的高低，在羧甲基化修饰的过程中应很好地控制反应条件，以求在产物得率和羧甲基取代度之间寻求较好的平衡。

3. 有机溶剂法对红枣多糖羧甲基化修饰效果的影响

为了提高红枣多糖羧甲基化修饰的效果，渠琛玲等（2012）将脱色脱蛋白后的大枣多糖置于三颈瓶中，先加入异丙醇，搅拌 30 min 后加入 NaOH 溶液进行碱化 50 min，然后加入氯乙酸，升温至 60℃，醚化 3 h，反应结束后，冷却至室温并加入适量蒸馏水，用盐酸调 pH 至 5.0，最后将混合液置于透析袋中透析，浓缩后用乙醇沉淀多糖,沉淀干燥后所得羧甲基化大枣多糖的羧甲基取代度可达 1.66，但未报道产物得率，无法得知应用该方法时大枣多糖的降解情况。

4.4.2 羧甲基化修饰对红枣多糖理化性质的影响

与硫酸酯化修饰相似，采用氢氧化钠-氯乙酸反应体系对红枣多糖进行硫酸酯化修饰可造成红枣多糖降解，但能明显改善其在水溶液中的分布状态，提高其溶解性（焦中高，2012）。

1. 羧甲基化红枣多糖的分子量分布

在羧甲基化过程中，如果没有链的降解断裂，由于羧甲基的静电排斥而引起的链的刚性和宽度的变化，再加上羧甲基的引入，其在排阻色谱中的洗脱体积和原来的物质相比应该更小。但从不同取代度羧甲基化红枣多糖的排阻色谱(图 4.4)来看，羧甲基化红枣多糖的洗脱体积与原红枣多糖相比反而稍有增加，并且随着羧甲基化过程中所用 NaOH 浓度的增加，洗脱体积增加幅度更大，即质均分子量逐渐减小，低分子量多糖的含量逐渐增加。这也同时表明在羧甲基化过程中随着 NaOH 用量的增加，红枣多糖的降解程度相对增加，从而有更低分子量多糖的产生，造成羧甲基红枣多糖得率降低。

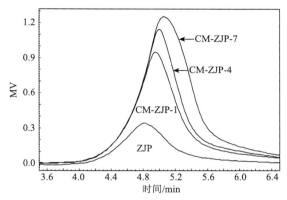

图 4.4　羧甲基化红枣多糖与原红枣多糖的洗脱曲线

2. 羧甲基化红枣多糖的溶解性

　　与硫酸酯化修饰相似，红枣多糖的羧甲基化修饰也增加了其水溶性。原红枣多糖在冷水中溶解较慢，经加热或超声辅助后才能很好溶解，而经羧甲基化修饰后其溶解性大大改善，在冷水中轻轻振摇后即能较快溶解。在同浓度条件下，羧甲基化红枣多糖水溶液的透光率明显高于原红枣多糖溶液（图 4.5），说明羧甲基化修饰可改善红枣多糖在水溶液中的分布状态，提高其溶解性。

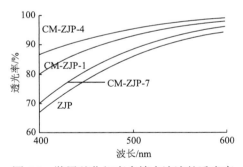

图 4.5　羧甲基化红枣多糖水溶液的透光率

4.4.3　羧甲基化修饰对红枣多糖生物活性的影响

　　多糖由于羧甲基的取代，改变了局部的空间位置情况，导致其活性中心与理化性质发生变化，从而可能影响其生物活性的发挥。研究表明，红枣多糖经羧甲基化修饰后抗氧化活性和对 α-葡萄糖苷酶、透明质酸酶及蛋白质非酶糖化反应的抑制作用均发生变化。

1. 羧甲基化修饰对红枣多糖抗氧化活性的影响

羧甲基化修饰对红枣多糖抗氧化活性的影响不仅与羧甲基取代度有关，而且应用不同抗氧化测试体系常常会得到不同的结果。羧甲基化修饰可以显著增强红枣多糖对羟自由基的清除活性，但不利于其对超氧阴离子自由基和 DPPH 自由基的清除活性的发挥（焦中高，2012）。

1）羧甲基化修饰对红枣多糖超氧阴离子自由基清除效果的影响

随着羧甲基取代度的提高，羧甲基化红枣多糖对超氧阴离子自由基的清除效果呈现出升高—降低—升高的"S"形变化，提示羧甲基化修饰对红枣多糖超氧阴离子自由基清除效果的影响不仅与羧甲基含量有关，而且可能与多糖的分子量及高级结构的变化有关。在七种羧甲基化红枣多糖中，仅有 CM-ZJP-2（DS_{CM}=0.033）和 CM-ZJP-7（DS_{CM}=0.22）对超氧阴离子自由基的清除活性较原多糖（ZJP）相比略有提高，其他五种羧甲基化红枣多糖均表现出一定程度的降低，说明羧甲基化修饰不利于红枣多糖超氧阴离子自由基清除活性的发挥。

2）羧甲基化修饰对红枣多糖羟自由基清除效果的影响

不同取代度羧甲基化红枣多糖对 Fenton 反应产生的羟自由基清除效果的变化与其对超氧阴离子自由基清除活性相似，呈现出升高—降低—升高—降低的"S"型变化。但羧甲基化修饰可显著提高红枣多糖的羟自由基清除活性，七种不同取代度的羧甲基化红枣多糖的活性均较未修饰红枣多糖大幅提高。在试验条件下，0.5 mg/mL 的羧甲基化红枣多糖对羟自由基的清除率最高可较原红枣多糖（ZJP）提高 61.42%（CM-ZJP-6，DS_{CM}=0.204）。说明羧甲基化修饰可作为提高红枣多糖羟自由基清除活性的重要方法。渠琛玲等（2012）的研究也表明，羧甲基化红枣多糖对羟基自由基的清除能力较未修饰前提高了近 1 倍。

3）羧甲基化修饰对红枣多糖 DPPH 清除效果的影响

红枣多糖经羧甲基化后得到的各个衍生物对 DPPH 自由基的清除活性均有一定程度的降低，说明羧甲基的引入不利于红枣多糖 DPPH 自由基清除活性的发挥。

2. 羧甲基化修饰对红枣多糖 α-淀粉酶抑制效果的影响

红枣多糖经羧甲基化修饰后，其对 α-淀粉酶的抑制作用大大减弱，甚至使其抑制作用几乎完全丧失（焦中高等，2011）。说明羧甲基化修饰部位可能是红枣多糖与 α-淀粉酶相互作用的结构或相关结构。

3. 羧甲基化修饰对红枣多糖 α-葡萄糖苷酶抑制效果的影响

红枣多糖经羧甲基化修饰后其对 α-葡萄糖苷酶活性的抑制作用显著增强。即使是较低程度的羧甲基取代也会使红枣多糖的 α-葡萄糖苷酶抑制活性大幅增加，羧甲基化修饰可作为提高红枣多糖 α-葡萄糖苷酶抑制活性的最有效方法。在试验条件下，羧甲基化修饰最高可使红枣多糖对 α-葡萄糖苷酶活性的抑制率提高 5.08 倍（CM-ZJP-7，DS_{CM}=0.22）。但红枣多糖的羧甲基取代度和其对 α-葡萄糖苷酶活性的抑制效果之间没有很好的相关性，说明羧甲基可能对于多糖的高级结构有重要影响，使多糖倾向于形成更有利于与酶结合的构象（焦中高等，2011）。

4. 羧甲基化修饰对红枣多糖非酶糖化反应抑制效果的影响

在试验条件下，较高取代度的羧甲基化修饰（CM-ZJP-4、CM-ZJP-5、CM-ZJP-6、CM-ZJP-7）可以增强红枣多糖对 BSA-Glu 体系非酶糖化反应的抑制作用，并且其抑制活性的增强与羧甲基取代度之间有较好的相关性，羧甲基取代度最高的 CM-ZJP-7（DS_{CM}=0.22）对反应体系中 Amadori 产物和 AGEs 的形成的抑制率分别可达到 89.5%和 86.3%（焦中高，2012）。因此，羧甲基化修饰可作为提高红枣多糖对非酶糖化反应抑制效果的重要手段之一。

5. 羧甲基红枣多糖对透明质酸酶活性的影响

红枣多糖的羧甲基化修饰对透明质酸酶的抑制活性的影响比较复杂，产物的羧甲基取代度较低时(CM-ZJP-1、CM-ZJP-2、CM-ZJP-3、CM-ZJP-4，DS_{CM}=0.016～0.082)，其对透明质酸酶的抑制活性降低，较高的羧甲基取代(CM-ZJP-5、CM-ZJP-6、CM-ZJP-7，DS_{CM}=0.200～0.220)会使红枣多糖的透明质酸酶抑制活性有所提高。说明羧甲基红枣多糖对透明质酸酶的抑制活性主要是由于多糖骨架的贡献，和原有多糖相比，较小的多糖分子量、高羧甲基取代度更有利于增强其对透明质酸酶的抑制活性（焦中高等，2011）。

4.5　红枣多糖的乙酰化修饰

乙酰化也是常用的多糖分子修饰方法之一，具有方法简单、易于操作、反应无毒性等优点。因此在多糖的分子修饰与构效关系研究中应用十分广泛。天然多糖经乙酰化修饰后理化性质和生物活性均可能发生改变。

本节重点阐述红枣多糖的乙酰化修饰方法及乙酰化修饰对红枣多糖理化特性和生物活性的影响。

4.5.1　红枣多糖的乙酰化修饰方法

1. 乙酰化红枣多糖的制备

多糖的乙酰化修饰通常采用乙酸或乙酸酐作为乙酰化试剂。研究表明，采用冰醋酸法和乙酸酐法都可对红枣多糖进行乙酰化修饰（焦中高，2012）。具体操作方法如下。

1）冰醋酸法

称取 0.5 g 红枣多糖于三角瓶中，加入 10 mL 冰醋酸和 2.5 mL 乙酸酐作为乙酰化试剂，再加入 2 mL 蒸馏水，滴入 4 滴浓硫酸作为催化剂，混匀。反应体系于 60℃ 搅拌反应 1 h，然后冷却至室温，再将反应液滴入 100 mL 无水乙醇中于 4℃ 条件下充分沉淀，4000 r/min 离心 15 min，弃去上清液，沉淀用无水乙醇、丙酮、乙醚洗涤后用少量蒸馏水溶解，用蒸馏水透析，未透析部分浓缩后冷冻干燥，得乙酰化红枣多糖。此法对红枣多糖进行乙酰化修饰得率较高，但乙酰基取代度较低，因此冰醋酸法不适合用于高乙酰基取代度的乙酰化修饰。

2）乙酸酐法

称取 0.5 g 红枣多糖于三角瓶中，加 10 mL 蒸馏水充分溶解，并用 10% 氢氧化钠溶液调节 pH 为 9.5，然后每次少量加入 0.6 mL 乙酸酐，期间用滴管滴加 10% 氢氧化钠溶液，使反应体系的 pH 保持在 9.5±0.5，加完后继续反应 1h。反应结束后将反应液滴加入 100 mL 无水乙醇中并在 4℃ 条件下沉淀 8 h，4000 r/min 离心 15 min，弃去上清液，沉淀用少量蒸馏水溶解，用蒸馏水透析，未透析部分经低温真空浓缩后冷冻干燥，得乙酰化红枣多糖。此法为相对温和的乙酰化方法，基本不会或者仅引起红枣多糖的极微弱的降解。

2. 红枣多糖乙酰化修饰的影响因素

用乙酸酐法对红枣多糖进行乙酰化修饰的过程中，随着反应的进行，由于乙酸酐的不断加入，反应液的 pH 会逐渐下降，在整个反应过程中会下降 1.0 左右，而 pH 的这一变化将导致乙酰化红枣多糖得率的下降，控制反应液的 pH 为 9.5±0.5，不仅可以提高乙酰化红枣多糖的乙酰基取代度，而且产物得率也可大幅提高。而在同一条件下，反应温度的升高也会导致乙酰化红枣多糖的得率降低，并且产物的取代度大幅下降。因此，高温和低 pH 条件不利于红枣多糖的乙酰化修饰，在室温条件下采用乙酸酐法，保持反应液的 pH 为 9.5±0.5，可以较好地实现红枣多糖的乙酰化修饰（焦中高，2012）。

通过选择不同乙酰化修饰方法和改变反应条件可以制备不同乙酰基取代度的红枣多糖衍生物。如表 4.4 所示，利用乙酸酐法在室温下反应，在反应中不调反应液的 pH 得到的红枣多糖乙酰化产物 Ace-ZJP-1（$DS_{Ace}=0.21$）；以冰醋酸法制得的乙酰化红枣多糖 Ace-ZJP-2（$DS_{Ace}=0.04$）；而以乙酸酐法反应，在反应过程中保持 pH 为 9.5±0.5，分别在室温、50℃、100℃ 以乙酸酐法制得的红枣多糖乙酰化产物 Ace-ZJP-3（$DS_{Ace}=0.29$）、Ace-ZJP-4（$DS_{Ace}=0.08$）和 Ace-ZJP-5（$DS_{Ace}=0.12$）。

表 4.4　乙酰化红枣多糖的分析

样品	Ace-ZJP-1	Ace-ZJP-2	Ace-ZJP-3	Ace-ZJP-4	Ace-ZJP-5
得率/%	56.24	70.73	75.51	63.89	57.32
DS_{Ace}	0.21	0.04	0.29	0.08	0.12

4.5.2　乙酰化修饰对红枣多糖理化性质的影响

1. 乙酰化红枣多糖的分子量分布

图 4.6 为不同方法和工艺条件制备的乙酰化红枣多糖的排阻色谱图。其中，Ace-ZJP-2 为冰醋酸法制备的乙酰化红枣多糖，和原红枣多糖相比，其分子量大幅降低，且分子量分布变宽，说明用冰醋酸法对红枣多糖进行乙酰化修饰的同时会引起多糖分子的降解（焦中高，2012）。这可能是由于浓硫酸作催化剂的同时会对红枣多糖造成严重降解的缘故。用乙酸酐法得到的四种乙酰化红枣多糖（Ace-ZJP-1、Ace-ZJP-3、Ace-ZJP-4、Ace-ZJP-5）的分子量和原红枣多糖相比均有所增加。因此，与冰醋酸法相比，乙酸酐法为相对温和的乙酰化方法，四种乙酰化红枣多糖的分子量的增加表明了用该法不会引起或者仅仅引起红枣多糖的很微弱的降解。

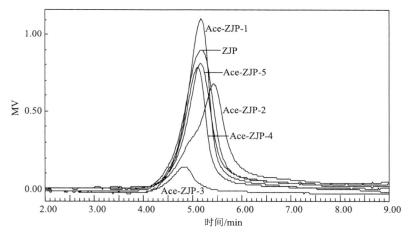

图 4.6　乙酰化红枣多糖的洗脱曲线

2. 乙酰化红枣多糖的溶解性

红枣多糖在室温条件下，冷水中需较长时间方能溶解，而乙酰基的引入对于提高其水溶性具有积极作用。用乙酸酐法和冰醋酸法制得的乙酰化红枣多糖与原多糖相比，溶解度均有不同程度的提高，除以冰醋酸法制备的红枣多糖衍生物 Ace-ZJP-2 的溶解性相对稍差外，其他几种乙酰化修饰产物在冷水中稍稍振荡即可溶解，并且其乙酰化取代度越高，越易溶解。在同浓度条件下，乙酰化红枣多糖水溶液的透光率明显高于原红枣多糖溶液，且随乙酰化取代度的升高而增大（图4.7），说明乙酰化修饰可明显改善红枣多糖在水溶液中的分布状态，提高其溶解性（焦中高，2012）。

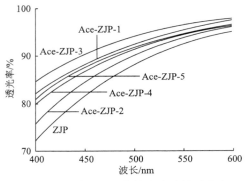

图 4.7　乙酰化红枣多糖水溶液的透光率

4.5.3　乙酰化修饰对红枣多糖生物活性的影响

多糖由于乙酰基的取代，改变了局部的空间位置情况，导致其活性中心与理化性质发生变化，从而可能影响其生物活性的发挥。研究表明，红枣多糖经乙酰化修饰后抗氧化活性和对 α-淀粉酶、α-葡萄糖苷酶、透明质酸酶及蛋白质非酶糖化反应的抑制作用均发生变化（焦中高，2012）。

1. 乙酰化修饰对红枣多糖抗氧化活性的影响

乙酰化修饰对红枣多糖抗氧化活性的影响不仅与乙酰基取代度有关，而且应用不同抗氧化测试体系常常会得到不同的结果。乙酰化修饰可以显著增强红枣多糖对羟自由基的清除活性，但不利于其对超氧阴离子自由基清除活性的发挥，而对 DPPH 自由基的清除活性影响不大。

1）乙酰化修饰对红枣多糖超氧阴离子自由基清除效果的影响

乙酰化修饰使红枣多糖对光照核黄素体系产生的超氧阴离子自由基的清除活性降低，而且乙酰基取代度越高下降越多，乙酰基取代度较高的 Ace-ZJP-1（DS_{Ace}=0.21）和 Ace-ZJP-3（DS_{Ace}=0.29）对超氧阴离子自由基的清除率较原红枣多糖（ZJP）下降 50%以上，说明乙酰化修饰对于红枣多糖的超氧阴离子自由基清除活性有不利影响。

2）乙酰化修饰对红枣多糖羟自由基清除效果的影响

乙酰化修饰可显著提高红枣多糖的羟自由基清除活性，尤其是在低浓度条件下更为明显。在 0.5 mg/mL 浓度条件下，五种乙酰化红枣多糖对羟自由基的清除效果均较原红枣多糖（ZJP）提高一倍以上，但与各样品的乙酰基取代度无明显相关关系，说明乙酰基的引入对于红枣多糖的羟自由基清除活性有重要影响，但作用机制可能是多方面的。

3）乙酰化修饰对红枣多糖 DPPH 清除效果的影响

在低浓度条件下红枣多糖经乙酰化后得到的各个衍生物对 DPPH 自由基的清除活性仅 Ace-ZJP-3（DS_{Ace}=0.29）较原多糖（ZJP）略有提高，其他乙酰化红枣多糖均略有降低，但在高浓度条件下乙酰化红枣多糖对 DPPH 自由基的清除活性均较原多糖（ZJP）得到一定程度的提高，说明乙酰化修饰使红枣多糖清除 DPPH 自由基的动力学发生了改变，使量效关系变得更加明显。

2. 乙酰化修饰对红枣多糖 α-淀粉酶抑制效果的影响

和原红枣多糖相比，以乙酸酐法对其进行乙酰化修饰后的产物对 α-淀粉酶活性的抑制作用降低，乙酰化过程中反应温度的增加使其对 α-淀粉酶活性的抑制作用降低，100℃时制得的乙酰化红枣多糖（Ace-ZJP-5）的 α-淀粉酶抑制活性几乎全部丧失，反应液中 pH 的降低也使乙酰化红枣多糖（Ace-ZJP-1）的淀粉酶抑制活性降低；而以冰醋酸法制得的乙酰化红枣多糖（Ace-ZJP-2）已基本没有 α-淀粉酶抑制活性。因此红枣多糖的结构中发生乙酰化的结构可能与 α-淀粉酶的活性抑制密切相关，而利用不同的乙酰化方法得到的乙酰化产物对 α-淀粉酶抑制活性的影响也表明，高温或低 pH 条件下乙酰化产物（Ace-ZJP-5，Ace-ZJP-1）分子量的降低影响了其对 α-淀粉酶抑制活性的发挥，而主链结构的变化导致的红枣多糖高级结构的变化也可能是其对 α-淀粉酶抑制活性降低的另一原因。

3. 乙酰化修饰对红枣多糖 α-葡萄糖苷酶抑制效果的影响

原红枣多糖对 α-葡萄糖苷酶仅有很微弱的抑制作用，乙酰化后各产物对 α-葡萄糖苷酶的抑制活性均有不同程度的提高，其中以冰醋酸法得到的乙酰化红枣多糖（Ace-ZJP-2）的抑制活性最强，但其乙酰化程度最低，这可能与其在乙酰化反应过程中的分子量降低有关系；其他四种乙酰化红枣多糖对 α-葡萄糖苷酶抑制活性的提高也同时说明了红枣多糖的乙酰化修饰可以提高其对 α-葡萄糖苷酶活性的抑制作用，但抑制活性的高低与乙酰化程度无明显相关性（焦中高，2012）。因此可能合适的乙酰化程度或是特定结构或基团的乙酰化对于乙酰化红枣多糖的 α-葡萄糖苷酶抑制活性具有重要意义。乙酰化修饰过程中分子量的变化也会对其抑制活性产生影响，这些影响产生的原因还需要对乙酰化红枣多糖的精细结构和其对 α-葡萄糖苷酶活性的抑制作用机理的进一步研究才能最终阐明。

4. 乙酰化修饰对红枣多糖非酶糖化反应抑制效果的影响

乙酰化修饰的方法和工艺条件对于修饰产物的抑制效果具有重要影响，而且乙酰化修饰对于反应体系中 Amadori 产物和终产物 AGEs 形成的抑制作用存在较大差异（焦中高，2012）。和未修饰的红枣多糖（ZJP）相比，Ace-ZJP-2、Ace-ZJP-3

和 Ace-ZJP-4 对 Amadori 产物形成的抑制活性得到增强，Ace-ZJP-1 和 Ace-ZJP-5 表现为减弱；而各乙酰化产物对反应终产物 AGEs 形成的抑制作用均有所减弱。和 Ace-ZJP-3 相比，同样条件下，反应过程中未调节 pH 得到的 Ace-ZJP-1 的抑制作用大大降低；另外随着反应体系温度的升高，抑制作用也有所减弱，在 100℃ 条件下制得的 Ace-ZJP-5 对反应体系中 Amadori 产物的形成只剩下极弱的抑制作用。各乙酰化红枣多糖的取代度与其对 BSA-Glu 体系中非酶糖化反应的抑制效果没有相关性。

　　5. 乙酰化修饰对红枣多糖透明质酸酶抑制活性的影响

　　红枣多糖的乙酰化修饰使其对透明质酸酶的抑制活性大大降低，其中抑制活性最高的 Ace-ZJP-3 的抑制率也仅为 53.59%，远低于未修饰红枣多糖的抑制活性，说明乙酰化修饰对于红枣多糖透明质酸酶抑制活性不利，但透明质酸酶抑制活性降低的程度与乙酰基取代度之间没有相关性。

4.6　红枣多糖的其他修饰方法

　　除以上常见修饰方法外，红枣多糖的硒酸酯化修饰和与铁离子络合制备红枣多糖铁等，可改善无机硒和铁在机体内的吸收和代谢等，降低毒性，可发挥硒/铁和红枣多糖的双重生理功效。

　　本节重点阐述硒化红枣多糖和红枣多糖铁的制备及其理化特性等。

4.6.1　硒化红枣多糖

　　硒是人体必需的微量元素，在体内具有抗氧化、提高免疫力、防癌抗癌、防衰老和防止心血管疾病发生等多种生理功能（张俊杰，2000；Foster and Sumar，1997）。但硒在人体内的营养剂量和毒性剂量界限非常接近，使用无机硒作为补硒剂常常会面临硒中毒的危险。与无机硒相比，有机硒具有生物利用度和活性高、毒性低等特点，因此常被作为高安全性和高生物活性的补硒剂来使用（张俊杰，2000）。常见的有机硒主要包括硒多糖、硒氨基酸、硒蛋白和硒核酸等，其中硒多糖是硒与活性多糖键合的化合物，不但具有微量元素硒的多种生理功能，而且还具有多糖的各种活性与功效，能够充分发挥硒和多糖的双重生理功效，使两者的作用相互协调并得到增强，毒副作用降低（梁英等，2000；沈伟哉等，2011；Yu et al.，2009；Zhao et al.，2008），因而备受国内外研究者的关注。天然存在的硒多糖含量极微，使得硒多糖的开发利用受到了一定限制，因而国内外众多研究者着手对天然多糖进行硒化修饰，人工合成各种硒多糖，如硒化海藻多糖、硒化大蒜多糖、百合多糖硒酸酯、硒化枸杞多糖、款冬花硒多糖、硒化黄芪多糖、硒化灵芝多糖、硒化红薯叶多糖、红景天多糖硒酸酯、刺槐豆多糖硒酸酯、硒化刺梧桐多糖硒酸酯等。这些人工合成的硒多糖兼具硒和原多糖的双重生理功效，更易于被机体吸收和利用，因此能够更好地发挥硒和多糖的生理活性。

目前，人工合成硒化多糖的方法主要有 $SeOCl_2$ 法、接枝法和亚硒酸（钠）法等。其中，亚硒酸（钠）法由于试剂简单易得、反应条件温和、安全性高而最为常用，已在百合多糖、枸杞多糖、款冬花多糖、红景天多糖、刺槐豆多糖、刺梧桐多糖等的硒化修饰中得到了广泛的应用。研究表明，采用亚硒酸钠为硒化剂，在硝酸催化下可成功合成硒化红枣多糖，而且可保持原红枣多糖的基本结构，试剂简单易得，反应条件相对简单，是一种较好的硒化红枣多糖制备方法；硝酸浓度、反应温度、反应时间都可对红枣多糖硒化修饰产生影响（张春岭等，2014）。

1. 硒化红枣多糖的制备（亚硒酸法）

取 1.0 g 红枣多糖提取物溶于 100 mL 适宜浓度的硝酸溶液中，加入 10 mL 吡啶和 1.6 g 亚硒酸钠，在一定温度条件下搅拌反应。反应结束后减压浓缩至 20～30 mL，然后加入 3 倍体积的无水乙醇，混匀后置于 –4℃ 条件下静置过夜，使其充分沉淀，离心分离沉淀，用少量水溶解后用蒸馏水透析 72 h，未透过液经低温减压浓缩、冷冻干燥得硒化红枣多糖。

2. 亚硒酸钠法制备硒化红枣多糖的影响因素

在亚硒酸钠法制备硒化红枣多糖的反应中，硝酸浓度、反应温度和反应时间是影响硒化修饰效果的重要因素。

1）硝酸浓度对红枣多糖的硒化修饰的影响

在反应温度 60℃、反应时间 24 h 的条件下，当硝酸浓度低于 0.6% 时，制备得到的硒化红枣多糖中的硒含量随着硝酸浓度的提高而升高，但当硝酸浓度超过 0.6% 时，制备得到的硒化红枣多糖中的硒含量则急剧下降。硝酸属于强酸，酸度过高易造成红枣多糖的降解，不利于硒化反应的进行，而硝酸浓度过低又起不到最佳的催化作用，因此硝酸浓度过高或过低都不利于硒化反应的进行，硝酸浓度为 0.6% 左右时比较适宜于硒化红枣多糖的制备。

2）反应时间对红枣多糖的硒化修饰的影响

在反应温度 60℃、硝酸浓度 0.6% 条件下，随着反应时间的增加，制备得到的硒化红枣多糖中的硒含量先增加后减小，在反应时间 24 h 时制得的硒化红枣多糖中的硒含量最高，36～48 h 时略有降低，超过 48 h 则大幅下降。反应时间过短，反应不充分，导致硒不能与红枣多糖有效结合；反应时间过长，红枣多糖在高温、强酸性条件下降解严重，也会影响硒化反应进行。因此，红枣多糖的硒化反应时间以 24～36 h 为宜。

3）反应温度对红枣多糖的硒化修饰的影响

在硝酸浓度 0.6%、反应时间 24 h 的条件下，当温度在 60℃以下时，随着反应温度的升高，制备得到的硒化红枣多糖中硒含量大幅升高，但当反应温度从 60℃升至 70℃时，制备得到的硒化红枣多糖中的硒含量却略有下降，但与反应温度为 60℃时的差异并不显著,进一步提高反应温度至 80℃时，硒含量则大幅降低。这可能是由于红枣多糖在高温的强酸性条件下发生了降解,影响硒化反应的进行,因此红枣多糖的硒化修饰宜在 60～70℃的温度条件下进行。

4）硒化红枣多糖制备工艺正交试验优化

设计硝酸浓度（A）、反应温度（B）、反应时间（C）为三个试验因子，以制备得到的硒化红枣多糖中的硒含量为考察指标，做三因素三水平正交试验，结果表明，影响红枣多糖硒化反应因素的主次顺序为 A>B>C，即硝酸浓度对红枣多糖硒化修饰的影响最大，其次是反应温度，反应时间的影响最小；最佳工艺条件为硝酸浓度 0.6%、反应温度 65℃、反应时间 24 h，在此条件下制备得到的硒化红枣多糖中硒含量可以达到 96.98 mg/g。

3. 硒化红枣多糖的光谱特征

1）紫外光谱

红枣多糖经硒化修饰后由于亚硒酸酯基团的引入导致其紫外吸收光谱发生变化（图 4.8）。原红枣多糖在紫外区域无吸收峰，而硒化红枣多糖却在 258 nm 处有一个强的吸收峰。这说明红枣多糖经硒化后结构上发生了变化，可能生成了新的亚硒酸酯基团。亚硒酸钠在 205 nm 处有较强吸收，但与红枣多糖发生硒化反应后仅在 258 nm 处存在明显的吸收峰，说明通过硒化反应与红枣多糖产生了稳定的亚硒酸酯基团，而非简单的物理吸附。

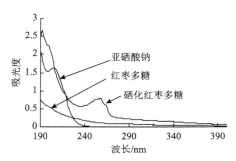

图 4.8 硒化红枣多糖的紫外光谱图

2）红外光谱

红枣多糖经硒化修饰后其红外吸收光谱也发生较大变化（图 4.9）。红枣多糖在 3400 cm^{-1} 位置有吸收峰，是氢键缔合的羟基 O—H 键的伸缩振动产生的；而硒化红枣多糖的羟基峰向高波数方向移动且吸收减弱，这是由于亚硒酸基的取代改变了局部的空间位置情况，使得羟基参与分子氢键的状态发生了变化，峰高度的减弱表明亚硒酸基发生了取代，使羟基的数目减少。红枣多糖在 800~900 cm^{-1} 之间没有吸收峰，而硒化红枣多糖在 893 cm^{-1} 处有一弱吸收峰，可归属为亚硒酸酯的特征吸收峰。

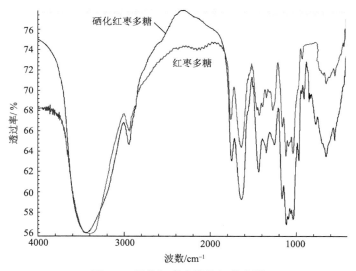

图 4.9　硒化红枣多糖的红外光谱

　　目前关于硒化红枣多糖的研究很少，尚未见其他方法应用于红枣多糖硒化修饰的报道，因此需要加强该方面的研究，采用多种方法对红枣多糖进行硒化修饰，并比较不同方法的优劣，以寻求最佳的硒化红枣多糖制备工艺与方法。

4.6.2　红枣多糖铁

　　铁是人体内含量最多的一种必需微量元素，是血红蛋白的重要成分，体内铁缺乏时，会出现缺铁性贫血等。临床上一般采用硫酸亚铁等无机补铁剂治疗缺铁性贫血，但硫酸亚铁会刺激胃肠道，产生便秘、腹泻、腹上部疼痛等副作用。多糖铁复合物不含游离的 Fe^{2+} 或 Fe^{3+}，无金属味，不使牙齿变色，对胃肠黏膜无损害，并且易于被机体同化和吸收，可促进机体的造血功能，迅速提高血红蛋白水平，能有效地治疗缺铁性贫血，因此被誉为第三代补铁剂（董亚茹和陈贵堂，2015；孙丙政等，2009）。目前已有成熟的多糖铁复合物（力蜚能多糖铁复合物胶囊）产品上市，用于治疗缺铁性贫血，很少有副作用，临床效果显著。

　　目前常用于多糖铁合成的方法主要有氯化铁共热合成法、硫酸铁铵法和复合膜模拟生物矿化法等，但在红枣多糖铁的合成中仅有氯化铁共热合成法得到应用（李玉贤和裴晓红，2006；王花等，2009），其他方法尚未见报道。

1. 红枣多糖铁络合物的合成（氯化铁共热法）

称取红枣多糖 2.0 g 和柠檬酸三钠 0.5 g 置于 250 mL 三颈瓶中，用 60～80 mL 蒸馏水溶解，于 70℃ 水浴中加热并不断搅拌。在不断搅拌的过程中，同时缓慢滴加 20%氢氧化钠溶液和 2 mol/L 三氯化铁溶液，控制二者的滴加速度使得 pH 保持在 8.5，当反应液中出现红棕色不溶沉淀，立即停止滴加氢氧化钠溶液和三氯化铁溶液。继续在水浴中加热、搅拌 1 h，离心，弃去沉淀，收集红棕色上清液，加入约 3 倍量体积的无水乙醇醇沉，静置使沉淀完全，离心分离棕褐色不溶物，真空干燥得到棕褐色红枣多糖铁粗品。将红枣多糖铁粗品溶于蒸馏水，用透析袋透析除盐后醇沉，沉淀依次用无水乙醇、乙醚洗涤后真空干燥，得到红枣多糖铁络合物。

2. 红枣多糖铁络合物的理化性质

1）红枣多糖铁络合物的光谱学特征

红枣多糖与 Fe^{3+} 络合后紫外吸收变强，说明助色基—OH 发生了络合反应。与络合前相比，红枣多糖铁复合物的红外吸收光谱也发生了变化。红枣多糖铁复合物在 704 cm^{-1} 和 907 cm^{-1} 出现 β-FeOOH 的特征吸收，而且在 3500～3400 cm^{-1} 附近的羟基伸缩振动的吸收峰变尖，说明多糖的—OH 参与了络合反应（王花等，2009）。

2）红枣多糖铁络合物的一般性质

红枣多糖铁络合物无臭、无味、易溶于水，在 pH 3～12 范围内不沉淀，其中的 Fe^{3+} 在 pH 1～8 范围内能够被抗坏血酸较迅速还原成 Fe^{2+}，因此作为补铁剂可被食物中的还原性物质（抗坏血酸等）还原成 Fe^{2+} 后被机体吸收，可能具有较好的生物利用度（李玉贤和裴晓红，2006）。在水溶液中稳定，无游离的 Fe^{3+} 或 Fe^{2+} 存在，因此对消化道没有刺激作用。但红枣多糖铁溶液在 pH 小于 3 时出现沉淀，因此其作为口服补铁剂不应空腹服用。

4.7　小　　结

分子修饰是多糖研究的一个重要方向，通过分子修饰，一方面可以改善部分天然多糖的生物活性，另一方面也为多糖构效关系研究积累了资料。此外，天然多糖衍生物一般没有细胞毒性且药物质量通过化学手段容易控制，因此已成为当今新药研制的发展方向之一。许多天然多糖经结构修饰后还产生了新的活性，在临床应用中显示出广阔的前景。与中药多糖和食用菌多糖相比，红枣多糖虽然也具有多种生物活性，但大多生物活性较低，限制了其作为药物的研究开发，因此对红枣多糖进行结构修饰以改善其生物活性意义重大，同时还可以借助于分子修饰技术研究红枣多糖的构效关系与作用机理，从而推动红枣多糖的深层次研究开发。

通过对红枣多糖进行硫酸酯化、羧甲基化、乙酰化、降解等分子修饰研究初步证实，分子修饰可通过多种机制影响红枣多糖的生物活性，且与各种活性的不同作用机理有关。通过分子修饰，可以改善红枣多糖的溶解性，从而可使其在水溶性测试系统中发挥更好的活性。同时，还可以改变红枣多糖的空间构象，使更多/少的活性基团裸露出来，或形成/破坏红枣多糖的活性构型，造成红枣多糖活性的改变。不同生物活性产生的机理和活性基团及构象要求不同，所以分子修饰产生的效果也存在很大差异。分子修饰导致的红枣多糖构象变化对于其生物活性的影响较理化性质改变更为重要，维持一定的链长和空间构象是发挥其活性的关键。但由于缺乏对红枣多糖高级结构和构效关系的研究和理解，分子修饰影响红枣多糖生物活性的机理尚不明确，严重制约着红枣多糖分子修饰技术的应用，从而影响了红枣多糖的产业化开发。

为充分发挥分子修饰技术在红枣多糖研究与开发方面的作用，需进一步加强以下几个方面的研究。

1. 红枣多糖分子修饰技术研究

当前关于红枣多糖修饰方法的研究还不多，获得的红枣多糖结构修饰物还较少，不能全面反映分子修饰对红枣多糖的影响。因此，需要进一步拓宽红枣多糖分子修饰的研究范围，应用多种方法、多种工艺条件获得尽可能多的红枣多糖结构类型，以发现新的可提高红枣多糖生物活性的修饰方法或获得具备新的生物活性的红枣多糖结构修饰物，并为研究红枣多糖构效关系奠定基础。

在分子修饰技术的应用方面，应着重研究开发绿色、高效的分子修饰方法，尽可能避免对红枣多糖非修饰目标部位的破坏。

2. 利用分子修饰技术研究红枣多糖的构效关系

多糖的定向修饰是研究的发展方向，但由于各种多糖自身理化性质、结构特点和活性特征差异很大，导致分子修饰所产生的作用也各不相同，因此给多糖的定向修饰带来了困难。只有通过大量相关基础研究，明确各种多糖的构效关系和分子修饰的作用机理，才能最终实现"根据活性多糖分子模型进行定向修饰"的设想。因此，需在对红枣多糖分子修饰技术研究的基础上，进一步研究各种结构修饰方法对红枣多糖的作用机理，分析不同分子量、取代基所导致的红枣多糖结构（特别是高级结构）与特性的变化及其对生物活性的影响，明确红枣多糖的活性部位、活性构型及其机理，从而针对性地进行结构修饰，以改善红枣多糖的物化特性和功能特性，开发新的高活性红枣多糖产品。

3. 分子修饰红枣多糖的毒理学研究

对红枣多糖进行结构修饰后引入了新的基团，可能对天然红枣多糖的理化特性与安全性产生影响。为保证分子修饰红枣多糖产品的安全性，须对分子修饰获得的不同结构类型的红枣多糖修饰物进行毒理学研究，评估其在人体内的代谢、吸收及安全性等，为分子修饰红枣多糖的应用开发提供参考。

参 考 文 献

陈春英, 黄雪华, 周井岩, 等. 1998. 硫酸化箬竹多糖的结构修饰及抗艾滋病毒活性[J]. 药学学报, 33(4): 264-268.

陈士国, 李兆杰, 王玉明, 等. 2010. 鱿鱼墨多糖的硫酸酯化及抗凝血活性[J]. 高等学校化学学报, 31(12): 2407-2412.

陈义勇, 张阳. 2016. 杏鲍菇多糖羧甲基化修饰工艺及其抗氧化活性[J]. 食品与发酵工业, 42(7): 119-127.

丁慧萍, 高玉林, 洪远新, 等. 2015. 大枣多糖硒铁复合物的合成工艺研究[J]. 塔里木大学学报, 27(2): 100-106.

董亚茹, 陈贵堂. 2015. 多糖铁复合物研究进展[J]. 食品安全质量检测学报, 6(8): 2890-2895.

高玉杰, 吕海涛. 2013. 酸法降解浒苔多糖及其清除羟自由基活性研究[J]. 食品科学, 34(16): 62-66.

焦中高. 2012. 红枣多糖的分子修饰与生物活性研究[D]. 西北农林科技大学博士学位论文.

焦中高, 刘杰超, 王思新, 等. 2011. 羧甲基化红枣多糖制备及其活性[J]. 食品科学, 32(17): 176-180.

焦中高, 刘杰超, 周红平, 等. 2007. 硫酸化修饰对红枣多糖自由基和亚硝基清除活性的影响[J]. 中国食品学报, 7(2): 17-22.

李玉贤, 裴晓红. 2006. 大枣多糖铁(III)配合物的合成及一般性质研究[J]. 中成药, 28(5): 707-709.

李哲, 袁媛, 朱旻鹏, 等. 2016. 米糠多糖羧甲基化反应条件优化[J]. 食品与机械, (1): 135-139.

梁少茹, 肖霄, 肖斌. 2015. 绿茶多糖的乙酰化修饰及其清除自由基、NO_2^-活性的研究[J]. 食品工业科技, 36(11): 84-87.

梁英, 杨宏志, 夏远亮, 等. 2000. 黑木耳硒多糖对小鼠血脂、血硒及过氧化物酶的影响[J]. 营养学报, 22 (3): 250-252.

刘梅. 2008. 超声波降解对紫球藻胞外多糖生理活性的影响[D]. 福建师范大学硕士学位论文.

路垚. 2016. 磷酸化姬松茸多糖的制备及药理作用研究[D]. 天津农学院硕士学位论文.

彭天元, 刘家水, 颜红专. 2015. 乙酰化修饰枸杞多糖及其抗氧化、抗肿瘤活性研究[J]. 安徽中医药大学学报, 34(6): 61-66.

彭宗根, 陈鸿珊, 郭志敏, 等. 2008. 牛膝多糖硫酸酯体外和体内抗艾滋病病毒作用[J]. 药学学报, 43(7): 702-706.

渠琛玲, 马玉洁, 罗莉, 等. 2013. 硫酸化修饰对大枣多糖抗氧化活性的影响[J]. 食品研究与开发, 34(18): 9-11.

渠琛玲, 玉崧成, 罗莉, 等. 2012. 羧甲基化修饰对大枣多糖抗氧化活性的影响[J]. 河南工业大学学报（自然科学版）, 33(6): 18-21.

沈伟哉, 温晓晓, 郑颖, 等. 2011. 大蒜多糖及其硒化产物抗氧化活性的比较研究[J]. 营养学报, 33(4): 380-384.

师然新, 徐祖洪, 李智恩. 2000. 降解的角叉菜多糖的抗肿瘤活性[J]. 海洋与湖沼, 31(6): 653-656.

史大华, 刘玮炜, 刘永江, 等. 2012. 低分子量海带岩藻多糖的制备及其抗肿瘤活性研究[J]. 时珍国医国药, 23(1):53-55.

宋道, 张丽华, 赵鹏, 等. 2013. 响应面法优选款冬花多糖的乙酰化工艺研究[J]. 中成药, 35(9): 2030-2033.

苏东林, 戴少庆, 李高阳, 等. 2015. 柑橘果胶磷酸化制备工艺优化及其改性品质分析[J]. 中国食品学报, 15(8): 127-135.

孙丙政, 王云峰, 黄聪, 等. 2009. 口服补铁剂及多糖铁络合物的研究进展[J]. 微量元素与健康研究, 26(5): 64-67.

孙雪, 潘道东, 曾小群, 等. 2011. 浒苔多糖的磷酸化修饰工艺[J]. 食品科学, 32(24): 73-77.

田庚元, 李寿桐, 宋麦丽, 等. 1995. 牛膝多糖硫酸酯的合成及其抗病毒活性[J]. 药学学报, 30(2): 107-111.

王花, 樊君, 汤春妮, 等.2009. 大枣多糖铁复合物的制备及表征[J]. 中成药, 31(10): 1584-1587.

王晶, 张全斌, 张忠山, 等. 2008. 乙酰化海带褐藻多糖硫酸酯的制备及其抗氧化活性研究[J]. 中国海洋药物, 27(1): 50-54.

王警, 吴妮妮, 黄静, 等. 2016. 响应面试验优化龙眼肉多糖乙酰化工艺及其抗氧化活性[J]. 食品科学, 37(16): 63-68.

王利亚, 喻宗源. 1998. 羧甲基茯苓聚糖制备新工艺[J]. 林产化学与工业, 18(1): 59-64.

王森, 于海燕, 欧阳健明. 2008. 降解前后异枝麒麟菜硫酸多糖对草酸钙晶体生长的调控作用[J]. 物理化学学报, 24(1): 109-114.

王仁才, 石浩, 吴小燕, 等. 2016. 糖枣多糖经硫酸化修饰前后对酪氨酸酶抑制作用分析[J].天然产物研究与开发, 28: 713-718.

王雁, 杨祥良, 邓成华, 等. 2000.羧甲基虎奶多糖的制备及抗氧化性研究[J]. 生物化学与生物物理进展, 27(4): 411-414.

王之珺, 张柳婧, 钟莹霞, 等. 2015. 青钱柳多糖的乙酰化修饰及抗氧化活性[J]. 食品科学, 36(21): 6-9.

吴琼, 代永刚, 高长城, 等. 2009. 酸降解水溶性银耳多糖及抗氧化作用研究[J]. 食品科学, 30(13): 93-96.

辛灵莹, 潘道东. 2012. 乳酸乳球菌胞外多糖磷酸化的工艺优化[J]. 食品科学, 33(7): 233-236.

杨春瑜, 杨春莉, 刘海玲, 等. 2015. 乙酰化黑木耳多糖的制备及其抗氧化活性研究[J]. 食品工业科技, 36(23): 105-110, 115.

叶颖霞, 赵菊香, 陈盛强, 等. 2016. 灵芝多糖乙酰化及其抗氧化活性研究[J].安徽中医药大学学报, 35(2): 75-79.

袁如月. 2013. 粒毛盘菌 YM120 多糖的结构表征、磷酸化修饰及其活性研究[D]. 合肥工业大学硕士学位论文.

张春岭, 吴校卫, 陈大磊, 等. 2014. 硒化红枣多糖制备工艺优化[J]. 食品工业科技, 35(22): 241-244.

张海容, 郭祀远, 李琳, 等. 2003. 螺旋藻多糖及其硫酸酯清除羟自由基的活性[J]. 华南理工大学学报(自然科学版), 31(6): 76-79.

张俊杰. 2000. 硒的生理功能及富硒强化食品的研究进展[J]. 微量元素与健康研究, 17(2): 70-72.

张难, 邱树毅, 莫莉萍, 等. 2008a. 磷酸化香菇多糖的工艺优化[J].食品工业科技, 29(5): 185-188.

张难, 邱树毅, 吴远根, 等. 2008b. 磷酸化香菇多糖的制备及其部分理化性质的研究[J]. 食品研究与开发, 29(8):21-25.

赵鹏, 宋道, 张婷婷, 等. 2014. 响应面法优化二色补血草多糖的乙酰化工艺[J]. 食品科学, 5(18): 52-56.

周瑞, 田呈瑞, 张静, 等. 2010. 鸡腿菇多糖羧甲基修饰及其抗氧化性研究[J]. 食品科学, 31(13): 10-15.

Chen B J, Shi M J, Cui S, et al. 2016. Improved antioxidant and anti-tyrosinase activity of polysaccharide from *Sargassum fusiforme* by degradation[J]. International Journal of Biological Macromolecules, 92: 715-722.

Chen X Y, Xu X J, Zhang L N, et al. 2009. Chain conformationand anti-tumor activities of phosphorylated (1-3)-β-D-glucan from *Poria cocos*[J]. Carbohydrate Polymers, 78(3): 581-587.

Du X J, Zhang J S, Lv Z W, et al. 2014. Chemical modification of an acidic polysaccharide (TAPA1) from *Tremella aurantialba* and potential biological activities[J]. Food Chemistry, 143(2): 336-340.

Foster L H, Sumar S. 1997. Selenium in health and disease: A review[J]. Critical Reviews in Food Science and Nutrition, 37(3): 211-218.

Hou J, Wang J, Jin W, et al. 2012. Degradation of *Laminaria japonica* fucoidan by hydrogen peroxide and antioxidant activities of the degradation products of different molecular weights[J]. Carbohydrate Polymers, 87: 153-159.

Huang Q L, Zhang L N. 2011. Preparation, chain conformation and anti-tumor activities of water-soluble phosphated (1-3)-α-D-glucan from *Poria cocos* mycelia[J]. Carbohydrate Polymers, 83(3): 1363-1369.

Jagodzinski P P, Wiaderkiewicz R, Kurzawski G, et al. 1994. Mechanism of the inhibitory effect of curdlan sulfate on HIV-1 infection in vitro[J]. Virology, 202: 735-745.

Jiang L M, Nie S P, Zhou H L, et al. 2014. Carboxymethylation enhances the maturation-inducing activity in dendritic cells of polysaccharide from the seeds of *Plantago asiatica* L.[J]. International Immunopharmacology, 22(2): 324-331.

Liao X B, Yang L W, Chen M Z, et al. 2015. The hypoglycemic effect of a polysaccharide (GLP) from *Gracilaria lemaneiformis* and its degradation products in diabetic mice[J]. Food & Function, 6(8): 2542-2549.

Liu W, Wang H, Yao W, et al. 2010. Effects of sulfation on the physicochemical and functional properties of a water-insoluble polysaccharide preparation from *Ganoderma lucidum*[J]. Journal of Agricultural and Food Chemistry, 58(6): 3336-3341.

Liu X, Chen T, Hu Y, et al. 2014. Catalytic synthesis and antioxidant activity of sulfated polysaccharide from *Momordica charantia* L[J]. Biopolymers, 101(3): 210-215.

Liu X X, Wan Z J, Shi L, et al. 2011. Preparation and antiherpetic activities of chemically modified polysaccharides from *Polygonatum cyrtonema* Hua[J]. Carbohydrate Polymers, 83(2): 737-742.

Ma Z, Zhang C, Gao X, et al. 2014. Enzymatic and acidic degradation effect on intracellular polysaccharide of *Flammulina velutipes* SF-08[J]. International Journal of Biological Macromolecules, 73: 236-244.

Martinichen-Herrero J C, Carbonero E R, Sassaki G L, et al. 2005. Anticoagulant and antithrombotic activities of a chemically sulfated galactoglucomannan obtained from the lichen *Cladonia ibitipocae*[J]. International Journal of Biological Macromolecules, 35(1-2): 97-102.

Nguyen T L, Chen J, Hu Y, et al. 2012. *In vitro* antiviral activity of sulfated Auricularia auricula polysaccharides[J]. Carbohydrate Polymers, 90(3): 1254-1258.

Qi H, Liu X, Zhang J, et al. 2012. Synthesis and antihyperlipidemic activity of acetylated derivative of ulvan from *Ulva pertusa*[J]. International Journal of Biological Macromolecules, 50: 270-272.

Qi H, Zhang Q, Zhao T, et al. 2006. *In vitro* antioxidant activity of acetylated and benzoylated derivatives of polysaccharide extracted from *Ulva pertusa* (Chlorophyta) [J]. Bioorganic & Medicinal Chemistry Letters, 16(9): 2441-2445.

Qi H, Zhao T, Zhang Q, et al. 2005. Antioxidant activity of different molecular weight sulfated polysaccharides from *Ulva pertusa* Kjellm (Chlorophyta) [J]. Journal of Applied Phycology, 17: 527-534.

Qian X P, Zha X Q, Xiao J J, et al. 2014. Sulfated modification can enhance antiglycation abilities of polysaccharides from *Dendrobium huoshanense*[J]. Carbohydrate Polymers, 101: 982-989.

Shi B J, Nie X H, Chen L Z, et al. 2007. Anticancer activities of a chemically sulfated polysaccharide obtained from Grifola frondosa and its combination with 5-fluorouracil against human gastric carcinoma cells[J]. Carbohydrate Polymers, 68(4): 687-692.

Shi M J, Wei X, Xu J, et al. 2017. Carboxymethylated degraded polysaccharides from Enteromorpha prolifera: Preparation and *in vitro* antioxidant activity[J]. Food Chemistry, 215: 76-83.

Shin J Y, Lee S, Bai I Y, et al. 2007. Structural and biological study of carboxymethylated *Phellinus linteus* polysaccharides[J]. Journal of Agricultural and Food Chemistry, 55(9): 3368-3372.

Si X, Zhou Z K, Bu D D, et al. 2016. Effect of sulfation on the antioxidant properties and *in vitro* cell proliferation characteristics of polysaccharides isolated from corn bran[J]. CYTA – Journal of Food, 14(4): 555-564.

Song Y, Ni Y Y, Hu X S, et al. 2015. Effect of phosphorylation on antioxidant activities of pumpkin (*Cucurbita pepo*, lady godiva) polysaccharide[J]. International Journal of Biological Macromolecules, 81: 41-48.

Song Y, Yang Y, Zhang Y Y, et al. 2013. Effect of acetylation on antioxidant and cytoprotective activity of polysaccharides isolated from pumpkin (*Cucurbita pepo*, lady godiva)[J]. Carbohydrate Polymers, 98(1): 686-691.

Tao Y, Zhang L, Cheung P C. 2006. Physicochemical properties and antitumor activities of water-soluble native and sulfated hyperbranched mushroom polysaccharides[J]. Carbohydrate Research, 341(13): 2261-2269.

Wang J, Hu Y, Wang D, et al. 2010. Sulfated modification can enhance the immune-enhancing activity of *Lycium barbarum* polysaccharides[J]. Cellular Immunology, 263(2): 219-223.

Wang J, Zhang L, Yu Y, et al. 2009. Enhancement of antitumor activities in sulfated and carboxymethylated polysaccharides of *Ganoderma lucidum*[J]. Journal of Agricultural and Food Chemistry, 57(22): 10565-10572.

Wang X, Zhang Z, Zhao M. 2012. Carboxymethylation of polysaccharides from Tremella fuciformis for antioxidant and moisture-preserving activities[J]. International Journal of Biological Macromolecules, 57(2): 157-165.

Wang X M, Zhang Z S, Yao Q, et al. 2013. Phosphorylation of low-molecular-weight polysaccharide from Enteromorpha linza with antioxidant activity[J]. Carbohydrate Polymers, 96(2): 371-375.

Wang Y, Peng Y, Wei X, et al. 2009. Sulfation of tea polysaccharides: synthesis, characterization and hypoglycemic activity[J]. International Journal of Biological Macromolecules, 46(2): 270-274.

Wang Y F, Zhang L, Li Y, et al. 2004. Correlation of structure to antitumor activities of five derivatives of a β-glucan from Poria cocos sclerotium[J]. Carbohydrate Research, 339(15): 2567-2574.

Wei D F, Wei Y X, Cheng W D, et al. 2012. Sulfated modification, characterization and antitumor activities of *Radix hedysari* polysaccharide[J]. International Journal of Biological Macromolecules, 51(4): 471-476.

Xu F F, Liao K S, Wu Y S, et al. 2016. Optimization, characterization, sulfation and antitumor activity of neutral polysaccharides from the fruit of Borojoa sorbilis cuter[J]. Carbohydrate Polymers, 151: 364-372.

Xu J, Xu L L, Zhou Q W, et al. 2016. Enhanced *in vitro* antioxidant activity of polysaccharides from *Enteromorpha prolifera* by enzymatic degradation[J]. Journal of Food Biochemistry, 40(3): 275-283.

Xu J, Liu W, Yao W, et al. 2009. Carboxymethylation of a polysaccharide extracted from Ganoderma lucidum enhances its antioxidant activities *in vitro*[J]. Carbohydrate Polymers, 78: 227-234.

Yan J K, Li L, Wang Z M, et al. 2009. Acidic degradation and enhanced antioxidant activities of exopolysaccharides from *Cordyceps sinensis* mycelial culture[J]. Food Chemistry, 117: 641-646.

Yang L, Zhao T, Wei H, et al. 2011. Carboxymethylation of polysaccharides from Auricularia auricula and their antioxidant activities *in vitro*[J]. International Journal of Biological Macromolecules, 49(5): 1124-1130.

Yang X B, Gao X D, Han F, et al. 2005. Sulfation of a polysaccharide produced by a marine filamentous fungus Phoma herbarum YS4108 alters its antioxidant properties *in vitro*[J]. Biochimica et Biophysica Acta , 1725: 120-127.

Yoshida O, Nakashima H, Yoshida T, et al. 1998. Sulfation of the immunomodulating polysaccharide lentinan: A noval strategy for antivirals to human immunodeficiency virus (HIV)[J]. Biochemical Pharmacology, 37(7): 2887-2889.

Yu J, Cui P J, Zeng W L, et al. 2009. Protective effect of selenium-polysaccharides from the mycelia of *Coprinus comatus* on alloxan-induced oxidative stress in mice[J]. Food Chemistry, 117(1): 42-47.

Yu X, Zhou C, Yang H, et al. 2015. Effect of ultrasonic treatment on the degradation and inhibition cancer cell lines of polysaccharides from *Porphyra yezoensis*[J]. Carbohydrate Polymers, 117: 650-656.

Zhang J, Chen J, Wang D, et al. 2013. Immune-enhancing activity comparison of sulfated ophiopogonpolysaccharide and sulfated jujube polysaccharide[J]. International Journal of Biological Macromolecules, 52(1): 212-217.

Zhang J, Liu Y J, Park H S, et al. 2012. Antitumor activity of sulfated extracellular polysaccharides of Ganoderma lucidum from the submerged fermentation broth[J]. Carbohydrate Polymers, 87(2): 1539-1544.

Zhang M, Cheung P C K, Zhang L, et al. 2004. Carboxymethylated β-glucans from mushroom sclerotium of Pleurotus tuber-regium as novel water-soluble anti-tumor agent[J]. Carbohydrate Polymers, 57: 319-325.

Zhang Z, Wang X, Liu C, et al. 2016. The degradation, antioxidant and antimutagenic activity of the mucilage polysaccharide from Dioscorea opposite[J]. Carbohydrate Polymers, 150: 227-231.

Zhang Z, Wang X, Mo X, et al. 2013. Degradation and the antioxidant activity of polysaccharide from *Enteromorpha linza*[J]. Carbohydrate Polymers, 92(2): 2084-2087.

Zhang Z, Wang X, Zhao M, et al. 2014. Free-radical degradation by Fe^{2+}/Vc/H_2O_2 and antioxidant activity of polysaccharide from *Tremella fuciformis*[J]. Carbohydrate Polymers, 112(21): 578-582.

Zhang Z S, Wang X M, Yu S C, et al. 2011. Synthesized oversulfated and acetylated derivatives of polysaccharide extracted from *Enteromorpha linza* and their potential antioxidant activity[J]. International Journal of Biological Macromolecules, 49: 1012-1015.

Zhang Z S, Zhang Q B, Wang J, et al. 2010. Chemical modification and influence of function groups on the in vitro antioxidant activities of porphyran from *Porphyra haitanensis*[J]. Carbohydrate Polymers, 79(2): 290-295.

Zhao L, Zhao G, Du M, et al. 2008. Effect of selenium on increasing free radical scavenging activities of polysaccharide extracts from a Se-enriched mushroom species of the genus *Ganoderma*[J]. European Food Research and Technology, 226: 499-505.

Zhao S H, Zhao Q S, Zhao B, et al. 2016. Molecular weight controllable degradation of *Laminaria japonica* polysaccharides and its antioxidant properties[J]. Journal of Ocean University of China, 15(4): 637-642.

Zhao T, Zhang Q, Qi H, et al. 2006. Degradation of porphyran from Porphyra haitanensis and the antioxidant activities of the degraded porphyrans with different molecular weight[J]. International Journal of Biological Macroleculles, 38: 45-50.

Zhao X, Hu Y, Wang D, et al. 2011. Optimization of sulfated modification conditions of tremella polysaccharide and effects of modifiers on cellular infectivity of NDV[J]. International Journal of Biological Macromolecules, 49(1): 44-49.

Zhou C, Wang Y, Ma H, et al. 2008. Effect of ultrasonic degradation on in vitro antioxidant activity of polysaccharides from *Porphyra yezoensis* (Rhodophyta) [J]. Food Science and Technology International, 14: 479-486.

Zhou C, Yu X, Zhang Y, et al. 2012. Ultrasonic degradation, purification and analysis of structure and antioxidant activity of polysaccharide from *Porphyra yezoensis* Udea[J]. Carbohydrate Polymers, 87: 2046-2051.

第 5 章　环 核 苷 酸

环核苷酸是一类重要的生物活性物质，在生物界普遍存在，一般含量极微。在众多的环核苷酸及其衍生物中，研究最多、具有重要生物活性的物质主要有3′,5′-环磷酸腺苷（3′,5′- cyclic adenosine monophosphate，cAMP）和 3′,5′-环磷酸鸟苷（3′,5′- cyclic guanosine monophosphate，cGMP），它们是细胞信息传递的"第二信使"，对细胞的功能和代谢起着重要的调节作用，具有改善人体微循环、扩张冠状动脉、改善心肌缺氧、调节机体免疫反应、维持平滑肌舒缩平衡和血管内环境稳定、改善肝功能、参与神经活动、促进神经再生、调控基因表达、抑制皮肤外层细胞分裂和转化异常细胞等药理活性，因此在心肌梗死、冠心病、高血压、皮肤病、神经系统疾病及癌症等疾病的防治方面具有重要用途。

枣属植物是目前已调查植物中环磷酸腺苷含量最高的物种，同时也含有一定量的环磷酸鸟苷，因此是天然环核苷酸的重要来源。

本章在对环核苷酸进行概述的基础上，重点阐述枣中环核苷酸（尤其是环磷酸腺苷）的分布、含量、提取及生物活性与应用等。

5.1　环核苷酸概述

自从 Earl W.Sutherland 发现环磷酸腺苷并提出"第二信使"学说以来，环核苷酸得到了广泛的研究，其在细胞生命活动中的作用不断被发现，被认为是许多生理活动与病理过程的关键调控因子，因此在多种疾病的诊断与临床治疗中得到了广泛应用。

本节重点对环核苷酸的种类、结构、生理功能及药理作用进行概述。

5.1.1　环核苷酸的种类及结构

环核苷酸是由核苷酸中戊糖的羟基与同一分子中磷酸成键形成的一类环状化合物。根据核苷种类不同及成键位置的不同，至少可有十几种环核苷酸。例如，根据核苷种类不同，可有环腺嘌呤核苷一磷酸（即环腺苷酸或环磷酸腺苷，cAMP）、环鸟嘌呤核苷一磷酸（即环鸟苷酸或环磷酸鸟苷，cGMP）、环尿嘧啶核苷一磷酸（即环尿苷酸或环磷酸尿苷，cUMP）、环胞嘧啶核苷一磷酸（即环胞苷酸或环磷酸胞苷，cCMP）、环胸腺嘧啶核苷—磷酸（cTMP）、环次黄嘌呤核苷—磷酸（cIMP）等；根据磷酸酯键成键羟基在核糖中的位置不同，又可分为 3′,5′-环核苷酸、2′,3′-环核苷酸等。

一些常见环核苷酸的结构如图 5.1 所示。

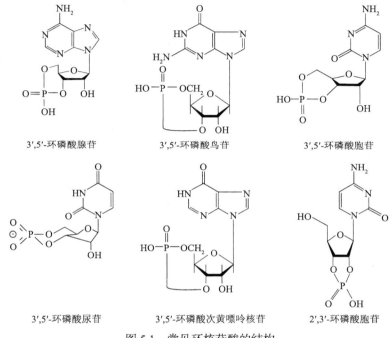

3′,5′-环磷酸腺苷　　　3′,5′-环磷酸鸟苷　　　3′,5′-环磷酸胞苷

3′,5′-环磷酸尿苷　　　3′,5′-环磷酸次黄嘌呤核苷　　　2′,3′-环磷酸胞苷

图 5.1　常见环核苷酸的结构

5.1.2　环核苷酸的生理功能及药理作用

环磷酸腺苷和环磷酸鸟苷是目前研究最多的两种环核苷酸。cAMP 是动物及微生物细胞内广泛存在的一种生物活性物质，在细胞信息传递中发挥"第二信使"作用。细胞内 cAMP 增多，能激活 cAMP 依赖性蛋白激酶 A（protein kinase A，PKA），使细胞内多种蛋白酶磷酸化而使之活化，从而调节代谢过程，产生生理效应。cGMP 也广泛分布于动物和微生物体内，但浓度远低于 cAMP，也可在细胞信号转导中起到"第二信使"作用，但所起生理作用常与 cAMP 相反，二者在生理上具有拮抗效应。

1. 调节细胞代谢

细胞内糖原的分解代谢是通过糖原磷酸化酶的作用，将糖原葡萄糖链末端葡萄糖的 1,4-糖苷键打断，生成葡萄糖-1-磷酸和剩余的糖原葡萄糖链。细胞内 cAMP

水平升高，首先激活 PKA，PKA 进而激活糖原磷酸化激酶，后者又使糖原磷酸化酶磷酸化，从无活性形式转变为活性形式，从而启动糖原的磷酸化降解（孙大业等，2000）。同时，PKA 也可使糖原合成酶磷酸化，导致其活性下降，从而抑制糖原合成。

此外，cAMP 还可通过 PKA 途径使脂肪酶磷酸化而激活，从而促进脂肪水解为甘油和脂肪酸，脂肪酸被转移到血液中，结合到血清白蛋白上，然后被运送到心脏、肌肉、肾等组织中，进入 β-氧化和三羧酸循环，产生 ATP，作为细胞的能源。cAMP 还可激活碳酸酐蛋白激酶，进而使碳酸酐酶磷酸化而激活，催化 CO_2 形成碳酸，碳酸分解释放出 H^+，对调节细胞的酸碱平衡具有重要作用（易建华，1981）。

2. 调节机体免疫功能

环核苷酸可通过调节免疫活性细胞的分化增殖和细胞免疫反应中基因转导水平来实现对机体免疫功能的调节。通常认为，cAMP 对机体免疫反应具有负调节作用，而 cGMP 可拮抗这种效应（Diamantstein and Ulmer，1975；Serezani et al.，2008）。但 Woo S. Koh 等发现，在小鼠脾细胞培养物中加入 cAMP 的结构类似物双丁酰环磷酸腺苷可导致脾脏淋巴细胞对依赖 T 细胞的抗原反应，在低浓度条件下可促进淋巴细胞增殖，提高抗体水平，从而增强体液免疫反应，但高浓度条件下仍表现出抑制效应（Koh et al.，1995）。

3. 调节脑和神经系统功能

cAMP 参与突触传递过程，调节神经递质合成，能模拟神经生长因子促进神经生长、存活和分化，起到营养神经、活化神经细胞、促进神经细胞的修复与再生等作用，对脑血管意外及脑外伤导致的意识障碍、昏迷、神经细胞损伤具有较好的促进恢复作用。cAMP 可通过激活其下游分子 PKA、cAMP 激活的交换蛋白（exchange protein directly activated by cAMP，EPAC）、提高损伤神经元内 IL-6 水平、阻断轴突再生抑制因子的信号转导及调节细胞内 Ca^{2+} 信号通路等机制促进中枢神经系统再生（吴园园等，2010）。在体外试验中，cAMP 能诱导 PC12 细胞合成和释放神经生长因子（Furukawa et al.，1993），促进神经细胞分化（Sánchez et al.，2004）。冯亚高和洪光祥（2006）采用大鼠坐骨神经挤压伤模型，通过靶肌肉注射双丁酰环磷酸腺苷，术后 8 周形态学检查证实高剂量组和低剂量组再生神经形态规则，分布均匀，髓鞘较厚，再生纤维质量明显优于对照组，电生理运动神经传导速度、复合肌肉动作电位波幅及潜伏期值均明显优于对照组。说明靶肌肉注射cAMP 也可有效地促进周围神经再生。

此外，cAMP 还可通过扩张血管的作用，促进血液循环，减少血栓形成，因此在脑缺血、脑梗死、脑血栓及其后遗症治疗方面具有重要作用。

4. 调节膜蛋白活性

cAMP 与细胞膜结合后可导致细胞膜上一些蛋白的磷酸化，使其构型发生变化，从而使膜蛋白处于不同的活性状态，进而使生物体的各种生理活动以不同的速率进行。李艳梅等（1997）利用傅里叶转换红外线光谱分析仪（FTIR）光谱法和计算机辅助解析（去卷积、曲线拟合）研究了 cAMP 对膜蛋白二级结构的影响，发现 cAMP 作用于红细胞膜后，使膜蛋白的螺旋结构显著增加，而松散的无序结构和 U-转角则减少；不同浓度的 cAMP 对膜蛋白二级结构具有不同的影响，即 cAMP 的浓度变化对膜蛋白构象具有不同效果的调控作用。cAMP 通过对膜蛋白构象的调节使膜蛋白具有不同的活性状态，进而调节生物体内各种生理活动的进行速率。

5. 调节心脑血管系统功能

cAMP 作为"第二信使"，可使细胞膜上 $ATP-Ca^{2+}$ 释放，促进呼吸链氧化酶的作用，增强心肌收缩功能，同时还可舒张血管平滑肌，因此可用于慢性充血性心力衰竭、肺心病的治疗，对冠心病、风湿性心脏病、心肌炎等引起的心绞痛、气急、胸闷等症状有明显的改善作用。

cAMP 参与胰高血糖素、受体兴奋剂等对心肌物质代谢的调控。Ca^{2+} 是心肌兴奋-收缩的偶联剂，cAMP 能改变细胞膜的功能，促进 Ca^{2+} 内流，使肌浆中 Ca^{2+} 浓度升高，从而增强心肌收缩，心率加快（廖仕元，1986）。

cAMP 对血管平滑肌功能调节则表现为通过降低细胞内 Ca^{2+} 水平，使平滑肌细胞的兴奋性降低，引起平滑肌舒张（肖殿模，1988）。通过舒张平滑肌，可以起到扩张血管的作用，从而促进血液循环，减少血栓形成，因此在脑缺血、脑梗死、脑血栓及其后遗症治疗方面具有重要作用（党立等，2007）。

6. 抗癌作用

cAMP 作为细胞信号转导的"第二信使"，能够参与细胞的生命过程和功能调节，具有调节细胞增殖与分化的功能。在肿瘤细胞增殖时，胞内 cAMP 含量呈下降趋势，因此恶性肿瘤细胞中 cAMP 水平明显低于正常细胞（Mestdaqh et al.，1994），而使用外源 cAMP 后可通过抑制癌基因表达、诱导肿瘤细胞分化和凋亡等阻止恶化细胞增殖，使肿瘤细胞向正常方面转化（胡晨旭等，2013），因此在癌症治疗方面具有广泛的用途。

5.2 红枣中环核苷酸的分布与含量

红枣中含有 20 余种核苷类物质，其中具有重要生理活性的主要是环核苷酸（包括环磷酸腺苷和环磷酸鸟苷）。环核苷酸广泛存在于枣果实、叶片、吊梗、花等器官，但不同品种间存在较大差异，果实成熟度、贮藏、干制工艺及加工过程等都可对其中的环核苷酸含量产生影响。

本节在对红枣环核苷酸分析方法进行概述的基础上，重点论述环核苷酸在红枣中的分布与含量及其影响因素。

5.2.1 红枣中的环核苷酸的分析方法

早期对枣中环核苷酸的测定主要采用蛋白结合法和放射免疫测定法（刘江仁和刘书桐，1983；刘孟军和王永惠，1991；Cyong and Hanabusa，1980）。该法首先要使样品与牛血清白蛋白发生结合反应，然后再进行放射性测定，操作烦琐，试剂要求严格，成本较高，因此逐渐被高效液相色谱法所替代。

高效液相色谱法具有操作简便、快捷高效等优点，而且灵敏度高、选择性好、准确度高，因此成为当前枣及其制品中环核苷酸测定的常用方法。一般采用 C_{18} 色谱柱分离，流动相为不同比例的甲醇和磷酸二氢钾水溶液，进行等度洗脱，采用紫外检测器在 254 nm 波长处检测。

表 5.1 列举了一些用于枣及其制品中环核苷酸测定的 HPLC 分离条件。

表 5.1　枣及其制品中环核苷酸的 HPLC 分析方法

测试样品	环核苷酸种类	色谱柱	检测波长	流动相	流速	参考文献
冬枣	cAMP	Hypersil ODS2	254nm	甲醇:0.05 mol/L 磷酸二氢钾 =10:90	1.0 mL/min	崔志强等，2006
大枣提取液	cAMP	VP-ODS	254nm	甲醇:0.05 mol/L 磷酸二氢钾 =20:80	0.8 mL/min	李学贵等，2005
大枣	cAMP	Xterra RP18	254nm	甲醇:0.05 mol/L 磷酸二氢钾 =10:90	1.0 mL/min	徐涛等，2005
金丝小枣、骏枣等 10 个品种	cAMP、cGMP	Hydersir BDS C_{18}	254nm	甲醇:0.02 mol/L 磷酸二氢钾 =10:90	0.6 mL/min	王向红等，2005
不同产地灰枣、骏枣等 15 个样品	cAMP、cGMP	Shim-pack VP-ODS C_{18}	254nm	甲醇:0.05 mol/L 磷酸二氢钾 =10:90	0.8 mL/min	高娅等，2012

续表

测试样品	环核苷酸 种类	色谱柱	检测波长	流动相	流速	参考文献
大雪枣、金丝 小枣	cAMP	Diamonsil C₁₈	254nm	甲醇:0.05 mol/L 磷酸二氢钾 =10:90	1.0 mL/min	韩利文等， 2008
浓缩枣汁	cAMP、 cGMP	SB-C₁₈	254nm	甲醇:0.05 mol/L 磷酸二氢钾 =10:90	1.0 mL/min	张岩等，2009
灰枣、壶瓶枣、 板枣、木枣	cAMP、 cGMP	Symmetry C₁₈	254nm	甲醇:0.02 mol/L 磷酸二氢钾 =10:90	1.0 mL/min	Lin et al., 2013

随着仪器设备的不断升级和检测技术的发展，超高效液相色谱（UPLC）、亲水色谱（hydrophilic Interaction Liquid Chromatography，HILIC）分离技术及质谱检测技术均在枣及其制品环核苷酸的检测中得到了应用。与常规的 HPLC 相比，UPLC 具有检测时间短、灵敏度更高等优点。Guo 等（2010）采用 UPLC 技术在 10.5min 内实现了大枣中包括 cAMP、cGMP 在内的 9 种核苷类物质的分离测定。Lin 等（2013）比较了 HPLC 和 UPLC 测定大枣中 cAMP 和 cGMP 的效果，证实 UPLC 可以实现更快速、更精确的检测。HILIC 利用亲水的极性固定相与极性目标物质的亲水相互作用对其进行分离，可以改善在反相色谱中保留较差的强极性物质的保留行为，提高亲水性化合物的保留容量及检测灵敏度。东莎莎等（2014）采用 HILIC XBridge Amide 色谱柱，以乙腈-0.3%乙酸水溶液为流动相，梯度洗脱，流速为 0.8 mL/min，检测波长 260 nm，建立了一种可同时测定金丝小枣中 9 种环核苷酸（包括 cAMP 和 cGMP）的方法。为了准确鉴别色谱分离组分，二极管阵列检测器（DAD）、三重四极杆质谱、飞行时间质谱技术等新型检测技术都在枣及其制品环核苷酸的检测中得到了应用。Guo 等（2013）利用 HILIC-UHPLC-TQ-MS/MS 方法在 10 min 内实现了对枣中 20 种核酸碱基、核苷、环核苷酸的同时测定，此方法 cAMP 和 cGMP 的检出限分别为 0.59 ng/mL 和 0.70 ng/mL。赵恒强等（2013）采用 Waters Xbridge Amide 亲水色谱柱进行分离，以乙腈和 20 mmol/L 乙酸铵+0.2%乙酸为流动相，用二极管阵列检测器和电喷雾四极杆飞行时间质谱法成功对大枣水提液中 cAMP 进行了分离和测定。

此外，也可用高效毛细管电泳法测定大枣中的 cAMP。高端斌等（2014）采用高效毛细管电泳技术，在加入 β-环糊精作为改性剂的基础上，用 0.2 mol/L 硼砂缓冲体系（pH 9.48）实现了大枣提取液中环磷酸腺苷、芹菜素、槲皮素的同时测定。

5.2.2　红枣中环核苷酸含量

枣是环核苷酸的丰富膳食来源，是迄今已调查植物中环磷酸腺苷含量最高的物种。早在 1980 年 Cyong 和 Hanabusa 就从枣中检测到 cAMP 类似物，与 cAMP 具有相同的洗脱方式并能被对环核苷酸特异的磷酸二酯酶分解，且含量高达 100～200 nmol/g FW（Cyong and Hanabusa，1980）。1982 年 Cyong 和 Takahashi 又从枣中分离出 cGMP，含量为 30～50 nmol/g DW（Cyong and Takahashi，1982）。刘江仁和刘书桐（1983）采用放射免疫法测定了大枣、金钱草、土鳖虫、丹参、茵陈、人参、柴胡、青蒿 8 种中药材中 cAMP 和 cGMP 含量，结果表明大枣中 cAMP 和 cGMP 含量均远高于其他中药材。刘孟军和王永蕙（1991）采用蛋白结合法对枣、酸枣、君迁子、葡萄、水榅子、苹果、梨、李、杏、桃、西瓜 11 种园艺植物成熟果肉的 cAMP 含量进行了测定，发现枣中 cAMP 平均含量为 38.05 nmol/g FW，较苹果、梨、李、杏、桃、西瓜等常见水果高 100 倍以上。

关于枣中 cAMP 含量研究较多，但不同品种、不同产地样品间差异很大，最高和最低含量相差 2000 倍以上。而 cGMP 由于在枣中含量相对较低，仅在个别关于红枣资源营养评价中才有部分研究。

表 5.2 列举了部分关于红枣 cAMP 含量的测定结果。

表 5.2　红枣的 cAMP 含量

红枣样品	测定方法	cAMP 含量	参考文献
新疆灰枣、新郑灰枣、和田骏枣、山西梨枣、太谷壶瓶枣、阜平大枣、灵武长枣、赞皇大枣等 49 个不同品种及产地	UPLC-DAD-MS	0～465.09 mg/kg DW	Guo et al.，2010
骏枣、壶瓶枣、板枣、木枣	HPLC-UV	7.7～53.2 mg/kg DW	Lin et al.，2013
尖枣、骏枣、龙枣、牙枣、婆婆枣、三变红、清涧木枣、金丝小枣、阜平大枣	HPLC-UV	54.4～306 mg/kg DW	王向红等，2005
灰枣、晋枣、大龙枣、婆婆枣、赞皇枣、壶瓶枣、胜利枣、襄汾圆枣、滕州长红枣、南京鸭枣、山西龙枣等 15 个品种鲜枣	HPLC-UV	17.38～193.93 mg/kg FW	Kou et al.，2015
1-早脆王、51-1 蜂蜜罐、18-无核枣、3018 小枣、金丝硕丰、158 溆浦鸡蛋枣、1-马牙枣、朝阳圆枣	HPLC-UV	46.01～375.61 mg/kg DW	张明娟等，2012

红枣样品	测定方法	cAMP 含量	参考文献
稷山板枣、彬县晋枣、北京鸡蛋枣、黄骅冬枣、太谷壶瓶枣、襄汾官滩枣、新郑灰枣、新郑鸡心枣、临猗梨枣、滕州长红枣、宁阳六月鲜、赞皇大枣等 50 个品种	HPLC-UV	16.92～622.61 mg/kg DW	赵爱玲等，2010
月光枣、太原辣椒枣、羊奶枣、壶瓶枣、芒果枣、屯屯枣、大算盘、壶瓶枣、小算盘、大白铃、郎枣、茶壶枣、山西木枣、平顺骏枣、黎城小枣等 35 个品种	HPLC-UV	331.26～708.23 mg/kg DW	赵晓，2009
灌阳长枣、襄汾木枣、赞皇大枣、骏枣、临泽大枣、湖南鸡蛋枣共 25 个品种枣	—	2016～13234 mg/kg DW	彭艳芳，2008
灵武长枣、同心圆枣、中宁圆枣、山东大枣、陕北滩枣	HPLC-UV	139.5～335.7 mg/kg DW	赵堂等，2011
襄汾木枣、板枣、官滩枣、屯屯枣、平顺笨枣、蛤蟆枣、梨枣、赞皇大枣、垣曲枣、大马枣等 44 个不同品种及产地	蛋白结合法	3.75～302.5 mg/kg FW	刘孟军和王永蕙，1991
沾化冬枣、乐陵金丝小枣、新疆大枣、'泉城红'大枣	HPLC-UV	5.26～26.17 mg/100g DW	李高燕等，2017
梨枣、金丝小枣、哈密大枣、相枣、木枣、灰枣	HPLC-UV	4.33～92.41 mg/kg FW	王蓉蓉等，2017
新疆（哈密）大枣	HPLC-UV	320 mg/kg DW	张倩等，2008
陕北（延安）大枣	HPLC-UV	306 mg/kg DW	张倩等，2008
山东乐陵金丝小枣	HILIC-DAD-ESI-Q-TOF/MS	395～448 mg/kg DW	赵恒强等，2013
山东无棣金丝小枣	HPLC-UV	136 mg/kg DW	韩利文等，2008
河北沧州金丝小枣	HPLC-UV	196.24 mg/kg DW	Chen et al.，2013
山东沂水大雪枣	HPLC-UV	115 mg/kg DW	韩利文等，2008
冬枣	HPLC-UV	139.0 mg/kg DW	崔志强等，2006
大枣（甘肃定西）	高效毛细管电泳	140.6 mg/kg DW	高瑞斌等，2014

5.2.3　红枣不同器官与组织中的环核苷酸含量及其在发育过程中的变化

枣的果肉、果皮、果核、枝叶、吊梗、花等器官和组织中均含有一定量的环核苷酸，但在发育过程中呈动态变化，枣果实中环核苷酸积累主要在成熟期。赵爱玲等（2009）以南京鸭枣、交城骏枣、太谷壶瓶枣、运城相枣、彬县骏枣、新郑灰枣、临猗梨枣、滕州长红枣、黄骅冬枣、稷山板枣、赞皇大枣、聊城圆铃枣、灌阳长枣、山东梨枣、内黄苹果枣等 26 个枣优良品种为试材，采集白熟、脆熟和完熟期的叶片、吊梗和果实的果皮、果肉 4 个器官的样品，采用 HPLC 法测定分析了 cAMP 和 cGMP 的含量。结果表明，不同器官的 cAMP 和 cGMP 含量均以果皮中最高，分别为 145.50 mg/kg DW 和 71.62 mg/kg DW，果肉次之，分别为 82.22 mg/kg DW 和 40.61 mg/kg DW，叶片和吊梗中含量均较低；不同发育时期的枣果实 cAMP 和 cGMP 含量均以完熟期最高，分别为 130.59 mg/kg DW 和 75.01 mg/kg DW，白熟期最低，分别为 39.22 mg/kg DW 和 20.95 mg/kg DW，且在不同器官和发育期间的变化规律相似。Guo 等（2015a）在对灵武长枣的研究中也发现，随着果实发育和成熟度的增加，cAMP 和 cGMP 均呈增加趋势，特别是接近成熟时急剧增加，成熟果实中 cAMP 和 cGMP 含量可较发育初期果实高出 9 倍以上。在骏枣不同发育阶段中，cAMP 含量在白熟期时较低，为 594.19 mg /kg DW，但在果实发育过程中呈递增趋势，完熟期时达到最高，为 946 mg/kg DW（孟伊娜等，2016）。王向红等（2005）对金丝小枣的研究则发现，在枣花中只含有 cGMP，叶柄和叶子中含有 cAMP 和 cGMP 两种环核苷酸，含量以叶柄较高。在枣果的生长发育期，随着果实的不断成熟，cAMP 含量急剧增加，到枣果完全成熟后达到最大值。cGMP 含量在枣果生长发育期呈现先快速升高再降低最后又升高的变化趋势。苟茜等（2014）在对不同成熟度灵武长枣中环核苷酸的测定中也证实，成熟度越高，cAMP 含量越高，但不同成熟度枣果实中 cGMP 含量没有显著差异。

5.2.4　红枣环核苷酸含量的品种差异性

不同品种枣受遗传因素影响，其果实中环核苷酸积累与代谢存在较大差异，导致枣成熟果实中环核苷酸含量在不同品种间差异很大。赵爱玲等（2009）对南京鸭枣、交城骏枣、太谷壶瓶枣、运城相枣、彬县骏枣、新郑灰枣、临猗梨枣等 26 个枣优良品种完熟期果实的测试结果表明，不同品种枣果实的 cAMP 和 cGMP 含量存在极显著差异，如南京鸭枣的 cAMP 含量（553.55 mg/kg DW）约为灌阳长枣（46.65 mg/kg DW）的 12 倍，彬县晋枣的 cGMP 含量（201.15 mg/kg DW）约为山东梨枣（8.86 mg/kg DW）的 23 倍。进一步对稷山板枣、彬县晋枣、北京鸡蛋枣、敦煌大枣、黄骅冬枣、太谷壶瓶枣、襄汾官滩枣、新郑灰枣、新郑鸡心枣、临猗梨枣、滕州长红枣、南京鸭枣、宁阳六月鲜、赞皇大枣、运城婆婆枣、内黄苹果枣、濮阳三变红枣、清苑大丹枣、陕西七月鲜枣、祁阳糠头枣等 50 个品种枣脆熟期果实的营养特性评价也得到了类似的结论（赵爱玲等，2010）。如表 5.3 所示，测定的 50 个品种枣果实中，cAMP 含量最高的义乌大枣（622.61 mg/kg DW）较含量最低的清苑大丹枣（16.92 mg/kg DW）高出 35.8 倍，品种间变异系数达81.44%；cGMP 含量最高的北京鸡蛋枣（220.90 mg/kg DW）较含量最低的中阳木枣（4.23 mg/kg DW）高出 51.2 倍，品种间变异系数为 80.63%。绝大多数品种枣果实中 cAMP 含量显著高于 cGMP，但也有个别品种如交城骏枣、彬县晋枣果实中 cGMP 含量高于 cAMP。刘孟军和王永蕙（1991）对 44 个品种的鲜枣果肉中cAMP 含量的测定结果也发现不同品种之间差异巨大，cAMP 含量最高的山西木枣为 302.50 nmol/g FW，而 cAMP 含量最低的襄汾木枣低于 3.75 nmol/g FW，二者相差约 80 倍。不同研究由于所调查样品的来源、干湿程度、取样时间、分析方法等不同，测定结果也存在差异，因此对环核苷酸含量最高的品种目前尚没有公认的结果。

表 5.3　不同品种枣果实中环核苷酸含量　　（单位：mg/kg DW）

品种	cAMP 含量	cGMP 含量	品种	cAMP 含量	cGMP 含量
保德油枣	83.46	19.22	濮阳三变红枣	67.01	44.43
北京鸡蛋枣	441.48	220.90	濮阳糖枣	117.03	48.08
彬县晋枣	114.87	146.23	清苑大丹枣	16.92	8.86
稷山板枣	82.96	44.67	山东梨枣	68.72	19.15
大荔蜂蜜罐	86.15	35.57	陕西大白枣	110.95	66.03
聊城圆铃枣	118.82	81.18	祁阳糠头枣	124.69	50.87
敦煌大枣	307.07	95.97	陕西七月鲜枣	250.13	134.84
灌阳长枣	18.75	6.33	嵩县大枣	168.95	89.48
广东木枣	44.60	14.06	太谷壶瓶枣	167.51	117.31
串杆枣	101.04	67.85	太谷郎枣	49.67	43.02
黄骅冬枣	94.91	63.26	新乐大枣	99.69	59.54
佳县牙枣	199.73	87.49	夏津大白铃	127.48	9.35
交城骏枣	102.14	164.19	献县辣角枣	216.30	59.92
孔府酥脆枣	156.58	104.24	襄汾官滩枣	54.02	10.70
兰溪马枣	190.60	93.24	襄汾圆枣	123.07	50.58
冷白玉	274.78	31.37	新郑灰枣	106.77	77.69
临猗梨枣	122.17	23.99	新郑鸡心枣	207.46	49.65

品种	cAMP 含量	cGMP 含量	品种	cAMP 含量	cGMP 含量
滕州长红枣	97.41	41.27	溆浦鸡蛋枣	260.92	99.51
临泽大枣	505.25	213.67	宣城尖枣	71.28	25.23
中阳木枣	43.07	4.23	延川狗头枣	76.33	27.72
南京鸭枣	438.05	214.66	义乌大枣	622.61	166.42
内黄苹果枣	246.45	139.87	运城婆婆枣	77.50	26.66
山东辣角	97.95	43.30	运城相枣	101.97	24.65
宁阳六月鲜	248.67	143.78	赞皇大枣	44.56	27.01
濮阳核桃纹	88.56	43.03	赞新大枣	80.39	18.70

5.2.5　红枣环核苷酸含量的地域差异性

除品种外，不同红枣产地，由于自然气候条件和土壤条件不同，也可对红枣的环核苷酸含量产生影响。例如，宁夏灵武种植的灰枣 cAMP 和 cGMP 含量可较新疆和田种植的灰枣分别高 39.77% 和 11.82%，为河南新郑种植灰枣的 4.37 倍和 2.01 倍；山西太谷种植的梨枣 cAMP 和 cGMP 含量均显著高于新疆和田和山西运城种植的梨枣；山西交城种植的骏枣中 cAMP 和 cGMP 含量分别为新疆和田种植骏枣的 4.42 倍和 2.28 倍（Guo et al., 2010）。张少博等（2017）对新疆阿瓦提县不同土壤类型（灌淤土、风沙土、草甸土、沼泽土、潮土）生长的灰枣果实取样分析，发现枣果 cAMP 含量最高的为潮土上生长的灰枣，达 3.478 mg/L，其次为沼泽土、草甸土、灌淤土，以风沙土枣果含量为最低，仅为 86.95 mg/kg，不到潮土枣果的一半，不同土壤类型间变异系数达 39.40 mg/kg。

此外，施肥管理也可影响枣中 cAMP 的合成和积累。适宜的氮磷钾元素肥料比例可以提高枣果中 cAMP 含量，配施一定量的磷肥对增加枣果中 cAMP 的含量有促进作用（杨根芳等，2015）。

5.2.6　贮藏和加工对红枣环核苷酸的影响

1. 贮藏对红枣环核苷酸的影响

红枣贮藏过程中环核苷酸含量呈下降趋势，下降速度与枣果实的采收成熟度有一定的关系。不同生长阶段的骏枣采摘后在 0℃贮藏 80 天，cAMP 因为枣果实的呼吸、代谢等作用不断降解，含量出现递减趋势，其中以白熟期、脆熟期-半红和脆熟期-全红三个生长阶段的红枣 cAMP 含量下降速度最快，完熟期和后熟期枣果 cAMP 含量下降速度相对缓慢（孟伊娜等，2016）。

2. 干制对红枣环核苷酸的影响

除了鲜食或蒸制以增加其口味外，大多数情况下枣被干制后直接食用或用作加工其他制品如枣饮料、枣粉等的原材料。干制过程也可对枣中的营养物质和功能性成分产生影响，但不同干燥方法和工艺条件对红枣环核苷酸的影响存在较大差别。

热风干燥操作简单，成本低廉，且不受天气条件限制，因此是红枣干制的常用方法之一。研究表明，热风干燥初期可能会诱导环核苷酸的积累，但随着干制时间的延长却会造成环核苷酸含量的下降，不同热风干燥温度对红枣环核苷酸的影响存在一定的差别。以 70℃ 热风处理骏枣，40 min 时其中 cAMP 和 cGMP 含量达到最高值，分别为处理前的 2.58 倍和 1.72 倍，但随热处理时间的延长（至 3 h），红枣中 cAMP 和 cGMP 含量有所降低，但仍高于处理前水平（张娜等，2016）。而灵武长枣在 45℃ 热风干燥过程中，果实中 cAMP 和 cGMP 含量一直呈升高趋势，经过 144h 的热风干燥处理，其中的 cAMP 和 cGMP 含量分别可较鲜枣提高 2.04 倍和 3.18 倍（Guo et al.，2015b）。这可能是由于枣中的核苷类物质与其他成分结合，如以 RNA 或磷酸酯结构的形式存在，在 45℃ 热风干制过程中存在于鲜枣中的酶被活化，促进了这些结合物质的解离而使其含量得到大幅提高。然而，高温干燥仍可造成红枣中 cAMP 和 cGMP 含量的降低。50℃、60℃、70℃ 热风干燥均可造成金丝小枣中 cAMP 和 cGMP 含量的下降，温度越高，其降低幅度越大（Wang et al.，2016）。沾化冬枣切片后分别在 60℃、70℃、80℃、90℃ 温度条件下热风干燥后，其中的 cAMP 含量分别较鲜枣降低 80.78%、73.31%、72.95% 和 77.58%（Chen et al.，2015）。

自然晒干也是一些红枣产区常用的红枣干制方法之一。在金丝小枣的晒制过程中，虽然 cGMP 得到了很好的保留，但却造成枣中 cAMP 的大量损失，与鲜枣相比，晒干造成金丝小枣中 cAMP 含量减少达 90% 以上（Wang et al.，2016）。

冷冻干燥是目前公认的可较好保存样品中营养成分的干燥方法之一，对鲜枣中的环核苷酸也具有较好的保留效果。在对金丝小枣的研究中，冷冻干燥可以最大程度地保留鲜枣中的 cAMP 和 cGMP，几乎没有损失（Wang et al.，2016）。

微波干燥和其他干燥方法不同，是一种从内部加热的方法，热传导方向与水分扩散方向相同，因具有节能、干燥速度快、产品质量高等优点也越来越受到重视。微波干燥对于金丝小枣中 cAMP 含量没有显著影响，但会造成鲜枣中 cGMP 完全降解（Wang et al.，2016）。

中短波红外干燥是利用 1～4 μm 的红外线，基于水分吸收红外辐射的特性，使物料得以快速干燥，而且其电效率高，可较对流干燥节省约 50% 的能量，因此在食品工业中常用于果蔬、中药和谷物的干燥。沾化冬枣切片后进行中短波红外干燥，达到相同干燥程度所需的干制时间为同温度（60℃、70℃、80℃和90℃）条件下热风干燥的 33%～83%。除了缩短干制时间外，中短波红外干燥还可以更好地保留枣中包括 cAMP 在内的多种活性成分，不同温度条件下的中短波红外干燥产品中 cAMP 含量分别为 84～160 mg/kg DW，虽然较鲜枣也有不同程度的降低，但相对于热风干燥产品（cAMP 含量为 54～76 mg/kg DW）有很大幅度的提高（Chen et al.,2015）。

3. 蒸制和煮制对枣中环核苷酸的影响

蒸制是增进鲜枣口味的常用加工方法之一，但蒸制会造成 cAMP 和 cGMP 的大量损失。灵武长枣鲜枣经 30 min 蒸制后 cAMP 和 cGMP 含量显著降低，蒸制过程造成 cAMP 和 cGMP 含量分别下降近 30% 和 20%；对干枣进行蒸制也会造成 cAMP 和 cGMP 近 30% 的损失（Guo et al.，2015b）。但张娜等（2017）在对新疆骏枣的研究中发现，适度的蒸制处理可以增加骏枣的 cAMP 和 cGMP 含量。鲜骏枣蒸制 20 min，cAMP 和 cGMP 含量均最高，其中 cAMP 含量高达 542.118 μg/g，是蒸制前的 2.63 倍，cGMP 含量高达 294.615 μg/g，是蒸制前的 2.02 倍。干骏枣经蒸制一定时间后，其 cAMP 含量显著增加。蒸制 20 min，cAMP 含量最高，由蒸制前的 155.730 μg/g 增加到 299.961 μg/g。干骏枣中 cGMP 含量经蒸制后无显著变化。这说明红枣品种、干鲜状态及蒸制时间等都可影响蒸制对枣中环核苷酸的作用效果。

煮制过程会导致枣中 cAMP 含量的增加。姬玉洁（2014）对新鲜冬枣煮制 10 min、20 min、30 min 后冻干，测定其中的 cAMP 含量，发现随着煮制时间的延长，冬枣中 cAMP 含量有增加的趋势。

从以上研究可以看出，贮藏和加工过程都可对枣中 cAMP 和 cGMP 产生一定的影响，适宜条件的高温处理可导致枣中 cAMP 和 cGMP 含量的增加，但持续的高温处理特别是高强度的热处理却极可能造成枣中 cAMP 和 cGMP 含量的降低。关于红枣贮藏和加工过程中 cAMP 和 cGMP 等环核苷酸的代谢与转化机制有待进一步研究。

5.3　红枣中环核苷酸的提取与纯化

由于环核苷酸尤其是环磷酸腺苷具有多种重要生理活性与功能，因此在医药与保健食品中具有广泛的用途。枣属植物是目前已调查植物中环磷酸腺苷含量最高的物种，同时也含有一定量的环磷酸鸟苷，是天然环核苷酸的重要来源。对枣中环核苷酸进行提取和纯化有助于开发新的红枣保健产品并为人类提供天然、安全的环核苷酸补充剂。

目前关于枣中环核苷酸的提取与纯化研究主要围绕 cAMP 进行，关于 cGMP 的提取与纯化研究极少。本节主要阐述枣中 cAMP 的提取、分离与纯化工艺方法。

5.3.1 红枣中环磷酸腺苷的提取

枣中 cAMP 提取通常采用溶剂浸提法，一般采用水或低浓度的乙醇作为提取溶剂，提取溶剂、提取温度、提取时间等都可对 cAMP 的得率产生影响。酶法、微波、超声波等辅助提取技术可以提高枣中 cAMP 的提取得率及效率，因此在红枣 cAMP 的提取中得到了广泛应用。

1. 提取溶剂及浸提工艺条件对红枣环磷酸腺苷提取的影响

1）提取溶剂

cAMP 微溶于水，不溶于有机溶剂，因此一般采用水或者低浓度的乙醇作为提取溶剂，但不同溶剂浓度会对 cAMP 的提取得率产生影响。李利峰等（2006）比较了不同溶剂对冬枣中 cAMP 的提取效果，认为水是较好的提取溶剂。王立霞等（2009）采用不同浓度乙醇提取和田玉枣中 cAMP，发现在 0%~50%浓度范围内，cAMP 提取量随着乙醇浓度的增加呈先增加后缓慢减少的趋势，并在乙醇浓度为 20%时达到最高。王维有等（2013）采用闪式提取法提取早脆王枣中的 cAMP，也发现在 0%~60%范围内，cAMP 提取率随着乙醇体积分数的增大而增加，但当乙醇体积分数大于 60%时，提取率不但没有增加，反而有所下降。不同研究由于使用红枣原料及提取方法不同，所得到的结果也不尽相同。总体上来说，高浓度的乙醇不利于 cAMP 的提取，这可能与 cAMP 在乙醇中的溶解性有关。

此外，提取溶剂的 pH 也可影响枣中 cAMP 的提取。李利峰等（2006）比较了不同 pH 的磷酸氢二钠-柠檬酸缓冲液对冬枣中 cAMP 提取率的影响，证实 pH 5.0 的磷酸氢二钠-柠檬酸缓冲液对冬枣中 cAMP 的提取效果最好。

2）提取温度

枣中 cAMP 的提取一般在室温或较低温度下进行，但也有高温提取可提高 cAMP 得率的报道，不同研究中提取温度对红枣 cAMP 提取得率的影响存在较大差异。王立霞等（2009）采用 20%乙醇提取和田玉枣中 cAMP，发现 cAMP 的提取量随提取温度的升高呈先增加后减少趋势，40℃时提取量最高。尤妍等（2011）采用超声辅助法提取哈密大枣中 cAMP，认为 80℃是哈密大枣中 cAMP 提取的适宜温度。这一方面可能是由所用原料、提取溶剂、提取方法不同所造成的，另一方面，随着提取温度的升高，杂质的浸出也大幅增加，由于检测方法有限，杂质峰和 cAMP 峰可能会出现部分重叠，导致峰面积的增大而使得计算出的 cAMP 提取率增高（王荔等，2012）。

3）提取时间

红枣中 cAMP 的适宜提取时间受提取方法及溶剂、温度、料液比等因素的影响，因此在不同研究中差别较大。例如，王立霞等（2009）采用正交试验法对和田玉枣中 cAMP 提取工艺进行优化，获得最优提取工艺为提取温度 40℃、提取时间 8 h、料液比 1∶15、溶剂浓度 15%；Guo 等（2010）采用超声辅助技术提取枣中环核苷酸，发现在提取时间为 30 min 时即可获得最高提取率；王维有等（2013）采用闪式提取法提取早脆王枣中的 cAMP，只需 40 s 即可达到较好的提取效果。一般通过酶法、超声波、微波等辅助提取技术都可有效缩短红枣 cAMP 的提取时间。

2. 枣中环磷酸腺苷的辅助提取技术

目前用于红枣 cAMP 的辅助提取技术主要有超声波、微波、酶法及微波-超声、超声-酶法等复合提取技术，其中尤以超声波辅助提取技术应用最广。

超声波的机械剪切作用和空化作用可对细胞产生破碎作用，从而加速细胞内 cAMP 的释放和溶剂的提取，因此可以提高红枣 cAMP 的提取率并缩短提取时间。许牡丹等（2013）以佳县木枣为原料，比较了水浴法、超声波法、酶法、超声波辅助酶法提取 cAMP 的效果，结果表明，超声波和酶法都可显著提高 cAMP 的提取率，尤以超声波辅助酶法提取 cAMP 的效果最好。王立霞（2013）以 15%乙醇溶液为提取溶剂，在 400 W 超声功率、35℃条件下提取和田玉枣中 cAMP，只需 50 min 即可获得 771.95 mg/kg DW 的提取量，而采用传统的溶剂提取法则在 40℃条件下需要 8 h 才能获得最大提取量，且提取得率仅为 620.28 mg/kg DW，明显低于超声辅助提取。严静等（2010）在对赞皇枣 cAMP 的提取工艺研究中发现超声波辅助提取法 cAMP 提取率可较水浴法提高 41.6%，而且提取时间可由 8 h 缩短为 15 min。Guo 等（2010）的研究也发现，超声提取红枣 cAMP 的效果明显优于回流提取法。

微波的作用与超声波类似，通过微波能及液态水汽化产生的压力作用可将细胞膜和细胞壁冲破，促进 cAMP 的溶出，因此也可提高红枣 cAMP 的提取效果。崔志强和孟宪军（2007）以水为溶剂提取冬枣中 cAMP，采用微波辅助提取法可获得 239.30 mg/kg DW 的提取率，而传统的水浴法提取得率仅为 139.10 mg/kg DW，较微波萃取法低 41.85%。王立霞（2014）以和田玉枣为原料，比较了微波辅助提取法、超声辅助提取法和传统溶剂提取法对 cAMP 的提取效果，证实采用常温浸泡+短时微波处理的提取方法提取量（795.63 mg/kg）明显高于传统溶剂提取法（620.28 mg/kg）和超声波辅助提取法（771.95 mg/kg），而且由于所需微波功率低、时间短，因此能耗较超声波辅助提取法大为降低。尤妍等（2011）采用微波辅助技术萃取哈密大枣 cAMP，通过响应面优化法获得最佳工艺条件为料液比 1∶30，提取温度 81.53℃，提取时间 7.7 min，提取功率 231.1 W，在此条件下环磷酸腺苷提取量可达 228.244 mg/kg DW。周向辉等（2009）以新郑灰枣为原料，采用微波-超声联合提取技术提取其中的 cAMP，发现料液比和微波功率、微波功率和超声时间之间的交互作用显著，微波功率和超声时间对枣 cAMP 提取率的影响最大，随着微波功率和超声时间的增加，cAMP 提取率也增加，优化后获得的最佳提取条件为料液比 1∶14.29 g/mL、微波功率 446.43 W、微波时间 97.34 s、超声时间 28.05 min，在此条件下，枣中 cAMP 的提取率可达 65.32 mg/kg。崔志强和孟宪军（2007）通过正交试验法获得微波萃取冬枣中 cAMP 的最佳工艺条件为微波功率 200 W、浸泡时间 6 h、处理时间 3 min、料液比 1∶20，在此条件下，冬枣中 cAMP 的得率为 239.30 mg/kg DW。

5.3.2　红枣环磷酸腺苷的分离纯化

采用溶剂浸提法获得的红枣 cAMP 提取液还含有大量的杂质，必须进行进一步的纯化才能达到医药或保健品应用要求。当前应用于红枣 cAMP 纯化的方法主要有树脂法、硅胶柱层析法及膜过滤法等。

1. 树脂纯化法

树脂纯化法是红枣 cAMP 初步纯化常用的方法之一，主要采用各种型号的大孔吸附树脂和离子交换树脂对提取液中的 cAMP 进行选择性吸附分离，然后选择合适的溶剂进行洗脱，从而达到浓缩、纯化的目的。

离子交换树脂是最早应用于大枣 cAMP 分离的方法。1980 年，日本 Cyong 和 Hanabusa（1980）在大枣 cAMP 的测定中首次提出用 Dowex 1×8 型树脂对样品进行浓缩纯化，其后又进一步提出先用 Dowex AG 1×4 型离子交换柱吸附，以 0.05 mol/L 甲酸洗脱，洗脱液用氢氧化铵中和，浓缩后上氧化铝柱，甲酸铵洗脱后再上一次 Dowex AG 1×4 型离子交换柱，再经甲酸洗脱、氢氧化铵中和、浓缩、冻干，最后得到纯度为 34% 的 cAMP 样品。随着研究的深入，越来越多的树脂被应用于大枣 cAMP 的分离纯化，分离过程得到简化，分离效果大幅提高。

潘见等（2007）通过对 XAD 7HP、XAD 16HP、AB-8、X-5、HPD 400、宝恩 4#6 种大孔树脂吸附分离 cAMP 的吸附容量、解吸率及上柱条件等指标进行研究，发现在所考察的树脂中，中极性的吸附效果比弱极性好，而在中极性树脂中，吸附效果最好的是 XAD 7HP；XAD 7HP 树脂分离大枣中 cAMP 最佳吸附工艺参数为调节上样液 pH 为 4.5，浓度 0.5 mg/mL，上样流速 2 BV/h，最大上样量为树脂的 10 倍体积，最佳洗脱工艺参数是洗脱剂为 0.05 mol/L 氨水，洗脱剂用量为 17 倍树脂体积，此条件下所得大枣提取物产品中 cAMP 含量为 3.55%。

王立霞等（2008）采用静态吸附法研究了 LS-18、LS-100、LS-200、LS-300、

LS-300B、LS-830、D-101、D-201、D-301、AB-8 10 种大孔吸附树脂对和田玉枣水提液中 cAMP 的吸附效果，并用 0.1 mol/L 氨水作洗脱剂比较了 cAMP 在不同树脂上的解吸率，发现 LS-830、D-201、D-301 型树脂对和田玉枣 cAMP 的吸附率较高，但解吸率很低，不适合 cAMP 的分离，而 LS-200 型树脂对和田玉枣 cAMP 的吸附率略低，但解吸率最高，综合比较认为 LS-200 型树脂比较适合和田玉枣 cAMP 的吸附分离。进一步通过动态吸附试验确定 LS-200 型树脂对和田玉枣 cAMP 动态吸附的最佳条件为上样液体积为 8 倍树脂体积，上样液 pH 为 4，最佳上样流速 1 mL/min，上样液浓度 30 mg/L；动态解吸工艺的最佳条件为洗脱剂 35%乙醇，洗脱剂最佳流速 1 mL/min，洗脱剂体积为 4.8 倍树脂体积。此条件下所得和田玉枣 cAMP 粗品的纯度为 3.47%。

王荔等（2012）采用静态吸附与解吸（以 10%乙醇为洗脱剂）试验考察了 AB-8、S-8、D4006、NKA-9、DM130 5 种大孔树脂对大枣水提取中 cAMP 的分离效果，发现 AB-8 的吸附和解吸效果均为 5 种树脂中最好。以 AB-8 大孔树脂纯化 cAMP，按照优化的工艺条件，15 mg/L 的大枣 cAMP 提取液以 1 BV/h 流速上样，吸附 24 h，然后用 30%乙醇以 0.5 BV/h 流速洗脱，洗脱液冷冻干燥后可获得纯度为 58.2%的 cAMP 样品。

王维有等（2013）采用 D101 型大孔树脂对早脆王枣提取液中 cAMP 进行吸附分离，用 40%乙醇以 1 BV/h 流速洗脱，洗脱液干燥后所获大枣 cAMP 提取物的纯度可达 68.5%。

夏泉鸣等（2012）通过考察 SD5、SD8、D01、D05 和 D13 五种型号离子交换树脂，发现 D13 型树脂分离大枣中 cAMP 效果最佳。以 D13 型树脂分离纯化大枣中 cAMP，选用的洗脱剂为 0.05 mol/L HCl，流速为 1.5 mL/min。此条件下得到产品得率为 65.0%，其中 cAMP 含量 37.5%。

为了降低 cAMP 分离纯化成本，简化纯化程序，李明等（2007）利用国产 Styrene-DVB 201×4 型强碱性阴离子交换树脂对静海大枣水提液中 cAMP 进行分离，用 0.5mol/L 甲酸洗脱后直接进行减压蒸馏，避免了氢氧化铵中和导致的甲酸铵的生成，既简化了分离程序，又便于 cAMP 样品的进一步精制。同时，减压蒸馏的甲酸还可进行回收利用，避免对环境造成污染（米东等，2007）。

2. 硅胶柱纯化法

树脂由于分辨率相对较低，因此一般用于 cAMP 的初步纯化，要想获得较高纯度的 cAMP 产品，必须借助更高分辨率的纯化方法。最早用于高纯度红枣 cAMP 制备的方法是硅胶薄层色谱法，需要将硅胶板上 cAMP 区带刮下后再进行分离 cAMP，操作烦琐，不适用于工业化生产。采用硅胶柱层析技术替代薄层色谱纯化 cAMP，操作简便，适合于工业化生产，因此在高纯度红枣 cAMP 制备中具有重要的实际应用价值。

李明等（2007）采用 G250 硅胶，以苯、乙酸乙酯（1∶3）混合溶剂湿法上柱，将经离子交换树脂初步纯化的大枣 cAMP 粗提物粉末加硅胶 G 置乳钵中研磨均匀，加入柱顶。依次用苯∶乙酸乙酯=1∶3 混合溶剂和苯∶乙酸乙酯∶甲醇=1∶3∶3 混合溶剂洗脱，等份收集洗脱液，收集 cAMP 部分蒸除溶剂，真空干燥后所得提取物经液相测定 cAMP 含量达 97%。

也可利用反相硅胶替代树脂直接用于大枣提取液中 cAMP 的分离。岳丽等（2015）采用 ODS C_{18} 反相硅胶对红枣环磷酸腺苷提取物进行纯化。以吸附率和解析率为指标，确定反相硅胶纯化红枣环磷酸腺苷的最佳工艺参数为上样液流速 1 mL/min、上样液浓度 70 mg/L、上样液 pH 6，洗脱液为体积分数 60% 的甲醇、洗脱液流速 3 mL/min，洗脱液干燥后获得的 cAMP 样品的纯度达到 44.69%。

3. 膜过滤法纯化

膜过滤法是近年来发展较快的一种新型天然产物分离纯化技术，利用不同孔径的膜对复杂体系中各种成分的选择性透过或截留实现目的产物的浓缩和分离纯化。

王春霞等（2011）利用 150 nm 纳滤膜对树脂柱的甲酸洗脱液在压差为 0.5～1 MPa 条件下过滤，可实现对 cAMP 的截留并快速获得红枣 cAMP 的浓缩液，对浓缩液进行旋转蒸发进一步浓缩和离心喷雾干燥即可得到 30% 的 cAMP 粉末状粗品。用此方法能耗低，周期短，适宜于从枣中分离 cAMP 的规模化生产。

尽管目前关于膜分离技术在红枣 cAMP 纯化方面应用的研究还较少，但由于该法为纯物理纯化工艺，无毒、无污染，而且处理快速、方便，适合工业化生产，是未来红枣 cAMP 分离纯化研究开发的一个重要方向。

由于枣 cAMP 提取液黏度较大，利用树脂柱纯化或硅胶柱纯化过程中，会存在洗脱液流速太慢、堵柱问题，甚至柱内霉菌生长造成树脂分段膨胀使纯化过程终止的情况发生，高黏度的提取液在膜过滤过程中也会增加过滤阻力甚至导致过滤膜表面的膜孔堵塞。因此，枣的 cAMP 水提取液在进一步纯化前一般要用果胶酶处理，以降解提取液中的果胶物质，降低提取液黏度，使纯化过程能够顺利进行。

5.4 红枣环核苷酸的生物活性

环核苷酸作为红枣中一类重要的生物活性物质，与红枣的多种功能活性密切相关。目前已有研究证实，红枣环磷酸腺苷提取物具有抗疲劳、抗缺氧、抗过敏、改善睡眠、增加造血功能、诱导神经元分化等生物活性。

本节重点阐述红枣环磷酸腺苷的抗疲劳、抗过敏、增加造血功能、诱导神经元分化等生物活性。

5.4.1　抗疲劳

乳酸的体内蓄积是导致运动型疲劳的一个重要原因。在剧烈运动时，由于机体处于缺氧状态，丙酮酸在乳酸脱氢酶的催化下还原为乳酸，其浓度升高可引起组织 pH 下降，破坏体内的环境平衡，从而导致肌肉收缩力和运动力下降，引发疲劳。而随运动负荷增加，机体不能通过糖、脂肪分解代谢获得足够的能量，导致蛋白质分解供能，使血中尿素氮含量增加，影响肌肉收缩，也会使机体出现疲劳症状。因此，尿素氮和肝糖原水平可以间接反映机体的疲劳状况。

给小鼠口服枣环磷酸腺苷提取液可显著延长小鼠的游泳时间，对游泳后小鼠的血清尿素氮含量具有明显的降低作用，中、高剂量组动物的血清乳酸明显下降，另外高剂量的环磷酸腺苷提取液还以分解肝组织糖原的方式上调糖代谢水平，从而保证机体所需能量的供应（刘庆春等，2014）。进一步的人体试验还表明，枣环磷酸腺苷提取液可明显降低高原缺氧环境下武警战士体内血乳酸、碱剩余含量，并在睡眠和精神状态改善方面也有较好的作用，效果优于红景天药物制剂（毕珣等，2015）。这说明枣环磷酸腺苷提取液可通过促进机体糖原的储备，提高糖代谢水平，有效地减少乳酸和尿素氮的产生，以提高机体对运动负荷的耐受能力，因此具有较好的抗疲劳和增强机体耐力的作用。

5.4.2　抗过敏

透明质酸酶是透明质酸的特异性裂解酶，与炎症、过敏反应等病理症状存在密切的相关性，抑制透明质酸酶的活性可以阻止透明质酸的分解，对于维持人体正常生理功能、减少过敏反应具有重要意义。

王维有等（2013）利用 Elson-Morgan 法对早脆王枣中提取纯化后的 cAMP 提取物（cAMP 含量为 68.5%）的抗过敏活性进行测定，发现其透明质酸酶抑制率最大可达 96.2%，且具有剂量依赖性。说明红枣 cAMP 提取物是一种较强的透明质酸酶抑制剂，可能具有潜在的抗过敏作用。

5.4.3　增强造血功能

红枣的补血作用早已得到广泛认可和应用。枣果实水提物可促进人肝癌细胞 Hep3B 中促红细胞生成素（erythropoietin，EPO）的表达，并具有剂量依赖性（Chen et al.，2014a）。用含有低氧反应元件的质粒转染 Hep3B 细胞，枣果实的水提物处理转染细胞后可诱导低氧反应元件的转录，低氧诱导因子-1α（hypoxia-inducible factor-1α，HIF-1α）的表达在 mRNA 和蛋白水平上均有增加，2 mg/mL 提取物处理 6 h 时 HIF-1α 蛋白增加约 150%。这表明枣果实水提物通过调节肝细胞中促红细胞生成素的表达具有造血功能。进一步的研究表明，枣果实水提物中的主要成分环核苷酸和多糖在诱导促红细胞生成素中具有重要作用。2 μmol/L cAMP（与 2 mg/mL 枣果实水提物中 cAMP 浓度相当）对低氧反应元件转录的诱导活性稍高于枣果实水提物，而 cGMP 和黄酮类化合物（儿茶素、表儿茶素、原花青素 B_2、芦丁、槲皮素-3-O-半乳糖苷、槲皮素-3-O-β-D-葡萄糖苷、山奈酚-3-O-芸香糖苷的混合物）没有明显的活性。这说明红枣中的 cAMP 和多糖成分可能是红枣补血作用的物质基础。

5.4.4　诱导神经元分化，保护神经细胞

cAMP 的一个重要生理功能就是促进神经系统再生。含有 cAMP 的红枣提取物可促进神经营养因子表达、诱导神经元分化和保护神经细胞免受氧化损伤等，从而调节和维护神经系统功能。

Chen 等（2014b）利用河北红枣制备红枣水提物，其中核苷碱基（包括尿嘧啶、黄嘌呤、次黄嘌呤、鸟嘌呤和腺嘌呤）含量不少于 80 mg/kg，核苷（包括胞苷、尿苷和鸟苷）含量不少于 150 mg/kg，环核苷酸（cAMP 和 cGMP）含量不少于 100 mg/kg，黄酮类化合物（包括芦丁、槲皮素-3-O-半乳糖苷、槲皮素-3-O-β-D-葡萄糖苷、山奈酚-3-O-芸香糖苷）含量不低于 35 mg/kg。在体外培养的 PC12 细胞中，应用该提取物可诱导轴突生长和 25% 以上的细胞分化，效果与细胞生长因子相似，说明可以诱导神经元细胞的分化。枣水提液处理细胞中神经丝蛋白的表达增加并具有剂量依赖性，对 NF68、NF160 和 NF200 的最高诱导活性分别约为 150%、150% 和 100%。蛋白激酶抑制剂 H89 可减弱枣水提物对轴突生长的诱导作用，说明枣水提液可能通过 PKA 信号途径诱导 PC12 细胞轴突生长。枣水提物还可诱导 PC12 细胞中 cAMP 效应元件结合蛋白（cAMP-response element binding protein，CREB）的磷酸化。增加 cAMP 水平可活化蛋白激酶导致 CREB 的磷酸化，转录因子与促进子结合最后启动靶基因的表达并导致轴突生长（Richter-Landsberg and Jastorff，1986）。进一步的研究表明，枣提取物的诱导活性高于相当浓度的 cAMP 的作用，而 cGMP 和其他成分则没有显著效果。因此枣水提物中高含量的 cAMP 可能在其对神经元细胞分化的诱导作用中起主要作用。

星形胶质细胞是轴突成熟过程的重要调控因子，可分泌神经营养因子，而神经营养因子对于维持神经元的存活、生长分化及神经损伤后的恢复与再生具有十分重要的作用。在体外培养的星形胶质细胞中，应用大枣水提物处理可促进神经生长因子（nerve growth factor，NGF）、脑源性神经营养因子（brain-derived neurotrophic factor，BDNF）、胶质细胞源性神经营养因子（glial cell line-derived neurotrophic factor，GDNF）的表达，最高可达 80% 以上，而应用蛋白激酶抑制剂 H89 进行预处理会减弱枣水提物对神经营养因子表达的诱导作用，因此推测大枣水提物是通过 cAMP 依赖途径来诱导神经营养因子表达的（Chen et al.，2014c）。

5.5　小　　结

环核苷酸（特别是 cAMP）作为红枣中含量丰富的一类特异性生物活性物质，备受关注，关于红枣中环核苷酸或 cAMP 已有一些研究，但主要集中于不同品种红枣中环核苷酸含量与分布、提取工艺优化等，关于红枣环核苷酸的纯化和生物活性研究很少，而红枣中环核苷酸的合成与代谢调控机制研究尚属空白，对红枣环核苷酸及其生理作用的认识还很有限。

为深入理解红枣的保健功效并高效利用红枣中的环核苷酸，需要进一步加强以下几个方面的研究。

1. 红枣果实中环核苷酸的合成与代谢调控机制研究

重点研究红枣果实中环核苷酸的合成途径及其调控机制，为选育高环核苷酸含量的功能性红枣新品种提供理论依据；研究红枣果实发育、贮藏、加工过程中环核苷酸的积累、转化、代谢及其调控机制，为利用栽培管理措施、采后处理和适宜加工技术进行环核苷酸富集从而提高红枣及其加工产品中环核苷酸含量提供依据和参考。

2. 红枣环核苷酸的高效分离纯化技术研究

目前关于红枣环核苷酸的提取技术研究较多，集中于提取溶剂的选择和提取工艺的优化等，关于红枣环核苷酸的纯化研究较少。已有的分离纯化方法大多操作烦琐，耗时长，还可能存在污染。因此需进一步加强此方面的研究，开发高效、无毒、无污染的红枣环核苷酸绿色分离纯化技术，并应用于工业化生产。

3. 红枣环核苷酸的生物活性发掘与应用研究

目前关于红枣环核苷酸生物活性与功能的研究还较少，特别是红枣环核苷酸提取物在癌症、心脑血管疾病防治方面的研究尚属空白。环核苷酸中环磷酸腺苷作为细胞信号转导的"第二信使"，具有众多的生理功能与作用，尤其是促进肿瘤细胞向正常细胞转化最受关注。对红枣环磷酸腺苷提取物的生物活性与药理作用进行深度发掘有助于开发新型功能性红枣加工产品，因此是亟待加强的一个研究方向。

此外，进一步研究并明确红枣环核苷酸与其他功能性成分的相互作用及其对生物活性的影响，有助于深入理解红枣的保健功效并设计最佳的红枣保健产品。

4. 红枣环核苷酸生物利用度研究

红枣环核苷酸能否发挥良好的保健作用，与其在人体中的生物利用度密切相关。利用动物试验或人体试验方法研究红枣环核苷酸在体内吸收、代谢和转化情况并优化制剂类型与配方从而提高其生物利用度是红枣环核苷酸高效利用的关键。

参 考 文 献

毕珣, 刘庆春, 金峰, 等. 2015. 枣环磷酸腺苷提取液高原应激条件下抗疲劳作用实验研究[J]. 中国食物与营养, 21(3): 81-84.

崔志强, 孟宪军. 2007. 微波辅助萃取冬枣环磷酸腺苷工艺研究[J]. 食品科学, 28(4): 163-166.

崔志强, 孟宪军, 王传杰. 2006. HPLC 法测定冬枣环磷酸腺苷含量[J]. 食品研究与开发, 27(7): 158-160.

党立, 王希敏, 韩利文, 等. 2007. 环磷酸腺苷的临床应用进展[J]. 山东科学, 20(3): 61-64.

东莎莎, 杨晓, 王春燕, 等. 2004. HILIC 测定金丝小枣中核苷酸含量[J]. 中国果菜, 34(12): 56-59.

冯亚高, 洪光祥. 2006. 靶肌肉注射环磷酸腺苷对周围神经再生的作用[J]. 中国临床康复, 10(30): 107-109.

高瑞斌, 杨艳, 董树清, 等. 2014. 高效毛细管电泳同时测定大枣中环磷酸腺苷、芹菜素及槲皮素[J]. 食品工业科技, 35(9): 282-285, 293.

高娅, 杨洁, 杨迎春, 等. 2012. 不同品种红枣中三萜酸及环核苷酸的测定[J]. 中成药, 34(10): 1961-1965.

苟茜, 王敏, 冀晓龙, 等. 2014. 不同成熟度灵武长枣食用及营养品质研究[J]. 现代食品科技, 30(11): 98-104.

韩利文, 刘可春, 党立, 等. 2008. 大雪枣与金丝小枣中环磷酸腺苷的含量比较[J]. 中华中医药学刊, 26(5): 1021-1022.

胡晨旭, 张晶蓉, 黄丽华, 等. 2013. 环磷酸腺苷在肿瘤临床治疗中的应用研究进展[J]. 天津药学, 25(6): 49-52.

胡云峰, 姜晓燕, 刘维维, 等. 2010. 响应面法确定超声波提取灵武长枣中环磷酸腺苷（cAMP）的最佳条件[J]. 食品科技, 35(7): 213-216, 221.

姬玉洁. 2014. 发酵冬枣粉成分分析及其对小鼠免疫功能的影响[D]. 山西农业大学硕士学位论文.

李高燕, 孙昭倩, 郭庆梅, 等. 2017. 4 种大枣的营养成分分析[J]. 山东科学, 30(3): 33-38.

李利峰, 张锐, 朱华, 等. 2006. 冬枣环磷酸腺苷微博辅助萃取工艺研究[J]. 辽宁农业科学, (3): 24-26.

李明, 杨国林, 米沙, 等. 2007. 大枣环磷酸腺苷(cAMP)提取工艺的研究[J]. 中药材, 30(9): 1143-1145.

李学贵, 蒋文强, 王传芬. 2005. HPLC 法测定大枣提取液中环腺苷酸含量的研究[J]. 山东化工, 34(5): 27-29.

李艳梅, 魏旻, 赵玉芬, 等. 1997. 环磷腺苷对人血红细胞膜蛋白二级结构影响的FTIR 光谱研究[J]. 光谱学与光谱分析, 17(6): 28-31.

廖仕元. 1986. 环核苷酸与心血管收缩功能[J]. 广东药学院学报, (2): 65-68.

刘江仁, 刘书桐. 1983. 中药及其制剂中 cAMP、cGMP 样物质的测定[J]. 山西医药杂志, 12(3): 131-132.

刘孟军, 王永蕙. 1991. 枣和酸枣等 14 种园艺植物 cAMP 含量的研究[J]. 河北农业大学学报, 14(4): 20-23.

刘庆春, 毕珣, 刘爱兵, 等. 2014. 枣环磷酸腺苷提取液对小鼠抗疲劳作用的药效学研究[J]. 肠外与肠内营养, 21(6): 46-48.

孟伊娜, 马燕, 邹淑萍, 等. 2016. 不同成熟期骏枣贮藏期环磷酸腺苷变化研究[J]. 新疆农业科学, 58(8): 1436-1443.

米东, 王瑛, 李明润. 2007. 红枣环磷酸腺苷（cAMP）的提取工艺[J]. 上海师范大学学报(自然科学版), 36(3): 77-79.

潘见, 尤逢惠, 吴方睿, 等. 2007. 大枣 cAMP 的大孔吸附树脂分离工艺研究[J]. 安徽大学学报（自然科学版）, 31(5): 87-90.

彭艳芳. 2008. 枣主要活性成分分析及枣蜡提取工艺研究[D]. 河北农业大学博士学位论文.

孙大业, 郭艳林, 马力耕. 2000. 细胞信号转导. 2 版[M]. 北京：科学出版社.

王春霞, 路福平, 刘逸寒, 等. 2011. 纳膜过滤在提取红枣环磷酸腺苷(cAMP)中的应用[J]. 食品与发酵工业, 37(2): 186-190.

王立霞. 2013. 超声波辅助提取和田玉枣 cAMP 的工艺研究[J]. 食品工业科技, 34(12): 267-275.

王立霞. 2014. 微波辅助提取和田玉枣环磷酸腺苷的工艺及与其他方法比较[J]. 食品与生物技术学报, 33(3): 293-300.

王立霞, 陈锦屏, 张娜, 等. 2008. 和田玉枣中环磷酸腺苷(cAMP)的分离纯化工艺研究[J]. 食品科学, 29(12): 250-254.

王立霞, 陈锦屏, 张娜, 等. 2009. 和田玉枣中 cAMP 提取工艺的研究[J]. 食品工业科技, 30(10): 234-236.

王荔, 亓树艳, 莫晓燕. 2012. 大枣环磷酸腺苷提取纯化工艺的初步研究[J]. 食品科技, 37(4): 190-195.

王蓉蓉, 丁胜华, 胡小松, 等. 2017. 不同品种枣果活性成分及抗氧化特性比较[J]. 中国食品学报, 17(9): 271-277.

王维有, 曹晨晨, 欧赟. 2013. 大枣中环磷酸腺苷的提取及体外抗过敏活性研究[J]. 食品工业科技, 34(11): 49-52,282.

王向红, 桑亚新, 崔同, 等. 2005. 高效液相色谱法测定枣果中的环核苷酸[J]. 中国食品学报, 5(3): 108-112.

吴园园, 李涵, 杨萍. 2010. cAMP 促进成年哺乳动物中枢神经系统再生分子机制的研究进展[J]. 国际神经病学神经外科学杂志, 37(1): 88-91.

夏泉鸣, 周洋, 赵黎明, 等. 2012. 离子交换法提取大枣中环磷酸腺苷(cAMP) 的工艺研究[J]. 生物技术进展, 2(4): 288-292.

肖殿模. 1988. 环核苷酸和血管平滑肌功能的调节[J]. 生理科学进展, 19(2): 167-169.

徐涛, 潘见, 袁传勋, 等. 2005. 大孔树脂 SPE-RP-HPLC 检测大枣中的 cAMP[J]. 食品科学, 26(12): 179-181.

许牡丹, 邹继伟, 史芳. 2013. 超声波辅助酶法提取木枣环磷酸腺苷的工艺条件优化[J]. 食品科技, 38(7): 220-224.

严静, 陈锦屏, 张娜, 等. 2010. 超声波辅助提取赞皇枣环磷酸腺苷工艺研究[J]. 农产品加工·学刊, (9): 48-51.

杨根芳, 李建贵, 杨文英, 等. 2015. 生物肥对阿克苏骏枣果实和叶片 cAMP 含量影响研究[J]. 新疆农业科学, 52(1): 44-50.

易建华. 1981. cAMP 在细胞代谢中的调节作用[J]. 生物化学与生物物理进展, (3): 40-44.

尤妍, 陈恺, 李焕荣, 等. 2011. 响应面法优化哈密大枣环磷酸腺苷提取工艺的研究[J]. 保鲜与加工, 11(2): 21-26.

岳丽, 热那汗·买买提, 敬思群. 2015. 反相硅胶纯化阿克苏"次等枣"环磷酸腺苷[J]. 食品与发酵工业, 41(1):136-141.

张明娟, 李薇, 庞晓明. 2012. 枣果中环磷酸腺苷（c-AMP）的提取工艺及含量测定[J]. 食品与发酵工业, 38(5): 228-231.

张娜, 雷芳, 马娇, 等. 2017. 蒸制对红枣主要活性成分的影响[J]. 食品工业, 38(1): 138-141.

张娜, 陈卓, 马娇, 等. 2016. 热处理对骏枣主要活性成分的影响[J]. 食品科技, 41(5): 71-74.

张倩, 樊君, 罗云书. 2008. HPLC 测定陕北大枣和新疆大枣中环磷酸腺苷含量的研究[J]. 药物分析杂志, 28(6): 895-897.

张少博, 李建贵, 杨文英, 等. 2017. 基于因子分析的不同土壤类型条件下灰枣果实品质研究[J]. 经济林研究, 35(4): 99-104, 117.

张岩, 吕品, 王红, 等. 2009. 高效液相色谱法同时测定浓缩枣汁中环磷酸腺苷和环磷酸鸟苷的含量[J]. 食品科学, 30(18): 321-322.

赵爱玲, 李登科, 王永康, 等. 2009. 枣树不同品种、发育时期和器官的 cAMP 和 cGMP 含量研究[J]. 园艺学报, 36(8): 1134-1139.

赵爱玲, 李登科, 王永康, 等. 2010. 枣品种资源的营养特性评价与种质筛选[J]. 植物遗传资源学报, 11(6): 811-816.

赵恒强, 耿岩玲, 苑金鹏, 等. 2013. UAE-HILIC-DAD-ESI-Q-TOF/MS 法测定大枣中的环磷酸腺苷[J]. 食品研究与开发, 34(18): 46-50.

赵堂, 郝凤霞, 杨敏丽. 2011. 几种红枣中生物活性物质环磷酸腺苷的含量分析[J]. 湖北农业科学, 50(23): 4955-4957.

赵晓. 2009. 枣果主要营养成分分析[D]. 河北农业大学硕士学位论文.

周向辉, 王娜, 石聚领, 等. 2009. 微波-超声波联合提取枣中环磷酸腺苷的工艺研究[J]. 食品科学, 30(8): 196-201.

Chen J P, Li Z G, Maiwulanjiang M, et al. 2013. Chemical and biological assessment of *Ziziphus jujuba* fruits from china: different geographical sources and developmental stages[J]. Journal of Agricultural and Food Chemistry, 61: 7315-7324.

Chen J P, Lam C T W, Kong A Y Y, et al. 2014a. The extract of *Ziziphus jujuba* fruit (jujube) induces expression of erythropoietin via hypoxia-inducible factor-1α in cultured Hep3B cells[J]. Planta Medica, 80: 1622-1627.

Chen J P, Maiwulanjiang M, Lam K Y C, et al. 2014b. A standardized extract of the fruit of *Ziziphus jujuba* (jujube) induces neuronal differentiation of cultured PC12 cells: a signaling mediated by protein kinase A[J]. Journal of Agricultural and Food Chemistry, 62: 1890-1897.

Chen J P, Yan AL, Lam K Y C, et al. 2014c. A chemically standardized extract of *Ziziphus jujuba* fruit (jujube) stimulates expressions of neurotrophic factors and anti-oxidant enzymes in cultured astrocytes[J]. Phytotherapy Research, 28: 1727-1730.

Chen Q Q, Bi J F, Wu X Y, et al. 2015. Drying kinetics and quality attributes of jujube (*Zizyphus jujuba* Miller) slices dried by hot-air and short- and medium-wave infrared radiation[J]. LWT - Food Science and Technology, 64: 759-766.

Cyong J, Hanabusa K. 1980. Cyclic adenosine monophosphate in fruits of *Ziziphus jujuba*[J]. Phytochemistry, 19(12): 2747-2748.

Cyong J, Takahashi M. 1982. Identification of guanosine 3':5'-monophosphate in the fruit of *Zizyphus jujuba*[J]. Phytochemistry, 21: 1871-1874.

Diamantstein T, Ulmer A. 1975. The antagonistic action of cyclic GMP and cyclic AMP on proliferation of B and T lymphocytes[J]. Immunology, 28, 113-117.

Furukawa A, Kogure K, Akaike N. 1993. Time-dependent expression of Na and Ca channels in PC12 cells by nerve growth factor and cAMP[J]. Neuroscience Research, 16(2): 143-147.

Guo S, Duan J, Qian D, et al. 2013. Hydrophilic interaction ultra-high performance liquid chromatography coupled with triple quadrupole mass spectrometry for determination of nucleotides, nucleosides and nucleobases in *Ziziphus* plants[J]. Journal of Chromatography A, 1301: 147-155.

Guo S, Duan J A, Qian D W, et al. 2015a. Content variations of triterpenic acid, nucleoside, nucleobase, and sugar in jujube (*Ziziphus jujuba*) fruit during ripening[J]. Food Chemistry, 167: 468-474.

Guo S, Duan J A, Tang Y P, et al. 2010. Characterization of nucleosides and nucleobases in fruits of *Ziziphus jujuba* by UPLC-DAD-MS[J]. Journal of Agricultural and Food Chemistry, 58: 10774-10780.

Guo S, Duan J A, Zhang Y, et al. 2015b. Contents changes of triterpenic acids, nucleosides, nucleobases, and saccharides in jujube (*Ziziphus jujuba*) fruit during the drying and steaming process[J]. Molecules, 20(12): 22329-22340.

Koh W S, Yang K H, Kaminski N E. 1995. Cyclic AMP is an essential factor in immune responses[J]. Biochemical and Biophysical Research Communications, 206(2): 703-709.

Kou X H, Chen Q, Li X H, et al. 2015. Quantitative assessment of bioactive compounds and the antioxidant activity of 15 jujube cultivars[J]. Food Chemistry, 173: 1037-1044.

Lin Q B, Zhao Z Q, Yuan C, et al. 2013. High performance liquid chromatography analysis of the functional components in jujube fruit[J]. Asian Journal of Chemistry, 25(14): 7911-7914.

Mestdaqh N, Vandewalle B, Homez L, et al. 1994. Comparative study of intracellular calcium and adenosine 3', 5'-cyclic monophosphate levels in human breast carcinoma cells sensitive or resistant to adriamycin®: contribution to reversion of chemoresistance[J]. Biochemical Pharmacology, 48(4): 709-716.

Richter-Landsberg C, Jastorff B. 1986. The role of cAMP in nerve growth factor-promoted neurite outgrowth in PC12 cells[J]. Journal of Cell Biology, 102(3):821-829.

Sánchez S, Jiménez C, Carrera A C, et al. 2004. A cAMP-activated pathway, including PKA and PI3K, regulates neuronal differentiation[J]. Neurochemistry International, 44(4): 231-242.

Serezani C H, Ballinger M N, Aronoff D M, et al. 2008. Cyclic AMP: Master regulator of innate immune cell function[J]. American Journal of Respiratory Cell and Molecular Biology, 39(2): 127-132.

Wang R, Ding S, Zhao D, et al. 2016. Effect of dehydration methods on antioxidant activities, phenolic contents, cyclic nucleotides, and volatiles of jujube fruits[J]. Food Science and Biotechnology, 25(1): 137-143.

第6章　三萜类化合物

三萜类化合物是药用植物中常见的生物活性成分之一，具有抗肿瘤、抗氧化、抗病毒、抗炎症反应、降血脂、降血糖、抑菌、保肝护肝等多种生理功能，因此在医药及保健品中具有广泛的用途，也是中药抗癌、抗病毒药物研究的重点。

红枣的抗癌作用与其中丰富的五环三萜类化合物密切相关，同时三萜类化合物也可能是红枣保肝护肝、降血脂、降血糖等药理作用的重要物质基础。红枣中三萜类化合物的组成及含量受品种、栽培条件、成熟度及加工方法等因素的影响。

本章在对三萜类化合物进行概述的基础上，重点阐述红枣中三萜类化合物的分布、含量及提取、纯化和生物活性等。

6.1　三萜类化合物概述

三萜是由30个碳原子组成的萜类化合物，大多数三萜类化合物可以看作由六个异戊二烯单元连接而成，广泛存在于植物界，尤以石竹科、五加科、豆科、七叶树科、桔梗科、远志科、七叶树科、报春花科、无患子科、茶科、玄参科等科的植物中分布最为普遍，含量也最高。许多常见中药如人参、三七、甘草、柴胡、绞股蓝中都含有大量的三萜类化合物及其与糖形成的皂苷，是药用植物中最常见的活性成分之一，具有多种药理作用，常作为新药研发的前体化合物。

本节重点介绍三萜类化合物的种类、结构及药理作用。

6.1.1　三萜类化合物种类及结构

三萜类化合物结构类型很多，除了少数为无环三萜、二环三萜和三环三萜外，主要为四环三萜和五环三萜。

1. 四环三萜

四环三萜类化合物一般具有环戊烷骈多氢菲的基本母核，母核上有5个角甲基，C17位上有一个由8个碳原子组成的侧链。常见的结构类型主要包括羊毛甾烷（lanostane）型、达玛烷（dammarane）型、原萜烷（protostane）型、葫芦烷（cucurbitane）型、楝苦素（meliacins）型、苦味素（quassinane）型等类型。其中，楝苦素类侧链末端失去了 4 个碳原子，故又称为降四环三萜类化合物，苦味素类可以看成是失碳三萜类化合物（谭仁祥等，2002）。常见的四环三萜类化合物基本结构如图 6.1 所示。

羊毛甾烷　　达玛烷　　楝苦素

原萜烷　　葫芦烷　　苦味素

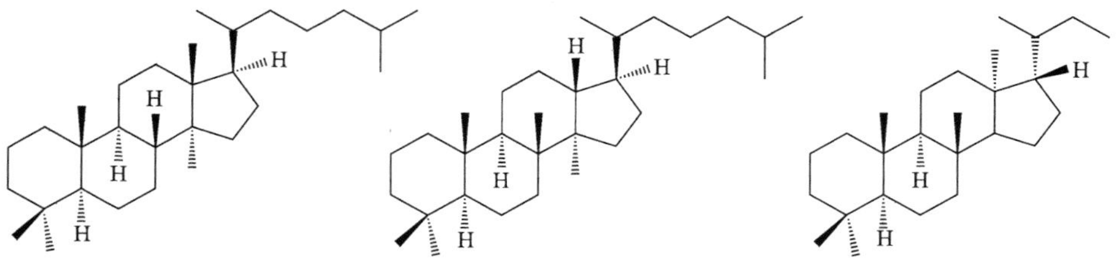

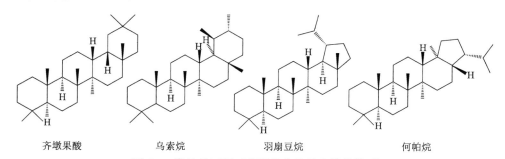

图 6.1　常见的四环三萜类化合物基本结构类型

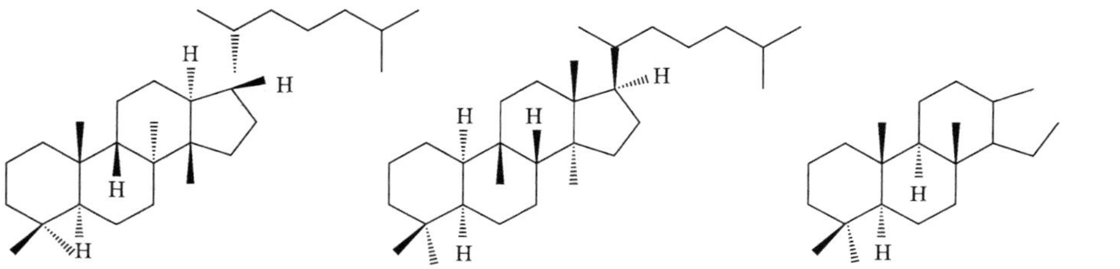

2. 五环三萜

常见的五环三萜类化合物主要包括齐墩果烷（oleanane）型、乌索烷（ursane）型、羽扇豆烷（lupane）型、何帕烷（hopane）型等类型（谭仁祥等，2002）。其基本结构如图 6.2 所示。

齐墩果酸　　乌索烷　　羽扇豆烷　　何帕烷

图 6.2　常见的五环三萜类化合物基本结构类型

以上只是常见的三萜类化合物的基本结构。目前已发现的有多种不同的母核结构，在母核上有不同的取代基，常见的有羧基、羟基、酮基、甲基、乙酰基、甲氧基等，再加上取代位置的不同及立体异构，以及上述类型的三萜中甲基通过重排、扩环、降解、裂环等形成了化学结构多样的三萜类化合物。这些结构多样的三萜类化合物既可以游离存在于植物体内，也可以与糖结合形成苷，称为三萜皂苷。根据糖链的不同，三萜皂苷又可分为多种类型。通常游离三萜类化合物能溶于石油醚、苯、乙醚、氯仿等有机溶剂，而不溶于水。与糖结合后形成的三萜皂苷类化合物可溶于水，易溶于热水、稀醇、热甲醇、热乙醇中，几乎不溶或难溶于乙醚、苯等极性小的有机溶剂。因此常用有机溶剂萃取游离三萜类化合物，用含水醇类提取三萜皂苷类化合物。

6.1.2　三萜类化合物的药理作用

三萜类化合物作为多种药用植物的重要活性成分，其生物活性和药理作用得到了广泛的研究并在临床治疗中得到应用。目前已证实三萜类化合物具有抗肿瘤、抗病毒、降血糖、降血脂、保肝护肝、抗炎、抑菌、抗心律失常及调节免疫等功效，其中尤以抗肿瘤作用最受关注，是抗癌植物药的研究热点。

1. 抗肿瘤

抗肿瘤作用是三萜类化合物最普遍的一种药理作用，许多三萜类化合物可通过细胞毒作用、抗肿瘤多药耐药和肿瘤逆转作用、抑制肿瘤血管增生及分子水平调节 NF-κB 的表达、提高机体免疫力等作用达到抗肿瘤的效果，表现出多部位、多环节、多靶点的特点。例如，齐墩果酸和熊果酸可明显抑制阿霉素所致微核率升高，说明二者具有抗突变作用（Resende et al.，2006）；对于黄曲霉毒素 B_1 诱发的基因突变，熊果酸也可产生对抗作用（Young et al.，1994）；齐墩果酸在体外可诱导白血病细胞 HL-60 凋亡，并使细胞阻滞于 G_1 期（张鹏霞等，2008），抑制顺铂耐药胃癌 SGC-7901 细胞增殖，并使促凋亡基因 *Bax* 表达升高，抗凋亡基因 *Bcl-2* 表达降低（李鸿梅等，2009）；熊果酸可通过抑制 NF-κB 活性、激活 Caspase-3 等作用诱导肺腺癌 A549 细胞凋亡（刘茜等，2006）；齐墩果酸还可通过下调血管内皮生长因子（vascular endothelial growth factor，VEGF）的表达来抑制白血病细胞 K562 的增殖（汤华成等，2007b）；熊果酸和齐墩果酸对 T 细胞淋巴瘤 Jurkat G_0/G_1 期细胞起细胞毒作用，在 G_2/M 期抑制细胞增殖（李杰等，1999）；白桦脂酸和白桦脂醇均能抑制诱导人宫颈癌细胞 HeLa 和人乳腺癌细胞 MCF-7 生长，且有浓度依赖性（王开祥等，2009）；熊果酸还可抑制人卵巢癌细胞株 HO-8910PM 黏附、侵袭和转移的生物学行为，其作用机制可能与熊果酸显著抑制相关基因基质金属蛋白酶（matrix metalloproteinase，MMP）-2、MMP-9 表达水平有关（于丽波等，2010）；熊果酸对肝癌细胞株 Bel-7404 细胞转移侵袭也有明显的抑制作用，其机制可能与 MMP-2 表达下调而金属蛋白酶组织抑制因子(TIMP)-2 表达上调有关（李海军等，2010）。在体内抗肿瘤试验中，熊果酸对小鼠 H22 肝癌移植瘤有显著的抑制作用，可降低免疫器官中异常增大的脾指数，增强脾脏中 T、B 淋巴细胞增殖能力，升高荷瘤小鼠的外周血白细胞数和胸腺指数，提高淋巴细胞亚群 CD4[+] T 细胞表达及 CD4[+]/CD8[+] T 细胞亚群比例，促进血清 IL-2、TNF-α 表达，降低 IL-4 表达，说明熊果酸也可通过提高机体免疫力发挥抗肿瘤作用（李艳红等，2013；方学辉等，2013）。随着研究的深入，越来越多的三萜类化合物的抗癌活性不断被发掘，并通过结构修饰等手段提高其抗癌活性或降低毒性，许多天然三萜类化合物成为抗癌药物研发的前体物质。

2. 抗病毒

抗病毒活性也是三萜类化合物的重要研究热点之一，一些天然来源的三萜类化合物及其衍生物表现出独特的抗病毒活性（肖苏龙等，2015）。例如，白桦脂酸对 HIV、A 型流感病毒（H1N1）、单纯疱疹病毒（HSV）、呼吸道合胞体病毒(RSV)及柯萨奇病毒(CVB)等均具有不同程度的抑制作用（Li et al.，2007）；齐墩果酸和熊果酸均可抑制丙型肝炎病毒（HCV）的增殖（Kong et al.，2013）；白桦脂酸能下调锰超氧化物歧化酶的表达，生成活性氧自由基并造成线粒体功能障碍，进而抑制乙型肝炎病毒（HBV）的复制（Yao et al.，2009）；熊果酸不仅对 HIV 逆转录酶具有抑制活性（Min et al.，1999），而且对 HIV 蛋白酶也有较好的抑制作用。和传统的抗病毒药物相比，三萜类化合物可以作用于病毒复制的多个环节，包括病毒的进入、吸附、复制和成熟等，因而具有广谱的抗病毒活性，对五环三萜进行合理的结构修饰，有望发现结构新颖、作用机制独特、毒副作用低的新型抗病毒药物。

3. 降血糖

齐墩果酸能够抑制胰腺、肾和肝脏细胞凋亡，恢复胰腺、肝、肾功能，刺激糖尿病大鼠的胰岛素分泌，增加血清胰岛素水平，从而达到抗糖尿病作用（高大威，2006）。齐墩果酸还能通过减轻氧化应激水平，减弱胰岛内 NF-κB 信号通路的过度激活而减轻链脲佐菌素（STZ）诱导的胰岛损伤，保护胰岛功能（顾锦华等，2010）。齐墩果酸衍生物 Bio 对 HepG2 细胞胰岛素抵抗具有改善作用，其作用机制与上调 PPARγ 的表达相关（徐婧等，2014）。熊果酸可通过抗氧化和调节免疫功能，保护 β-细胞和刺激胰岛素表达和分泌；通过抑制蛋白酪氨酸磷酸酶 1B（PTP1B）表达和活性，抑制 I 型 11β-羟基甾体脱氢酶（11β-HSD1）活性，促进过氧化物酶体增殖物激活受体-α（PPAR-α）的表达和激活；对抗胰岛素抵抗；促进组织细胞摄取和利用葡萄糖；改善脂、糖代谢紊乱；通过抑制 α-葡萄糖苷酶活性、延缓肠道吸收葡萄糖等途径，对正常和多种糖尿病模型动物产生降血糖作用（张明发和沈雅琴，2016）。熊果酸还可通过升高肝脏组织 PPARα 的蛋白表达，调节下游信号转导通路磷酸烯醇式丙酮酸羧激酶（phosphoenolpyruvate carboxykinase, PEPCK）转录和诱导胰岛素受体底物 2（insulin receptor substrate-2，IRS-2）的磷酸化，影响血清游离脂肪酸（free fatty acid，FFA）、TNF-α、脂联素和葡萄糖激酶的水平来改善胰岛素抵抗（吴淑艳等，2011；王琳等，2012）。齐墩果酸还能抑制糖尿病大鼠心肌非酶糖基化和氧化应激反应（岳兴如等，2006）。对于糖尿病肾病、视网膜病变、心肌纤维化等糖尿病并发症，熊果酸也具有一定的缓解作用（杨钧杰等，2013；齐敏友等，2014；孙艳等，2015）。

　　一些从药用植物中提取的总三萜也被证实具有降血糖作用。例如，青钱柳叶总三萜（CPTT，其中熊果酸、齐墩果酸、山楂酸、科罗索酸和白桦脂酸的含量分别为 19.35%、17.38%、7.53%、4.59% 和 1.42%）在基础状态下对葡萄糖消耗没有明显的影响，但在同时添加 10 nmol/L 胰岛素进行刺激时能显著提高葡萄糖消耗；对于成熟的脂肪细胞，无论是在基础状态下还是胰岛素刺激状态下，CPTT 均能显著促进其葡萄糖消耗；对于由地塞米松诱导的胰岛素抵抗 3T3-L1 脂肪细胞，CPTT 能有效地改善其胰岛素敏感性，提高葡萄糖消耗，且呈剂量-效应关系（付晓等，2014）。女贞子总三萜酸提取物能明显降低糖尿病大鼠血糖和甘油三酯水平，改善糖耐量（洪晓华等，2003）。大叶紫薇总三萜具有促进 3T3-L1 脂肪细胞葡萄糖消耗及抑制脂肪形成的作用，从而起到降血糖作用（纵伟和夏文水，2006）。番石榴叶总三萜具有显著改善 3T3-L1 脂肪细胞胰岛素抵抗的作用（李秀存等，2016）。

4. 降血脂

　　三萜类化合物也是多种药用植物降血脂的活性部位。茯苓皮总三萜可显著降低高脂血症小鼠血清中的胆固醇（TC）、低密度脂蛋白-胆固醇（LDL-C）和甘油三酯（TG）水平及动脉粥样硬化指数（AI），升高高密度脂蛋白-胆固醇（HDL-C），具有明显的降血脂作用（毛跟年等，2015）。山楂总三萜酸可使大鼠肝细胞膜 HDL 受体活性升高，从而抑制胆固醇合成，达到降血脂目的（马路等，2009）。齐墩果酸可通过激活 P38 MAPK（mitogen activated protein kinase）的磷酸化，抑制肝脏 PGC-1β（PPARγ coactivator-1β）的表达及脂肪酸的合成，从而降低血清中的甘油三酯和低密度脂蛋白-胆固醇的水平（王丹凤，2015）。山楂中的熊果酸能显著降低高脂血症小鼠的 TC、TG 指数（林科等，2007a）。

5. 保肝护肝

　　三萜类化合物不仅可保护肝脏免受各种化学损伤，促进肝细胞再生，而且可调节肝脏脂肪代谢，防止肝细胞脂肪变性和纤维化，预防多种肝脏疾病的发生。齐墩果酸和熊果酸最早被证实的药理作用之一就是它们的保肝活性。齐墩果酸能明显减轻四氯化碳、溴苯、醋氨酚、速尿、硫代乙醇胺、鬼笔毒环肽、秋水仙碱、氯化镉、D-半乳糖胺和内毒素所致小鼠急性坏死性肝损伤，降低这些肝毒物所引起的血清转氨酶和艾杜糖脱氢酶的升高（Liu et al.，1995），因此已被应用于抗肝炎药物；熊果酸也可减轻四氯化碳所致的肝损伤，降低肝损伤小鼠的血清谷丙转氨酶（GPT，ALT）和谷草转氨酶（GOT，AST）水平，对环磷酰胺、氯霉素、卡介苗加脂多糖及异硫氰酸-1-萘酯（ANIT）所致的肝细胞损伤也具有抑制作用，并对二乙基亚硝胺诱发小鼠肝癌前病变具有防护作用（熊筱娟等，2004；陈荣和廖晓峰，2007；卢静等，2009；毛文超等，2012）。病理学观察也证实齐墩果酸、熊果酸能使 CCl₄ 所致急性肝损伤大鼠肝细胞变性、坏死明显减轻，肝细胞内线粒体肿胀与内质网囊泡变减轻（马学惠等，1982，1986）。齐墩果酸预先给药可减轻大鼠肝脏缺血再灌注损伤，其机制可能与激活 PI3K/Akt 信号通路、抑制细胞凋亡有关（华福洲等，2010）。熊果酸还可降低肝细胞内胆固醇浓度（梁奎英和初霞，2017），改善 HepG2 肝细胞脂肪变性模型的脂质堆积和炎症（曾璐等，2015）。白桦脂醇能抑制酒精诱导脂质过氧化反应对肝组织的损伤，对酒精性肝损伤有明显的保护作用（张桂英等，2009）。苹果渣总三萜能降低四氯化碳所致急性肝损伤小鼠血清中 ALT、AST 活性和 MDA、IL-6 水平，提高肝组织中 SOD、GSH-Px 活性，其机制可能与清除体内自由基，调节血清酶、抗氧化物酶的活力和含量有关（张爽等，2015）。北五味子藤茎总三萜对小鼠急性酒精性肝损伤也具有保护作用，可降低酒精性肝损伤所引起的 ALT、AST 活性，抑制 MDA 含量的升高，有效地拮抗肝脏中 SOD 活性与 GSH 含量的降低，肝脏病理学改变减轻或逆转（孟宪军等，2013）。熊果酸对非酒精性脂肪肝大鼠肝脏组织也具有保护作用，其机制可能与熊果酸能够有效调节血脂、降低炎症因子水平、抑制炎症反应有关（高敬国，2016）。熊果酸还可抑制肝星状细胞生长增殖，诱导肝星状细胞凋亡，减少以 I 型胶原为主的细胞外基质的生成并加速降解，从而减轻肝纤维化进程，防止肝硬化的发生（周娟娟和朱萱，2015）。齐墩果酸还可抑制肝星状细胞的收缩，从而起到抗肝硬化及抗门脉高压作用（刘昌辉等，2012）。

6. 调节免疫

三萜类化合物还可提高机体免疫力，其抗肿瘤及降血糖作用部分与调节机体免疫有关。例如，山楂熊果酸对环磷酰胺造成的免疫低下小鼠有显著的正调节作用，可升高外周血的白细胞数，增强腹腔巨噬细胞的吞噬功能，能促进脾淋巴细胞增殖，增加脾指数（林科等，2007b）；从中药女贞子中提取的齐墩果酸具有促进淋巴细胞增殖和动物巨噬细胞吞噬功能、迟发超敏反应的效应，并与白细胞介素 2（IL-2）具有协同作用（孙燕等，1988）；白桦三萜类物质可促进荷瘤小鼠巨噬细胞增殖和脾细胞分泌 TNF，增加巨噬细胞的细胞毒活性，从而增强机体的非特异性免疫功能（李薇等，2000）。

7. 抗炎与抗变态反应

熊果酸和齐墩果酸还具有显著的抗炎与抗变态反应活性。例如，齐墩果酸可明显抑制 PGE、组织胺、LTB4、激肽的合成或释放及 PGE2、组织胺、5-HT 和激肽的致炎作用（Zhou et al.，1993）；齐墩果酸对白细胞介素-1β（IL-1β）刺激的炎症因子 IL-6、IL-8 和 MMP-1 等的表达有明显的抑制作用，可明显地抑制细胞外信号调节激酶（extracellular signal-related kinase，ERK）、p38、c-jun N 末端激酶（c-jun N-terminal kinase，JNK）和 Akt 蛋白的磷酸化，并且抑制 IκB-α（inhibitor of NF-κB）蛋白的降解（连俊江等，2016）；熊果酸可抑制大鼠自体静脉再狭窄过程中的炎症反应，能通过抑制炎症反应中心物质 NF-κB 的活化，进而抑制单核细胞趋化蛋白-1（monocyte chemotactic protein-1，MCP-1）、IL-1α、IL-6 及 TNF-α 的表达，从而抑制术后静脉桥血管的再狭窄（刘盛华，2016）。

8. 其他活性

齐墩果酸对过氧化氢诱导的体外培养的人气道平滑肌细胞氧化应激损伤具有明显的保护作用，从而可能具有干预哮喘气道炎症及气道重塑的作用（蓝海兵等，2015）。齐墩果酸还可通过激活胆汁酸膜受体 TGR5 来减少后天性肥胖小鼠体内脂质堆积，减轻肥胖小鼠体重，调节糖代谢，达到抗肥胖目的（陈小松等，2015）。熊果酸可抑制血管紧张素Ⅱ诱导的人肾间质成纤维细胞增殖及胶原含量的增加，从而阻止肾间质纤维化的发生和发展，防止慢性肾病的发生（陈健等，2011）。对于血管紧张肽Ⅱ诱导心肌成纤维细胞增殖及胶原合成，熊果酸也具有明显的抑制作用，从而防止心肌纤维化（刘双和王波，2010）。乌梅熊果酸可抑制大肠杆菌生长（周茜等，2016）。从女贞叶有效部位皂苷中提取的有效成分熊果酸对牙周病原菌具有良好的抑制和杀灭作用，从而可用于防治龋齿（王茜等，2002）。酸枣果三萜皂苷对金黄色葡萄球菌、β 型溶血性链球菌、炭疽杆菌、绿脓假单胞菌和白色假丝酵母菌等致病菌有较强的抑制和灭活作用（孙延芳等，2012）。紫芝胞内酸性三萜可显著抑制大肠杆菌和金黄色葡萄球菌的生长，对枯草芽孢杆菌、黑曲霉和青霉也可产生一定的抑制作用（王晓玲等，2009）。齐墩果酸和熊果酸还具有保护神经细胞、镇痛、抗焦虑、抗神经分裂症、抗抑郁、改善学习记忆等神经精神药理作用，因此可用于防治阿尔茨海默病、帕金森病和抑郁症（张明发和沈雅琴，2015）。

随着研究的深入，越来越多的三萜类化合物不断被发掘，其药理活性呈现出多样化发展趋势，在人体的多种病理过程中都可发挥一定的干预作用，已成为最重要的一类天然药物。

6.2　红枣中三萜类化合物的分布与含量

目前从枣果实中鉴定出的三萜类化合物已有 30 多种。从中分离到的三萜化合物主要为五环三萜类化合物，有羽扇豆烷型、齐墩果烷型、美洲茶烷型、坡模醇酸型和乌索烷型等，主要以游离性三萜酸和三萜酸酯形式存在。

本节重点阐述红枣中三萜类化合物的种类、分布、含量及其影响因素。

6.2.1　红枣中三萜类化合物的分析方法

用于红枣中三萜类化合物的分析方法主要有分光光度法、薄层色谱法、高效液相色谱法等。其中，分光光度法是测定总三萜类化合物含量的经典方法，最为常用。高效液相色谱法是测定红枣中三萜类化合物组成及含量的常用方法，可以对红枣中各种三萜类化合物进行较准确的定性定量分析。薄层色谱法一般仅用于三萜类化合物的定性分析。

1. 分光光度法

三萜类化合物在无水条件下，与强酸、中等强酸作用，会产生颜色反应，所以可利用颜色反应对三萜类化合物进行分析测定。可用于三萜类化合物颜色反应的显色剂有香草醛-冰醋酸、乙酸酐-浓硫酸、香草醛-浓硫酸、香草醛-高氯酸、香草醛-冰醋酸-高氯酸等。

红枣中的三萜类化合物主要是三萜酸，在红枣总三萜酸含量的测定中通常采用香草醛-冰醋酸-高氯酸显色。具体操作过程是将三萜酸提取液用无水乙醇稀释至适当倍数，取 1.0 mL 稀释液于试管中，80℃水浴挥干溶剂，加入 0.5 mL 5%香草醛-冰醋酸溶液和 0.8 mL 高氯酸，混匀后于 60℃恒温水浴中反应 12 min，取出后冷却至室温，然后加入 5 mL 冰醋酸，充分摇匀，5 min 后在 548 nm 处测定吸光值。同时以齐墩果酸或者熊果酸为标准品作标准曲线，根据标准曲线计算样品中总三萜酸含量，结果以齐墩果酸当量（oleanolic acid equivalent，OAE）或熊果酸当量表示（ursolic acid equivalent，UAE）。

样品提取一般采用甲醇或者乙醇作溶剂。但彭艳芳（2008）发现采用此法显色后体系出现碳化现象，并认为与枣果中含有多种成分糖类、蛋白质、氨基酸、脂肪、有机酸中的碳水化合物有关，因此提出在提取液经真空旋转蒸发后，先用二氯甲烷萃取，再进行测定，可有效避免碳化现象。

2. 薄层色谱法

取红枣提取物样品与熊果酸、齐墩果酸等三萜酸标准品的乙醇溶液，同时点于硅胶薄层层析板上，以氯仿-丙酮(10∶1)作展开剂上行展开，将层析板取出挥干溶剂，用 10%硫酸乙醇喷雾显色，在紫外灯下观察显色情况，比较样品与对照品的 Rf 值，可以判定样品中含有哪些三萜类化合物，达到定性分析之目的。

高效薄层色谱法也可用于三萜类化合物的定量分析，但操作烦琐，重现性、精确性较差，因此应用很少。

3. 高效液相色谱法

分光光度法测定红枣及其加工制品中三萜酸含量虽然方便、快捷，但不能区分单一三萜类化合物组成及含量，而薄层色谱法虽可对枣中各种三萜类化合物进行定性定量分析，但操作烦琐、精确性差。高效液相色谱法具有简便、快捷、测定精确度高等优点，近年来在红枣三萜类化合物的分析中得到了广泛的应用，已成为红枣及其加工制品中三萜酸等功能性成分分析的重要手段。C_{18}柱为常用色谱柱，甲醇/水作流动相进行梯度或等度洗脱，紫外检测器在 210nm 波长检测（王向红等，2002；胡芳等，2011；Lin et al.，2013），也有采用双波长紫外检测（Guo et al.，2009）、蒸发光散射检测器（ELSD）（Guo et al.，2010）、荧光检测器（FLD）（Li GL et al.，2011）及质谱（李成等，2013；Guo et al.，2015a）等检测手段。

在红枣中三萜类化合物的 HPLC 分析中，固定相的选择、流动相的组成及洗脱条件对分析效果影响很大。胡芳等（2011）比较了 Hypersil BDS C_{18}、Agilent Eclipse XDB-C_{18}、Agela Promosil C_{18} 3 种色谱柱对红枣样品中白桦脂酸、齐墩果酸和熊果酸的分离效果，发现 Hypersil BDS C_{18} 柱子保留时间适中且分离效果较好，适合红枣中三萜酸的分析测定。苗利军等（2013）研究了 ODS C_{18}、inertsil CN-3 和 Hypersil BDS C_{18} 等 4 种色谱柱在最佳条件下对枣果中熊果酸、齐墩果酸的分离效果，也发现 BDS 型色谱柱分离枣果中熊果酸、齐墩果酸的效果优于 ODS 型色谱柱，C_{18} 型液相色谱柱分离枣果中熊果酸、齐墩果酸的效果优于 CN 型液相色谱柱；4 种色谱柱中，分离效果最好的是反相柱填料为 Hydersir BDS C_{18}（250 mm×4.6 mm，5μm）的色谱柱，最佳分离条件为柱温 18℃、压强 2 MPa、流速 0.6 mL/min、流动相甲醇与水的体积比为 93∶7，磷酸含量 300 mg/kg，进样量 5 μL，该条件下金丝小枣样品中齐墩果酸和熊果酸可得到良好分离。

由于三萜酸类化合物带有羧基，呈弱酸性，在中性流动相中可电离，从而使保留时间显著缩短，且有拖尾现象，分离效果较差。因此常用磷酸调流动相 pH 为 3.0，以改善分离效果（王向红等，2002；胡芳等，2011；Lin et al.，2013）。

表 6.1 列举了一些用于枣及其制品中三萜酸分析测定的 HPLC 分离条件。

表 6.1　枣及其制品中三萜酸的 HPLC 分析方法

测试样品	三萜酸种类	色谱柱	检测波长 /nm	流动相	流速/ （mL/min）	参考文献
新疆 6 种红枣	齐墩果酸、熊果酸	Kromasil C18	210	甲醇：0.05 mol/L 磷酸二氢钠=90：10，磷酸调 pH 3.0	0.8	周晓英等，2012
金丝小枣、灰枣、冬枣等 20 个品种	白桦脂酸、齐墩果酸、熊果酸	Hypersil BDS C18	210	甲醇：水=90：10，磷酸调 pH 为 3.0	0.6	胡芳等，2011
阜平大枣、金丝小枣、骏枣等 13 个样品	齐墩果酸、熊果酸	BDS-C18	210	甲醇：水=90：10，磷酸调 pH 为 3.0	0.6	王向红等，2002
红枣（品种不明）	齐墩果酸、熊果酸	YMC ODS-C18	210	甲醇：0.03 mol/L 磷酸二氢钾=86：14	1.0	盛灵慧等，2008
不同产地骏枣、灰枣等 15 个样品	白桦脂酸、齐墩果酸和熊果酸	Shim-pack VP-ODS C18	210	甲醇：0.2%磷酸水溶液=90：10	0.5	高娅等，2012
金丝小枣、婆婆枣、太谷壶瓶枣等 7 个品种	齐墩果酸、熊果酸	Hydersir BDS C18	210	甲醇：0.3%磷酸水溶液=93：7	0.6	苗利军等，2013
灰枣、壶瓶枣、板枣、木枣	熊果酸、齐墩果酸	Symmetry C18	210	甲醇：0.03%磷酸溶液，梯度洗脱	0.7	Lin et al.，2013
不同产地的灰枣、骏枣等 42 个样品	白桦脂酸、熊果酸、齐墩果酸等 10 种	SunFire C18	205、238	乙腈：0.05%磷酸溶液，梯度洗脱	1.0	Guo et al.，2009

6.2.2　红枣中三萜类化合物的种类与结构

目前从枣果实中鉴定出的三萜类化合物已有 20 多种，主要以游离性三萜酸和三萜酸酯形式存在。

表 6.2 列举了从不同枣样品中分离检测到的部分三萜类化合物。

表 6.2　红枣中的三萜类化合物

红枣样品	检测到的三萜类组分	参考文献
不同产地的灰枣、骏枣、梨枣、金丝枣、冬枣、板枣、鸡蛋枣、赞皇大枣、核桃枣等 42 个样品	桦木酸、齐墩果酸、熊果酸、大枣新酸、表美洲茶酸、美洲茶酸、麦珠子酸、ceanothenic acid、zizyberanalic acid、zizyberenalic acid	Guo et al.，2009
灵武长枣	美洲茶酸、麦珠子酸、山楂酸、2α-羟基熊果酸、桦木酸、齐墩果酸、熊果酸、齐墩果酮酸、熊果酮酸、白桦脂酮酸	Guo et al.，2015a

续表

红枣样品	检测到的三萜类组分	参考文献
佳县红枣	3-*O*-顺式-对香豆酰-麦珠子酸、3-*O*-反式-对香豆酰-麦珠子酸、3-*β-O*-反式-对香豆酰-山楂酸、坡模酮酸、2-氧代坡模酮酸、坡模醇酸、榄仁酸、齐墩果酸、桦木酸	Bai et al.，2016
乐陵大枣	桦木酸、齐墩果酸、桦木酮酸	张荣泉和杨企铮，1992
阜平大枣、金丝小枣、骏枣、牙枣、龙枣、婆婆枣等 13 个样品	齐墩果酸、熊果酸	王向红等，2002
金丝小枣、灰枣、冬枣、梨枣、官滩枣、马牙枣等 20 个品种	白桦脂酸、齐墩果酸、熊果酸	胡芳等，2011
彬县晋枣、临猗梨枣、太谷壶瓶枣、稷山板枣等 20 个品种	白桦脂酸、齐墩果酸、熊果酸、山楂酸	赵爱玲等，2016

根据这些三萜类化合物的结构特点，可以将其分为羽扇豆烷型、齐墩果烷型、美洲茶烷型、坡模醇酸型和乌索烷型等。其中，美洲茶烷型三萜类化合物被认为是由 2，3 位邻羟基羽扇豆烷型化合物经水解，A 环开环后重新闭合为五元环而形成的产物，是自然界较为少见的一类三萜类化合物，目前发现主要分布于鼠李科，其中在枣属植物中较为常见，可认为是枣属植物的特征性成分（郭盛等，2012）。

1. 羽扇豆烷型

目前在枣果实中发现的羽扇豆烷型三萜类化合物主要有桦木酸（也称白桦脂酸，betulinic acid）、白桦脂酮酸（betulonic acid）、麦珠子酸（alphitolic acid）、3-*O*-反式-对香豆酰-麦珠子酸[3-*O*-(*trans-p*-coumaroyl)-alphitolic acid]、3-*O*-顺式-对香豆酰-麦珠子酸[3-*O*-(*cis-p*-coumaroyl)-alphitolic acid]、榄仁酸（terminic acid）等。其结构如图 6.3 所示。

2. 齐墩果烷型

枣果实中已经分离鉴定的齐墩果烷型三萜类化合物主要有齐墩果酸（oleanolic acid）、齐墩果酮酸（oleanonic acid）、山楂酸（也叫马斯里酸，maslinic acid）、3-*β-O*-反式-对香豆酰-山楂酸[3-*β-O*-(*trans-p*-coumaroyl)-maslinic acid]等。其结构如图 6.4 所示。

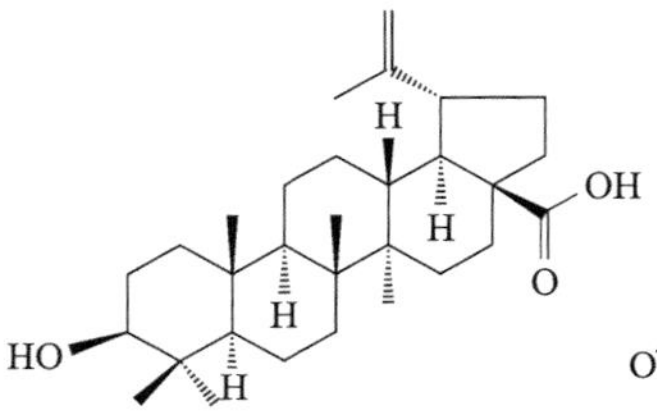

白桦脂酸 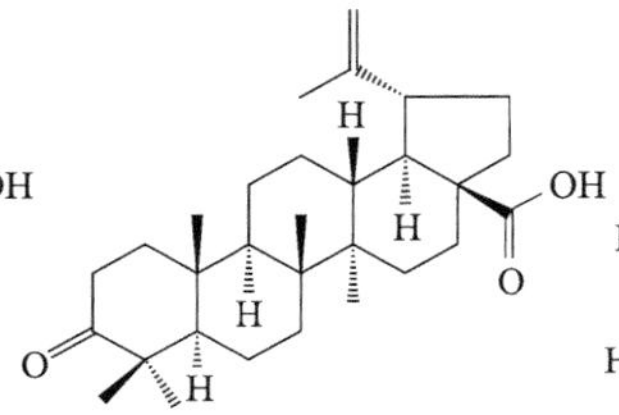 白桦脂酮酸 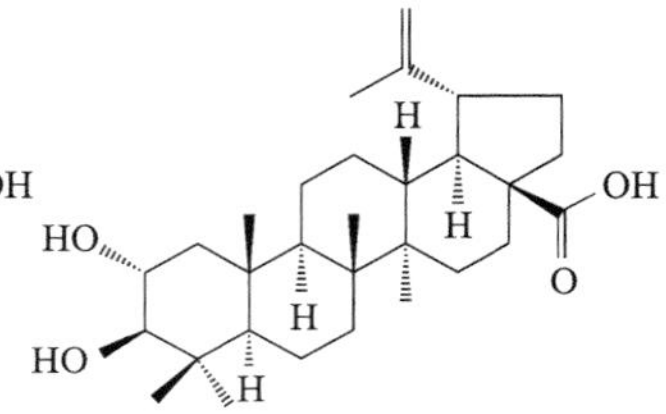 麦珠子酸

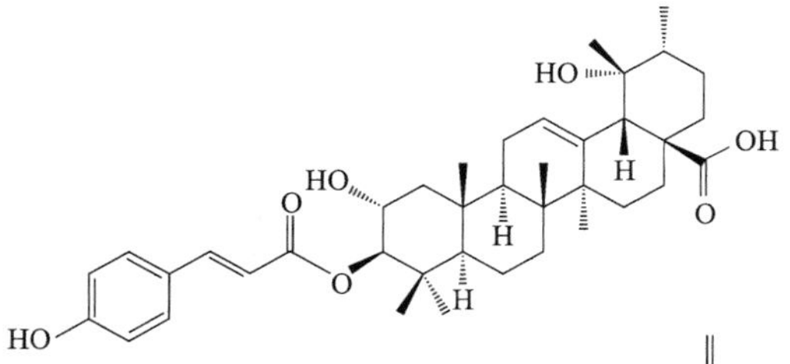

3-O-顺式-对香豆酰-麦珠子酸 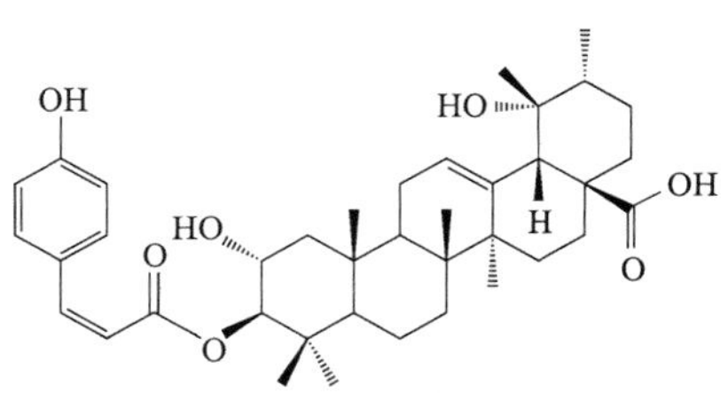 3-O-反式-对香豆酰-麦珠子酸

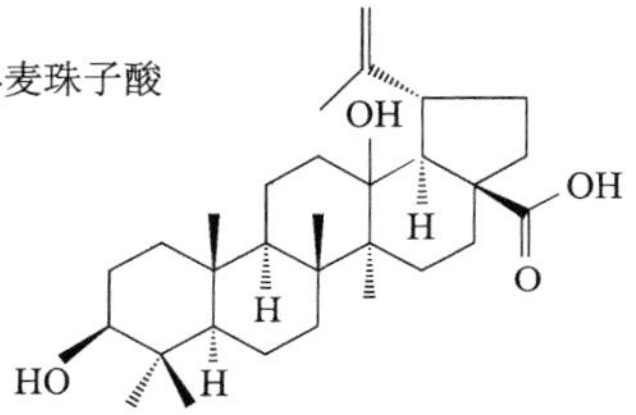

榄仁酸

图 6.3 红枣果实中的羽扇豆烷型三萜类化合物

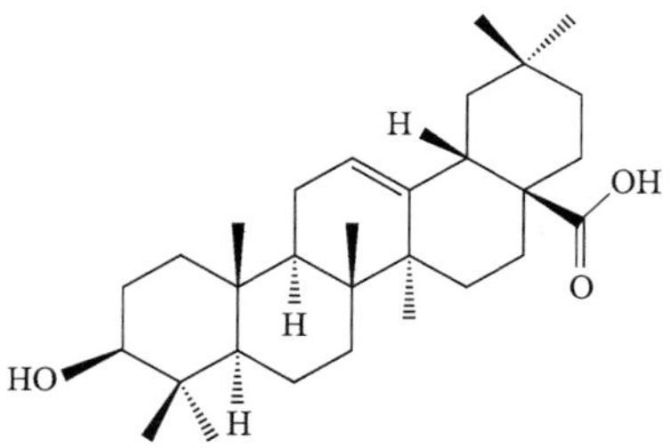

齐墩果酸 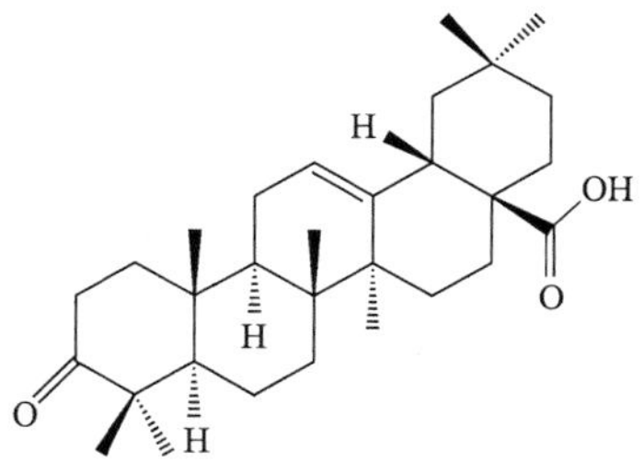 齐墩果酮酸

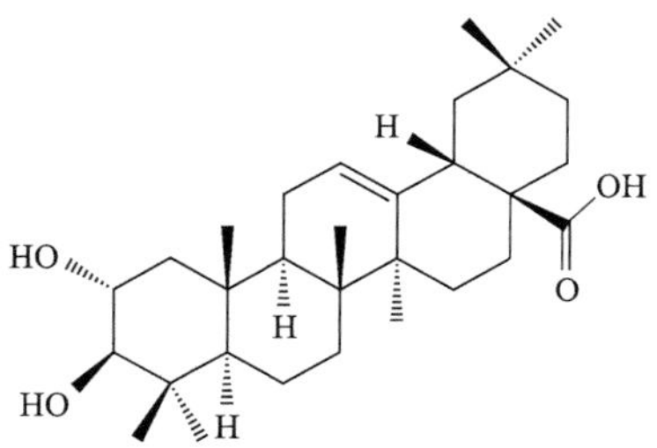

山楂酸 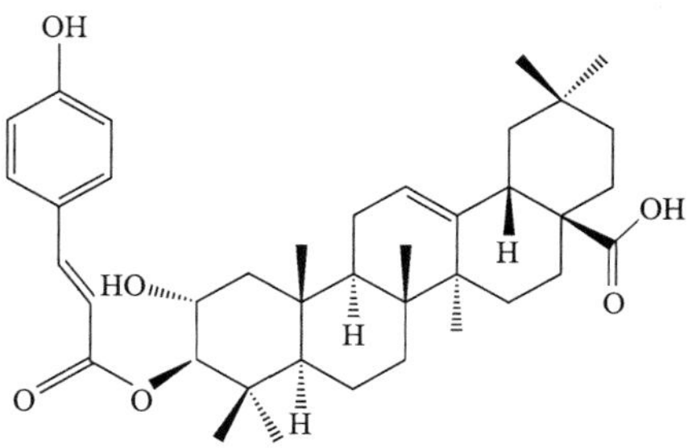 3-β-O-顺式-对香豆酰-山楂酸

图 6.4 红枣果实中的齐墩果烷型三萜类化合物

3. 美洲茶烷型

枣果实中的已发现的美洲茶烷型三萜类化合物主要有美洲茶酸（ceanothic acid）、表美洲茶酸（epiceanothic acid）、大枣新酸（zizyberanal acid）、Ceanothenic acid、Zizyberanalic acid、Zizyberenalic acid 等。其结构如图 6.5 所示。

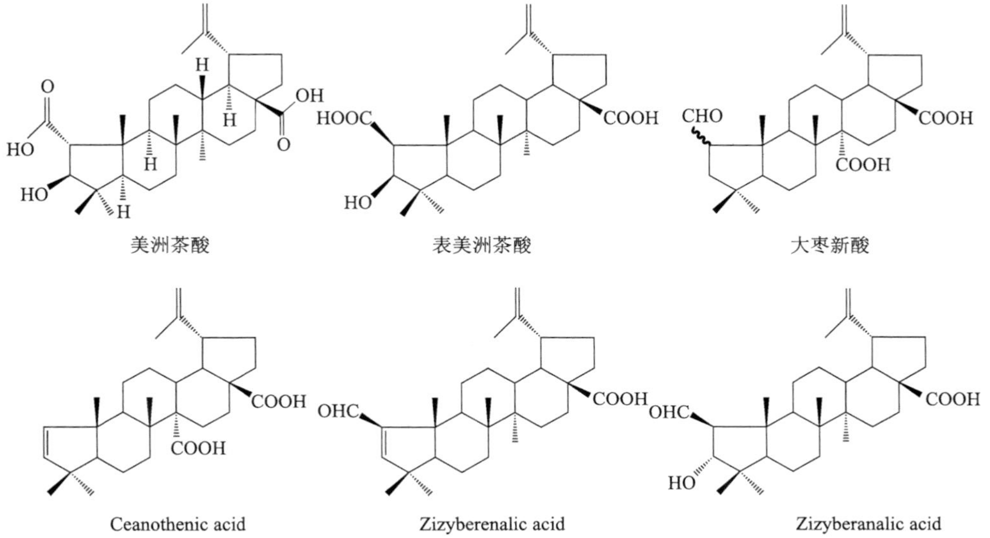

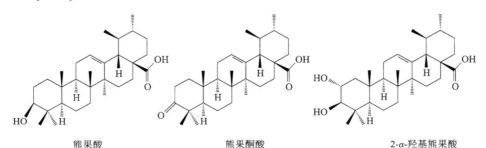

图 6.5　红枣果实中的美洲茶烷型三萜类化合物

4. 乌索烷型

已从枣果实中分离鉴定的乌索烷型三萜类化合物主要有熊果酸（也称乌索酸，ursolic acid）、熊果酮酸（也称乌索酮酸，ursonic acid）、2-α-羟基熊果酸（2-α-hydroxyursolic acid）。其结构如图 6.6 所示。

图 6.6　红枣果实中的乌索烷型三萜类化合物

5. 坡模醇酸型

枣果实中的已得到分离鉴定的坡模醇酸型三萜类化合物主要有坡模酸（也称

坡模醇酸，pomolic acid，benthamic acid）、3-氧代坡模酮酸（也称坡模酮酸，3-oxo-pomolic acid，pomonic acid）、2-氧代坡模酮酸（2-oxo-pomolic acid）等。其结构如图 6.7 所示。

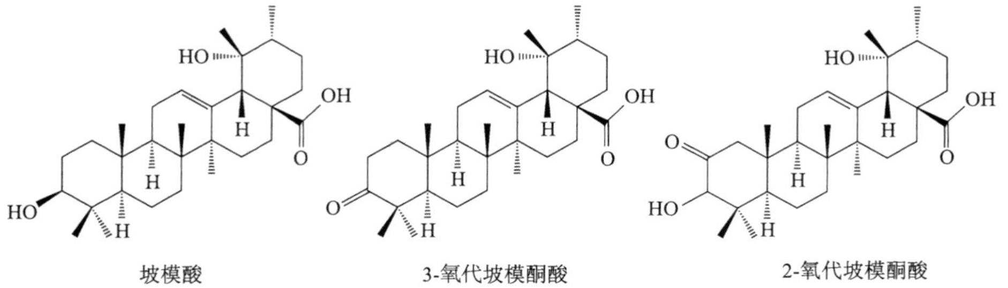

坡模酸　　　　　　　　3-氧代坡模酮酸　　　　　　　2-氧代坡模酮酸

图 6.7　红枣果实中的坡模醇酸型三萜类化合物

除枣果实外，从枣叶及酸枣的叶子、果实、枣核仁、树根、树皮等中还分离出三萜皂苷类物质，均为达玛烷型皂苷，糖链一般连接在 3 位，有的在 20 位连接第二个糖链。但未见从大枣果实中分离到三萜皂苷的报道。

6.2.3　红枣中三萜类化合物的含量

1. 总三萜酸

枣中三萜类化合物主要是三萜酸，因此通常采用分光光度法测定枣果实中的总三萜酸含量，以初步了解不同红枣样品含有三萜类化合物的情况。

红枣果实中三萜类物质主要分布在枣皮和枣肉中，枣核中含量很少（刘聪等，2014）。表 6.3 列举了部分关于红枣果实中总三萜酸含量的测定结果。不同研究者受取样、原料处理、测试方法等的影响，所得到的结果相差较大。这也说明采用分光光度法测定枣果中三萜酸含量尚存在一定的局限性。

表 6.3　红枣果实的总三萜酸含量

红枣样品	总三萜酸含量	参考文献
灰枣、晋枣、大龙枣、婆婆枣、赞皇枣、壶瓶枣、胜利枣、襄汾圆枣、滕州长红枣、南京鸭枣、山西龙枣等 15 个品种鲜枣	7.52～16.57 mg/g FW	Kou et al., 2015
沾化冬枣、乐陵金丝小枣、新疆大枣、泉城红大枣	61.91～74.26 mg/100g DW	李高燕等，2017
稷山板枣、彬县晋枣、敦煌大枣、黄骅冬枣、太谷壶瓶枣、襄汾官滩枣、新郑灰枣、新郑鸡心枣、临猗梨枣、滕州长红枣、南京鸭枣、宁阳六月鲜、赞皇大枣、运城婆婆枣、灌阳长枣、临泽大枣、义乌大枣等 50 个品种	3.99～15.73 mg/g DW	赵爱玲等，2010

红枣样品	总三萜酸含量	参考文献
月光枣、太原辣椒枣、羊奶枣、壶瓶枣、芒果枣、屯屯枣、大算盘、壶瓶枣、小算盘、大白铃、郎枣、茶壶枣、山西木枣、黎城小枣等 35 个品种	1.14~5.91 mg/g DW	赵晓，2009
阜平大枣、梨枣、骏枣、郎枣、官滩枣、临泽大枣、赞皇大枣、灌阳长枣、灰枣、相枣、鸡心枣、金丝小枣、圆铃枣等 27 个品种	5.24~14.07 mg/g DW	彭艳芳，2008
新疆阿克苏赞皇枣、灰枣、骏枣、金昌	1.25~2.54 mg/g	王萍等，2015
靖远小口大枣	425 mg/100g DW	王永刚等，2014

除枣果实外，枣叶和枣花中也含有较多的三萜酸，其中尤以枣叶中总三萜酸含量为最高，可达枣果总三萜酸含量的 3 倍以上（彭艳芳，2008）。因此，枣叶也可以作为提取天然三萜类化合物的重要原料。

2. 三萜类化合物的组成及含量

尽管从红枣中分离得到的三萜类化合物多达 20 余种，但由于大部分成分含量较低（Guo et al.，2009），因此研究较少，只有齐墩果酸、熊果酸及桦木酸、山楂酸等由于含量较高而得到了广泛的研究。

表 6.4 列举了部分关于红枣果实中几种三萜酸含量的分析结果。

表 6.4　部分红枣果实中几种三萜酸的含量　　　（单位：mg/g DW）

红枣样品	山楂酸	桦木酸	齐墩果酸	熊果酸	参考文献
灵武长枣	0.354	0.785	0.360	0.177	Guo et al.，2015a
不同产地的灰枣、骏枣、梨枣、金丝枣、冬枣、板枣、鸡蛋枣、赞皇大枣、核桃枣等 42 个样品	—	0.0496~0.6240	0.0566~0.6272	0.0616~1.2425	Guo et al.，2009
灰枣、壶瓶枣、板枣、木枣	—	—	0.048~0.063	0.084~0.150	Lin et al.，2013
彬县晋枣、临猗梨枣、北京鸡蛋枣、交城骏枣、新郑灰枣、太谷鸡心枣等 20 个品种	25.53~162.74*	29.79~81.99*	11.31~41.06*	0~37.74*	赵爱玲等，2016
不同产地骏枣、灰枣、金丝小枣狗头枣、滩枣等 15 个样品	—	0.112~0.632	0.052~0.374	0.011~0.285	高娅等，2012

续表

红枣样品	山楂酸	桦木酸	齐墩果酸	熊果酸	参考文献
金丝小枣、灰枣、冬枣、梨枣、官滩枣、马牙枣等 20 个品种	—	0.435~1.597	0.148~0.835	0.231~1.750	胡芳等，2011
阿克苏灰枣、骏枣哈密大枣等 6 种新疆红枣	—	—	0.183~0.559	0.160~0.477	周晓英等，2012
阜平大枣、金丝小枣、骏枣、龙枣、尖枣等 13 个样品	—	—	0.084-0.251	0~0.238	王向红等，2002
太谷壶瓶枣、骏枣、榆次团枣、蛤蟆枣、婆枣等 53 个品种	—	—	0.023~0.388	0.008~0.420	苗利军，2006
阜平大枣、梨枣、骏枣、赞皇大枣、灰枣、金丝小枣等 27 个品种	—	0.140~0.546	0.059~0.202	0.065~0.307	彭艳芳，2008
不同产地 10 个大枣样品	—	0.216~0.583	0.079~0.274	0.047~0.220	张勇等，2013
梨枣、金丝小枣、木枣、相枣、灰枣、哈密大枣	—	0.2868~0.5673	0.2465~0.4937	0.1738~0.2827	王蓉蓉等，2017

*单位为 mg/kg FW。

注：表中"—"表示未测量。

6.2.4　影响红枣中三萜类化合物组成及含量的因素

1. 品种

与多酚、环核苷酸等其他生物活性成分类似，不同品种枣果实中三萜类化合物组成与含量也存在很大差异。

赵爱玲等（2010）采用分光光度法测定了稷山板枣、彬县晋枣、北京鸡蛋枣、敦煌大枣、黄骅冬枣等 50 个品种脆熟期果实的果肉中总三萜酸含量，发现三萜酸含量最高的运城相枣（15.73 mg/g）较含量最低的运城婆婆枣（3.99 mg/g）可高出近 3 倍，不同品种间变异系数达 36.39%（表 6.5）。彭艳芳等（2008）在对阜平大枣、梨枣、骏枣、郎枣、官滩枣、临泽大枣、赞皇大枣、灌阳长枣、灰枣、相枣、鸡心枣、金丝小枣、圆铃枣等 27 个品种枣成熟果实中三萜酸含量的分析中也得到了类似的结果，总三萜含量最高的襄汾木枣（14.07 mg/g）较含量最低的鸡心枣（5.24 mg/g）高出近 2 倍。

表 6.5 不同品种枣果肉中三萜酸含量 （单位：mg/g DW）

品种	三萜酸含量	品种	三萜酸含量	品种	三萜酸含量
保德油枣	11.14	临泽大枣	8.51	夏津大白铃	10.36
北京鸡蛋枣	7.17	中阳木枣	11.64	献县辣角枣	7.11
彬县晋枣	5.79	南京鸭枣	5.12	襄汾官滩枣	13.03
稷山板枣	10.31	内黄苹果枣	4.64	襄汾圆枣	8.70
大荔蜂蜜罐	7.43	山东辣角	13.77	新郑灰枣	7.29
聊城圆铃枣	9.29	宁阳六月鲜	14.00	新郑鸡心枣	7.43
敦煌大枣	6.10	濮阳核桃纹	7.29	溆浦鸡蛋枣	6.73
灌阳长枣	8.14	濮阳三变红枣	7.08	宣城尖枣	4.74
广东木枣	4.06	濮阳糖枣	5.37	延川狗头枣	7.74
串杆枣	5.55	清苑大丹枣	6.82	义乌大枣	11.74
黄骅冬枣	8.53	山东梨枣	4.58	运城婆婆枣	3.99
佳县牙枣	6.05	陕西大白枣	12.28	运城相枣	15.73
交城骏枣	9.75	祁阳糠头枣	14.65	赞皇大枣	8.62
孔府酥脆枣	6.98	陕西七月鲜枣	7.72	赞新大枣	13.42
兰溪马枣	8.46	嵩县大枣	6.23	滕州长红枣	6.86
冷白玉	8.67	太谷壶瓶枣	13.74	新乐大枣	6.75
临猗梨枣	10.10	太谷郎枣	9.65		

　　枣果实中各种三萜类化合物的组成受品种的影响也很大。苗利军（2006）对太谷壶瓶枣、骏枣、榆次团枣、蛤蟆枣、婆枣、金丝小枣、木枣、辣椒枣、怀柔大脆、濮阳三变红、运城相枣、襄汾圆枣、临汾团枣、乐陵磨盘枣、溆浦鸡蛋枣等 53 个品种枣果实中齐墩果酸和熊果酸含量测定结果表明，不同品种枣果实中齐墩果酸和熊果酸含量分别为 23.204～388.20 μg/g 和 7.75～420.10 μg/g，最高含量分别为最低含量的约 16.7 倍和 54.2 倍。榆次团枣、壶瓶枣、骏枣、太谷玲玲枣、婆枣、保德油枣、馒头枣、金丝小枣等果实中齐墩果酸和熊果酸含量都比较高，而襄汾圆枣、夏津妈妈枣、临汾团枣、梨枣等果实中齐墩果酸和熊果酸含量都较低。蛤蟆枣、磨盘枣、月光枣、辣椒枣、长鸡心枣、襄汾圆枣等果实中虽然熊果酸含量较高，但齐墩果酸含量很低，而太谷壶瓶枣、临猗梨枣、濮阳三变红、小墩墩枣、葫芦枣等果实虽然具有较高含量的齐墩果酸，但熊果酸含量却较低。其中尤以襄汾圆枣和葫芦枣中齐墩果酸及熊果酸的比值相差最为悬殊，葫芦枣中齐墩果酸含量为熊果酸的 23.13 倍，而襄汾圆枣中齐墩果酸含量仅为熊果酸的

13.67%。进一步将试验测定的 53 个品种按照制干品种、鲜食品种和兼用品种三大类分别进行统计分析，发现干鲜兼用品种的齐墩果酸和熊果酸总含量平均值最高，其次为干食品种，总含量最小的为鲜食品种，其平均总含量分别为 379.78 μg/g、323.551 μg/g、260.32 μg/g。单独对齐墩果酸含量进行分析也得到相同的结果（苗利军等，2011）。赵爱玲等（2016）对彬县晋枣、临猗梨枣、北京鸡蛋枣、交城骏枣、新郑灰枣、太谷鸡心枣等 20 个品种完熟期果实中山楂酸、桦木酸、齐墩果酸、熊果酸含量进行分析，结果发现太谷壶瓶枣果实中山楂酸、桦木酸、齐墩果酸含量均为所测试品种中最高，含量分别为 162.74 μg/g FW、81.99 μg/g FW、41.06μg/g FW，分别是最低含量的 6.37 倍、2.75 倍、36.63 倍。熊果酸含量最高的是晋赞大枣，为 34.80 μg/g FW，是宁夏六月鲜（含量为 0.13 μg/g FW）的 267.7 倍，稷山板枣、大荔蜂蜜罐枣中甚至没有检测到熊果酸。彭艳芳（2008）、胡芳等（2011）的研究显示，大部分品种的枣果实中桦木酸含量较高，其次为熊果酸，含量最低的为齐墩果酸。赵爱玲等（2016）的研究也有类似的结果，但并不是所有品种都遵循这一规律，如宁阳六月鲜、太谷鸡心枣、交城骏枣、稷山板枣、大荔蜂蜜罐枣熊果酸含量极低，夏津大白铃、新郑灰枣、山东梨枣、冷白玉枣、太谷壶瓶枣等果实中齐墩果酸显著高于熊果酸。这说明不同品种枣果实的遗传背景不同，造成其果实中三萜酸组成也存在较大差异。Guo 等（2009）对来自 22 个产区的 36 个品种共 42 个枣样品的 10 种三萜酸的分析结果也表明，不同品种间存在较大差异，并认为品种是影响枣果实中三萜类化合物组成及含量的主要因素。

2. 产地

除品种外，不同红枣产区，由于自然气候条件和土壤条件不同，也可对红枣的三萜类化合物组成及含量产生影响。例如，Guo 等（2009）对来自 22 个产区的 36 个品种共 42 个枣样品的 10 种三萜酸的含量进行分析，发现 3 个产地的梨枣中总三萜酸含量分别为 1.9336 mg/g、2.1554 mg/g、0.8752 mg/g，含量最高与最低的相差 1.46 倍；3 个产地灰枣中总三萜酸含量分别为 1.9966 mg/g、1.0437 mg/g、2.5696 mg/g，含量最高与最低的也相差 1.46 倍；两个产地的骏枣总三萜酸含量相差 53.98%。在三萜酸组成方面，2 个产地的骏枣在桦木酸、熊果酸、麦珠子酸等的含量上相差不大，但齐墩果酸、美洲茶酸、大枣新酸、表美洲茶酸等含量均相差 1 倍以上。在 3 个产地梨枣中，以熊果酸、美洲茶酸、表美洲茶酸等含量差异较大，而桦木酸、齐墩果酸、表美洲茶酸、大枣新酸等相差不大。3 个产地灰枣中各种三萜酸的含量也呈现类似的变化。这一方面说明栽培环境条件对枣果实中三萜酸组成影响较大，另一方面也可能是环境条件对不同品种枣果实中三萜酸的合成与代谢影响不尽相同。

3. 成熟度

枣果实发育过程中，三萜酸组成与产量呈动态变化，不同成熟度的枣果实中三萜类化合物组成及含量也存在较大差异。

丁胜华等（2017）以金丝小枣为试验材料，按照枣果大小与果皮色泽分为 6 个生长成熟期，记为 S1、S2、S3、S4、S5 和 S6 期枣果，研究枣果发育过程中三萜酸含量的变化。结果表明，随着金丝小枣枣果的成熟，桦木酸和齐墩果酸含量均呈先上升后略微下降的趋势，且枣果中各三萜酸的含量均在 S3 期达到最高；而从 S3 期到 S6 期，桦木酸和齐墩果酸含量则呈现下降的趋势，其含量分别下降了 43.97%和 31.56%。枣果中熊果酸含量则随着枣果的成熟呈现先增加后基本保持稳定的趋势，其中以 S4 期枣果中的熊果酸含量最高，为 24.57 mg/100g DW。

Guo 等（2015a）以灵武长枣为试验材料，研究了不同发育阶段枣果实中 10 种三萜酸含量的变化。结果表明，灵武长枣中各种三萜酸及总三萜酸含量在果实发育前期均呈增加的趋势，在 S5 期达到最高，但在后期（S6 期）略有降低。其中尤以熊果酮酸、齐墩果酮酸变化较大，降幅达 50%以上。而麦珠子酸、美洲茶酸还略有升高。不同种类三萜酸随果实发育的变化不尽相同。对于羽扇豆烷型（麦珠子酸、白桦脂酸和桦木酮酸）和美洲茶烷型三萜酸，除了桦木酮酸外均随着枣的成熟，含量逐渐增加。而对于齐墩果烷型（山楂酸、齐墩果酸和齐墩果酮酸）和乌索烷型（2α-羟基乌索酸、乌索酸和乌索酮酸）三萜酸，随着枣果的成熟，含量逐渐增加并在 S5 期达到最高，然后降低。枣果中的这些不同类型的物质中，含有 2,3-二羟基的物质在果实发育早期含量最高。随着果实的成熟，具有 3-羰基的物质含量迅速增加并成为枣果成熟晚期含量最丰富的三萜酸。枣果果肉中三萜酸的积累主要在果实转熟期，S5 期果实与 S6 期大小相同，果实开始转红，具有最高的三萜酸含量。

不同成熟度（白熟期、半红期、全红期）金丝小枣和冬枣果实中，以白熟期枣果总三萜含量为最低，全红期最高（彭艳芳，2008）。随着成熟度的升高，冬枣果实中桦木酸含量呈直线下降趋势，齐墩果酸含量呈高—低—高变化趋势，而熊果酸含量变化不太明显。金丝小枣从白熟期到全红期，桦木酸、齐墩果酸和熊果酸含量变化均呈高—低—高变化趋势。桦木酸和熊果酸含量均为白熟期最高，齐墩果酸含量在全红期最高。

4. 等级

王向红等（2002）分析了不同等级阜平大枣中齐墩果酸和熊果酸含量，结果表明，阜平大枣一级、二级、二级偏差、三级枣果中齐墩果酸含量分别为 220 mg/kg、205 mg/kg、177 mg/kg、251 mg/kg，熊果酸含量分别为 154 mg/kg、178 mg/kg、135 mg/kg、172 mg/kg；不同等级阜平大枣中三萜酸含量差异明显，三级阜平大枣虽然食用品质较差，但含有较高的含量的齐墩果酸和熊果酸，可作为提取三萜酸或加工富含三萜酸红枣制品的优质原料。

5. 采后处理与加工

对新鲜的全红骏枣进行 70℃热处理 60 min 可使其中的总三萜酸含量提高 2 倍以上，但继续延长热处理时间则会导致总三萜酸含量下降（张娜等，2016）。灵武长枣 45℃热风干制过程中三萜酸含量也呈现先升高、后降低、再升高的变化趋势，尤其是干燥初期（24h）时变化最为明显，以后则变化趋缓（Guo et al.，2015b）。不同种类三萜酸的变化不尽相同，其中以羽扇豆烷型（麦珠子酸、白桦脂酸、桦木酮酸）和乌索烷型（科罗索酸和熊果酸）三萜类化合物含量增加明显，45℃热风干制 24 h 时科罗索酸和桦木酮酸含量可增加一倍以上。

蒸制也可以显著增加灵武长枣鲜枣中的三萜酸含量，但对于干制后的灵武长枣进行蒸制其三萜酸含量没有明显增加（Guo et al.，2015b）。这可能是由于鲜枣中的三萜酸为缔合状态，其在干制或蒸制的起始阶段在高温或者酶的作用下解离。随着干制/蒸制时间的延长，三萜酸的解离达到一个平衡状态而使其含量不再增加。干枣蒸制过程中三萜酸含量没有显著变化也说明了这些物质在高温条件下的稳定性。因此为获取高三萜酸含量的红枣产品或改善从红枣中提取三萜酸类物质的效果，对鲜枣进行烘干或蒸制为较好的处理方法。而张娜等（2017）对新疆骏枣的研究则发现，鲜骏枣和干骏枣中总三萜含量均随蒸制时间延长先增加再下降，蒸制 10 min 和蒸制 20 min，总三萜酸含量均有显著增加，尤以蒸制 10min 时枣果中总三萜酸含量为最高。鲜骏枣蒸制 10min，总三萜酸含量由蒸制前的 29.912 mg/g 增加到 41.190 mg/g，增幅高达 37.7%。在干枣的蒸制处理方面与 Guo 等（2015b）关于灵武长枣的研究结果略有差异。这一方面可能是由于两种干枣的干制工艺存在差异，另一方面也说明对不同品种枣果实进行蒸制，对三萜酸的影响也不尽相同。要获得高三萜含量的红枣产品，须根据不同枣果原料的生理特性，进行适宜的蒸制处理。

6.3　红枣中三萜类化合物提取与纯化

三萜类化合物是多种药用植物的药效成分之一，具有抗肿瘤、抗氧化、保肝护肝等多种生理功能，因此在医药及保健品中具有广泛的用途。红枣作为传统的药食两用果品之一，其所含有的三萜酸对于其保健功效具有重要作用。对枣中三萜类化合物进行提取和纯化有助于开发新的红枣保健产品，拓展红枣加工利用途径并进一步提高红枣的价值。

本节重点阐述枣中三萜类化合物的提取、分离与纯化工艺方法。

6.3.1　红枣中三萜类化合物的提取

一般采用乙醇浸提法提取枣果实中的三萜类化合物，乙醇浓度、提取温度、提取时间等都可对三萜类化合物的提取效果产生影响。采用超声、微波等辅助手段可提高枣果实中三萜类化合物的提取得率及效率。

根据考察目标不同，红枣三萜类化合物的提取主要包括以下几类。

1. 总三萜

以红枣提取液的总三萜含量为考察目标，一般采用分光光度法测定。

苗利军等（2008）以金丝小枣为原料，对枣果中三萜类物质进行了索氏、热回流、冷浸、超声 4 种提取方法的筛选，并对 90%甲醇、95%乙醇、石油醚 3 种提取溶剂进行了比较。结果表明，90%甲醇提取率较高，最佳提取方法为超声辅助提取法。通过正交试验法对乙醇超声提取枣果中三萜类物质的多重条件进行了优选，得到最佳的试验条件为 85% 乙醇、振荡 45 min、固液比（质量体积比）1：15、提取 4 次。

胡云峰等（2010）将超声技术应用于灵武长枣三萜类化合物的提取，在单因素试验的基础上采用响应面分析法对提取工艺进行了优化，得出超声波提取灵武长枣三萜类化合物的最佳条件为预浸时间 20 min、乙醇浓度 80%、液固比 28：1、提取温度 65℃、超声波功率 400 W、超声波提取时间 22 min、超声波提取 2 次，最终三萜类化合物的提取得率达到 469 μg/g。

2. 齐墩果酸

齐墩果酸为红枣果实中最重要的三萜类化合物之一，通过红枣提取液中齐墩果酸含量的分析可以较准确地得到不同提取条件对红枣中齐墩果酸提取的影响。

曹艳萍等（2007）以 95%乙醇为溶剂，采用正交试验法对红枣中提取齐墩果酸的工艺进行了优化，获得从红枣中提取齐墩果酸的最佳工艺条件为浸提时间 3 h、浸提温度 70℃、料液比 1：20、原料粒度 100 目、提取 2 次，此条件下齐墩果酸的提取率为 1.581 g/kg。吕佳飞等（2010a）采用微波法提取红枣齐墩果酸，筛选了提取红枣齐墩果酸的理想提取溶剂，通过单因素试验和正交试验考察了乙醇体积分数、液料比、提取温度、微波功率、微波提取时间对齐墩果酸提取率的影响。结果表明，乙醇为提取红枣齐墩果酸的理想提取溶剂，优化的提取工艺参数为乙醇体积分数为 90%、液料比为 20：1、提取温度 80℃、微波功率为 200 W、微波作用时间 120 s ，在此工艺条件下，齐墩果酸的提取率为 2.4129 mg/g。

3. 熊果酸

熊果酸也是红枣中另一种重要的三萜类化合物，直接以熊果酸为考察目标可以获得更加精确的红枣熊果酸提取工艺参数。

吕佳飞等（2010b）利用微波技术提取陕西佳县红枣中熊果酸，通过单因素试验和正交试验，考察了乙醇浓度、液料比、提取温度、微波功率、微波提取时间对熊果酸提取率的影响。结果表明，微波法提取红枣熊果酸的最佳工艺条件为乙醇浓度 90%、液料比 20∶1（mL/g）、提取温度 60℃、微波功率 300 W、微波提取时间 90 s，在此工艺条件下，熊果酸的提取率为 2.4127 mg/g。进一步采用响应曲面优化法得到的最佳工艺条件为乙醇体积分数 77%、液料比 20∶1（mL∶g）、提取温度 76℃、微波功率 300 W 、微波作用时间 90 s，此条件下可使陕西佳县红枣熊果酸提取率达 2.686 mg/g（吕佳飞等，2010c）。

超声辅助提取技术在红枣熊果酸的提取中也有应用。郭军等（2016）以西山焦枣为原料，在超声条件下通过单因素试验考察提取时间、料液比、温度、提取液乙醇浓度、超声功率对提取率的影响，并在此基础上采用正交试验优化对工艺影响较大的影响因素参数，确定最适提取条件为料液比 1∶13、浸提时间 25 min、温度 65℃、乙醇浓度 85%、超声功率为 175 W，此条件下熊果酸的提取得率可达 2.22 mg/g，与无超声条件相比，缩短了提取时间，节省了能量消耗，提高了抗氧化性能。

6.3.2　红枣中三萜类化合物的纯化

目前用于枣果中三萜类化合物的分离纯化的方法主要有溶剂萃取分离法、大孔树脂吸附分离法和硅胶柱层析法。

1. 溶剂萃取分离

根据三萜酸在不同溶剂中的溶解性及其与提取液中其他成分的差异，采用氯仿或乙酸乙酯萃取可实现红枣三萜酸的初步分离纯化。高续春（2007）用 90%乙醇在 85℃条件下提取枣渣中的三萜酸，提取液浓缩后经水洗、醇溶，用 10 g/L 活性炭脱色，加入 75 mol/L 盐酸处理，抽滤后用 3%氢氧化钠洗涤，用乙酸乙酯萃取三次，干燥后即得总三萜酸粗品，提取率为 1.51%，总三萜酸含量为 55.41%（以熊果酸计）。红枣粉的 80%乙醇提取物用蒸馏水分散，调 pH 为 4，以氯仿为萃取剂，采取两相萃取法萃取，氯仿层旋干后可得到纯度为 49%的红枣三萜酸提取物（蔡天娇等，2017a）。

2. 大孔树脂吸附分离

枣中的三萜酸为弱极性物质，有一定的疏水性，生成氢键的能力较弱，因此易被非极性或弱极性大孔树脂吸附。X-5 大孔吸附树脂可用于枣渣提取的三萜酸粗品的纯化。枣渣粗提物在中性条件下上样，三萜酸被树脂吸附后依次用水、30%

乙醇、50%乙醇洗脱除杂，再用 pH 为 10 的 95%乙醇洗脱总三萜酸。洗脱液浓缩后加入盐酸析出白色沉淀，过滤即得总三萜酸产物，纯度达 80%以上（樊君等，2008）。D101 大孔吸附树脂也被用于红枣三萜酸的分离纯化，其最佳工艺条件为上样体积 7 BV、上样 pH 为 7、洗脱剂为 95%乙醇、洗脱剂 pH 为 11、洗脱剂体积为 5 BV，在此条件下纯化得到的红枣三萜酸纯度可由 49%提高至 78%（蔡天娇等，2017a）。

3. 硅胶柱层析

采用大孔树脂吸附可对枣提取物中的三萜类化合物进行初步分离浓缩，但不能实现不同种类三萜类化合物的分离纯化。应用硅胶柱层析可以对枣粗提物中不同种类的三萜类化合物进行进一步的分离纯化，因此是常用的单体三萜类化合物的制备方法。

李明润等（2004）将大枣浸泡后先用 70%乙醇回流提取，再用水饱和正丁醇萃取，萃取液蒸馏除去溶剂后得到总皂苷浸膏。浸膏加入 10% 氢氧化钠溶液溶解，过滤后分次上大孔吸附树脂柱，然后依次用水和 10%、30%、50%、70%、95%乙醇分别洗脱，洗脱液蒸干后用适量甲醇溶解，用硅胶柱进行进一步分离，以氯仿-甲醇（9∶1）为洗脱剂进行洗脱，以齐墩果酸作为薄层色谱对照物，把洗脱液中含有与齐墩果酸 Rf 值相同成分的部分合并，用活性炭脱色后加入适量热甲醇过饱和，放入冰箱静置进行重结晶，分离后得到纯化的产物，得率约为 0.113‰。

Fujiwara 等（2011）用甲醇对枣果肉进行回流提取，提取物真空浓缩后上 Diaion HP-20 树脂柱分离，用不同浓度甲醇水溶液分级梯度洗脱。100%甲醇洗脱部分生物活性最强，进一步对其进行硅胶层析、反相凝胶和反相液相色谱分析得到四种物质桦木酮酸、齐墩果酮酸、坡模酮酸和麦珠子酸。

目前关于红枣果实中三萜类化合物分离纯化的研究还比较少，但其他一些关于酸枣仁、枣叶中三萜类化合物的分离纯化方法也可以借鉴。

6.4　红枣三萜类化合物的生物活性

天然来源的三萜类化合物主要从中草药中分离得到，关于中草药中三萜类化合物的生物活性与药用价值已有大量的研究。近年来，随着红枣功能性成分研究的深入，红枣三萜类化合物的药理活性也取得了一些进展。目前已初步证实红枣三萜类化合物在防止心脑血管疾病、抗癌、抗炎症反应、保肝护肝等方面具有潜在的开发应用价值。

本节重点阐述红枣三萜类化合物在防治动脉粥样硬化、抗肿瘤、抗炎症反应、抗补体活性、抗氧化、保肝护肝等方面的研究进展。

6.4.1　阻止动脉粥样硬化形成

巨噬细胞在清道夫受体介导下摄入经化学修饰的低密度脂蛋白。游离胆固醇对细胞有毒性作用,它和经化学修饰的低密度脂蛋白在清道夫受体介导下融入细胞,其通过酰基辅酶 A-胆固醇酰基转移酶(acyl CoA-cholesterol acyltransferase,ACAT)酯化成胆固醇酯。这些反应使巨噬细胞变为泡沫细胞,其特征是细胞内积累胆固醇酯。内皮下聚集有巨噬细胞形成的泡沫细胞是动脉粥样硬化的早期特征之一,泡沫细胞会产生多种生物活性物质如细胞因子、生长因子、蛋白酶,在动脉粥样硬化的形成和发展过程中具有重要作用。因此,阻止泡沫细胞形成是治疗动脉粥样硬化的主要目标之一。

大枣提取物可以显著抑制由乙酰化低密度脂蛋白(acetyl-LDL)诱导的泡沫细胞的形成,其活性部位主要成分为三萜类化合物(Fujiwara et al.,2011)。红枣中的三萜类化合物可通过抑制 ACAT 活性来阻止人单核巨噬细胞中胆固醇酯的积累,从而阻止泡沫细胞的形成,防止动脉粥样硬化的发生,其中以齐墩果酮酸、坡模酸和坡模酮酸的抑制效果最好。

6.4.2　抗肿瘤

三萜类化合物是中草药抗癌作用的主要活性成分。现代药理学研究表明,红枣具有抗癌、防癌作用也与其中含有的三萜类化合物有关。

Plastina 等(2012)将枣果肉用正己烷、氯仿、80%乙醇依次提取,分别获得提取物 ZE1、ZE2、ZE3,或枣果肉用正己烷脱脂后以甲醇提取,分别用乙酸乙酯和正丁醇萃取得到提取物 ZE4、ZE5,体外抗肿瘤细胞试验结果表明,ZE1、ZE2 和 ZE4 可显著抑制雌激素受体阳性乳腺癌细胞 MCF-7 和雌激素受体阴性乳腺癌细胞 SKBR3 的增殖,并可诱导癌细胞凋亡。进一步对各提取物的化学组成进行分析显示,对癌细胞抑制活性最强的 ZE2 和 ZE4 中含有大量三萜酸类物质,说明三萜类化合物可能为其中的主要抗癌活性物质。

Bai L 等(2016)从佳县红枣中分离得到 9 种三萜类化合物,体外抗肿瘤细胞试验结果表明,其中的 3-O-反式-对香豆酰-麦珠子酸、3-O-顺式-对香豆酰-麦珠子酸、3-β-O-反式-对香豆酰-山楂酸、坡模酸、榄仁酸和白桦脂酸对人乳腺癌细胞 MCF-7、非小细胞肺癌细胞 A549、肝癌细胞 HepG2 和结肠癌细胞 HT-29 4 种癌细胞增殖都具有较强的抑制作用,并可诱导癌细胞凋亡,其最高抑制率可达 99%;齐墩果酸对 MCF-7 和 A549 癌细胞株也具有较强的抑制作用,但对 HepG2 和 HT-29 细胞株抑制作用较弱;坡模酮酸和 2-氧代坡模酮酸对 4 种癌细胞株的抑制作用均较弱,且在不同细胞株之间存在明显差异,其最高抑制率仅为 50%左右。这说明红枣中不同三萜类化合物对不同癌细胞的抑制具有一定的选择性。

目前不同中草药来源、不同结构类型的三萜类化合物的抗肿瘤活性已得到了广泛的研究，与红枣中三萜类化合物相关的其他来源的桦木酸、桦木酮酸、齐墩果酸和山楂酸的抗癌功效被广泛认可。但关于红枣来源的三萜类提取物的抗癌功效研究却很少，红枣中不同三萜类化合物对肿瘤细胞的抑制与杀灭作用是否具有协同作用或拮抗作用尚不明确。为最大限度发挥红枣三萜类化合物的抗癌活性，需进一步确定红枣三萜类提取物及其不同组分对各种癌细胞的作用效果及机制，并探索不同红枣组分之间的协同作用，为研制开发高活性红枣保健产品提供依据。

6.4.3　抗炎症反应

枣中重要的三萜酸组成物质白桦脂酸、齐墩果酸和乌索酸的抗炎症反应已被许多研究者证实（Liu et al., 1995；Yogeeswari and Sriram, 2005），并且大枣的抗炎作用在中药验方中的应用已有悠久的历史。

大戟属植物的炎症刺激作用可在临床上造成严重的副反应，为了减轻大戟属植物的炎症刺激作用，大枣常作为解毒剂用于中药验方十枣汤中。药理学研究表明，大枣果实提取物的六个部分对于大戟属植物的炎症刺激具有抑制作用，其中含有三萜酸的部分为最有效的活性部位，从其中分离出来的 21 种物质中，zizyberenalic acid、ceanothenic acid、zizyberanalic acid、大枣新酸和 zizyberanone 5 种物质可通过抑制腹腔巨噬细胞 NO 释放、脾淋巴细胞增殖和促炎症细胞因子 TNF-α 的产生等途径来阻止大戟引起的炎症细胞活化（Yu et al., 2012）。这说明红枣三萜类化合物有助于减轻大戟属植物的刺激作用并保护胃肠道免受炎症伤害，可以用于炎症性肠道疾病的治疗。

6.4.4　抗补体活性

补体系统的激活为级联反应，可通过经典途径和替代途径激活。这些反应在正常情况下对人体是有益的，但在一些位点的补体系统强烈持久的激活也会造成不良后果。补体激活过程中，补体成分诱导肥大细胞和淋巴细胞中调节子的释放，会造成多种疾病，如风湿、骨关节炎、特应性皮炎、粥样硬化病变，并且在进行器官移植后也会发生这样的反应。因此对补体活性的调节在炎症的治疗中是非常重要的。

Lee 等（2004）从枣中分离的 11 种三萜类化合物，包括美洲茶烷型三萜（colubrinic acid、zizyberenalic acid）、羽扇豆烷型三萜（麦珠子酸、3-O-顺式-对香豆酰-麦珠子酸、3-O-反式-对香豆酰-麦珠子酸、白桦脂酸、桦木酮酸）和齐墩果烷型三萜（3-O-顺式-对香豆酰-山楂酸、3-O-反式-对香豆酰-山楂酸、齐墩果酸和齐墩果酮酸），并测定其抗补体活性。结果表明，3-*O*-顺式-对香豆酰-山楂酸、3-*O*-反式-对香豆酰-山楂酸和齐墩果酸表现出较强的抗补体活性，对补体系统中补体成分的抑制效果的 IC_{50} 值分别为 101.4μmol/L、143.9μmol/L 和 163.4 μmol/L，而美洲茶烷型和羽扇豆烷型三萜没有活性，因此齐墩果酸及其香豆酰类似物可能用于抑制补体系统的不必要的、过度的激活。

6.4.5　抗氧化

张向前等（2017）以陕北的狗头枣和木枣为研究对象，以 95%乙醇为提取溶剂，采用索氏提取法分别提取枣皮和果肉中的三萜类物质，体外试验法评价红枣中各类三萜提取液对 DPPH 自由基和过氧化氢的清除能力。结果表明，不同品种间总三萜含量差异较大，其中狗头枣枣皮三萜类物质的含量最高，为 0.148 mg/g，木枣果肉总三萜含量最低，为 0.136 mg/g。参试红枣品种中提取的三萜类物质在不同的抗氧化体系中都表现出较好的抗氧化活性，红枣三萜类物质含量与各抗氧化指标均呈显著正相关。佳县红枣不同部位的三萜类提取物对 DPPH 自由基均具有一定的清除效果（孙全才等，2012）。从西山焦枣中提取的熊果酸可有效清除 Fenton 反应所产生的·OH，而且随浓度增加均呈现明显递增（郭军等，2016）。红枣三萜酸粗提物（纯度 49%）和经大孔吸附树脂纯化的产物（纯度 78%）对 DPPH·、ABTS·+及·OH 均具有一定的清除作用，而且纯化后对 ABTS·+及·OH 的清除活性得到大幅提高（蔡天娇等，2017a）。这说明红枣中三萜类化合物也可作为自由基清除剂发挥作用。

6.4.6　保肝护肝

保肝护肝作用是齐墩果酸和熊果酸最早被发现的药理作用之一，目前已在肝炎的临床治疗中得到应用。红枣富含齐墩果酸和熊果酸及白桦脂酸，因此也可保护肝脏免受各种化学伤害，起到保肝护肝作用。蔡天娇等（2017b）通过白酒灌喂建立酒精性肝损伤模型，通过测定小鼠体重、肝脏指数及相关生化指标并观测肝组织的病理学变化等研究了白桦脂酸与红枣总三萜酸对小鼠酒精肝损伤的保护作用。结果表明，白桦脂酸与红枣总三萜酸均可降低酒精性肝损伤小鼠肝脏指数、血清谷丙转氨酶（GPT，ALT）和谷草转氨酶（GOT，AST）活性及甘油三酯（TG）、总胆固醇（TC）、低密度脂蛋白胆固醇（LDL-C）水平，显著提高高密度脂蛋白胆固醇（HDL-C）水平、肝脏谷胱甘肽过氧化物酶（GSH-Px）、超氧化物歧化酶（SOD）活性，同时使肝脏丙二醛（MDA）水平显著下降，肝组织病理损伤也得到明显改善。说明白桦脂酸和红枣总三萜酸对酒精性肝损伤具有明显保护作用。

6.5　小　　结

三萜类化合物作为红枣中药理活性最强的一类生物活性物质，在红枣保健功效中的作用不容忽视。但由于三萜类化合物在红枣中含量相对较少，因此关于红枣中三萜类化合物的研究开展得也较少，许多方面的研究都是空白。

为深入理解红枣的保健功效并高效利用红枣中的三萜类化合物，需要进一步加强以下几个方面的研究。

1. 红枣果实中三萜类化合物的合成与代谢调控机制研究

目前关于红枣三萜类化合物的研究主要侧重于不同品种间总三萜含量或者各种三萜类化合物含量的比较分析，关于三萜类化合物在枣果中的合成与代谢调控机制研究尚属空白。针对三萜类化合物在红枣中含量相对较少而影响其药用价值，重点研究红枣果实中三萜类化合物的合成途径及其调控机制，为选育高三萜类化合物含量的功能性红枣新品种提供理论依据；研究红枣果实发育、贮藏、加工过程中三萜类化合物的积累、转化、代谢及其调控机制，为利用栽培管理措施、采后处理和适宜加工技术进行三萜类化合物富集从而提高红枣及其加工产品中三萜类化合物含量提供依据和参考。

2. 红枣三萜类化合物的高效提取与分离纯化技术研究

对红枣中三萜类化合物进行高效提取和分离纯化是对其进行应用开发的前提。目前关于红枣三萜类化合物提取技术的研究主要集中于提取工艺的优化，而在分离纯化方面的研究却很少。已有的分离纯化方法操作烦琐，效率低。因此需进一步加强此方面的研究，开发高效、无毒、无污染的红枣三萜类化合物绿色分离纯化技术，并应用于工业化生产。

此外，目前对红枣中三萜类化合物的提取分离的研究主要集中于其中的总三萜、齐墩果酸和熊果酸，关于白桦脂酸及其他三萜类化合物的研究则很少。因此，还要不断提高分离纯化技术水平，识别红枣中的具有重要生理活性的未知三萜类化合物，丰富红枣保健功能知识，并指导红枣保健产品的开发。

3. 红枣三萜类化合物的生物活性发掘与应用研究

齐墩果酸、熊果酸和白桦脂酸作为枣中重要的三萜酸，也是三萜类化合物中的典型代表化合物，有关中草药提取物或者合成品的药理活性已得到了广泛的研究并部分应用于临床。其中，齐墩果酸具有保肝护肝、保护染色体免受损伤及抗肿瘤、降血脂、降血糖、抗高血压等作用（汤华成等，2007a；Liu et al.，1995）；

熊果酸有镇静、抗炎、抗菌、抗糖尿病、抗溃疡、抗心脑血管疾病、降血脂、降血糖等多种功效，被广泛用作医药和化妆品原料（章洛汗和廖晓峰，2004；Liu et al.，1995）；白桦脂酸具有抗肿瘤、抗艾滋病毒、抗炎、抗菌、抗疟疾等功效，尤其是在抗肿瘤方面有突出的表现，极具开发应用价值（徐军等，2011；Yogeeswari and Sriram，2005）。红枣三萜酸提取物含有大量的齐墩果酸、熊果酸和白桦脂酸，也可能具有这些活性。但关于红枣来源的三萜类提取物的降血脂、降血压、降血糖、抗病毒、抗菌等功效研究尚属空白，一定程度上制约了红枣保健产品的开发，因此亟待加强此方面的研究，使红枣中三萜类功能性成分得到最佳的应用效果。

此外，进一步研究并明确红枣中各种三萜类化合物与其他功能性成分的相互作用及其对生物活性的影响，有助于深入理解红枣的保健功效并设计最佳的红枣保健产品。

4. 基于三萜类化合物保健功效的红枣保健产品设计及其生物利用度研究

红枣三萜类化合物在机体内是否具有良好的生物利用度，不仅与红枣三萜类物质本身特性有关，产品配方和剂型也是重要的影响因素。因此，需研究红枣三萜类化合物或其提取物与其他食品或药物组分的相互作用及其对生物活性的影响，设计最佳的目标产品配方（降血脂、降血压、降血糖、保肝护肝等），并利用动物试验或人体试验方法研究红枣三萜类化合物在体内吸收、代谢和转化情况，进而优化制剂类型与配方，获得可最大程度发挥红枣三萜类化合物药理功效的最佳应用技术与途径，研制基于三萜类化合物保健功效的新型红枣保健产品。

参 考 文 献

蔡天娇, 雷宏杰, 王瑞珍, 等. 2017a. 红枣三萜酸大孔吸附树脂纯化特性及其抗氧化活性研究[J]. 食品工业科技, (20): 159-165.

蔡天娇, 王瑞珍, 魏君慧, 等. 2017b. 白桦脂酸与红枣总三萜酸对小鼠酒精肝损伤保护作用研究[J]. 食品科学, 1-7.(2017-03-03) [2017-10-08]. http://kns.cnki.net/kcms/detail/11.2206.TS.20170303.1353.022.html.

曹艳萍, 杨秀利, 薛成虎. 2007. 红枣中齐墩果酸提取工艺的研究[J]. 食品科学, 28(10): 165-167.

陈健, 王港, 操轩. 2011. 熊果酸对血管紧张素 II 诱导的人肾间质成纤维细胞增殖的影响[J]. 中华肾脏病杂志, 27(3): 215-216.

陈荣, 廖晓峰. 2007. 熊果酸酯的合成及其抗 CCl4 肝损伤活性[J]. 食品科技, (3): 272-273.

陈小松, 闫柳, 郭志辉, 等. 2015. 齐墩果酸通过 TGR5 调节肥胖小鼠体内糖脂代谢的实验研究[J]. 中国美容医学, 24(21): 27-32.

丁胜华, 王蓉蓉, 张菊华, 等. 2017. '金丝小枣'在生长与成熟过程中活性成分及抗氧化活性变化规律研究[J]. 食品工业科技, 38(3): 74-79, 86.

樊君, 高续春, 郭璞, 等. 2008. 大孔吸附树脂分离纯化枣渣中三萜酸的研究[J]. 离子交换与吸附, 24(5): 426 -433.

方学辉, 吴倩, 韩雪梅, 等. 2013. 熊果酸抗小鼠 H22 肝癌移植瘤及对免疫功能的影响[J]. 肿瘤学杂志, 19(3): 199-201.

付晓, 尹忠平, 上官新晨, 等. 2014. 青钱柳叶总三萜刺激 3T3-L1 脂肪细胞的葡萄糖消耗[J]. 现代食品科技, 30(8): 31-37.

高大威. 2006. 齐墩果酸抗糖尿病作用及其机理研究[D]. 燕山大学博士学位论文.

高敬国. 2016. 熊果酸对非酒精性脂肪肝大鼠肝脏的保护作用及机制[J]. 中药药理与临床, 32(2): 27-31.

高续春. 2007. 枣渣中有效成分的提取分离研究[D]. 西北大学硕士学位论文.

高娅, 杨洁, 杨迎春, 等. 2012. 不同品种红枣中三萜酸及环核苷酸的测定[J]. 中成药, 34(10): 1961-1965.

顾锦华, 黄华, 薛华, 等. 2010. 齐墩果酸对糖尿病小鼠胰岛损伤的保护作用[J]. 中草药, 41(11): 1866-1870.

郭军, 王丽丽, 吴小说, 等. 2016. 西山焦枣中熊果酸超声法提取工艺研究[J]. 中国农学通报, 32(19): 175-181.

郭盛, 段金廒, 唐于平, 等. 2012. 中国枣属药用植物资源化学研究进展[J]. 中国现代中药, 14(8): 1-5.

洪晓华, 于魏林, 李艳荣, 等. 2003. 女贞子提取物总三萜酸降血糖作用的实验研究[J]. 中国中西医结合杂志, 23(s1): 121-123.

胡芳, 赵智慧, 刘孟军. 2011. HPLC 法测定不同枣品种果实中白桦酯酸、齐墩果酸和熊果酸含量[J]. 中国农学通报, 27(5): 434-438.

胡云峰, 姜晓燕, 崔翰元, 等. 2010. 响应面法优化超声波提取灵武长枣中三萜类化合物的研究[J]. 食品工业科技, 31(5): 260-263.

华福洲, 张杰, 赵龙德, 等. 2010. 齐墩果酸预先给药对大鼠肝脏缺血再灌注损伤的影响[J]. 中华麻醉学杂志, 30(6): 743-746.

蓝海兵, 罗亮, 陈玉, 等. 2015. 齐墩果酸对体外培养的人气道平滑肌细胞氧化应激损伤的保护作用[J]. 中国临床药理学与治疗学, 20(9): 971-975.

李成, 何义, 陈灿, 等. 2013. HPLC-MS 法测定枣中的齐墩果酸和熊果酸[J]. 食品研究与开发, 34(15): 75-77.

李高燕, 孙昭倩, 郭庆梅, 等. 2017. 4 种大枣的营养成分分析[J]. 山东科学, 30(3): 33-38.

李海军, 方全华, 王辉, 等. 2010. 熊果酸对肝癌细胞株 Bel-7404 转移及侵袭能力的影响[J]. 中华实验外科杂志, 27(2): 174-176.

李鸿梅, 李雪岩, 蔡德富, 等. 2009. 齐墩果酸对顺铂耐药胃癌 SGC-7901 细胞增殖的影响及其机制研究[J]. 中国药理学通报, 25(10): 1334-1337.

李杰, 许良中, 朱伟萍.等. 1999. 熊果酸与齐墩果酸体外抗 Jurkat 淋巴瘤细胞的研究[J]. 中国癌症杂志, 9(5-6): 395-397.

李明润, 李明, 高向耘. 2004. 大枣中三萜类化学成分的分离及纯化[C].全国生化与生物技术药物学术年会.

李薇, 李岩, 金雄杰. 2000. 白桦三萜类物质的抗肿瘤作用及其对免疫功能的增强效应[J]. 中国免疫学杂志, (9): 485-487.

李秀存, 马锦锦, 赵晶晶, 等. 2016. 番石榴叶总三萜改善 3T3-L1 脂肪细胞胰岛素抵抗[J]. 中国病理生理杂志, 32(2): 314-320.

李艳红, 李晓波, 陆雪莹, 等. 2013. 熊果酸对 H22 荷瘤小鼠抗肿瘤及免疫调节作用[J]. 实验动物科学, 30(5): 1-5, 14.

连俊江, 程彬峰, 高尧鑫, 等. 2016. 齐墩果酸对 IL-1β 诱导的 SW982 细胞炎症反应的抑制作用[J]. 药学学报, 51(11): 1711-1716.

梁奎英, 初霞. 2017. 熊果酸对肝细胞胆固醇代谢的影响[J]. 医药导报, 36(1):9-12.

林科, 张太平, 张鹤云. 2007a. 山楂中熊果酸的提取及其对小鼠的降血脂作用[J]. 天然产物研究与开发, 19(6): 1052-1054.

林科, 张太平, 朱顺, 等. 2007b. 山楂熊果酸的制备及对小鼠免疫功能和肝癌细胞凋亡的影响[J]. 中国生化药物杂志, 28(5): 308-311.

刘昌辉, 黄小桃, 李颖仪, 等. 2012. 齐墩果酸对肝星状细胞收缩的抑制作用及其机制研究[J]. 中药新药与临床药理, 23(6): 606-609.

刘聪, 海妮, 张英. 2014. 红枣不同部位中有效成分含量的比较研究[J]. 现代食品科技, 30(3): 258-261, 205.

刘茜, 刁路明, 吕秀红. 2006. 熊果酸对 A549 细胞增殖、凋亡的影响及其机制[J]. 肿瘤防治研究, 33(11): 802-804.

刘盛华. 2016. 熊果酸在大鼠自体静脉移植再狭窄模型中抑制血管炎症因子的实验研究[J]. 中国心血管病研究, 14(8): 755-757.

刘双, 王波. 2010. 熊果酸对血管紧张肽 II 诱导心肌成纤维细胞增殖及胶原合成的影响[J]. 医药导报, 29(12): 1556-1559.

卢静, 郭文秀, 关爽, 等. 2009. 熊果酸对小鼠肝细胞损伤的保护作用[J]. 毒理学杂志, 23(6): 466-468.

吕佳飞, 李文飞, 冯伟, 等. 2010a. 微波法提取红枣中齐墩果酸的工艺条件优化研究[J]. 化工技术与开发, 39(6): 21-24.

吕佳飞, 李文飞, 冯伟, 等. 2010b. 红枣中熊果酸的微波提取工艺研究[J]. 化工科技, 18(3): 33-36.

吕佳飞, 李文飞, 冯伟, 等. 2010c. 响应曲面法优化红枣熊果酸微波提取工艺[J]. 贵州农业科学, 38(8): 201-204.

马路, 史大卓, 陈可冀, 等. 2009. 山楂总三萜酸对大鼠肝细胞合成 ^{14}C-胆固醇及肝细胞膜 HDL 受体活性的影响[J]. 中国医院药学杂志, 29(21): 1807-1810.

马学惠, 赵元昌, 尹镭, 等. 1986. 乌苏酸对实验性肝损伤的防治作用[J]. 药学学报, 21(5): 332-335.

马学惠, 赵元昌, 尹镭, 等. 1982. 齐墩果酸防治实验性肝损伤作用的研究[J]. 药学学报, 17(2): 93-97.

毛跟年, 张诗韵, 付超, 等. 2015. 茯苓皮总三萜的降血脂活性研究[J]. 陕西科技大学学报, 33(3): 130-134.

毛文超, 宋艺君, 张健, 等. 2012. 熊果酸对二乙基亚硝胺诱发小鼠肝癌前病变的防护作用[J]. 中西医结合肝病杂志, 22(5): 287-289, 292.

孟宪军, 邓静, 朱力杰, 等. 2013. 北五味子藤茎总三萜对小鼠酒精性肝损伤的保护作用[J]. 食品科学, 34(15): 228-231.

苗利军. 2006. 枣果中三萜酸等功能性成分分析[D]. 河北农业大学硕士学位论文.

苗利军, 刘孟军, 刘晓光, 等. 2008. 枣果中三萜类化合物提取工艺研究[J]. 河北农业大学学报, 31(4): 68-70.

苗利军, 刘晓光, 刘孟军. 2013. 4 种液相色谱柱对枣果中三萜类物质的分离效果[J]. 江苏农业科学, 41(1): 254-256.

苗利军, 鲁凤娟, 刘孟军. 2011. 枣中齐墩果酸含量分析[J]. 湖北农业科学, 50(20): 4258-4259.

彭艳芳. 2008. 枣主要活性成分分析及枣蜡提取工艺研究[D]. 河北农业大学博士学位论文.

齐敏友, 杨钧杰, 周斌, 等. 2014. 熊果酸对糖尿病小鼠肾病的保护作用及机制研究[J]. 中国应用生理学杂志, 30(5): 445-448.

盛灵慧, 高运华, 王晶, 等. 2008. 固相萃取-高效液相色谱法测定枣中熊果酸和齐墩果酸[J]. 化学分析计量, 17(4): 18-20.

孙全才, 王攀, 任田, 等. 2012. 佳县红枣不同部位活性成分及抗氧化能力差异研究[J]. 农产品加工·学刊, (5): 46-48.

孙延芳, 梁宗锁, 刘政, 等. 2012. 酸枣果三萜皂苷抑菌和抗氧化活性的研究[J]. 食品工业科技, 33(6): 139-142.

孙艳, 孙晓楠, 王芳, 等. 2015. 熊果酸对糖尿病视网膜病变小鼠视网膜新生血管形成及氧化应激的抑制作用[J]. 中华医学杂志, 95(32): 2589-2593.

孙燕, 袁瑞荣, 吴逦居, 等. 1988. 齐墩果酸的促免疫作用[J]. 中国临床药理学杂志, (1): 26-31.

谭仁祥, 孟军才, 陈道峰, 等. 2002. 植物成分分析[M]. 北京: 科学出版社, 399-406.

汤华成, 张东杰, 赵蕾. 2007a. 功能性食品因子齐墩果酸研究进展[J]. 食品科技, 32(9): 16-18.

汤华成, 赵蕾, 张鹏霞, 等. 2007b. 齐墩果酸对 K562 细胞系 VEGF 表达影响的实验研究[J]. 中国老年学, 27(24): 2371-2373.

王丹凤. 2015. 齐墩果酸通过抑制肝脏PGC-1β的表达调控血脂代谢[D]. 南京师范大学硕士学位论文.

王开祥, 张慧, 郑克岩, 等. 2009. 白桦脂酸体外抗肿瘤的活性和机制[J]. 吉林大学学报:理学版, 47(3): 622-627.

王琳, 王冠梁, 刘甲寒, 等. 2012. 熊果酸通过过氧化物酶增殖受体 α 和 γ 信号通路改善 KKAy 小鼠肝脏胰岛素抵抗的机制[J]. 中西医结合学报, 10(7): 793-799.

王萍, 贺娜, 李慧丽, 等. 2015. 南疆四个主栽红枣果实品质特性研究[J]. 食品工业, 36(3): 282-285.

王茜, 樊明文, 边专, 等. 2002. 熊果酸的提取及其对牙周病原菌的作用[J]. 中华口腔医学杂志, 37(5): 68-70.

王蓉蓉, 丁胜华, 胡小松, 等. 2017. 不同品种枣果活性成分及抗氧化特性比较[J]. 中国食品学报, 17(9): 271-277.

王向红, 崔同, 齐小菊, 等. 2002. HPLC 法测定不同品种枣及酸枣中的齐墩果酸和熊果酸[J]. 食品科学, 23(6): 137-138.

王晓玲, 刘高强, 周国英, 等. 2009. 紫芝酸性三萜类化合物体外抑癌和抑菌作用的研究[J]. 菌物学报, 28(6): 838-845.

王永刚, 马燕林, 刘晓风, 等. 2014. 小口大枣营养成分分析与评价[J]. 现代食品科技, 30(10): 237-243.

吴淑艳, 张杰, 朱德增. 2011. 熊果酸对胰岛素抵抗大鼠糖代谢及肝脏葡萄糖激酶的影响[J]. 云南中医学院学报, 34(1): 20-24.

肖苏龙, 王晗, 王琪, 等. 2015. 基于五环三萜先导结构的抗病毒抑制剂研究进展[J]. 中国科学：化学, 45(9): 865-883.

熊筱娟, 陈武, 肖小华, 等. 2004. 乌索酸与齐墩果酸对小鼠实验性肝损伤保护作用的比较[J]. 江西师范大学学报(自然科学版), 28(6): 540-543.

徐婧, 朱林卉, 王德彬, 等. 2014. 齐墩果酸衍生物对胰岛素抵抗的改善作用及机制[J]. 中国药理学通报, 30(11): 1585-1589.

徐军, 王晋萍, 钱辰旭, 等. 2011. 白桦脂酸的研究进展[J]. 生命科学, 23(5): 503-510.

杨钧杰, 宫燕, 史杰, 等. 2013. 熊果酸对实验性糖尿病小鼠心肌纤维化作用的研究[J]. 中国应用生理学杂志, 29(4): 353-356.

于丽波, 孙文洲, 马宝璋, 等. 2010. 熊果酸对卵巢癌细胞转移的抑制作用[J]. 实用肿瘤学杂志, 24(5): 418-421.

岳兴如, 阮耀, 阮翘. 2006. 齐墩果酸对早期糖尿病大鼠心肌非酶糖基化及氧化应激反应的影响[J]. 中药药理与临床, 22(3,4): 32-33.

曾璐, 唐外姣, 殷锦锦, 等. 2015. 熊果酸改善肝细胞脂肪变性的实验研究[J]. 中药材, 38(5): 1049-1052.

张桂英, 吴光健, 王宝贵, 等. 2009. 白桦脂醇对大鼠酒精性肝损伤保护作用[J]. 中国公共卫生, 25(3): 378-379.

张明发, 沈雅琴. 2016. 熊果酸降血糖药理作用及其机制的研究进展[J]. 抗感染药学, 13(1): 8-12.

张明发, 沈雅琴. 2015. 齐墩果酸和熊果酸的神经精神药理作用研究进展[J]. 药物评价研究, 38(5): 570-576.

张娜, 陈卓, 马娇, 等. 2016. 热处理对骏枣主要活性成分的影响[J]. 食品科技, (5): 71-74.

张娜, 雷芳, 马娇, 等. 2017. 蒸制对红枣主要活性成分的影响[J]. 食品工业, (1): 138-141.

张鹏霞, 李鸿梅, 陈东, 等. 2008. 齐墩果酸诱导人白血病 HL-60 细胞凋亡及细胞周期阻滞[J]. 中国病理生理杂志, 24(10): 1909-1911.

张荣泉, 杨企铮. 1992. 大枣化学成分研究[J]. 中草药, 23(11): 609, 580.

张爽, 任亚梅, 刘春利, 等. 2015. 苹果渣总三萜对小鼠 CCl_4 急性肝损伤的保护作用[J]. 现代食品科技, 31(9): 45-50.

张向前, 王贵峰, 王萌萌, 等. 2017. 陕北红枣中三萜类物质的抗氧化性分析[J]. 分子植物育种, 15(8): 3267-3271.

张勇, 周安, 谢晓梅. 2013. 聚合物键合 ODS 液相色谱-质谱联用法分析大枣中三萜酸含量[J]. 中国中药杂志, 38(6): 848-851.

章洛汗, 廖晓峰. 2004. 食品新功能因子熊果酸的研究进展[J]. 现代食品科技, 20(3): 139-141.

赵爱玲, 李登科, 王永康, 等. 2010. 枣品种资源的营养特性评价与种质筛选[J]. 植物遗传资源学报, 11(6): 811-816.

赵爱玲, 薛晓芳, 王永康, 等. 2016. 枣果实糖酸组分特点及不同发育阶段含量的变化[J]. 园艺学报, 43(6): 1175-1185.

赵晓. 2009. 枣果主要营养成分分析[D]. 河北农业大学硕士学位论文.

周娟娟, 朱萱. 2015. 熊果酸抗肝纤维化作用及其机制的研究进展[J]. 世界华人消化杂志, 23(21): 3390-3395.

周茜, 韩雪, 韩晓梅, 等. 2016. 响应面试验优化乌梅熊果酸提取工艺及其对大肠杆菌的抑制作用[J]. 食品科学, 37(8): 67-73.

周晓英, 王东东, 刘宏炳, 等. 2012. RP-HPLC 法测定新疆 6 种红枣中齐墩果酸和熊果酸的含量[J]. 食品科技, 37(2): 288-290.

纵伟, 夏文水. 2006. 大叶紫薇总三萜对脂肪细胞葡萄糖和脂肪代谢的影响[J]. 食品科学, 27(7): 77-80.

Bai L, Zhang H, Liu Q, et al. 2016. Chemical characterization of the main bioactive constituents from fruits of *Ziziphus jujube*[J]. Food & Function, 7: 2870-2877.

Fujiwara Y, Hayashida A, Tsurushima K, et al. 2011. Triterpenoids Isolated from zizyphus jujuba inhibit foam cell formation in macrophages[J]. Journal of Agricultural and Food Chemistry, 59: 4544-4552.

Guo S, Duan J A, Qian D W, et al. 2015a. Content variations of triterpenic acid, nucleoside, nucleobase,and sugar in jujube (*Ziziphus jujuba*) fruit during ripening[J]. Food Chemistry, 167: 468-474.

Guo S, Duan J A, Tang Y P, et al. 2009. High-performance liquid chromatography-two wavelength detection of triterpenoid acids from the fruits of *Ziziphus jujuba* containing various cultivars in different regions and classification using chemometric analysis[J]. Journal of Pharmaceutical and Biomedical Analysis, 49(5): 1296-1302.

Guo S, Duan J A, Tang Y P, et al. 2010. Characterization of triterpenic acids in fruits of *Ziziphus* species by HPLC-ELSD-MS[J]. Journal of Agricultural and Food Chemistry, 58: 6285-6289.

Guo S, Duan J A, Zhang Y, et al. 2015b. Contents changes of triterpenic acids, nucleosides, nucleobases, and saccharides in jujube (*Ziziphus jujuba*) fruit during the drying and steaming process[J]. Molecules, 20(12): 22329-22340.

Kong L B, Li S S, Liao Q J, et al. 2013. Oleanolic acid and ursolic acid: Novel hepatitis C virus antivirals that inhibit NS5B activity[J]. Antiviral Research, 98: 44-53.

Kou X H, Chen Q, Li X H, et al. 2015. Quantitative assessment of bioactive compounds and the antioxidant activity of 15 jujube cultivars[J]. Food Chemistry, 173: 1037-1044.

Lee S M, Park J G, Lee Y H, et al. 2004. Anti-complementary activity of triterpenoids from fruits of *Zizyphus jujube*[J]. Biological & Pharmaceutical Bulletin, 27(11): 1883-1886.

Li G L, You J M, Song C H, et al. 2011. Development of a new HPLC method with precolumn fluorescent derivatization for rapid, selective and sensitive detection of triterpenic acids in fruits. Journal of Agricultural and Food Chemistry, 59: 2972-2979.

Li Y L, Jiang R W, Ooi L S, et al. 2007. Antiviral triterpenoids from the medicinal plant *Schefflera heptaphylla*[J]. Phytotherapy Research, 21: 466-470.

Lin Q B, Zhao Z Q, Yuan C, et al. 2013. High performance liquid chromatography analysis of the functional components in jujube fruit[J]. Asian Journal of Chemistry, 25 (14): 7911-7914.

Liu J, Liu Y P, Klaassen C D. 1995. Protective of oleanolic acid against chemical - induced acute necrotic liver injury in mice[J]. Acta Pharmacologica Sinica, 16(2): 97-102.

Liu J. 1995. Pharmacology of oleanolic acid and ursolic acid[J]. Journal of Ethnopharmacology, 49(2): 57-68.

Min B S, Jung H J, Lee J S, et al. 1999. Inhibitory effect of triterpenes from *Crataegus pinatifida* on HIV-1 protease[J]. Planta Medica, 65: 374-375.

Plastina P, Bonofiglio D, Vizza D, et al. 2012. Identification of bioactive constituents of *Ziziphus jujube* fruit extracts exerting antiproliferative and apoptotic effects in human breast cancer cells[J]. Journal of Ethnopharmacology, 140(2): 325-332.

Resende F A, de Andrade Barcala C A, da Silva Faria M C, et al. 2006. Antimutagenicity of ursolic acid and oleanolic acid against doxorubicin-induced clastogenesis in Balb/c mice[J]. Life Sciences, 79(13): 1268-1273.

Yao D C, Li H W, Gou Y L, et al. 2009. Betulinic acid-mediated inhibitory effect on hepatitis B virus by suppression of manganese superoxide dismutase expression[J]. FEBS Journal, 276: 2599-2614.

Yogeeswari P, Sriram D. 2005. Betulinic acid and its derivatives: a review on their biological properties[J]. Current Medicinal Chemistry, 12: 657-666.

Young H S, Chung H Y, Lee C K, et al. 1994. Ursolic acid inhibits aflatoxin B_1-induced mutagenicity in a Salmonella assay system[J]. Biological & Pharmaceutical Bulletin, 17(7): 990-992.

Yu L, Jiang B P, Luo D, et al. 2012. Bioactive components in the fruits of *Ziziphus jujuba* Mill. against the inflammatory irritant action of Euphorbia plants[J]. Phytomedicine, 19: 239-244.

Zhou C C, Sun X B, Liu W, et al. 1993. Effects of oleanolic acid on the immune complex allergic reaction and inflammation[J]. Journal of Chinese Pharmaceutical Sciences, 2(1): 69-79.

附录　中英文缩略词

英文缩写	英文全称	中文全称
ACAT	acyl CoA-cholesterol acyltransferase	酰基辅酶 A-胆固醇酰基转移酶
AGEs	advanced glycation end-products	高级糖化终末产物
AI	atherosclerosis index	动脉硬化指数
ALT	alanine transaminase	丙氨酸转氨酶
AST	aspartate transaminase	天冬氨酸转氨酶
ATP	adenosine triphosphate	腺苷三磷酸
BSA	bovine serum albumin	牛血清白蛋白
cAMP	cyclic adenosine monophosphate	环磷酸腺苷
CAT	catalase	过氧化氢酶
CE	catechin equivalent	儿茶素当量
cGMP	cyclic guanosine monophosphate	环磷酸鸟苷
CK	creatine kinase	肌酸激酶
DPPH	1,1-diphenyl-2-picrylhydrazyl	1,1-二苯基-2-苦肼基
DW	dry weight	干重
DS	degree of substitution	取代度
FTIR	fourier transform infrared spectroscopy	傅里叶变换红外光谱
FW	fresh weight	鲜重
GAE	galic acid equivalent	没食子酸当量
Glu	glucose	葡萄糖
GOT	glutamic oxalacetic transaminase	谷草转氨酶
GPT	glutamate pyruvate transaminase	谷丙转氨酶
GSH	glutathione	谷胱甘肽

GSH-Px	glutathione peroxidase	谷胱甘肽过氧化物酶
HDL-C	high density lipoprotein cholesterol	高密度脂蛋白胆固醇
HPLC	high performance liquid chromatography	高效液相色谱
5-HT	5-hydroxytryptamine	5-羟色胺
IC_{50}	half maximal inhibitory concentration	半抑制剂量（浓度）
IL	interleukin	白细胞介素
LDH	lactate dehydrogenase	乳酸脱氢酶
LDL-C	low density lipoprotein cholesterol	低密度脂蛋白胆固醇
LTB4	leukotriene B4	白细胞三烯 B4
MAPK	mitogen-activated protein kinase	丝裂原活化蛋白激酶
MDA	malondialdehyde	丙二醛
MMP	matrix metallopeptidase	基质金属蛋白酶
NF-κB	nuclear factor kappa B	核因子-κB
NK	natural killer cell	自然杀伤细胞
PGE	prostaglandin E	前列腺素 E
PKA	protein kinase A	蛋白激酶 A
QE	quercetin equivalent	槲皮素当量
RE	rutin equivalent	芦丁当量
TAOC	total antioxidant capacity	总抗氧化能力
SOD	superoxide dismutase	超氧化物歧化酶
TC	total cholesterol	总胆固醇
TG	triglyceride	甘油三酯
TNF	tumor necrosis factor	肿瘤坏死因子
UPLC	ultra performance liquid chromatography	超高效液相色谱
VCEAC	vitamin C equivalent antioxidant capacity	维生素 C 抗氧化当量
VLDL-C	very low-density lipoprotein cholesterol	极低密度脂蛋白胆固醇

索　引